焊接专项技能培训教程

焊条电弧焊技术

主　编　刘云龙
参　编　田智杰　徐向军　段国谋　马海芹

机 械 工 业 出 版 社

本书是根据新版《国家职业技能标准（焊工）》的要求编写的，内容主要包括焊条电弧焊操作技术、焊条、焊条电弧焊设备、焊条电弧焊焊接接头及坡口形式、碳素钢的焊接、低合金高强度结构钢的焊接、珠光体耐热钢的焊接、不锈钢的焊接、异种金属的焊接、铸铁的焊接、堆焊、铜及铜合金的焊接、铝及铝合金的焊接、焊接应力与变形、气割、碳弧气刨、熔焊焊缝外观检查及返修、焊接安全生产等共十八章。为方便焊工学习，加强理解，各章末还附有复习思考题。

本书主要供各级培训部门开展焊工培训、工人转岗和再就业及农民工培训用，也可作为技校、中高职学校的教学实训用书，还可作为读者自学提升用书。

图书在版编目（CIP）数据

焊条电弧焊技术/刘云龙主编. —北京：机械工业出版社，2016.7

焊接专项技能培训教程

ISBN 978-7-111-54524-8

Ⅰ.①焊… Ⅱ.①刘… Ⅲ.①焊条-电弧焊-技术培训-教材 Ⅳ.①TG444

中国版本图书馆CIP数据核字（2016）第187001号

机械工业出版社（北京市百万庄大街22号 邮政编码100037）
策划编辑：何月秋 责任编辑：何月秋 王彦青
责任印制：常天培 责任校对：段凤敏
北京京丰印刷厂印刷
2016年10月第1版·第1次印刷
148mm×210mm·12.5印张·351千字
0 001—3 000册
标准书号：ISBN 978-7-111-54524-8
定价：39.00元

凡购本书，如有缺页、倒页、脱页，由本社发行部调换

电话服务	网络服务
服务咨询热线：010-88361066	机 工 官 网：www.cmpbook.com
读者购书热线：010-68326294	机 工 官 博：weibo.com/cmp1952
010-88379203	金 书 网：www.golden-book.com
封面无防伪标均为盗版	教育服务网：www.cmpedu.com

前　言

焊接是应用极为广泛的加工技术，从几十万吨的巨轮，到不足1g的电子元件，几乎所有的产品在生产过程中都不同程度地依赖焊接技术。所以，焊接技术、焊接设备、焊接材料、焊接工艺是否先进，都将影响焊接产品的质量和数量。

近年来，我国焊接技术迅猛发展，焊接技术的数字化、信息化正在深入各个企业，企业的焊接自动化水平不断提高，但在众多的焊接方法中，焊条电弧焊技术仍是不可缺少的一种焊接方法。为了使从事焊条电弧焊的焊工操作技术水平不断提高，我们按照新版《国家职业技能标准（焊工）》的要求编写了这本《焊条电弧焊技术》。

本书的特点是理论知识与技能操作达到有机结合，以符合国家职业技能标准和职业技能培训的要求。本书在编写中采用了新版国家标准与技术名词术语，内容紧密结合生产实际，力求重点突出。在焊接技能培训上，以特种设备焊工考试项目为例，深入浅出地讲述了焊接操作步骤，同时还提出在焊接过程中的注意事项和焊后的检验要求。使焊工经本教材的培训之后，既能懂得焊接的基础知识，又能掌握焊接操作的基本要领和操作技能。

本书由刘云龙主编，南京化工局周大鹏主审，温庆军参审。其中第一章、第二章、第三章、第四章、第五章、第七章、第八章、第九章、第十章、第十一章、第十二章、第十三章、第十八章及附录由刘云龙编写；第六章、第十四章由田智杰和徐向军编写；第十五章至第十七章由段国谋和马海芹编写。

本书在编写过程中，承蒙离休干部刘秀山先生、李宝茹先生多方指教，在此一并致谢！

限于编者水平，书中难免会有各种缺点和不足，敬请各位读者批评指正。

刘云龙

目　录

第一章　焊条电弧焊操作技术

第一节　基本操作技术

焊条电弧焊的基本操作技能是引弧、运条、焊道的连接和焊道的收尾。

一、引弧

焊条电弧焊时，引燃电弧的过程称为引弧。焊条电弧焊的引弧方法有两种：直击法和划擦法。

1. 直击法

焊条电弧焊开始前，先将焊条末端与焊件表面垂直轻轻一碰，便迅速提起焊条，并保持一定的距离（2～4mm），电弧随之引燃。直击法引弧的优点是不会使焊件表面造成电弧划伤缺陷，又不受焊件表面大小及焊件形状的限制。不足之处是引弧成功率低，焊条与焊件往往要碰击几次才能使电弧引燃和稳定燃烧，操作不容易掌握。电弧引燃方法如图1-1所示。

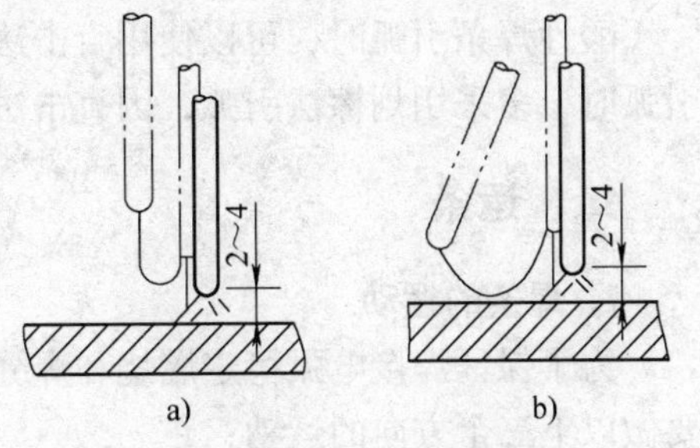

图1-1　电弧引燃方法

a）直击法引弧　b）划擦法引弧

2. 划擦法

将焊条末端对准引弧处，然后将手腕扭动一下，像划火柴一样，使焊条在引弧处轻微划擦一下，划动长度一般为20mm左右，电弧引燃后，立即使弧长保持在2～4mm。这种引弧方法的优点是，电弧容易引燃，操作简单，引弧效率高。缺点是，容易损伤焊件表面，有电弧划伤的痕迹，在焊接正式产品时应该少用。

以上两种引弧方法，对初学者来说，划擦法容易引燃电弧。但是，如果操作不当，容易使焊件表面被电弧划伤，特别是在狭窄的焊接工作场地或焊件表面不允许被电弧划伤时，就应该采用直击法引弧。

对于初学直击法引弧的焊工，在引弧时容易发生焊条药皮大块脱落、引燃的电弧又熄灭或焊条粘在焊件表面的现象。这是初学者引弧时手腕转动动作不熟练，没有掌握好焊条离开焊件的时间和距离所致。如果焊条在直击焊件后离开焊件的速度太快，焊条提起太高，就不能引燃电弧或电弧只燃烧一瞬间就熄灭。如果引弧动作太慢，焊条被提起的距离太短，就可能使焊条和焊件粘在一起，造成焊接回路短路。短路时间过长，不仅不能引燃电弧，还会因短路电流过大、时间过长而烧毁焊机。

焊条在引弧过程中粘在焊件表面时，将焊条左右摇动几次即可使焊条脱离焊件表面，如果经左右摆动焊条还不能脱离焊件表面，此时应立即将焊钳钳口松开，使焊接回路断开，待焊条冷却后再拆下。

酸性焊条引弧时，可以使用直击法引弧或划擦法引弧；碱性焊条引弧时，多采用划擦法引弧，因直击法引弧容易在焊缝中产生气孔。

二、运条

1. 焊条的摆动

为了保证焊接电弧稳定燃烧和焊缝的表面成形，电弧引燃后焊条要做以下三个方向的运动：

（1）焊条不断地向焊缝熔池送进　焊接过程中，保持一定弧长，以焊条熔化速度向焊缝熔池连续不断地送进。

（2）焊条沿焊接方向向前移动　焊接过程中，焊条向前移动的速度要适当。

（3）焊条横向摆动　焊条电弧焊过程中，焊条横向摆动的目的是增加焊缝宽度，保证焊缝表面成形，延缓焊缝熔池的凝固时间，有利于气体和夹渣的逸出，使焊缝内部质量提高。正常焊缝的宽度一般不超过焊条直径的5倍。

焊条移动时，应与前进方向成70°~80°夹角，如图1-2所示，把已熔化的金属和熔渣推向后方，否则熔渣流向电弧的前方，会造成夹渣缺欠。

2. 焊条的运条

为了获得较宽的焊缝，焊条在送进和移动过程中，还要做必要的摆动。焊条运条方法如图1-3a所示。

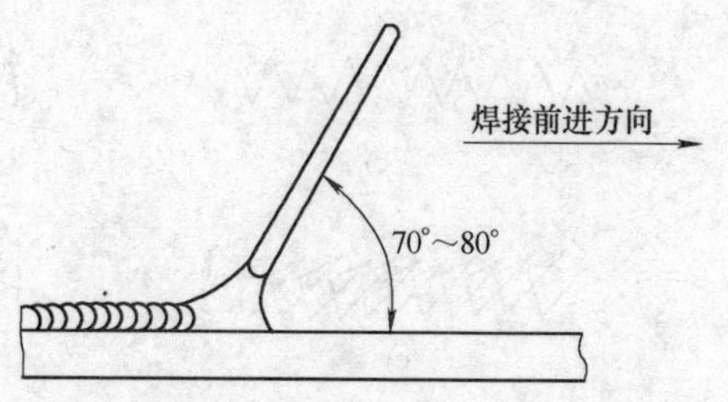

图1-2 焊条移动与前进方向的夹角

（1）直线形运条法 焊接过程中，焊条末端不做横向摆动，仅沿着焊接方向做直线运动，电弧燃烧稳定，能获取较大的熔深，但焊缝的宽度较窄，一般不超过焊条直径的1.5倍。适用板厚3~5mm的I形坡口对接平焊，多层焊的第一层焊道或多层多道焊第一层焊道的焊接。直线形运条法如图1-3a所示。

（2）直线往复形运条法 焊接过程中，焊条末端沿焊缝的纵向做往复直线摆动，如图1-3b所示，这种运条法的特点是焊接速度快、焊道窄、散热快、焊缝不易烧穿，适用于薄板和间隙较大的多层焊第一层焊道的焊接。

（3）锯齿形运条法 焊接过程中，焊条末端在向前移动的同时，连续在横向做锯齿形摆动，焊条末端摆动到焊缝两侧应稍停片刻，防止焊缝出现咬边缺陷。焊条横向摆动主要是为了控制焊接熔化金属的流动和得到必要的焊缝宽度，以获得较好的焊缝成形。这种方法容易操作，焊接生产中应用较多。锯齿形运条法如图1-3c所示。锯齿形运条法适用于较厚钢板对接接头的平焊、立焊、仰焊及T形接头的立角焊。

（4）月牙形运条法 焊接过程中，焊条末端沿着焊接方向做月牙形横向摆动，摆动的速度要根据焊缝的位置、接头形式、焊缝宽度和焊接电流的大小来决定。焊条末端摆动到坡口两边时稍停片刻，既能使焊缝边缘有足够的熔深，也能防止产生咬边现象。月牙形运条法适用于较厚钢板对接接头的平焊、立焊、仰焊及T形接头的立角焊。

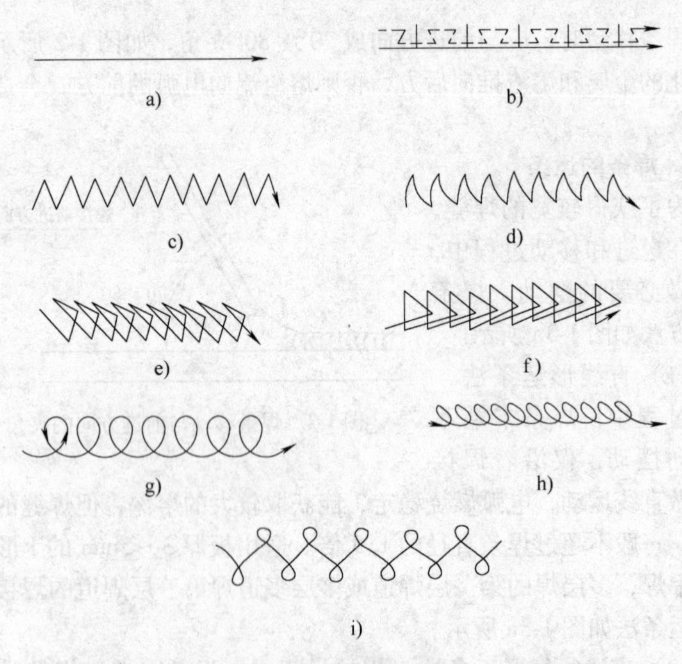

图 1-3　焊条运条方法

a）直线形运条法　b）直线往复形运条法　c）锯齿形运条法
d）月牙形运条法　e）斜三角形运条法　f）正三角形运条法
g）正圆环形运条法　h）斜圆环形运条法　i）8 字形运条法

月牙形运条法如图 1-3d 所示。月牙形运条法的优点是：金属熔化良好，高温停留时间长，焊缝熔池内的气体有充足的时间逸出，熔池内的熔渣也能上浮，对防止焊缝内部产生气孔和夹渣、提高焊缝质量有好处。

（5）斜三角形运条法　焊接过程中，焊条末端做连续的斜三角形运动，并不断地向前移动，适用于平焊、仰焊位置的 T 形接头焊缝和有坡口的横焊缝。该运条方法的优点是：能借焊条末端的摆动来控制熔化金属的流动，促使焊缝成形良好，可减少焊缝内部的气孔和夹渣，对提高焊缝的内在质量有好处。斜三角形运条法如图 1-3e 所示。

（6）正三角形运条法　焊接过程中，焊条末端做连续的三角形运动，并不断地向前移动。正三角形运条法适用于开坡口的对接接头和T形接头立焊，该运条法的优点是：一次焊接就能焊出较厚的焊缝断面，焊缝不容易产生气孔和夹渣缺欠，有利于提高焊接生产率。正三角形运条法如图1-3f所示。

（7）正圆环形运条法　焊接过程中，焊条末端连续做正圆环形运动，并不断地向前移动，只适用于焊接较厚焊件的平焊缝。该运条法的优点是：焊缝熔池金属有足够的高温使焊缝熔池存在时间较长，有利于焊缝熔池中的气体向外逸出和熔池内的熔渣上浮，对提高焊缝内在质量有利。正圆环形运条法如图1-3g所示。

（8）斜圆环形运条法　焊接过程中，焊条末端在向前移动的过程中连续不断地做斜圆环形运动，适用于平、仰位置的T形焊缝和对接接头的横焊缝焊接。该运条法的优点是：有利于控制熔化金属受重力影响而产生的下淌现象，有助于焊缝成形；同时，斜圆环形运条能够减慢焊缝熔池冷却速度，使熔池的气体有时间向外逸出，熔渣有时间上浮，对提高焊缝内在质量有利。斜圆环形运条法如图1-3h所示。

（9）8字形运条法　焊接过程中，焊条末端做8字形运动，并不断向前移动。这种运条法的优点是：能保证焊缝边缘得到充分加热，使之熔化均匀，保证焊透，焊缝增宽，波纹美观。适用于厚板平焊的盖面层焊接以及表面堆焊。8字形运条法如图1-3i所示。

三、焊道的连接

长焊道焊接时，受焊条长度的限制，一根焊条不能完整地焊接一条焊道。为了保证焊道的连续性，要求每根焊条所焊的焊道相连接，连接处就称为焊道的接头，熟练的焊工焊出的焊道接头无明显接头痕迹，就像一根焊条焊出的焊道一样平整、均匀。在保证焊缝连续性的同时，还要使长焊道焊接变形最小，焊道接头的连接方法如图1-4所示。

1. 直通焊法

焊接引弧点在前一焊缝的收弧前10～15mm处，引燃电弧后，拉长电弧回到前一焊缝的收弧处预热弧坑片刻，然后调整焊条位置和角度，将电弧缩短到适当长度继续焊接。采用这种连接法，必须注意后移量（即起弧点在前一焊缝收弧点后移量）。电弧后移量太大，可能使焊缝接头部分太高，不仅焊缝不美观，而且还容易产生应力集中；电弧后移量太小，容易形成前一焊道与后一焊道脱节，在接头处明显凹下，形成焊缝弧坑未填满的缺陷，不仅焊缝不美观，而且是焊缝受力的薄弱处。此方法多用于单层焊缝及多层焊的盖面焊。直通焊法焊缝变形大，焊缝接头不明显，直通焊法如图 1-4a 所示。

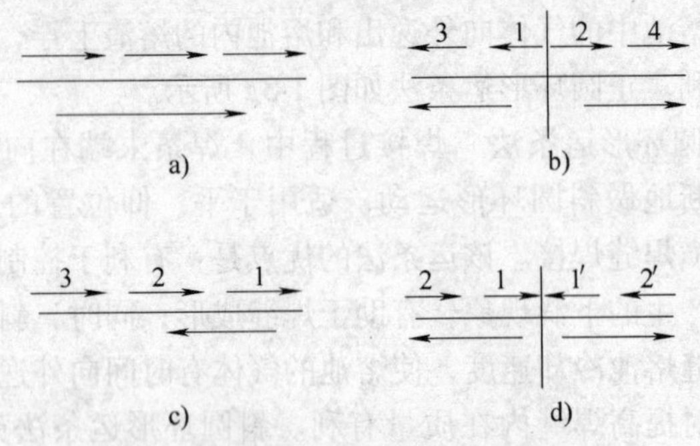

图 1-4 焊道接头的连接方法

a）直通焊法 b）由中间向两端对称焊法

c）分段退焊法 d）由中间向两端退焊法

直通焊法焊接多层焊的根部或焊接单层焊的根部焊缝，要求单面焊双面成形时，前一焊缝在收弧时电弧向焊缝的背面下移，形成熔孔，用新换的焊条重新引弧时焊条的起弧点在熔孔后面 10～15mm 处，引弧后电弧移至熔孔处下移，听到“噗噗”的两声电弧穿透声后，立即抬起电弧向前以适当的焊接速度运行。接头成功与否，关键是引弧前熔孔是否做好，如果熔孔过大，引弧后焊缝背面余高过高，甚至烧穿；如果熔孔过小，引弧后背面焊缝可能焊不透。焊缝熔孔如图 1-5 所示。

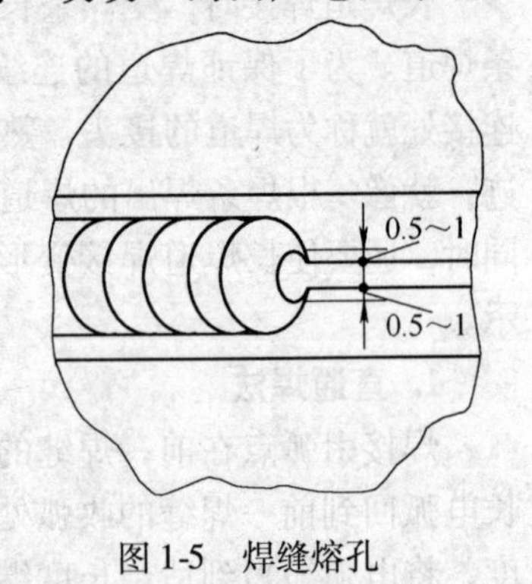

图 1-5 焊缝熔孔

2. 由中间向两端对称焊法

由中间向两端对称焊的操作如图 1-4b 所示，两个焊工采用同样的焊接参数，由中间向两端同时焊接，于是每条焊缝所引起的变形可以相互抵消，焊后变形大为减小。这种焊接方法需要两名焊工、两台焊机，焊工实际操作技术水平若相近，就可以焊出外形美观、焊接变形小的焊缝。该种焊法也可以由一名焊工、一台焊机来完成长焊缝的焊接工作，但要求焊工将长焊缝由中间分为两段，左边以1、3、5……顺序排列焊缝，右边以2、4、6……顺序排列焊缝。该焊工在左边焊完第一段焊缝后，转到右边焊第二段焊缝，如此循环，即左边焊一根焊条长焊缝、右边焊一根焊条长焊缝，焊接时用同一台焊机、相同的焊接参数，也能收到良好的效果。由中间向两边施焊法适用于长焊缝（焊缝长度>1000mm）的焊接。

3. 分段退焊法

焊条在距焊缝起点处相当于一根焊条焊接的焊缝长度上引弧，向焊缝起点焊接，第二根焊条由距第一根焊条起点处一根焊条焊接的焊缝长度处引弧，向第一根焊条的起点处焊接，即第二根焊条的收尾处是第一根焊条的起弧处，如图1-4c所示。该法焊缝呈分段退焊，焊接热量分散，焊接应力与焊接变形较小，由于焊接接头处温度较低，接头不平滑，整条焊缝外形不如直通法焊缝美观，但焊接变形比直通法焊接小，要求焊工接头技术水平高。

4. 由中间向两端退焊法

把整条焊缝由中间分为两段，每条焊缝又分为若干个小段，小段焊缝的长度是一根焊条最大的焊接长度，用两台焊机、相同的焊接参数，在距焊缝长度的中心点一根焊条所能焊到的长度上引弧，向中心点方向焊接。然后，按分段退焊法焊接，即第二根焊条焊接的焊缝收尾处是第一根焊条的起弧处，焊接中心两侧的焊缝都采用同样的焊法，这样焊缝全长热应力较小，引起的焊接变形也较小。该焊法也可以由一名焊工、一台焊机，由中间向两端退焊，还可以把全长焊缝分为若干段，分段退焊完成，如图1-4d所示。该焊接方法适用于长度1000mm以上的焊缝的焊接。

四、焊缝的收弧

焊缝的收弧是指一条焊缝结束时采用的收弧方法。如果焊缝采用立即拉断电弧收弧，则会形成低于焊件表面的弧坑，从而使收弧处焊缝强度降低，极易形成弧坑裂纹、产生应力集中。碱性焊条收弧方法不当，弧坑表面会有气孔缺欠存在，降低焊缝强度。为了解决上述问题，焊条电弧焊常采用以下焊缝收弧方法。

1. 画圈收弧法

焊接电弧移至焊缝终端时，焊条端部做圆圈形运动，直至焊缝弧坑被填满后再断弧。此种收弧法适用于厚板的焊接，具体收弧法如图1-6a所示。

2. 回焊收弧法

焊接电弧移至焊缝收尾处稍停，然后改变焊条与焊件角度，回焊一小段填满弧坑后断弧，此收弧法适用于碱性焊条焊缝，具体收弧法如图1-6b所示。

3. 反复熄弧、引弧法

焊接电弧在焊缝终端多次熄弧和引弧，直至焊缝弧坑被填满为止。此收弧法适用于大电流厚板焊接或薄板焊接焊缝收弧。碱性焊条收弧时不适宜采用反复熄弧、引弧法，因为用这种方法收弧，收弧点容易产生气孔。反复熄弧、引弧法如图1-6c所示。

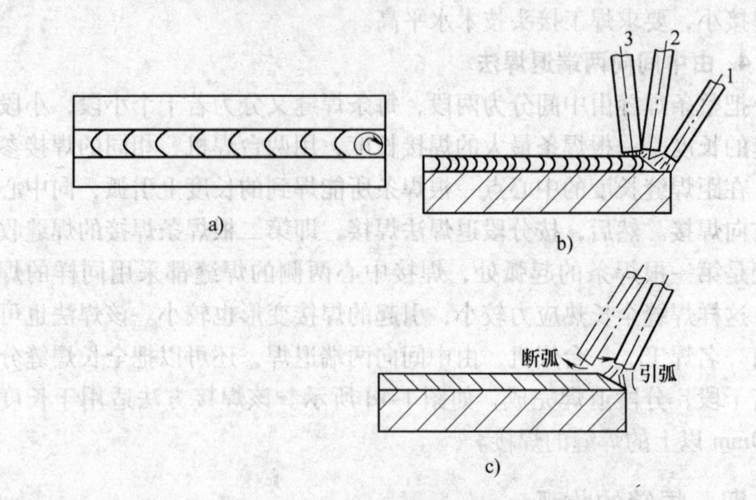

图1-6 焊条收弧法

a）画圈收弧法 b）回焊收弧法 c）反复熄弧、引弧法

第二节　各种焊接位置的焊接操作要点

焊接位置的变化对焊工的操作技术也提出了不同的要求，这主要是由于熔化金属的重力作用，造成焊件在不同位置上焊缝成形困难，所以在焊接操作中，只有仔细观察并控制焊缝熔池的形状和大小，及时调节焊条角度和运条动作，才能控制焊缝成形并确保焊缝质量。

一、平焊位置的焊接操作

1. 平焊位置的焊条角度

平焊位置按焊接接头的焊接形式可分为对接平焊、搭接接头平角焊、T 形接头平角焊、船形焊、角接接头平焊等。平焊位置焊条角度如图 1-7 所示。

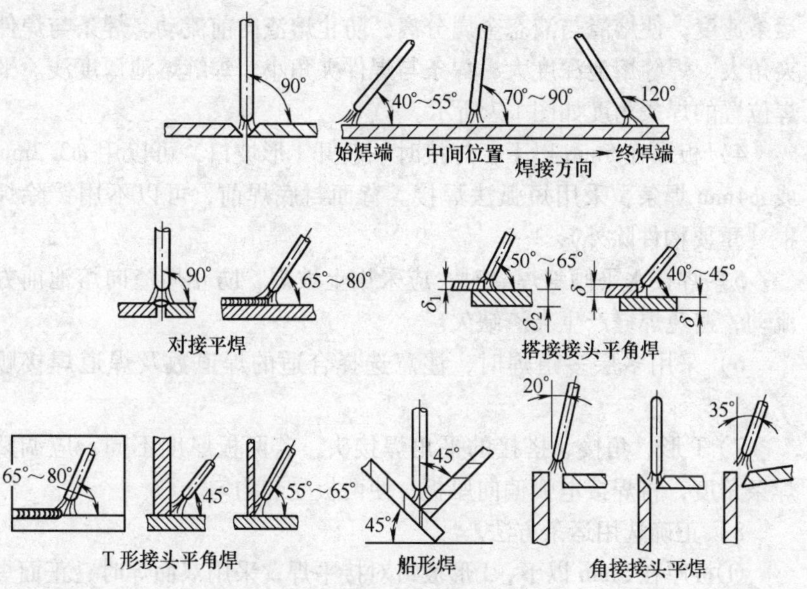

图 1-7　平焊位置焊条角度

2. 平焊位置的焊接操作要点

将焊件置于平焊位置，焊工手持焊钳，焊钳上夹持焊条，面部用面罩保护（头盔式面罩或手持式面罩），在焊件上引弧，利用电弧的高温（6000~8000K）熔化焊条金属和母材金属，熔化后的两部分金属熔合在一起成为熔池，焊条移动后，焊缝熔池冷却形成焊缝，通过焊缝将两块分离的母材牢固结合在一起，实现平焊位置焊接。平焊位置的焊接要点如下：

1）由于焊缝处于水平位置，熔滴主要靠重力过渡，所以根据板厚可以选用直径较粗的焊条，用较大的焊接电流焊接。在同样的板厚条件下，平焊位置的焊接电流比立焊、横焊和仰焊位置的焊接电流大。

2）最好采用短弧焊接。短弧焊接可减少电弧高温热损失，提高熔池熔深；可防止电弧周围有害气体侵入熔池，减少焊缝金属元素的氧化；可减少焊缝产生气孔的可能性。

3）焊接时，焊条与焊件成40°~90°的夹角，控制好电弧长度和运条速度，使熔渣与液态金属分离，防止熔渣向前流动。焊条与焊件夹角大，焊缝熔池深度大；焊条与焊件夹角小，焊缝熔池深度浅。平焊位置的焊条角度如图1-7所示。

4）板厚在5mm以下，焊接时一般开I形坡口，可以用ϕ3.2mm或ϕ4mm焊条，采用短弧法焊接。背面封底焊前，可以不用铲除焊根（重要构件除外）。

5）焊接水平倾斜焊缝时，应采用上坡焊，防止熔渣向熔池前方流动，避免焊缝产生夹渣缺欠。

6）采用多层多道焊时，注意选择合适的焊道数及焊道焊接顺序。

7）T形、角接、搭接的平角焊接头，若两板厚度不同，应调整焊条角度，将焊接电弧偏向厚板，使两板受热均匀。

8）正确选用运条方法。

①板厚在5mm以下，I形坡口对接平焊，采用双面焊时，正面焊缝采用直线形运条方法，焊缝熔深应大于（2/3）δ；背面焊缝也采用直线形运条法，但焊接电流应比焊正面焊缝时稍大些，运条速度要快。

②板厚在5mm及以上时，根据设计需要，开I形坡口以外的其

他形式坡口（V形、X形、Y形等）对接平焊，打底焊宜用小直径焊条、小焊接电流、直线形运条法焊接；多层单道焊缝的填充层及盖面层焊缝，根据具体情况分别选用直线形、月牙形、锯齿形运条方式；多层多道焊时，宜采用直线形运条方式。

③T形接头焊脚尺寸较小时，可选用单层焊接，用直线形、斜圆环形或锯齿形运条方式；焊脚尺寸较大时，宜采用多层焊，各层可选用斜锯齿形、斜圆环形运条方式；多层多道焊宜选用直线形运条方法焊接。

④搭接、角接平角焊时，运条操作与T形接头平角焊运条相似。

⑤船形焊的运条操作与开坡口对接平焊相似。

二、立焊位置的焊接操作

1. 立焊位置的焊条角度

立焊位置按焊件厚度可分为薄板对接立焊和厚板对接立焊；按接头的形式可分为I形坡口对接立焊、T形接头立角焊；按焊接操作技术可分为立向上焊和立向下焊。立焊位置焊条角度如图1-8所示。

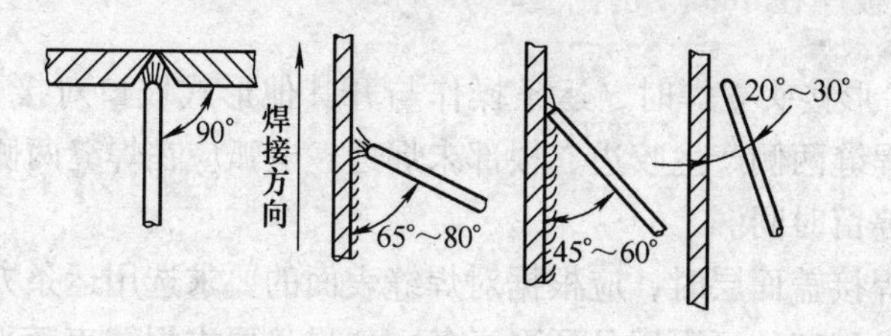

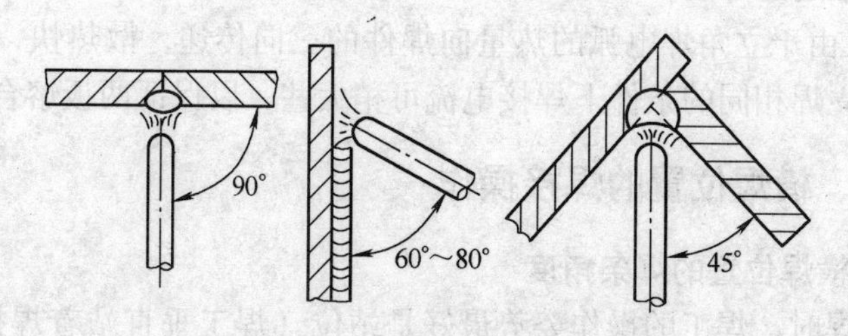

图1-8　立焊位置焊条角度

2. 立焊位置的焊接操作要点

1）立焊时，焊钳夹持焊条后，焊钳与焊条应成一直线，如图 1-9 所示。焊工的身体不要正对着焊缝，要略偏向左侧或右侧以便于握焊钳的右手或左手操作。

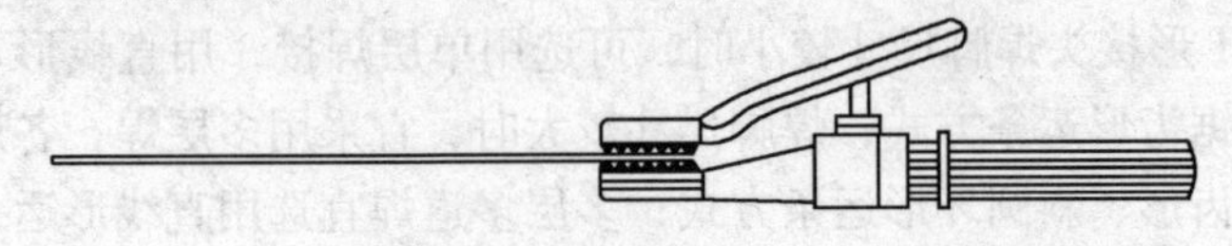

图 1-9　焊钳夹持焊条形式

2）焊接过程中，保持焊条角度，减少熔化金属液下淌。

3）选用较小的焊条直径（<4mm）和较小的焊接电流（80%～85%平焊位置的焊接电流），用短弧焊接。

4）采用正确的运条方式。

①I 形坡口对接向上立焊时，可选用直线形、锯齿形、月牙形运条或挑弧法焊接。

②开其他形式坡口对接立焊时，第一层焊缝常选用挑弧法或摆幅不大的月牙形、三角形运条方式焊接，其后可采用月牙形或锯齿形运条方式。

③T 形接头立焊时，运条操作与开其他形式坡口对接立焊相似，为防止焊缝两侧产生咬边、根部未焊透，电弧应在焊缝两侧及顶角有适当的停留时间。

④焊接盖面层时，应根据对焊缝表面的要求选用运条方法，焊缝表面要求稍高的可采用月牙形运条；如果只要求焊缝表面平整的可采用锯齿形运条方法。

5）由于立角焊电弧的热量向焊件的三向传递，散热快，所以在与对接立焊相同的条件下焊接电流可稍大些，以保证两板熔合良好。

三、横焊位置的焊接操作

1. 横焊位置的焊条角度

横焊时，焊工的操作姿势最好是站位（焊工垂直站着焊接），若条件许可，焊工持面罩的手或胳膊最好有依托，以保持焊工在站位焊接时身体稳定。引弧点的位置应是焊工正视部位，焊接时，每焊完一根焊条焊工就需要移动一下站的位置，为保证能始终正视焊缝，焊工上部分身体应随电弧的移动而向前移动，但眼睛仍需与焊接电弧保持一定的距离。同时，注意保持焊条与焊件的角度，防止熔化金属过分下淌，在坡口上边缘容易形成熔化金属下坠或未焊透。横焊缝如图1-10所示。横焊位置焊条角度如图1-11所示。

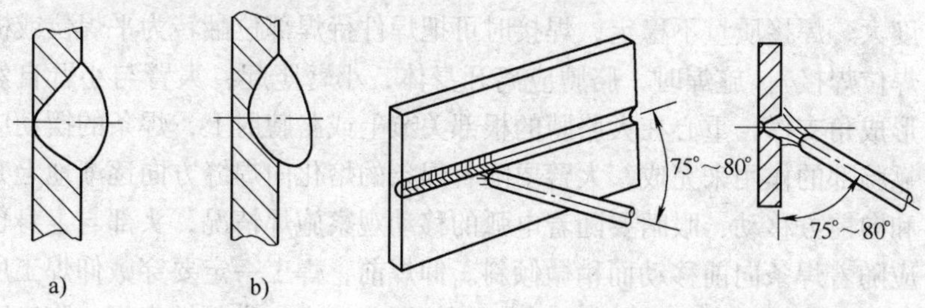

图1-10　横焊缝

a）正常横焊缝

b）泪滴形横焊缝

图1-11　横焊位置焊条角度

2. 横焊位置的焊接操作要点

1）选用小直径焊条、焊接电流比平焊小、短弧操作，能较好地控制熔化金属下淌。

2）厚板横焊时，打底层以外的焊缝宜采用多层多道焊法施焊。

3）多层多道焊时，要特别注意焊道与焊道间的重叠距离，每道叠焊应在前一道焊缝的1/3处开始焊接，以防止焊缝产生凹凸不平。

4）根据焊接过程中的实际情况，保持适当的焊条角度。

5）采用正确的运条方法。

①开I形坡口对接横焊时，正面焊缝采用往复直线运条方式较好，稍厚件选用直线形或小斜圆环形运条方式，背面焊缝选用直线运条方式、焊接电流可以适当加大。

②开其他形式坡口对接多层横焊，间隙较小时，可采用直线形运条方式；根部间隙较大时，打底层选用往复直线运条方式，其后各层焊道焊接时，可采用斜圆环形运条方式；多层多道焊缝焊接时，宜采用直线形运条方式。

四、仰焊位置的焊接操作

1. 仰焊位置的焊条角度

根据焊件距焊工的距离，焊工可采取站位、蹲位或坐位，个别情况还可采取躺位，即焊工仰面躺在地上，手举焊钳仰焊（这种焊接位置适用于焊接事故的抢修，不适宜大批量的生产作业，焊工劳动强度大，焊接质量不稳定，焊接时可把焊件待焊部位翻转为平焊位或横焊位焊接）。施焊时，胳膊应离开身体，小臂竖起，大臂与小臂自然形成角支撑，重心在大胳膊的根部关节上或胳膊肘上，焊条的摆动应靠腕部的作用来完成，大臂要随着焊条的熔化向焊缝方向逐渐地上升和向前方移动，眼睛要随着电弧的移动观察施焊情况，头部与上身也应随着焊条向前移动而稍微倾斜。仰焊前，焊工一定要穿戴仰焊工所必备的劳动保护服，纽扣扣紧，颈部围紧毛巾，头戴披肩帽，脚穿防烫鞋，以防金属液下落和飞溅金属烫伤皮肤。焊工手持焊钳，根据具体情况变换焊条角度，仰焊位置焊条角度如图 1-12 所示。

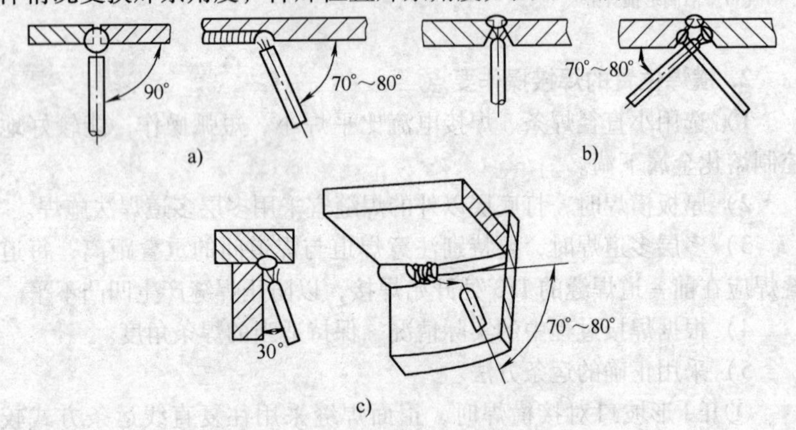

图 1-12　仰焊位置焊条角度

a）I 形坡口对接仰焊　b）其他坡口对接仰焊　c）T 形接头仰角焊

2. 仰焊位置的焊接操作要点

1）为便于熔滴过渡，减少金属液下淌和飞溅，焊接过程中应采用最短的弧长施焊。

2）打底层焊缝应采用小直径焊条和小焊接电流施焊，以免焊缝两侧产生凹陷和夹渣。

3）根据具体情况选用正确的运条方法。

①开 I 形坡口对接仰焊时，直线形运条方式适用于小间隙焊接，往复直线形运条方式适用于大间隙焊接。

②开其他形式坡口对接多层仰焊时，打底层焊接的运条方式应根据坡口间隙的大小进行选择，选定使用直线形运条或往复直线形运条方法，其后各层可选用锯齿形或月牙形运条方式；多层多道焊宜采用直线形运条方式。无论采用哪种运条方法，每一次向熔池过渡的熔化金属质量不宜过多。

③T 形接头仰焊时，如果焊脚尺寸较小，可采用直线形或往复直线形运条方法，由单层焊接完成；如果焊脚尺寸较大时，可采用多层焊或多层多道焊施焊，第一层打底焊宜采用直线形运条方式，其后各层可选用斜三角形或斜圆环形运条方式焊接。

第三节　单面焊双面成形技术

一、单面焊双面成形的焊接技术特点

单面焊双面成形技术是锅炉、压力容器、压力管道焊工应该熟练掌握的操作技能，也是在某些重要焊接结构制造过程中，既要求焊透而又无法在背面进行清根和重新焊接所必须采用的焊接技术。在单面焊双面成形操作过程中，不需要采取任何辅助措施，只是在坡口根部进行组装定位焊时，按照焊接时采用的不同操作手法留出不同的间隙即可。当在坡口正面用普通焊条焊接时，就会在坡口的正、背两面都能得到均匀整齐、成形良好、符合质量要求的焊缝，这种特殊的焊接操作称为单面焊双面成形。

作为焊条电弧焊焊工，在单面焊双面成形操作过程中，应牢记“眼精、手稳、心静、气匀”八个字。所谓“眼精”，就是在焊接过程中，焊工的眼睛要时刻注意观察焊接熔池的变化，注意“熔孔”的尺寸，每个焊点与前一个焊点重合面积的大小，熔池中熔化金属与

熔渣的分离等。所谓“手稳”，是指焊工的眼睛看到哪儿，焊条就应该按选用的运条方法、合适的弧长、准确无误地送到哪儿，保证正、背两面焊缝表面成形良好。所谓“心静”，是要求焊工在焊接过程中，专心焊接，别无他想，任何与焊接无关的杂念都会使焊工分心，在运条、断弧频率、焊接速度等方面出现差错，从而导致焊缝产生各种焊接缺欠。所谓“气匀”，是指焊工在焊接过程中，无论是站位焊接、蹲位焊接还是躺位焊接，都要求焊工能保持呼吸平稳均匀，既不要大憋气（以免焊工因缺氧而烦躁，影响发挥焊接技能），也不要大喘气（在焊接过程中，会使焊工身体因上下浮动而影响手稳）。

总之，这八个字是焊工经多年实践总结而得到的，指导焊工进行单面焊双面成形操作时收效很大。“心静”“气匀”是前提，是对焊工思想素质的要求，在焊接岗位上，每一个焊工都要专心从事焊接工作，做到“一心不可二用”，否则不仅焊接质量不高，也容易出现安全事故。只有做到“心静”“气匀”，焊工的“眼精”“手稳”才能发挥作用。所以，这八个字，既有各自独立的特性，又有相互依托的共性，需要焊工在焊接中仔细体会。

1. 焊接试板的坡口

焊件采用单面焊双面成形技术进行焊接时，厚度为 6 ~ 16mm 试板的坡口以 V 形坡口为好，钝边尺寸为 0 ~ 1.5mm，间隙与所使用的焊条直径有关，试板的坡口如图 1-13 所示。

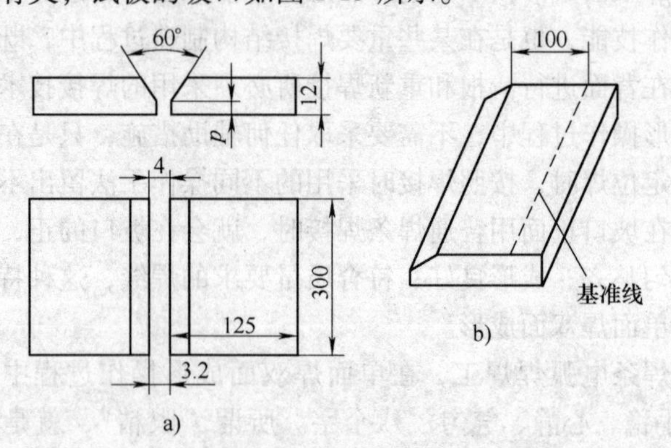

图 1-13 试板的坡口

a) Y 形坡口对接焊试板 b) 划基准线

2. 试板装配

将打磨好的试板装配成 Y 形坡口的对接接头，当厚度为 12 ~ 16mm 的板件用 ϕ3.2mm 焊条焊接时，其装配间隙建议为：始焊端为 3.2mm，终焊端为 4mm（可以用 ϕ3.2mm 和 ϕ4mm 焊条头夹在试板坡口的钝边处、定位焊牢两试板，然后用敲渣锤打掉定位用的 ϕ3.2mm 和 ϕ4mm 的焊条头即可)，终焊端放大装配间隙的目的是克服试板在焊接过程中因为焊缝横向收缩而使焊接间隙变小，影响背面焊缝焊透质量。再者，电弧由始焊端向终焊端移动，在 300mm 长的焊缝中，终焊端不仅有电弧的直接加热，还有电弧在 0 ~ 300mm 长移动过程中，传到终焊端的热量，瞬间热量的叠加，使终焊端温度高，焊缝横向收缩力大，所以终焊端间隙要比始焊端间隙大。

装配好试件后，在焊缝的始焊端和终焊端 20mm 内，用 ϕ3.2mm 焊条定位焊接，定位焊缝长 10 ~ 15mm（定位焊缝焊在正面焊缝处)，对定位焊焊缝质量的要求与正式焊接一样。

3. 反变形

试板焊后，由于焊缝在厚度方向上的横向收缩不均匀，使两块试板离开原来的位置翘起一个角度，这就是角变形，翘起的角度称为变形角 α。厚度为 12 ~ 16mm 的试板焊接时，变形角控制在 3°以内。为此，焊前在试板定位焊时，应将试板变形角 θ 设为 4° ~ 5°。θ 角如无专用量具测量，可采用如下方法：将水平尺放在试板两侧，中间正好通过 ϕ4mm 焊条时，此反变形角合乎要求，试件反变形如图 1-14 所示。

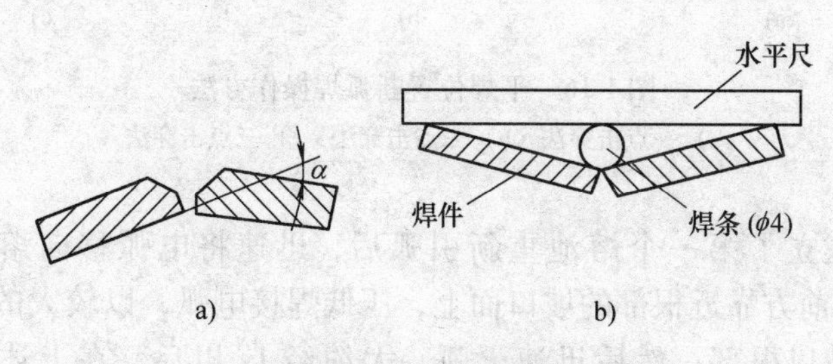

图 1-14　试件反变形

a）反变形角　b）焊前反变形应用

二、低碳钢板对接平焊位置单面焊双面成形焊接操作技术

1. 板平焊打底层断弧焊操作

板厚为12mm的试板，对接平焊，焊缝共有四层：第一层为打底焊层，第二、三层为填充层，第四层为盖面层。焊缝层次分布如图1-15所示。

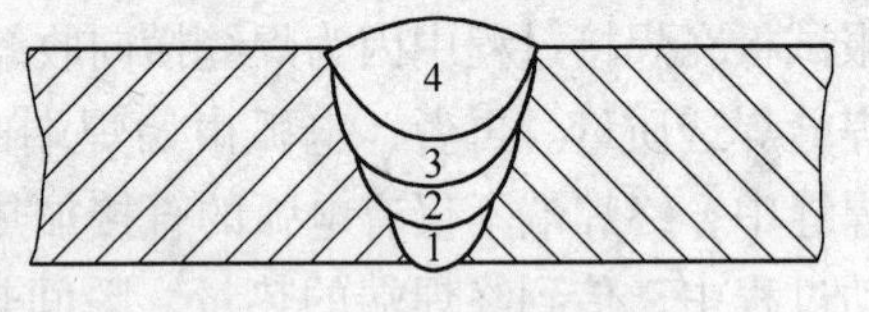

图1-15 焊缝层次分布

（1）打底层断弧焊 焊条直径为3.2mm，焊接电流为95～105A。焊接从始焊端开始，首先在始焊端定位焊缝上引弧，然后将电弧移至待焊处，以弧长3.2～4mm在该处来回摆动两三次进行预热，预热后立即压低电弧（弧长约2mm），约1s的时间，听到电弧穿透坡口根部而发出“噗噗”的声音，在电焊防护镜保护下看到定位焊缝以及相接的坡口两侧金属开始熔化，并形成熔池，这时迅速提起焊条，熄灭电弧。此处所形成的熔池是整条焊道的起点，从这一点以后再引燃电弧，采用二点击穿法焊接。平焊位置断弧焊操作方法如图1-16所示。

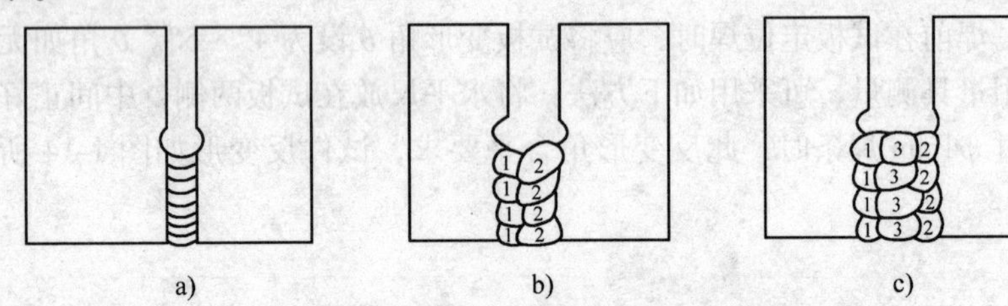

图1-16 平焊位置断弧焊操作方法
a）一点击穿法 b）二点击穿法 c）三点击穿法

当建立了第一个熔池重新引弧后，迅速将电弧移向熔池的左（或右）前方靠近根部的坡口面上，压低焊接电弧，以较大的焊条倾角击穿坡口根部，然后迅速灭弧，大约经1s以后，在上述左（或右）侧坡口根部熔池尚未完全凝固时再迅速引弧，并迅速将电弧移

向第一个熔池的右（或左）前方靠近根部的坡口面上，压低焊接电弧，以较大的焊条倾角直击坡口根部，然后迅速灭弧。这种连续不断地反复在坡口根部左右两侧交叉击穿的运条操作方法称为二点击穿法，如图1-16b所示。平焊位置焊条电弧焊的焊接参数见表1-1。

表1-1　平焊位置焊条电弧焊的焊接参数

焊层	焊条直径/mm	焊接电流/A	
		E4303（J422）焊条	
打底层	3.2	95~105	断弧焊、二点击穿法，断弧频率45~55次/min
填充层	4	175~185	连弧焊
盖面层	4	170~180	连弧焊

断弧焊法每引燃、熄灭电弧一次，完成一个焊点的焊接，其断弧频率控制在45~55次/min之间，焊工根据坡口根部熔化程度控制电弧的灭弧频率。断弧焊过程中，每个焊点与前一个焊点重叠2/3，所以每个焊点只使焊道前进1~1.5mm/s，打底层焊道正面和背面焊缝高度控制在2mm左右。

当焊条长度为50~60mm时，需要做更换焊条的准备。更换焊条时电弧的移动轨迹如图1-17所示。此时迅速压低电弧，向焊缝熔池边缘连续过渡几个熔滴，以便使背面熔池饱满，防止形成冷缩孔，然后迅速更换焊条，并在图1-17①的位置引燃电弧，以普通焊接速度沿焊道将电弧移到焊缝末尾焊的2/3处②的位置，在该处以长弧摆动两个来回（电弧经③位置→④位置→⑤位置→⑥位置）。看到被加热的金属有“出汗”现象之后，在⑦位置压低电弧并停留1~2s，待末尾焊点重熔并听到“噗噗”两声之后，迅速将电弧沿坡口的侧后方拉长电弧熄弧，更换焊条，操作结束。

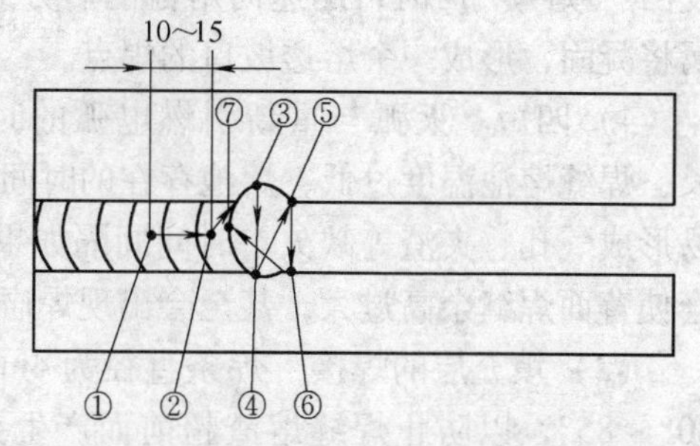

图1-17　更换焊条时电弧的移动轨迹

打底层断弧操作时，要做到“一看、二听、三准、四短”。

1）一看。要认真观察熔池的形状和熔孔的大小，在焊接过程中注意分离熔渣和液态金属：熔池中的液态金属在保护镜下明亮、清晰，而熔渣是黑色的。熔孔的大小以电弧能将坡口两侧钝边同时熔化为好（两点击穿法和三点击穿法焊接时，钝边只是一边一边地熔化），熔孔应该深入每侧母材 0.5～1.5mm 为好。如果熔孔过大，背面的焊缝过高，甚至形成焊瘤或烧穿；熔孔过小，则坡口两侧容易造成未焊透。

2）二听。焊接过程中，电弧击穿焊件坡口根部时，会发出“噗噗”的声音，这表明焊缝熔透良好，没有这种声音，则表明坡口根部没有被电弧击穿，如果继续向前进行焊接，会造成未焊透缺陷。所以，焊接过程中，应认真听电弧击穿焊件坡口根部发出的“噗噗”声。

3）三准。焊接过程中，要准确掌握好熔孔形成的尺寸。每一个新的焊点都应与前一个焊点搭接 2/3，保持焊接电弧 1/3 部分在焊件的背面燃烧，以加热和击穿坡口根部钝边。当听到电弧击穿坡口根部发出“噗噗”声时，迅速向熔池的后方灭弧，灭弧的瞬间熔池的金属将凝固，形成一个熔透坡口的焊点。

4）四短。灭弧与重新引燃电弧的时间要短。如果时间间隔过长，焊缝熔池温度过低，熔池存在的时间较短，冶金反应不充分，容易形成气孔、夹渣等缺欠。时间间隔如果过短，焊缝熔池温度过高，会使背面焊缝余高过大，甚至会出现焊瘤或烧穿。

（2）填充层的焊接　焊条直径为 4mm，焊条与焊接方向夹角为 80°～85°，以防止焊缝熔渣超前而产生夹渣。电弧长度控制在 3～4mm，电弧过长容易产生气孔，层间焊完后，用角向磨光机仔细清渣，如果焊道接头过高可用角向磨光机打磨或采用层间反方向焊接。当第三层焊缝（最后一条填充层）焊完后，其焊缝表面应离试板表面约 1.5mm。以保持坡口两侧边缘的原始状态，为盖面层焊接打好基础。

（3）盖面层的施焊　盖面层的焊接是保证焊缝焊接质量的最后一个重要环节。盖面层焊接用 φ4mm 的焊条，焊接电流为 170～

180A，焊条与焊接方向夹角为75°～80°。焊接过程中，电弧的1/3弧柱应将坡口边缘熔合1～1.5mm，摆动焊条时，要使电弧在坡口边缘稍作停留，待液体金属饱满后再运至另一侧，以避免焊趾处产生咬边。

（4）焊缝清理　焊完焊缝后，用敲渣锤清除焊渣，用钢丝刷进一步将焊渣、焊接飞溅物等清理干净，焊缝处于原始状态，交付专职检验前不得对各种焊接缺欠进行修补。

（5）焊接质量检验　按TSG Z6002—2010《特种设备焊接操作人员考核细则》评定。

1）焊缝外形尺寸。焊缝余高0～4mm，焊缝余高差≤3mm，焊缝宽度比坡口每侧增宽0.5～2.5mm，宽度差≤3mm。

2）焊缝表面缺欠。咬边深度≤0.5mm，焊缝两侧咬边总长度不超过30mm。背面凹坑深度≤2mm，总长度<30mm。焊缝表面不得有裂纹、未熔合、夹渣、气孔、焊瘤和未焊透等缺欠。

3）焊件变形。焊件（试板）焊后变形角度$\theta \leq 3°$，错边量≤2mm。

4）焊缝内部质量。焊缝经NB/T 47013.1～13—2015《承压设备无损检测》系列标准检测，射线透照质量不低于AB级，焊缝缺陷等级不低于Ⅱ级。

2. 板平焊打底层连弧焊操作

装配好的试件，装夹在一定高度的架上（根据个人的条件，可以采用蹲位、站位等）进行焊接。

（1）打底层连弧焊　用连弧焊法打底层时，电弧引燃后，中间不允许人为熄弧，一直采用短弧连续运条，直至应更换另一根焊条时才熄灭电弧。由于在连弧保护焊接时，熔池始终处在连续燃烧电弧的保护下，在此温度下，液态金属和熔渣容易分离，气孔也容易从熔池中溢出，保护效果较好，所以焊缝不容易产生缺欠，焊缝的力学性能也较好。用碱性焊条（如E5015）焊接时，采用交流焊机不能引弧，所以必须使用直流焊机。而且用碱性焊条采用断弧焊时，焊缝保护不好容易产生气孔，因此多采用连弧焊操作方法焊接。

1）引弧。在焊件的端部定位焊缝上引弧，并在坡口内侧摆动，对焊件的端部进行预热，当电弧移动到定位焊缝的尾部时，压低电弧，将焊条向下顶一下，听到“噗噗”两声后，表明焊件根部钝边已被熔透，第一个熔池已经形成，引弧操作完成。焊接引弧操作时，要控制电弧向坡口两侧各熔透0.5~1.5mm为好。

2）连弧打底层焊法。打底层焊连弧操作时，焊条与坡口两侧夹角为90°，与焊接前进方向夹角为70°~80°。焊接操作采用锯齿形运条法，在运条过程中，尽量采取短弧操作，焊条做横向摆动时，摆动的速度要快，注意在坡口两侧停留的时间不要过长，使焊缝与母材金属熔合良好，避免焊缝与母材交界处形成夹角，不利于清渣。

3）接头。接头方法有两种，分别为热接法和冷接法。

①热接法。焊接过程采用热接法时，更换焊条动作要迅速，在焊缝熔池还处于红热状态即引弧施焊。引弧点在距熔孔10~15mm处，引弧后要迅速压低电弧，做小幅度的摆动向前运条，待焊条运至熔孔处，向下压弧，听到击穿坡口根部发出“噗噗”声时，向前继续做锯齿形运条，恢复正常焊接。热接法由停弧到重新引弧的时间间隔较短，有利于液态金属迅速向熔池过渡，焊接接头比较平整。

②冷接法。接头前，要将熔孔周围的焊渣清理干净，必要时可用角向磨光机对接头部位进行修整，使其形成斜坡状，引弧点距熔孔10~15mm，以利于熔孔处温度的提升和接头处的焊缝平整。冷接法由停弧到重新引弧的时间间隔不受限制，接头处冶金反应不充分，容易产生气孔、夹渣等缺欠。

4）收弧。焊接过程需要收弧时，应将电弧拉向坡口的左侧或右侧，慢慢在运条过程中将电弧抬起，使焊缝熔池逐渐变浅、缩小直至消失。按此收弧方法收弧，既可以防止液态金属下坠，又可以防止焊缝熔池中心产生冷缩孔。

连弧焊打底层焊缝的焊接质量对整个焊缝成形、焊接质量有很大的影响，所以在焊接打底层焊缝时，操作上应该注意以下几点：

①焊接坡口间隙要窄，钝边要小。因为窄间隙可以控制焊缝熔池的尺寸，使熔池表面张力大，能控制熔化金属的下凸。同时，较小的熔池也有利于熔池的凝固。钝边小，可以在较小的焊接电流下迅速击穿焊缝根部实现单面焊双面成形。

②焊接电弧要短。在合适的焊条角度下，采用最短的焊接电弧，在坡口根部做小幅度横向摆动，在保证焊透的条件下，焊条摆动速度要适当加快。

③合适的熔孔。在焊接电弧的下方，应该保持有合适的熔孔。熔孔尺寸过大，焊缝下凹大；熔孔尺寸过小，焊缝根部不容易击穿，使打底层焊缝未焊透。

④熔滴搭接均匀。打底层焊缝的每一个新熔池，要与前一个熔池搭接1/2～2/3，减少熔池的表面积，使熔池表面张力处于最大，防止背面焊缝下凸过大。

⑤焊接过程中处理好手把线。焊条电弧焊手把线，在焊接过程中，不仅影响焊接操作，而且还由于手把线的重量，使焊工容易疲劳，从而使焊缝表面成形、焊缝质量受到影响。所以，不论采用站位、蹲位、坐位还是躺位进行焊接，焊工只能负担1m左右长焊接电缆的重量，其余长度的电缆重量，可固定在辅助支撑上，千万不要将电缆缠绕在焊工的身体上，以免发生人身安全事故。

⑥控制焊缝熔池尺寸。采用连弧焊焊接时，要控制焊缝熔池尺寸，使焊缝正面熔池和背面熔池大致相同。

（2）填充层焊接操作　填充层焊前，应将打底层焊缝表面的焊渣、金属飞溅物清理干净，将焊缝表面不平处用角向磨光机打磨平整。填充层焊缝运条法及焊条角度与打底层焊接时相同，但横向运条幅度要大，焊条的摆动速度要比打底层焊时稍慢些，并且在焊缝与母材的交界处要稍做停顿，使焊缝与母材熔合良好，避免产生凹沟和夹渣等焊接缺欠。

填充层焊缝共分为两层，在焊接第二层填充层焊缝时，要注意保护焊件坡口处的棱角，填充层焊缝全部焊完后，焊缝表面距焊件表面的距离应为1～1.5mm，以利于盖面层焊缝的焊接。

（3）盖面层焊接操作　盖面层焊前，表面清理与打磨同填充层操作。盖面层焊缝运条法及焊条角度与填充层焊接时相同，但焊条做横向摆动时，在中间要稍快，在两边要稍做停顿，此时的焊接电弧进一步缩短，既能防止发生咬边缺欠，又能使焊接电弧熔化焊件坡口的棱角，并深入母材内1～2.5mm，使焊缝与母材熔合良好。

焊接过程中应注意防止偏弧现象，如有偏弧发生时，要及时将焊条向偏弧方向做倾斜调整，以防止产生咬边缺欠。

（4）焊缝清理　焊缝焊完后，先用敲渣锤清除焊渣，然后用钢丝刷进一步将焊渣、焊接飞溅物等清理干净，使焊缝处于原始状态，交付专职检验前不得对各种焊接缺欠进行修补。

（5）焊接质量检验　按 TSG Z6002—2010《特种设备焊接操作人员考核细则》评定。

1）焊缝外形尺寸。焊缝余高 0 ~ 4mm，焊缝余高差≤3mm，焊缝宽度比坡口每侧增宽 0. 5 ~ 2. 5mm，宽度差≤3mm。

2）焊缝表面缺欠。咬边深度≤0. 5mm，焊缝两侧咬边总长度不超过 30mm。背面凹坑深度≤2mm，总长度 <30mm。焊缝表面不得有裂纹、未熔合、夹渣、气孔、焊瘤和未焊透。

3）焊件变形。焊件（试板）焊后变形角度 $\theta \leq 3°$，错边量≤2mm。

4）焊缝内部质量。焊缝经 NB/T 47013. 1 ~ 13—2015《承压设备无损检测》系列标准检测，射线透照质量不低于 AB 级，焊缝缺陷等级不低于Ⅱ级。

三、低碳钢板对接立焊位置单面焊双面成形焊接操作技术

1. 低碳钢板对接立焊位置单面焊双面成形的操作特点

低碳钢板对接立焊位置单面焊双面成形时，焊件坡口呈垂直向上位置，熔滴和熔渣受重力的作用很容易下淌，当操作者的焊条角度、运条方法、焊接参数选择不当时，就会形成焊缝背面烧穿、焊瘤、未焊透，正面焊缝表面成形不良、咬边、夹渣、气孔等缺欠。为了保证焊接质量，在单面焊接双面成形过程中，要采取相应措施，防止上述焊接缺欠的产生。

2. 焊前准备

（1）焊机　选用 BX3—500 交流焊弧焊变压器。

（2）焊条　选用 E4303 酸性焊条，焊条直径为 3. 2mm，焊前经 75 ~ 150℃烘干，保温 2h。焊条在炉外停留时间不得超过 4h，超过 4h 的焊条必须重新放入烘干炉中烘干，焊条重复烘干次数不能超过 3

次。焊条药皮开裂或偏心度超标不得使用。

（3）焊件（试板）采用Q235A低碳钢板。厚度为12mm，长为300mm，宽为125mm，用剪板机或气割下料，然后用刨床加工成V形30°坡口，气割下料的焊件，其坡口边缘的热影响区焊前也应该刨去。

（4）辅助工具和量具　包括焊条保温筒、角向磨光机、钢丝刷、敲渣锤、样冲、划针、焊缝万能量规等。

3. 焊前装配定位

装配定位的目的是把两块试板装配成合乎焊接技术要求的V形坡口的试板。立焊V形坡口试板如图1-18所示。

（1）准备试板　用角向磨光机将试板两侧坡口面及坡口边缘20~30mm范围以内的油、污、锈、垢清除干净，使其呈现金属光泽。然后，在台虎钳上修磨坡口钝边，使钝边尺寸保持在0.5~1.5mm，最后在距坡口边缘100mm处的试板表面用划针划上与坡口边缘平行的平行线，如图1-18b所示，并打上样冲眼，作为焊后测量焊缝坡口每侧增宽的基准线。

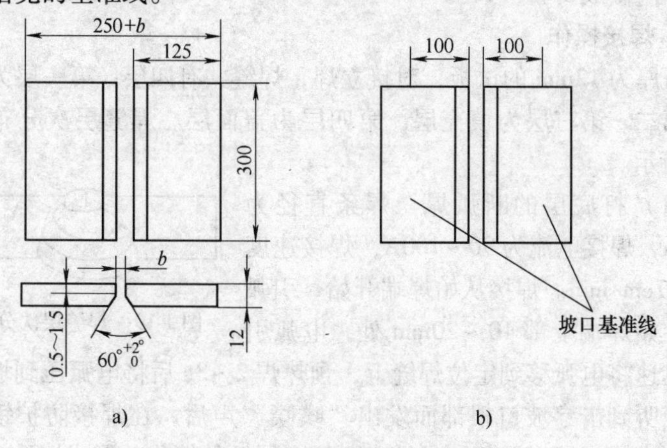

图1-18　立焊V形坡口试板的装配

a）V形坡口对接焊试板　b）划基准线

（2）试板装配　将打磨好的试板装配成V形坡口的对接接头，装配间隙始焊端为3.2mm，终焊端为4mm（可以用ϕ3.2mm和

ϕ4mm 焊条头夹在试板坡口的钝边处，定位焊牢两试板，然后用敲渣锤打掉定位用的 ϕ3.2mm 和 ϕ4mm 焊条头即可）。终焊端放大装配间隙的目的是克服试板在焊接过程中由于焊缝横向收缩而使焊缝间隙变小，影响背面焊缝焊透质量。再者，电弧由始焊端向终焊端移动，在300mm 长的焊缝中，终焊端不仅有电弧的直接加热，还有电弧在 0～300mm 长的焊缝移动过程中传到终焊端的热量，瞬间热量的叠加使终焊端温度过高，焊缝的横向收缩力加大，所以终焊端间隙要比始焊端间隙大。

装配好试件后，在焊缝的始焊端和终焊端 20mm 内，用 ϕ3.2mm 的 E4303 焊条定位焊接，定位焊缝长为 10～15mm（定位焊缝焊在正面焊缝处），对定位焊缝焊接质量要求与正式焊缝一样。

（3）反变形　试板焊后，由于焊缝在厚度方向上的横向收缩不均匀，使两块试板离开原来的位置翘起一个角度，这就是角变形，翘起的角度称为变形角 α。厚度为 12～16mm 的试板焊接时，变形角控制在 3°以内。为此，焊前在试板定位焊时，应将试板的变形角向相反的方向做成 3°。

4. 焊接操作

板厚为 12mm 的试板，对接立焊，焊缝共有四层：第一层为打底层，第二、第三层为填充层，第四层为盖面层。焊缝层次分布如图1-19 所示。

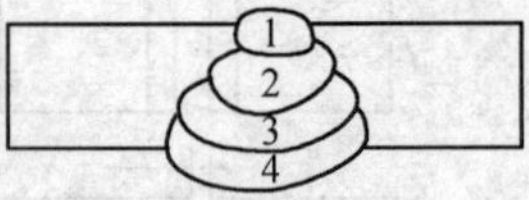

1
2
3
4

图 1-19　焊缝层次分布

（1）打底层的断弧焊　焊条直径为 3.2mm，焊接电流为 90～100A，焊接速度为 6～7cm/min。焊接从始焊端开始，引弧部位在始焊端上部 10～20mm 处，电弧引燃后迅速将电弧移到定位焊缝上，预热焊 2～3s 后将电弧压到坡口根部，当听到击穿坡口根部而发出“噗噗”声后，在焊接防护镜保护下看到定位焊缝以及相接的坡口两侧金属开始熔化并形成熔池，这时迅速提起焊条、熄灭电弧。此时所形成的熔池是整条焊道的起点，从这一点开始，以后的打底层焊采用两点击穿法焊接。

断弧焊法每引燃、熄灭电弧一次，就完成一个焊点的焊接，其断弧频率控制在 45～55 次/min，焊工应根据坡口根部熔化程度（由坡口根部间隙、焊接电流、钝边的大小、待焊处的温度等因素决定）控制电弧的断弧频率。断弧焊过程中，每个焊点与前一个焊点重叠2/3，焊接速度应控制在1～1.5mm/s，打底层焊缝正面高度和背面余高以2mm左右为好。

当焊条长度剩余50～60mm时，需要做更换焊条的准备。此时迅速压低电弧，向焊缝熔池边缘连续过渡几滴熔滴，以便使焊缝背面熔池饱满，防止形成冷缩孔。与此同时，还在坡口根部形成了每侧熔化0.5～1mm的熔孔，这时应该迅速更换焊条，并在熔池尚处在红热状态下，立即在熔池上端10～15mm处引弧，电弧引燃后，稍做拉长并退至原焊接熔池处进行预热，预热时间控制在1～2s内，然后将电弧移向熔孔处压低电弧，看到被加热的熔孔有出汗的现象，继续压低电弧击穿坡口根部发出“噗噗”的声音后，按两点击穿法，继续完成以后的打底层焊道的焊接。

断弧击穿法在操作中要注意三个要点：一是灭弧动作一定要迅速，动作稍有迟疑，即可造成熔孔过大，背面熔池下塌，甚至烧穿；二是击穿的位置要准确无误，这样背面的焊道焊波均匀、密实；三是电弧击穿根部时，穿过背面的电弧不可过长。如果穿过的电弧过长，说明熔孔过大，导致熔池下塌或烧穿；穿过的电弧过短，说明熔孔过小，容易造成未焊透。因此，穿过背面的电弧长度以1/3弧长为好。板立焊焊接参数见表1-2。

表1-2　板立焊焊接参数

试板厚度/mm	焊缝层次	焊条直径/mm	焊接电流/A	焊接速度/(mm/min)	备　注
12	1	3.2	100～110	60～70	打底层
	2		95～105	130～150	填充层
	3		95～105	130～150	
	4		100～110	100～110	盖面层

（2）填充层的焊接　焊条直径为4mm，施焊时焊条与焊缝下端的夹角为55°～65°，采用连弧焊法，锯齿形横向摆动运条。为了防止出现焊缝中间高、两侧凹的现象，焊条从坡口一侧摆动到另一侧时

应该稍快些，并在坡口两侧稍做停顿。为了保证焊缝与母材熔合良好、避免夹渣，焊接时电弧要短。为了防止在焊接过程中产生偏弧、使空气侵入焊缝熔池产生气孔，在焊接过程中不要随意加大焊条角度。填充层焊完后的焊道表面应该平滑整齐，不得破坏坡口边缘，填充金属表面与母材表面相差0.5～1.5mm，以保持坡口两侧边缘的原始状态，为盖面层焊接打好基础。

（3）盖面层的焊接　保证盖面层焊接质量的关键是焊接过程中焊条摆动要均匀，严格控制咬边缺陷的产生，保证焊缝接头良好。

焊接盖面层前，将填充层的焊缝表面焊渣清理干净，施焊过程中保持焊条与焊缝下端的夹角为70°～80°，采用连弧焊法，焊接电弧的1/3弧柱应将坡口边缘熔合1～1.5mm，摆动焊条时，要使电弧在坡口一侧边缘稍做停留，待液体金属饱满后再将电弧运至坡口的另一侧，以避免焊趾处产生咬边缺欠。

在焊接过程中，更换焊条要迅速，从熔池上端引弧，然后将电弧拉向熔池中间并指向弧坑，在弧坑填满后即可正常焊接。

5. 焊缝清理

焊完焊缝后，用敲渣锤清除焊渣，用钢丝刷进一步将焊渣、焊接飞溅物等清理干净，使焊缝处于原始状态，交付专职检验前不得对各种焊接缺欠进行修补。

6. 焊接质量检验

按TSG Z6002—2010《特种设备焊接操作人员考核细则》评定。

（1）焊缝外形尺寸　焊缝余高0～4mm，焊缝余高差≤3mm，焊缝宽度比坡口每侧增宽0.5～2.5mm，宽度差≤3mm。

（2）焊缝表面缺陷　咬边深度≤0.5mm，焊缝两侧咬边总长度不超过30mm。背面凹坑深度≤2mm，总长度<30mm。焊缝表面不得有裂纹、未熔合、夹渣、气孔、焊瘤和未焊透等缺欠。

（3）焊件变形　焊件（试板）焊后变形角度$\theta \leq 3°$，错边量≤2mm。

（4）焊缝内部质量　焊缝经NB/T 47013.1～13—2015《承压设备无损检测》系列标准检测，射线透照质量不低于AB级，焊缝缺陷等级不低于Ⅱ级。

四、低碳钢板对接横焊位置单面焊双面成形焊接操作技术

1. 板对接横焊位置单面焊双面成形特点

1）焊接过程中，熔化金属和熔渣受重力作用而下流至下坡口面上，容易形成未熔合和层间夹渣，并且在坡口上边缘容易形成熔化金属下坠或未焊透。

2）厚板对接坡口横焊多采用多层多道焊方法，防止熔化金属下淌。

3）焊接电流较平焊电流小。

2. 焊前准备

（1）焊机　选用 BX3—500 型交流弧焊变压器。

（2）焊条　选用 E4303 酸性焊条，焊条直径为 3.2mm，焊前经 75～150℃烘干，保温 2h。焊条在炉外停留时间不得超过 4h，否则焊条必须放在炉中重新烘干。焊条重复烘干次数不得多于 3 次。

（3）焊件（试板）　采用 Q235A 低碳钢板，厚度为 12mm，长为 300mm，宽为 125mm，用剪板机或气割下料，然后再用刨床加工成 V 形 30°坡口。气割下料的焊件，其坡口边缘的热影响区应该用刨床刨去，试件图样如图 1-20 所示。

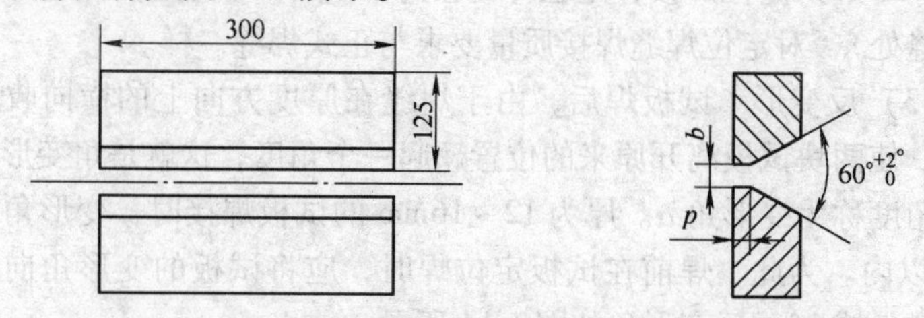

图 1-20　低碳钢板对接横焊位置单面焊双面成形试件图样

（4）辅助工具和量具　包括焊条保温筒、角向磨光机、钢丝刷、敲渣锤、样冲、划针、焊缝万能量规等。

3. 焊前装配定位

装配定位的目的是把两块试板装配成符合焊接技术要求的 V 形坡口的试板。

（1）准备试板　用角向磨光机将试板两侧坡口面及坡口边缘20～30mm范围内的油、污、锈、垢清除干净，使试板呈现金属光泽。然后，在钳工台虎钳上修磨坡口钝边，使钝边尺寸保持在0.5～1.5mm，最后在距坡口边缘100mm处的试板表面，用划针划上与坡口边缘平行的平行线，并打上样冲眼，作为焊后测量焊缝坡口每侧增宽的基准线。

（2）试板装配　将打磨好的试板装配成V形60°坡口的对接接头，装配间隙始焊端为3.2mm，终焊端为4mm（可以用ϕ3.2mm和ϕ4mm焊条头夹在试板坡口的钝边处，定位焊牢两试板，然后用敲渣锤打掉定位用的ϕ3.2mm和ϕ4mm焊条头即可）。终焊端放大装配间隙的目的是克服试板在焊接过程中，因为焊缝横向收缩而使焊缝间隙变小，影响背面焊缝焊透质量。再者，电弧由始焊端向终焊端移动，在300mm长的焊缝中，终焊端不仅有电弧的直接加热，还有电弧在0～300mm长的移动过程中传到终焊端的热量，瞬间热量的叠加，使终焊端处温度过高，焊缝的横向收缩力加大，所以终焊端间隙要比始焊端间隙大。

装配好试件后，在焊缝的始焊端和终焊端20mm内，用ϕ3.2mm的E4303焊条定位焊接，定位焊缝长为10～15mm（定位焊缝焊在正面焊缝处），对定位焊缝焊接质量要求与正式焊缝一样。

（3）反变形　试板焊后，由于焊缝在厚度方向上的横向收缩不均匀，使两块试板离开原来的位置翘起一个角度，这就是角变形，翘起的角度称为变形角α。厚为12～16mm的试板焊接时，变形角控制在3°以内。为此，焊前在试板定位焊时，应将试板的变形角向相反的方向做成3°，反变形角如图1-14所示。

4. 焊接操作

板厚为12mm的试板，对接横焊，焊缝共有四层：第一层为打底层（一层1道焊接），第二、第三层为填充层（二层1道焊接，三层2道焊接），第四层为盖面层（四层3道焊接）。焊缝层次及焊道分布如图1-21所示。

（1）打底层的断弧焊　板对接横焊位置单面焊双面成形的打底焊，与其他位置焊接有很大的不同，横焊时，由于熔渣极易下淌，严

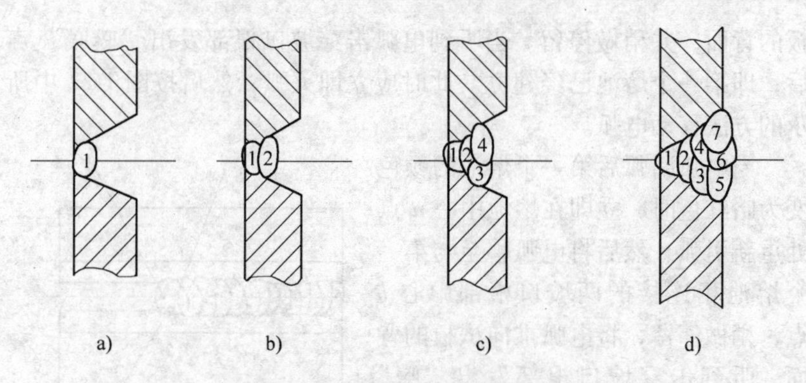

图1-21　焊缝层次及焊道分布
a）第一层（打底层）　b）第二层（填充层）
c）第三层（填充层）　d）第四层（盖面层）

重影响坡口下侧的熔合。同时，坡口上侧钝边由于熔化后迅速下坠，从而产生正面、背面焊缝的咬边和内凹。因此，控制上侧金属的熔化下坠、保护坡口下侧金属熔合良好，是板对接横焊单面焊双面成形的主要难点。为了保证打底层焊缝能获得良好的焊缝成形，横焊焊接电流的选择应该大于平焊和立焊。断弧焊焊接参数见表1-3。

表1-3　断弧焊焊接参数

焊缝层次	焊接道数	焊条直径/mm	焊接电流/A	焊接速度/（mm/min）	备　注
1	1	3.2	105～115	70～80	打底层
2	1		125～135	150～170	填充层
3	1		125～135	170～180	填充层
	2			160～170	
4	1		115～125	180～200	盖面层
	2			180～200	
	3			200～220	

断弧焊操作时，起弧点在焊件左端的定位焊缝起始端引弧，并让电弧稍做停顿，然后以小锯齿形摆动向前移动电弧，当焊接电弧达到定位焊缝终端时，对准焊接坡口根部中心，压低电弧，将电弧推向试

板的背面，并稍做停留。当听到电弧击穿坡口根部发出“噗噗”声后，即第一个熔池已经建立。此时应立即灭弧，然后按图 1-22 中所示的方法移动电弧。

当电弧引弧后第一个熔池的颜色变为暗红色时，立即在熔池中心 a 点处重新引弧，然后将电弧移至与第一个熔池相连接的两坡口根部中心 b 点，稍做停留，将电弧推向试板的背面，听到击穿坡口根部发出“噗”的声音后，将电弧移至 c 点灭弧。c 点处于 a、b 两点之间的下方，在 c 点灭弧，可以增加熔池的温度，减缓熔池冷却速度，防止电弧在 a 点燃烧时，熔池金属下坠到下坡口，产生未熔合或焊缝成形不良等缺欠。在以后的焊接过程中，始终依照 $a—b—c$ 的运条轨迹施焊，焊条保持一定的角度，使焊接电弧总是顶着熔池，防止熔渣超越电弧而引起夹渣缺陷的产生。

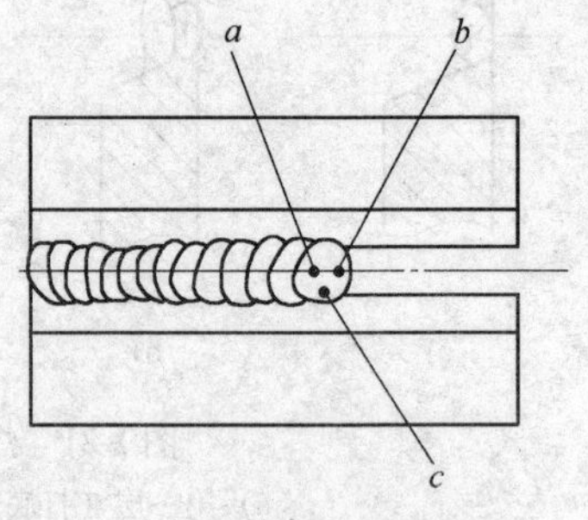

图 1-22 打底层断弧焊运条方法

（2）填充层焊接 焊前将前焊道焊缝表面打磨平整，焊渣清理干净。第 2 条焊道为单层填充焊道，施焊时的焊条夹角与打底层的焊条夹角基本相同，如图 1-23 所示。

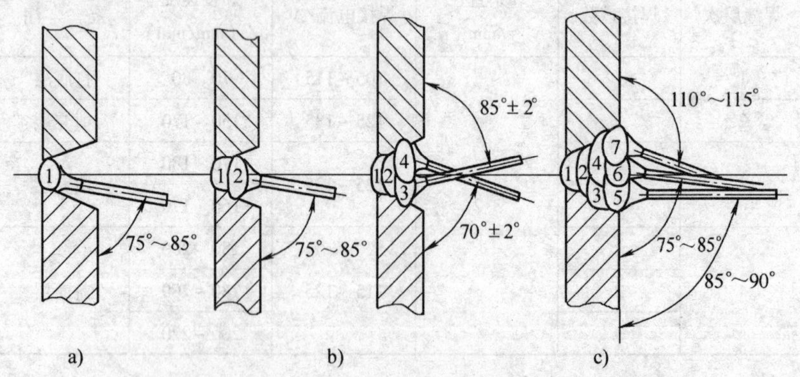

图 1-23 板对接横焊单面焊双面成形各焊层的焊条夹角

a）打底层焊条夹角 b）填充层焊条夹角 c）盖面层焊条夹角

焊接第3、第4条焊道时，焊条的倾角与打底层焊缝焊条倾角相同。施焊第三层焊缝的要点是：焊接第3条焊道时，焊接电弧要对准第2条焊道的下沿，稍做摆动，使第3条焊道的熔池压到第2条焊道表面的1/3~2/3处，并与下坡面熔合良好；施焊第4条焊道时，焊接电弧要指向第2条焊道的上沿，稍做摆动后，使焊道填满第三层焊缝的剩余部分，并与上坡面熔合良好。特别要指出的是：第三层焊缝焊接过程中，注意保护好坡口两侧的棱边，填充层焊缝表面距下坡口表面为2mm，距上坡口表面为0.5mm，为焊接盖面层做好准备。

（3）盖面层焊接　焊接时，焊条的倾角与打底层焊接相同，焊条夹角如图1-23c所示。焊接参数见表1-3。盖面层焊缝共有3条：第5、第6、第7焊道，焊接顺序是由下向上，焊接第5条焊道时，坡口边缘熔化要均匀，熔合良好，防止焊道下坠，产生未熔合缺欠。焊接第6条焊道时，控制好焊接电弧的位置，使焊道的下沿在第5条焊道的1/2~2/3处，焊道与第5条焊道过渡应平滑。焊接第7条焊道时，应适当减小焊接电流或增加焊接速度，将熔化金属均匀地熔敷在坡口的上边缘，控制好焊条夹角和焊接速度，防止熔化金属下淌、产生咬边缺欠。焊接过程中，焊条摆动幅度和运条速度要均匀，注意短弧操作，注意防止出现泪滴形焊缝。

5. 焊缝清理

焊缝焊完后，用敲渣锤清除焊渣，用钢丝刷进一步将焊渣、焊接飞溅物等清理干净，使焊缝处于原始状态，交付专职检验前不得对各种焊接缺欠进行修补。

6. 焊接质量检验

按TSG Z6002—2010《特种设备焊接操作人员考核细则》评定。

（1）焊缝外形尺寸　焊缝余高0~4mm，焊缝余高差≤3mm，焊缝宽度比坡口每侧增宽0.5~2.5mm，宽度差≤3mm。

（2）焊缝表面缺欠　咬边深度≤0.5mm，焊缝两侧咬边总长度不超过30mm。背面凹坑深度≤2mm，总长度<30mm。焊缝表面不得有裂纹、未熔合、夹渣、气孔、焊瘤和未焊透等缺欠。

（3）焊件变形　焊件（试板）焊后变形角度$\theta \leqslant 3°$，错边量≤2mm。

（4）焊缝内部质量　焊缝经 NB/T 47013.1～13—2015《承压设备无损检测》系列标准检测，射线透明质量不低于 AB 级，焊缝缺陷等级不低于Ⅱ级。

五、低碳钢板对接仰焊位置单面焊双面成形焊接操作技术

1. 板对接仰焊酸性焊条(断弧焊)仰焊位单面焊双面成形的操作

（1）焊前准备

1）焊机。选用 BX3—500 型交流弧焊机。

2）焊条。选用 E4303 酸性焊条，焊条直径为 3.2mm，焊前经 75～150℃烘干 1～2h。烘干后的焊条放在焊条保温筒内随用随取，焊条在炉外停留时间不得超过 6h，否则焊条必须放在炉中重新烘干。焊条重复烘干次数不得多于 3 次。

3）焊件（试板）。采用 Q235 钢板，厚度 12mm，长为 300mm，宽为 125mm，用剪板机或气割下料，然后再用刨床加工成 V 形 30°坡口。气割下料的焊件，其坡口边缘的热影响区应该用刨床刨去。

4）辅助工具和量具。焊条保温筒、角向磨光机、钢丝刷、敲渣锤、样冲、划针、焊缝万能量规等。

装配好的试件，装夹在一定高度的架上（根据个人的条件，可以采用蹲位、站位、躺位等）进行焊接。

（2）打底层（断弧）焊法　用断弧焊法焊接打底层时，利用电弧周期性地燃弧—断弧（灭弧）过程，使母材坡口钝边金属有规律地熔化成一定尺寸的熔孔，在电弧作用于正面熔池的同时，使 1/3～2/3 的电弧穿过熔孔而形成背面焊道，断弧焊法有以下三种操作方法，如图 1-24b 所示。

1）一点击穿法。电弧同时在坡口两侧燃烧，两侧钝边同时熔化，然后迅速熄弧，在熔池将要凝固时，又在灭弧处引燃电弧、击穿、停顿，重复进行，如图 1-24a 所示。

一点击穿法焊接的特点：焊缝熔池始终是一个熔池与另一个熔池叠加的集合体，熔池在液态存在时间较长，熔池冶金反应比较充分，不容易出现气孔、夹渣等缺欠。但是，焊缝熔池不易控制：温度低，容易出现未焊透；温度高，容易出现熔池液体流淌，甚至背面凹坑过大。

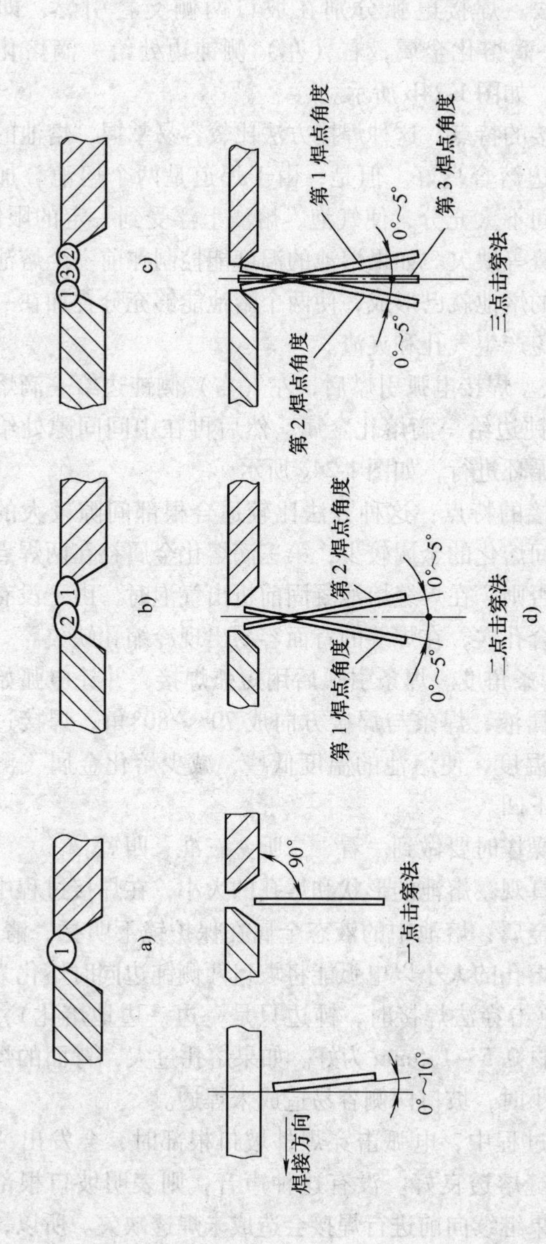

图 1-24　断弧焊打底层操作方法

a）一点击穿法　b）两点击穿法　c）三点击穿法　d）焊条角度

2）两点击穿法。焊接电弧分别在坡口两侧交替引燃，即左（右）侧钝边处给一滴熔化金属，右（左）侧钝边处给一滴熔化金属，如此依次进行，如图1-24b所示。

两点击穿法焊接的特点：这种焊接方法比较容易掌握，熔池的温度也容易控制，钝边熔合良好。但是，由于焊道是两个熔池叠加而成，熔池的反应时间不太充分，使气泡、熔渣上浮受到一定的限制，容易出现气孔、夹渣等缺欠。如果熔池的温度能控制在前一个熔池尚未凝固，而对称侧的熔池就已形成，使两个熔池能够充分叠加在一起共同结晶，就能避免产生气孔和夹渣。

3）三点击穿法。焊接电弧引燃后，左（右）侧钝边给一滴熔化金属，右（左）侧钝边给一滴熔化金属，然后再在中间间隙处给一滴熔化金属，依此循环进行，如图1-24c所示。

三点击穿法焊接的特点：这种方法比较适合根部间隙较大的情况，因为两焊点中间熔化的金属较少，第三滴熔化金属补在两焊点中间是非常必要的。否则，在焊缝熔池凝固前析出气泡时，由于没有较多的熔化金属来愈合孔穴，在焊缝的背面容易出现冷缩孔缺欠。

4）断弧仰焊焊条角度。焊条引弧后用短弧焊接，并让电弧始终向上托住熔化的金属液，焊条与焊接方向成70°~80°角，焊接过程中尽量控制熔池的温度，使熔池的温度低些，减少熔化金属飞溅流失，造成背面焊缝下凹。

打底层断弧焊操作时要做到一看、二听、三准、四短。

①一看。要认真观察熔池的形状和熔孔的大小，在焊接过程中注意分离熔渣和液态金属：熔池中的液态金属在保护镜下明亮、清晰，而熔渣是黑色的。熔孔的大小以电弧能将坡口两侧钝边同时熔化为好（两点击穿法和三点击穿法焊接时，钝边只是一边一边地熔化），熔孔应该深入每侧母材0.5~1.5mm为好。如果熔孔过大，背面的焊缝下凹过大；熔孔过小时，坡口两侧容易造成未焊透。

②二听。焊接过程中，电弧击穿焊件坡口根部时，会发出“噗噗”声，这表明焊缝熔透良好。没有这种声音，则表明坡口根部没有被电弧击穿，如果继续向前进行焊接会造成未焊透缺欠。所以，焊接过程中应认真听电弧击穿焊件坡口根部发出的“噗噗”声。

③三准。焊接过程中，要准确掌握好熔孔形成的尺寸。每一个新的焊点应与前一个焊点搭接2/3，保持焊接电弧1/3部分在焊件的背面燃烧，以加热和击穿坡口根部钝边。当听到电弧击穿坡口根部发出“噗噗”声时，迅速向熔池的后方灭弧，灭弧的瞬间熔池的金属将凝固，形成一个熔透坡口的焊点。

④四短。灭弧与重新引燃电弧的时间要短。如果间隔时间过长，焊缝熔池温度过低，熔池存在的时间较短，冶金反应不充分，容易形成气孔、夹渣等缺欠；间隔时间如果过短，焊缝熔池温度过高，会造成熔池液体流淌，使背面焊缝内凹过大。

⑤断弧焊在更换焊条时，应将焊条往上顶，使熔池前方的熔孔稍微扩大些，然后往回焊15~20mm，形成斜坡状再熄弧，为下根焊条引弧打下良好的接头基础。

⑥接头方法。焊条接头有冷接和热接两种方法。

冷接法：换完新焊条后，把距弧坑15~20mm斜坡上的焊渣敲掉并清理干净，此时弧坑已经冷却，在距弧坑15~20mm斜坡上引弧，电弧引燃后将其引至弧坑处预热，当坡口根部有“出汗”现象时，将电弧迅速往上顶直至听到“噗噗”声后，提起焊条继续向前施焊。

热接法：当弧坑还处在红热状态时，迅速在距弧坑15~20mm的焊缝斜坡上引弧并焊至收弧处，这时弧坑温度已经很高，当看到有“出汗”现象时，迅速将焊条向熔孔压下，听到“噗噗”声后，提起焊条向前正常焊接。

（3）填充层焊接（每层只焊一道焊缝）操作　填充层焊接时，焊条除了向前移动外，还要有横向摆动。在摆动过程中，焊道中央移弧要快（即滑弧过程），电弧在两侧时要稍做停留，使熔池左右两侧的温度均衡，两侧圆滑过渡。在焊接第一层填充层时（打底层焊后的第一层），应注意焊接电流的选择。过大的焊接电流会使第一层填充层金属组织烧穿，焊缝根部的塑性、韧性降低，因而在弯曲试验时，背弯不合格者较多。所以，填充层的焊接电流要有限制。

1）清渣。注意清除打底层焊缝与坡口两侧之间夹角处的焊渣。此外，填充层之间的焊渣、各填充层与坡口两侧间夹角处焊渣也要仔细清除。因为仰焊时，焊接电流偏小，电弧的吹力很难将这些熔渣清除。所以，焊前的清渣效果对保证焊缝的质量有很重要的作用。

2）引弧。在距焊缝的始焊端10~15mm处引弧，然后将电弧拉回始焊处施焊，填充层的每次接头引弧也应如此。

3）运条方法。如果每层只焊一道焊缝，可以采用短弧月牙形或锯齿形运条；如果填充层采用多层多道焊缝焊接，应采用直线形运条法焊接。

焊条在运条摆动时，在坡口两侧要稍作停留，在坡口中间处运条动作稍快，以滑弧手法运条，这样，焊接处的温度比较均衡，能够形成较薄的焊道，焊接飞溅和熔化金属的流淌也较少。

焊接速度要快些，使熔池形状始终呈椭圆形并保持其大小一致，这样焊缝成形美观，同时，均匀的鱼鳞纹也使清渣容易。

4）焊条角度。焊条与焊接方向之间的夹角为85°~90°。

（4）盖面层焊接（断弧焊）操作　盖面层焊接和中间填充层焊接相似。在焊接过程中，焊条尽量与焊缝垂直，以便在焊接电弧的直吹作用下，使盖面层焊缝的熔深尽可能大些，与最后一层填充层焊缝能够熔合良好。由于盖面层焊缝是金属结构上的最外一层焊缝，除了要求具有足够的强度、气密性外，还要求焊缝成形美观、鱼鳞纹整齐。

1）清渣。焊前仔细清理填充层焊缝与坡口两侧母材夹角处的焊渣以及焊道与焊道叠加处的焊渣。

2）运条方法。采用月牙形或锯齿形运条方式。合理选择电流，焊条摆动到坡口边缘时，要稳住电弧并稍做停留，将坡口两侧边缘熔化并深入每侧母材1~2mm。控制电弧长度及摆动幅度，防止焊缝咬边及背面焊缝下凹过大等缺欠的产生。焊接速度要均匀一致，焊点与焊点搭接要均匀，焊缝余高差符合技术要求。采用多道焊进行盖面时，可以用直线运条法，由起点焊至终点，其后各道焊缝也是由起点焊至终点。但是，后一道焊缝要熔合前一道焊缝的1/3。长焊缝可以采用分段退焊法或退步焊法，两道焊缝相搭接1/3，每道焊缝焊前，必须仔细清除焊道上的焊渣。

3）焊条角度。焊条与焊接方向的夹角为90°。

4）接头技术。尽量采用热接法。更换焊条前，往熔池中稍填些液态金属，然后迅速更换焊条，在弧坑前10～15mm处引弧，并将电弧引至弧坑处，画一个小圆圈预热，当弧坑重新熔化时，所形成的熔池延伸进入坡口两侧边缘内各1～2mm时，即可进入正常的焊接。

5）焊接参数　12mm厚Q235钢板对接仰焊单面焊双面成形焊接参数见表1-4。

表1-4　12mm厚Q235钢板对接仰焊单面焊双面成形焊接参数

焊缝层次（焊缝道数）	焊条直径/mm	焊接电流/A	电弧电压/V
打底层（1）	3.2	95～105	22～26
填充层（2～3）	3.2	105～115	22～26
盖面层（4～6）	3.2	95～105	22～26

（5）焊缝清理　焊完焊缝后，用敲渣锤清除焊渣，用钢丝刷进一步将焊渣、焊接飞溅物等清理干净，焊缝处于原始状态，交付专职检验前不得对各种焊接缺欠进行修补。

（6）焊接质量检验　焊缝尺寸参照TSG Z6002—2010《特种设备焊接操作人员考核细则》。焊缝余高：0～4mm，焊缝余高差≤3mm，比坡口每侧增宽0.5～2.5mm，焊缝宽度差≤3mm，咬边深度≤0.5mm，焊缝两侧咬边总长度≤30mm，焊件焊后变形角度$\theta \leq 3°$，焊件的错边尺寸≤2mm。

焊件的射线透照应按NB/T 47013.1～13—2015《承压设备无损检测》系列标准进行检测，射线的透照质量不低于AB级，焊缝的缺陷等级不低于Ⅱ级为合格。

2. 碱性焊条（连弧焊）仰焊位单面焊双面成形

（1）焊前准备

1）焊机。选用ZX5-400直流弧焊整流器。

2）焊条。选用E5015碱性焊条，焊条直径为3.2mm，焊前经350～400℃烘干1～2h。烘干后的焊条放在焊条保温筒内随用随取，焊条在炉外停留时间不得超过4h，否则焊条必须放在炉中重新烘干。焊条重复烘干次数不得多于3次。

3）焊件（试板）。采用Q345（16Mn）钢板，厚度12mm，长为300mm，宽为125mm，用剪板机或气割下料，然后再用刨床加工成V

形 30°坡口。气割下料的焊件，其坡口边缘的热影响区应该用刨床刨去。

4）辅助工具和量具。焊条保温筒、角向磨光机、钢丝刷、敲渣锤、样冲、划针、焊缝万能量规等。

（2）焊前装配定位焊　装配定位的目的是把两块试板装配成符合焊接技术要求的 Y 形坡口的试板。

1）准备试板。用角向磨光机将试板两侧坡口面及坡口边缘 20～30mm 范围以内的油、污、锈、垢清除干净，使试板呈现金属光泽。然后，在距坡口边缘 100mm 处的试板表面，用划针划上与坡口边缘平行的平行线，并打上样冲眼，作为焊后测量焊缝坡口每侧增宽的基准线。

2）试板装配。将打磨好的试板装配成 Y 形坡口的对接接头，装配间隙始焊端为 3.2mm，终焊端为 4mm（可以用 ϕ3.2mm 和 ϕ4mm 焊条头夹在试板坡口的钝边处，将两试板定位焊牢，然后用敲渣锤打掉定位用的 ϕ3.2mm 和 ϕ4mm 焊条头即可）。终焊端放大装配间隙的目的是克服试板在焊接过程中，因为焊缝横向收缩而使焊缝间隙变小，影响背面焊缝熔深质量。再者，电弧由始焊端向终焊端移动，在 300mm 长的焊缝中，终焊端不仅有电弧的直接加热，还有电弧在 0～300mm 长的移动过程中传到终焊端的热量，瞬间热量的叠加使终焊端处温度过高，焊缝的横向收缩力加大，所以终焊端间隙要比始焊端间隙大。

装配好试件后，在焊缝的始焊端和终焊端 20mm 内，用 ϕ3.2mm 的 E5015 焊条定位焊接，定位焊缝长为 10～15mm（定位焊缝焊在正面焊缝处），对定位焊缝焊接质量要求与正式焊缝一样。

3）反变形。试板焊后，由于焊缝在厚度方向上的横向收缩不均匀，使两块试板离开原来的位置翘起一个角度，这就是角变形，翘起的角度称为变形角 α。12mm 厚试板焊接时，变形角控制在 3°以内。为此，焊前在试板定位焊时，应将试板的变形角向相反的方向做成 3°。

（3）打底层焊接（连弧焊）操作　装配好的试件，装夹在一定高度的架上（根据个人的条件，可以采用蹲位、站位、躺位等）进行焊接。

用连弧焊法打底层时，电弧引燃后中间不允许人为的熄弧，一直进行短弧连续运条，直至应更换另一根焊条时才熄灭电弧。由于在连弧保护焊接时，熔池始终处在电弧连续燃烧的保护下，在此温度下，液态金属和熔渣容易分离，气体也容易从熔池中溢出，保护效果较好，所以焊缝不容易产生缺欠，焊缝的力学性能也较好。用碱性焊条（如 E5015）焊接时，交流焊机不能起弧，所以必须使用直流焊机。而且用碱性焊条采用断弧焊时，焊缝保护不好，容易产生气孔，因此多采用连弧焊操作方法焊接。

1）引弧。在焊件的端部定位焊缝上引弧，并在坡口内侧摆动，对焊件的端部进行预热，当电弧移动到定位焊缝的尾部时，压低电弧，将焊条向上顶一下，听到“噗噗”两声，表明焊件根部钝边已被熔透，第一个熔池已经形成，引弧操作完成。焊接引弧操作时，要控制电弧向坡口两侧各熔透 0.5 ~1.5mm 为好。

2）打底层焊法（连弧焊）。打底层焊（连弧）操作时，焊条与坡口两侧夹角为 90°，与焊接前进方向夹角为 70° ~80°。焊接操作采用锯齿形运条法，在运条过程中，焊条端部始终要有向上顶的动作，即尽量采取短弧操作，焊条做横向摆动的幅度要比平焊、立焊位焊接时稍小，摆动的速度要快，注意在坡口两侧停留的时间不要过长，使焊缝与母材金属熔合良好，避免焊缝与母材交界处形成夹角，以免不利于清渣。

为了克服仰焊背面焊缝下凹，使背面焊缝高于焊件表面，施焊时焊条应紧贴在坡口根部间隙处，采取短弧操作，使焊接熔池越小越好。这样利用熔池的表面张力作用，把在重力作用下焊缝熔池内向下流淌的熔滴迅速拉回焊缝背面熔池，从而确保仰焊背面焊缝的饱满。如果焊接熔池过大，熔池的表面张力不足以控制熔池内熔滴的外溢，从而使仰焊背面焊缝下凹，形成焊缝不饱满。用锯齿形运条法焊接时，操作时要注意观察熔池的大小和颜色调整“锯齿的幅度”和运条摆动的频率，能够控制熔池温度的高低，减少熔池液体的流淌。

3）接头。接头方法有热接法和冷接法两种。

①热接法。焊接过程采用热接法时，更换焊条动作要迅速，在焊

缝熔池还处于红热状态即引弧施焊。引弧点在距熔孔 10 ~ 15mm 处，引弧后要迅速压低电弧，做小幅度的摆动向前运条，待焊条运至熔孔处，向上顶压弧，听到击穿坡口根部发出“噗噗”声时，向前继续做锯齿形运条，恢复正常焊接。

热接法的特点：由停弧到重新引弧的时间间隔较短，有利于液态金属迅速向熔池过渡，焊接接头比较平整。

②冷接法。接头前，要将熔孔周围的焊渣清理干净，必要时可用角向磨光机对接头部位进行修整，使其形成斜坡状，引弧点在距熔孔 10 ~ 15mm 处，以利于熔孔处温度的提升和接头处的焊缝平整。

冷接法的特点：由停弧到重新引弧的时间间隔不受限制，接头处冶金反应不充分，容易产生气孔、夹渣等缺欠。

4）收弧。焊接过程需要收弧时，应将电弧拉向坡口的左侧或右侧，慢慢在运条的过程中将电弧抬起，使焊缝熔池逐渐变浅、缩小直至消失。按此收弧方法收弧，既可以防止液态金属下坠，又可以防止焊缝熔池中心产生冷缩孔。

连弧焊打底层焊缝焊接质量，对整个仰焊焊缝成形、焊接质量有很大的影响，所以在打底层焊缝焊接时，操作上应该注意以下几点：

①焊接坡口间隙要窄，钝边要小。因为窄间隙可以控制焊缝熔池的尺寸，使熔池表面张力大，能控制熔化金属的下凹；同时，较小的熔池也有利于熔池的凝固。钝边小，可以在较小的焊接电流，迅速击穿焊缝根部实现单面焊双面成形。

②焊接电弧要短。在合适的焊条角度下，采用最短的焊接电弧，在坡口根部做小幅度横向摆动，在保证焊透的条件下，焊条摆动速度要适当加快。

③合适的熔孔。在焊接电弧的上方，应该保持有合适的熔孔。熔孔尺寸过大，焊缝下凹大；熔孔尺寸过小，焊缝根部不容易击穿，使打底层焊缝未焊透。

④熔滴搭接均匀。打底层焊缝的每一个新熔池，都要与前一个熔池搭接 1/2 ~ 2/3，减少熔池的表面积，使熔池表面张力处于最大，防止背面焊缝下凹。

⑤焊接过程中处理好手把线。焊条电弧焊手把线，在仰焊过程

中，不仅影响焊接操作，而且还由于手把线的重量，使焊工容易疲劳，从而使焊缝表面成形、焊缝质量受到影响。所以，不论采用站位、蹲位还是坐位进行焊接，焊工只负担1m左右长焊接电缆的重量，其余长度的电缆重量可固定在辅助支撑上，千万不要将电缆缠绕在焊工的身体上，以免发生人身安全事故。

⑥控制焊缝熔池尺寸。仰焊焊接时，要控制焊缝熔池尺寸，使焊缝正面熔池和背面熔池大致相同。

（4）填充层焊接操作　填充层焊前，应将打底层焊缝表面的焊渣、金属飞溅物清理干净，将焊缝表面不平处用角向磨光机打磨平整。填充层焊缝运条法及焊条角度与打底层焊接时相同，但横向运条幅度要大，焊条的摆动速度要比打底层焊时稍慢些，并且在焊缝与母材的交界处要稍做停顿，使焊缝与母材熔合良好，避免产生凹沟和夹渣等焊接缺欠。

填充层焊缝共分为两层，在第二层填充层焊缝焊接时，要注意保护焊件坡口处的棱角，填充层焊缝全部焊完后，焊缝表面距焊件表面的距离应在1~1.5mm为好，以利于盖面层焊缝的焊接。

（5）盖面层焊接操作　盖面层焊前，应将填充层焊缝表面的焊渣、金属飞溅物清理干净，将焊缝表面不平处用角向磨光机打磨平整。盖面层焊缝运条法及焊条角度与填充层焊接时相同，但焊条做横向摆动时，在中间要稍快，在两边要稍作停顿，此时的焊接电弧进一步缩短，既能防止发生咬边缺欠，又能使焊接电弧熔化焊件坡口的棱角，并深入母材内1~2.5mm，使焊缝与母材熔合良好。

焊接过程注意防止偏弧现象，如果有偏弧发生，要及时将焊条向偏弧方向作倾斜调整，防止产生咬边缺欠。12mm厚Q345钢板对接仰焊单面焊双面成形焊接参数见表1-5。

表1-5　12mm厚Q345钢板对接仰焊单面焊双面成形焊接参数

焊缝层次（焊缝道）	焊条直径/mm	焊接电流/A	焊接速度/（cm/min）	层间温度/℃
打底层（1）	3.2	100~110	7~10	60~100
填充层（2~3）	3.2	110~120	9~12	60~100
盖面层（4）	3.2	105~115	8~10	60~100

（6）焊缝清理　焊完焊缝后，用敲渣锤清除焊渣，用钢丝刷进一步将焊渣、焊接飞溅物等清理干净，焊缝处于原始状态，交付专职检验前不得对各种焊接缺欠进行修补。

（7）焊接质量检验　焊缝尺寸参照TSG Z6002—2010《特种设备焊接操作人员考核细则》：焊缝余高0～4mm，焊缝余高差≤3mm，比坡口每侧增宽0.5～2.5mm，焊缝宽度差≤3mm，咬边深度≤0.5mm，焊缝两则咬边总长度≤30mm，焊件焊后变形角度θ≤3°，焊件的错边尺寸≤2mm。

焊件的射线透照应按NB/T 47013.1～13—2015《承压设备无损检测》系列标准进行检测，射线的透照质量不低于AB级，焊缝的缺陷等级不低于Ⅱ级。

六、低碳钢管板插入式垂直俯位焊条电弧焊单面焊双面成形操作技术

1. 低碳钢管板插入式垂直俯位焊条电弧单面焊双面成形特点

低碳钢管板插入式垂直俯位焊条电弧焊比较容易进行焊接，它与T形接头平角焊基本相同。但是，由于管壁薄、管板厚，在焊接过程中，焊接电弧与低碳钢管的角度要小些，注意电弧热量要均匀分配在管壁和管板上，防止钢管烧穿或未焊透。为了达到单面焊双面成形的质量要求，必须在管板上开出一定尺寸的坡口，使焊接电弧能够深入到坡口的根部进行焊接。低碳钢管板插入式垂直俯位焊条电弧焊单面焊双面成形焊件如图1-25所示。

2. 焊前准备

（1）焊机　选用BX3-500交流弧焊变压器。

（2）焊条　选用E4303酸性焊条，焊条直径为2.5mm和3.2mm两种，焊前经75～150℃烘干，保温2h。焊条在炉外停留时间不得超过4h，否则焊条必须放在炉中重新烘干。焊条重复烘干次数不得多于3次。

（3）焊件（管板和管）　采用20低碳钢管，尺寸为ϕ51mm×3.5mm，用切管机或气割下料，气割下料的管件，其端面应再用车床加工。管板厚度为12mm，长为120mm，宽为120mm，用剪板机或气

割下料，管板孔用钻床、车床或镗床加工，试件图样如图 1-25 所示。

（4）辅助工具和量具　焊条保温筒、角向磨光机、钢丝刷、什锦锉、半圆锉、敲渣锤、样冲、划针、圆规、焊缝万能量规等。

3. 焊前装配定位

（1）准备焊件　用角向磨光机将管板正面坡口面及坡口边缘 20 ~ 30mm 范围内的油、污、锈、垢清除干净，使其呈现金属光泽。然后，在台虎钳上修磨坡口钝边，使钝边尺寸保持在 0.5 ~ 1.5mm，最后在距坡口边缘 30mm 处的试板表面，用划针划上与坡口边缘同轴线，并打上样冲眼，作为焊后测量焊缝坡口增宽的基准线。插入管板内管端的外表面，用砂纸打磨 18 ~22mm，使其呈现金属光泽。

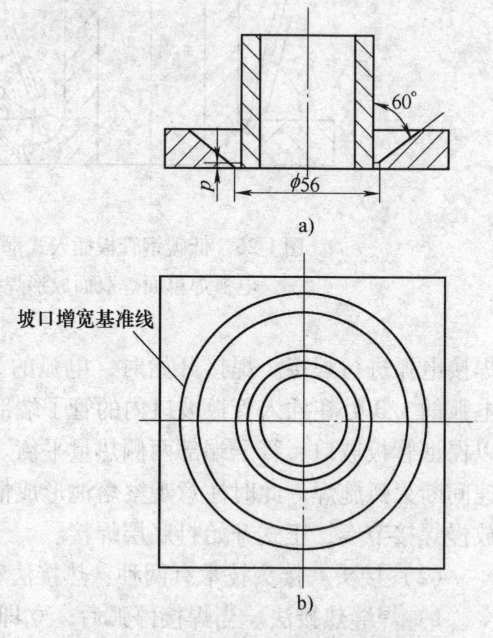

图 1-25　低碳钢管板插入式垂直俯位焊条电弧焊单面焊双面成形焊件

a）焊件　b）测量焊缝坡口增宽基准线

（2）试件的组对定位及焊接将管子中轴线与管板孔的圆心对中，沿圆周定位 3 点，每点相距 120°，根部间隙为 2.5mm，定位焊缝长度≤10mm，定位焊缝必须是单面焊双面成形，为打底层焊接作准备。

4. 焊接操作

采用断弧焊手法，将焊缝分为 3 层：打底层、填充层和盖面层。低碳钢管板插入式垂直俯位焊条电弧焊单面焊双面成形焊缝层次如图 1-26 所示。打底层焊缝用 ϕ2.5mm 的 E4303 焊条，填充层和盖面层焊缝用 ϕ3.2mm 的 E4303 焊条焊接。

（1）引弧　用划擦法引弧，引弧点在定位焊点上的管板坡口内侧，电弧引燃后，拉长电弧在定位焊点上预热 1.5 ~2s，然后再压低

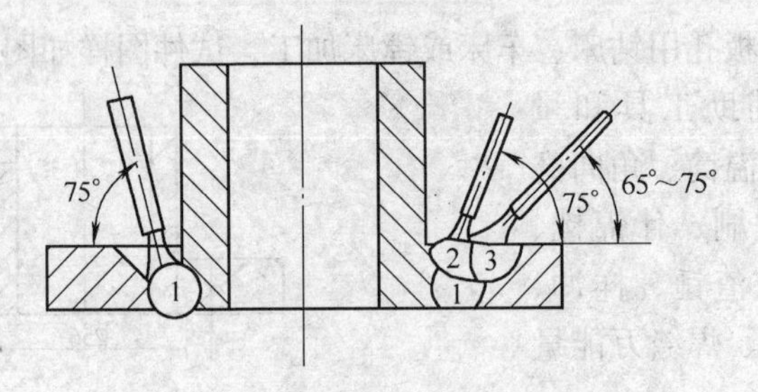

图 1-26 低碳钢管板插入式垂直俯位焊条
电弧焊单面焊双面成形焊缝层次

焊接电弧进行焊接。焊接开始时，电弧的 2/3 处在管板的坡口根部，电弧的 1/3 处在插入管板坡口内的管子端部。焊接电弧这样分配，可以保证管板坡口、管子端部两侧热量平衡。引弧成功后，压低电弧快速间断灭弧施焊，此时注意观察熔池形成情况，再经过 2 ~ 3s 后，稍放慢焊接节奏，正式开始打底层焊接。

（2）接头　接头技术有两种：热接法和冷接法。

1）焊缝热接法。当焊接停弧后，立即更换焊条，在焊缝熔池尚处在红热状态时，迅速在坡口前方 10 ~ 15mm 处引弧，然后快速把电弧的 2/3 拉至原熔池偏向管板坡口面位置上，1/3 的电弧加热管子端部，压低电弧。焊条在向坡口根部移动的同时，做斜锯齿形摆动，当听到“噗噗”两声之后，迅速断弧。再次开始断弧焊时，节奏稍快些，间断焊接 2 ~ 3 次后，焊缝热接法接头完毕，恢复正常的断弧焊焊接。

2）焊缝冷接法。开始接头之前，仔细清理焊缝处的飞溅物、焊渣等。引弧后，将电弧拉长，在接头处预热 1 ~ 2s，在焊缝熔孔前进行 5 ~ 10mm 的预热焊。此时，焊条做斜圆环形摆动，当焊条摆动到焊缝熔孔根部时，压低电弧，听到“噗噗”两声后，立即拉起电弧，恢复正常的断弧焊接。

（3）打底焊　焊接时焊条与管外壁夹角为 25° ~ 30°，采用这种角度的目的是把较多的热量集中在较厚的管板坡口面上，避免管壁过烧或管板坡口面熔合不好。焊条与焊接方向的倾角为 70° ~ 80°，起焊点可为三个定位焊点中的任一个，在定位焊点起弧后，采用短弧施焊，注意控制焊接电弧、焊缝熔池金属与熔渣之间的相互位置，及时调节焊条角度，防止焊渣超前流动，造成夹渣及焊缝产生未熔合、未焊透的缺欠，打底层焊缝焊接参数见表1-6。

表1-6　管板垂直固定焊条电弧焊单面焊双面成形焊接参数

焊接层次	焊条直径/mm	焊接电流/A	焊接速度/（mm/min）
定位焊	2.5	85～95	—
打底层	2.5	85～95	60～70
填充层	3.2	110～120	115～125
盖面层	3.2	105～115	125～135

（4）填充层焊　焊接时，焊条与管外壁夹角同打底层的角度，电弧的主要热量集中在管板上，使管外壁熔透1/3～2/5管壁厚即可。焊接过程中，控制焊条角度，防止出现夹渣、过烧缺欠。填充层焊缝焊接参数见表1-6。

（5）盖面层焊　焊接时，焊条与管外壁夹角同打底层的角度，焊接过程中焊条采用锯齿形摆动的同时，要不断地转动手腕和手臂，使焊缝成形良好。当焊条摆动在焊缝两端时（管外壁和管板），要稍做停留，防止咬边缺欠产生。盖面层焊缝焊接参数见表1-6。

5. 焊缝清理

焊完焊缝后，用敲渣锤清除焊渣，用钢丝刷进一步将焊渣、焊接飞溅物等清理干净，焊缝处于原始状态，交付专职检验前不得对各种焊接缺欠进行修补。

6. 焊接质量检验

按TSG Z6002—2010《特种设备焊接操作人员考核细则》评定。

（1）焊缝外形尺寸　焊缝余高0～3mm，焊缝余高差≤2mm，焊缝宽度比坡口每侧增宽0.5～2.5mm，宽度差≤3mm。

（2）焊缝表面缺欠　咬边深度≤0.5mm，焊缝两侧咬边总长度不超过18mm。背面凹坑深度≤2mm，总长度<18mm。焊缝表面不得有裂纹、未熔合、夹渣、气孔、焊瘤和未焊透。

（3）焊缝内部质量　焊件进行金相检查，用目视或5倍放大镜观察金相试块，不得有裂纹和未熔合。气孔或夹渣最大不得超过1.5mm；当气孔或夹渣大于0.5mm而小于1.5mm时，其数量不多于1个；当只有小于或等于0.5mm的气孔或夹渣时，其数量不得多于3个。

七、低碳钢管板插入式水平固定焊条电弧焊单面焊双面成形操作技术

1. 低碳钢管板插入式水平固定焊条电弧焊单面焊双面成形焊接特点

低碳钢管板插入式水平固定焊条电弧焊，需要进行全位置焊接。这是最难焊的位置，焊接过程中，焊件在水平固定不变的情况下，要求焊缝根部必须焊透。因此，焊工必须在掌握平焊、立焊和仰焊的操作技术后才能进行该焊件的焊接。管板插入式水平固定焊条电弧焊与T形接头平角焊相比，由于管壁薄、管板厚，所以在焊接过程中，焊接电弧与低碳钢管的角度要小些，注意电弧热量要均匀分配在管壁和管板上，防止钢管烧穿或未焊透。同时，焊接过程中要不断地转动手臂和手腕的位置，防止出现咬边缺欠。为了达到单面焊双面成形的质量要求，还必须在管板上开出一定尺寸的坡口，使焊接电弧能够深入到坡口的根部进行焊接。低碳钢管板插入式水平固定焊条电弧焊单面焊双面成形焊件如图1-27所示。

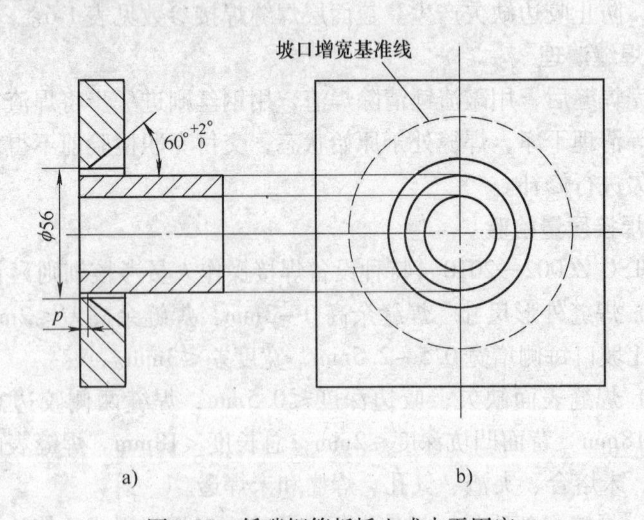

图1-27 低碳钢管板插入式水平固定焊条电弧焊单面焊双面成形焊件

a）焊件 b）测量焊缝坡口增宽基准线

2. 焊前准备

（1）焊机　选用 BX3-500 交流弧焊变压器。

（2）焊条　选用 E4303 酸性焊条，焊条直径为 2.5mm 和 3.2mm 两种，焊前经 75~150℃烘干，保温 2h。焊条在炉外停留时间不得超过 4h，否则焊条必须放在炉中重新烘干。焊条重复烘干次数不得多于 3 次。

（3）焊件（管板和管）　采用 20 低碳钢管，尺寸为 ϕ51mm×3.5mm，用切管机或气割下料，气割下料的管件端面，然后再用车床加工。管板厚度为 12mm，长为 100mm，宽为 100mm，用剪板机或气割下料，管板孔用钻床、车床或镗床加工，试件图样如图 1-27 所示。

（4）辅助工具和量具　焊条保温筒、角向磨光机、钢丝刷、什锦锉、半圆锉、敲渣锤、样冲、划针、圆规、焊缝万能量规等。

3. 焊前装配定位

（1）准备焊件　用角向磨光机将管板正面坡口面及坡口边缘 20~30mm 范围内的油、污、锈、垢清除干净，使其呈现金属光泽。然后在台虎钳上修磨坡口钝边，使钝边尺寸保持在 0.5~1.5mm，最后在距坡口边缘 30mm 处的试板表面用划针划上与坡口边缘同轴线，并打上样冲眼，作为焊后测量焊缝坡口增宽的基准线。插入管板内管端的外表面，用砂纸打磨 18~22mm，使其呈现金属光泽。

（2）试件的组对定位及焊接　将管子中轴线与管板孔的圆心对中，沿圆周定位 3 点，每点相距 120°，根部间隙为 2.5mm，定位焊缝长度≤10mm，定位焊缝必须是单面焊双面成形，为打底层焊接作准备。

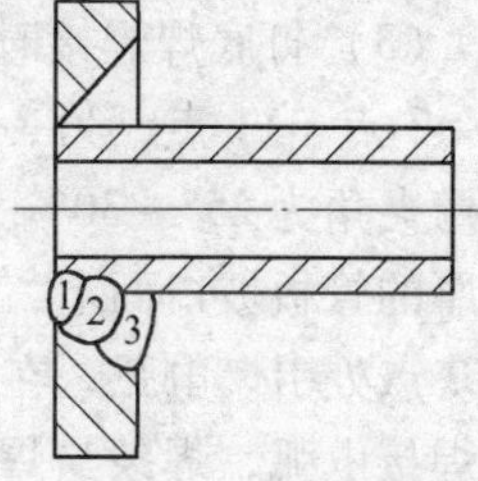

图 1-28　低碳钢管板插入式水平固定焊条电弧焊单面焊双面成形焊缝层次

4. 焊接操作

采用断弧焊手法，将焊缝分为 3 层：打底层、填充层和盖面层。为了便于说明焊接操作，规定从管子正前方看管板时，按时钟钟面的位置，将焊件分为 12 等分。低碳钢管板插入式水平固定焊条电弧焊单面焊双面成形焊缝层次如图 1-28 所示。打底层焊缝用 ϕ2.5mm 的 E4303 焊条，填充层和盖面层

焊缝用 ϕ3.2mm 的 E4303 焊条焊接。

（1）引弧　用划擦法引弧，引弧点在定位焊点上的管板坡口内侧，电弧引燃后，拉长电弧在定位焊点上预热 1.5～2s，然后再压低焊接电弧进行焊接。焊接开始时，电弧的 2/3 处在管板的坡口根部，电弧的 1/3 处在插入管板坡口内的管子端部，焊接电弧这样分配，以保证管板坡口、管子端部两侧热量平衡。引弧成功后，压低电弧快速间断灭弧施焊。此时注意观察熔池形成情况，再经过 2～3s 后，稍放慢焊接节奏，正式开始打底层焊接。

（2）接头　接头技术有两种：热接法、冷接法。

焊缝热接法。当焊接停弧后，立即更换焊条，在熔池尚处在红热状态时，迅速在坡口前方 10～15mm 处引弧，然后快速把电弧的 2/3 拉至原熔池偏向管板坡口面位置上，1/3 的电弧加热管子端部，压低电弧。焊条在向坡口根部移动的同时，做斜锯齿形摆动，当听到“噗、噗”两声之后，迅速断弧。再次开始断弧焊时，节奏稍快些，做间断焊接 2～3 次后，焊缝热接法接头完毕，恢复正常的断弧焊焊接。

焊缝冷接法。开始接头之前，仔细清理焊缝处的飞溅物和焊渣等。引弧后，将电弧拉长，在接头处预热 1～2s，在焊缝熔孔前面进行 5～10mm 的预热焊，此时焊条做斜圆环形摆动，当焊条摆动到焊缝熔孔根部时，压低电弧，听到“噗、噗”两声后，立即拉起电弧，恢复正常的断弧焊接。

（3）打底焊焊接时，将管板焊缝分为左、右两个半圆：时钟的 7 点→3 点→11 点，另一个半圆是时钟的 5 点→9 点→1 点，焊条与管外壁夹角为 25°～30°。采用这种角度的目的是把较多的热量集中在较厚的管板坡口面上，避免管壁过烧或管板坡口面熔合不好。从时钟的 7 点处引燃电弧，在管板孔的边缘和管子外壁稍加预热后便稍稍提高焊接电弧，焊条与焊接方向的倾角为 70°～80°，焊条向焊件坡口根部顶送深些，采用短弧做小幅度锯齿形横向摆动，逆时针方向进行焊接；在时钟的 4 点→2 点（或 8 点→10 点）采用立焊与上坡焊，焊条与焊接方向的角度为 100°～120°，焊条在向坡口根部顶送量比仰焊部位浅些；在时钟的 2 点→11 点（或 10 点→1 点）采用上坡焊与平焊，焊条在向坡口根部顶送量比立焊部位浅些，此时焊件的温度已经很高，注意控制焊接节奏和熔池温度，以防止熔化金属由于重力作用而造成背面焊缝过高和产生焊瘤。注意控制焊接电弧、焊缝熔池金属与熔渣之间的相互位置，及时调节焊条角度，防止焊渣超前流动，造成夹渣及焊缝产生未熔合、未焊透的缺欠，打底层焊缝焊接参数见表1-7。

表1-7　低碳钢管板插入式水平固定焊条电弧焊单面焊双面成形焊接参数

焊接层次	焊条直径/mm	焊接电流/A	焊接速度/(mm/min)
定位焊	2.5	60～80	60～80
打底层		60～80	60～70
填充层		70～90	55～65
盖面层		70～80	60～80

（4）填充层焊　焊接时，焊条与管外壁夹角同打底层的焊接，电弧的主要热量集中在管板上，使管外壁熔透1/3～2/5管壁厚即可。焊接过程中，控制焊条角度，防止夹渣、过烧缺欠出现，焊条的摆动幅度要比打底层宽些，填充层的焊道要薄些，管子一侧坡口要填满，与板一侧的焊道形成斜面，使盖面焊道焊后能够圆滑过渡。填充层焊缝焊接参数见表1-7。

（5）盖面层焊　焊接时，焊条与管外壁夹角同打底层的焊接，焊接过程中，焊条采用锯齿形摆动的同时，要不断地转动手腕和手臂，使焊缝成形良好。当焊条摆动在焊缝两端时（管外壁和管板）要稍做停留，防止咬边缺欠的产生。盖面层焊缝焊接参数见表1-7。管板水平固定焊条电弧焊单面焊双面成形焊条角度如图1-29所示。

5. 焊缝清理

焊完焊缝后，用敲渣锤清除焊渣，用钢丝刷进一步将焊渣、焊接飞溅物等清理干净，焊缝处于原始状态，交付专职检验前不得对各种焊接缺欠进行修补。

6. 焊接质量检验

按TSG Z6002—2010《特种设备焊接操作人员考核细则》评定。

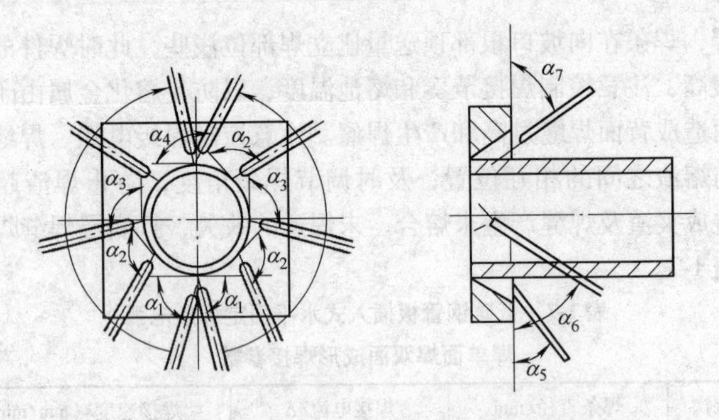

图 1-29　管板水平固定焊条电弧焊单面焊双面成形焊条角度

$\alpha_1 = 80° \sim 85°$　$\alpha_2 = 100° \sim 105°$　$\alpha_3 = 100° \sim 110°$　$\alpha_4 = 120°$

$\alpha_5 = 30°$　$\alpha_6 = 45°$　$\alpha_7 = 35°$

（1）焊缝外形尺寸　焊缝余高 0 ~ 4mm，焊缝余高差≤3mm，焊缝宽度比坡口每侧增宽 0.5 ~ 2.5mm，宽度差≤3mm。

（2）焊缝表面缺陷　咬边深度≤0.5mm，焊缝两侧咬边总长度不超过 18mm。背面凹坑深度≤2mm，总长度 <18mm。焊缝表面不得有裂纹、未熔合、夹渣、气孔、焊瘤和未焊透。

（3）焊缝内部质量　焊件进行金相检查，用目视或 5 倍放大镜观察金相试块，不得有裂纹和未熔合。气孔或夹渣最大不得超过 1.5mm；当气孔或夹渣大于 0.5mm 而小于 1.5mm 时，其数量不多于 1 个；当气孔或夹渣小于或等于 0.5mm 时，其数量不得多于 3 个。

八、*ϕ*80mm × 4mm 低碳钢管水平固定对接单面焊双面成形操作技术

1. *ϕ*80mm × 4mm 低碳钢管水平固定对接单面焊双面成形焊接特点

*ϕ*80mm × 4mm 低碳钢管对接水平固定焊条电弧单面焊双面成形，焊接过程要进行仰焊、立焊以及平焊等位置的操作。为此，在焊接位置不断变化的情况下，不仅要求焊条角度作相应的变化，而且焊接电流、熔化的焊条金属液的送进速度也应该随着焊接位置的不断变化而做相应的调整。但是，焊接现场比较复杂，不可能去频繁地调整焊接

电流，所以在焊件水平固定不变的情况下要求焊缝根部必须焊透，只能是靠焊工在焊接过程中，准确控制灭弧频率和调节焊条金属液的送进速度，以此控制焊缝熔池温度和焊缝成形。因此，焊工必须在熟练掌握平焊、立焊和仰焊的操作技术后才能进行该焊件的焊接。ϕ80mm×4mm 低碳钢管水平固定焊条电弧单面焊双面成形焊件如图 1-30 所示。

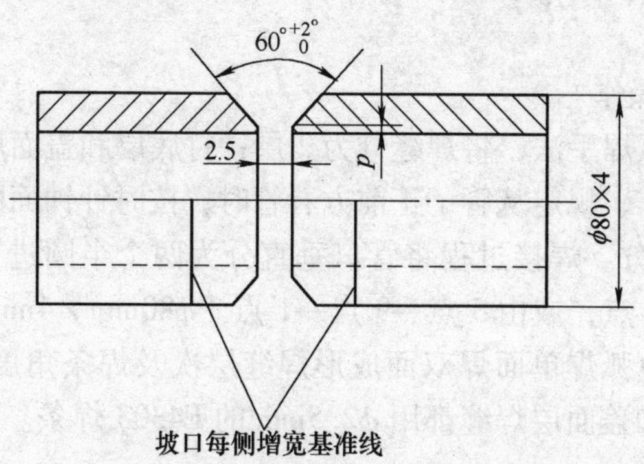

图 1-30　ϕ80mm×4mm 低碳钢管水平固定焊条电弧单面焊双面成形焊件

2. 焊前准备

（1）焊机　选用 BX3-500 交流弧焊变压器。

（2）焊条　选用 E4303 酸性焊条，焊条直径为 2. 5mm，焊前经 75～150℃烘干，保温 2h。焊条在炉外停留时间不得超过 4h，否则焊条必须放在炉中重新烘干。焊条重复烘干次数不得多于 3 次。

（3）焊件　采用 20 低碳钢管，尺寸为 ϕ80mm×4mm，长 150mm，用切管机或车床下料，气割下料的管件端面，然后再用车床加工。

（4）辅助工具和量具　焊条保温筒、角向磨光机、钢丝刷、整形锉、半圆锉、敲渣锤、样冲、划针、圆规、焊缝万能量规等。

3. 焊前装配定位

（1）准备焊件　用角向磨光机将管坡口面及坡口边缘 20～30mm 范围内的油、污、锈、垢清除干净，使其呈现金属光泽。然后，在台虎钳上修磨坡口钝边，使钝边尺寸保持在 0.5 ~ 1.5mm，最后在距坡口边缘 30mm 处的试板表面用划针划上与坡口边缘同轴线，并打上样冲眼，作为焊后测量焊缝坡口增宽的基准线。

（2）焊件的组对定位及焊接　将两个管子中轴线的圆心对中，沿圆周定位 3 点，每点相距 120°，根部间隙为 2.5mm，定位焊缝长度≤10mm，定位焊缝必须是单面焊双面成形，为打底层焊接作准备。

4. 焊接操作

采用断弧焊手法，将焊缝分为 2 层：打底层和盖面层。为了便于说明焊接操作，规定从管子正前方看管时，按时钟钟面的位置，将焊件分为 12 等分。焊接过程将管口垂直分为两个半圆进行焊接：由 7 点→3 点→11 点，或由 5 点→9 点→1 点。ϕ80mm × 4mm 低碳钢管水平固定焊条电弧焊单面焊双面成形焊缝层次及焊条角度如图 1-31 所示。打底层和盖面层焊缝都用 ϕ2.5mm 的 E4303 焊条。

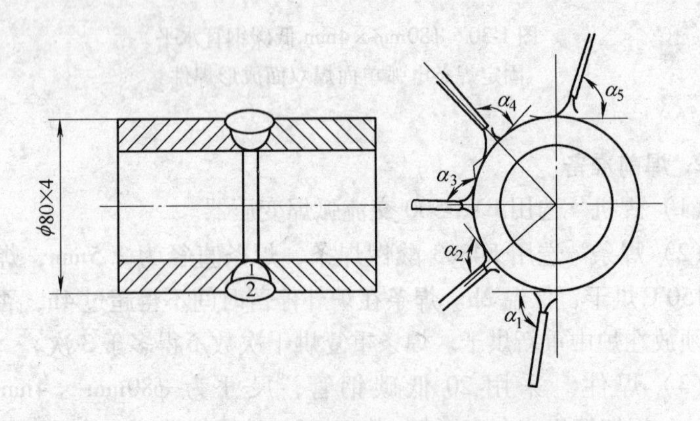

图 1-31　ϕ80mm × 4mm 低碳钢管水平固定焊条电弧单面焊双面成形焊缝层次及焊条角度

打底焊　$\alpha_1 = 80° \sim 85°$　$\alpha_2 = 100° \sim 105°$　$\alpha_3 = 90°$　$\alpha_4 = 85° \sim 90°$　$\alpha_5 = 70° \sim 75°$

盖面焊　$\alpha_1 = 85° \sim 90°$　$\alpha_2 = 105° \sim 110°$　$\alpha_3 = 95°$　$\alpha_4 = 90° \sim 95°$　$\alpha_5 = 75° \sim 80°$

（1）引弧　用直击法在 6 点处引弧，引弧点在定位焊点上的管板坡口内侧，电弧引燃后拉长电弧在定位焊点上预热 1.5 ~ 2s，然后再压低焊接电弧进行焊接。焊接开始前，将6点处的定位焊点及其他两个定位焊点的两端用整形锉修磨成斜坡。引弧成功后，压低电弧快速间断灭弧施焊。此时注意观察熔池形成情况，再经过2~3s后稍放慢焊接节奏，正式开始打底层焊接。

（2）接头 接头技术有热接法和冷接法两种。

1）焊缝热接法。当焊接停弧后，立即更换焊条，在熔池尚处在红热状态时，迅速在坡口前方10~15mm处引弧，然后快速把电弧拉至熔孔位置，压低电弧。焊条在向坡口根部移动的同时，做斜锯齿形摆动，当听到“噗、噗”两声之后，迅速断弧。再次开始断弧焊时，节奏稍快些，间断焊接2~3次后，焊缝热接法接头完毕，恢复正常的断弧焊焊接。

2）焊缝冷接法。开始接头之前，仔细清理焊缝处的飞溅物、焊渣等。引弧后，将电弧拉长，在接头处预热1~2s，在焊缝熔孔前面进行5~10mm的预热焊。此时，焊条做斜圆环形摆动，当焊条摆动到焊缝熔孔根部时压低电弧，听到“噗、噗”两声后，立即拉起电弧，恢复正常的断弧焊接。

（3）打底焊 焊接时，将管焊缝分为左、右两个半圆：一个半圆是时钟的7点→3点→11点，另一个半圆是时钟的5点→9点→1点，焊条与管外壁夹角为25°~30°。从时钟的7点处引燃电弧，在管子外壁稍加预热后便稍稍提高焊接电弧，焊条与焊接方向的倾角为70°~80°，焊条向焊件坡口根部顶送深些，采用短弧做小幅度锯齿形横向摆动，逆时针方向进行焊接；在时钟的4点→2点（或8点→10点）采用立焊与上坡焊，焊条与焊接方向的角度为85°~90°，焊条在向坡口根部顶送量比仰焊部位浅些；在时钟的2点→11点（或10点→1点）采用上坡焊与平焊，焊条角度为100°~90°，焊条在向坡口根部顶送量比立焊部位浅些，以防止熔化金属由于重力作用而造成背面焊缝过高和产生焊瘤。

采用两点击穿法焊接时，注意控制焊接电弧、焊缝熔池金属与熔渣之间的相互位置，控制好断弧焊灭弧频率，电弧燃烧时间是0.8~1s，灭弧时间为0.5~1s。在仰焊部位焊接时用短弧，电弧长度应有1/2长透过管壁，焊到立焊部位时，电弧长度应有1/2左右透过管壁，在水平管的上坡焊和平焊位置焊接时，电弧长度应透过管壁1/4左右。由于此时水平管焊缝处的温度已经很高，所以尽量减少焊接电弧在水平管上的停留时间，断弧操作的方式由向下甩动灭弧改为向上甩动灭弧。随时调节焊条角度，防止焊渣超前流动，造成夹渣及焊缝产生未熔合、未焊透的缺欠，打底层焊缝焊接参数见表1-8。

表1-8 低碳钢管水平固定焊条电弧单面焊双面成形焊接参数

焊接层次	焊条直径/mm	焊接电流/A	焊接速度/(mm/min)
定位焊	2.5	60~80	60~80
打底层		60~80	60~70
盖面层		70~80	60~80

（4）盖面层焊　焊接时，焊条与管外壁夹角比同位置打底层焊大5°~6°，焊接过程中，焊条采用月牙形或横向锯齿形摆动运条法，要不断地转动手腕和手臂，使焊缝成形良好。当焊条摆动在焊缝两端时，要稍做停留，以防止咬边缺欠产生。盖面层焊缝焊接参数见表1-8。

5. 焊缝清理

焊完焊缝后，用敲渣锤清除焊渣，用钢丝刷进一步将焊渣、焊接飞溅物等清理干净，焊缝处于原始状态，交付专职检验前不得对各种焊接缺欠进行修补。

6. 焊接质量检验

按TSG Z6002—2010《特种设备焊接操作人员考核细则》评定。

（1）焊缝外形尺寸　焊缝余高0~4mm，焊缝余高差≤3mm，焊缝宽度比坡口每侧增宽0.5~2.5mm，宽度差≤3mm。

（2）焊缝表面缺陷　咬边深度≤0.5mm，焊缝两侧咬边总长度不超过18mm。背面凹坑深度≤1mm，总长度<18mm。焊缝表面不得有裂纹、未熔合、夹渣、气孔、焊瘤和未焊透。

（3）焊缝内部质量　焊缝按NB/T 47013.1~13—2015《承压设备无损检测》系列标准检测，射线透照质量不低于AB级，焊缝缺陷等级不低于Ⅱ级。

九、ϕ80mm×4mm 低碳钢管垂直固定对接单面焊双面成形操作技术

1. ϕ80mm×4mm 低碳钢管垂直固定对接单面焊双面成形焊接特点

ϕ80mm×4mm 低碳钢管对接垂直固定焊条电弧单面焊双面成形类似钢板的对接横焊，所不同的是管焊缝是圆形焊缝，焊工在焊接过程中，手腕、焊条要随着焊缝做圆周变换、移动，而且焊条角度始终保持一致。因此与板横焊相比，管垂直横焊的难度就大了。ϕ80mm×4mm 低碳钢管垂直固定焊条电弧单面焊双面成形焊件如图 1-32 所示。

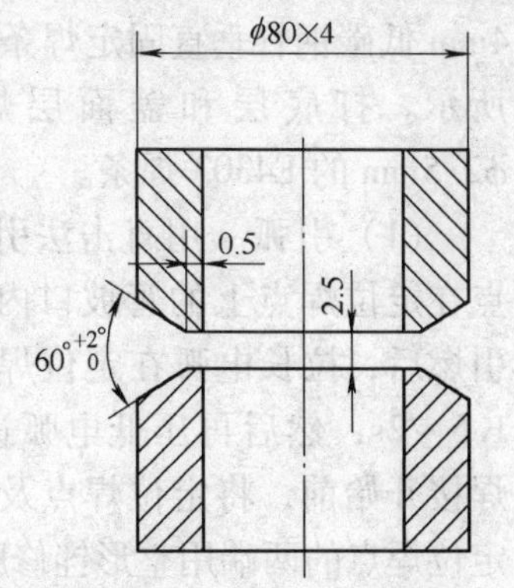

图 1-32　ϕ80mm×4mm 低碳钢管垂直固定焊条电弧单面焊双面成形焊件

2. 焊前准备

（1）焊机　选用 BX3-500 交流弧焊变压器。

（2）焊条　选用 E4303 酸性焊条，焊条直径为 2.5mm，焊前经 75～150℃烘干，保温 2h。焊条在炉外停留时间不得超过 4h，否则焊条必须放在炉中重新烘干。焊条重复烘干次数不得多于 3 次。

（3）焊件　采用 20 低碳钢管，尺寸为 ϕ80mm×4mm，长 150mm，用切管机或车床下料。气割下料的管件，其端面应再用车床加工。

（4）辅助工具和量具　焊条保温筒、角向磨光机、钢丝刷、整形锉、半圆锉、敲渣锤、样冲、划针、圆规、焊缝万能量规等。

3. 焊前装配定位

（1）准备焊件　用角向磨光机将管坡口面及坡口边缘 20～30mm 范围内的油、污、锈、垢清除干净，使其呈现金属光泽。然后在台虎钳上修磨坡口钝边，使钝边尺寸保持在 0.5～1.5mm，最后在距坡口边缘 30mm 处的试板表面，用划针划上与坡口边缘同轴线，并打上样

冲眼，作为焊后测量焊缝坡口增宽的基准线。

（2）焊件的组对定位及焊接　将两个管子中轴线的圆心对中，沿圆周定位3点，每点相距120°，根部间隙为2.5mm，定位焊缝长度≤10mm，定位焊缝必须是单面焊双面成形，为打底层焊接作准备。

4. 焊接操作

采用断弧焊手法，将焊缝分为2层：打底层和盖面层。ϕ80mm×4mm低碳钢管垂直固定焊条电弧单面焊双面成形焊缝层次如图1-33所示。打底层和盖面层焊缝都用ϕ2.5mm的E4303焊条。

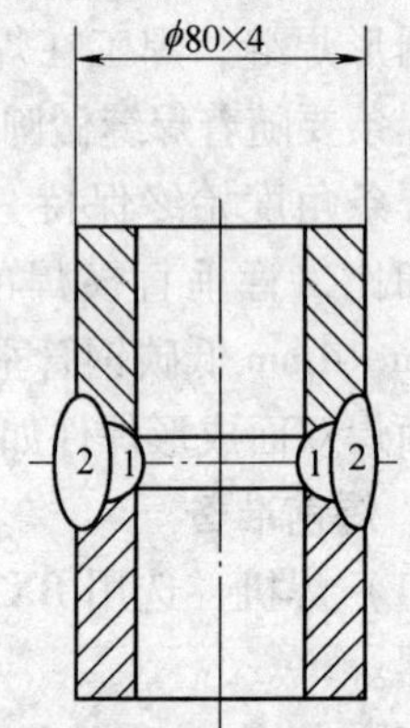

图1-33　ϕ80mm×4mm低碳钢管垂直固定焊条电弧单面焊双面成形焊缝层次

（1）引弧　用直击法引弧，引弧点在定位焊点上的管坡口内侧，电弧引燃后，拉长电弧在定位焊点上预热1.5~2s，然后再压低电弧进行焊接。焊接开始前，将定位焊点及其他两个定位焊点的两端用整形锉修磨成斜坡。引弧成功后，压低电弧快速间断灭弧施焊。此时注意观察熔池形成情况，再经过2~3s后稍放慢焊接节奏，正式开始打底层焊接。

（2）接头　接头技术有两种：热接法和冷接法。

1）焊缝热接法。当焊接停弧后，立即更换焊条，在熔池尚处在红热状态时，迅速在坡口前方10~15mm处引弧，然后快速把电弧拉至熔孔位置上压低电弧。焊条在向坡口根部移动的同时，做斜锯齿形摆动，当听到“噗、噗”声后，迅速断弧。再次开始断弧焊时，节奏稍快些，间断焊接2~3次后，焊缝热接法接头完毕，恢复正常的断弧焊焊接。

2）焊缝冷接法。开始接头前，仔细清理焊缝处的飞溅物、焊渣等。引弧后，将电弧拉长，在接头处预热1~2s，在焊缝熔孔前面进行5~10mm的预热焊。此时，焊条做斜圆环形摆动，当焊条摆动到焊缝熔孔根部时压低电弧，听到“噗、噗”两声后，立即拉起电弧，恢复正常的断弧焊接。

（3）打底焊　焊接时，在坡口的上缘处起弧后，将焊接电弧移至坡口根部间隙，并使钝边熔化，然后立即把电弧移至坡口的下缘，形成完整的第一个熔池。在操作过程中，注意首先击穿坡口的下部，形成下熔孔，使下坡口钝边处熔化1.5～2mm之后，立即将电弧上移击穿坡口的上部，形成上熔孔，同样使上坡口钝边处熔化1.5～2mm。在整个击穿过程，应使下熔孔与上熔孔之间的间距错开1/2～2/3，熔孔的距离。焊接时，始终采取短弧断弧焊手法向坡口的下部及上部分别递送熔滴，注意控制焊接电弧弧柱，焊接时应使弧柱长度的1/3透过焊缝的背面。控制电弧灭弧频率，严密观察焊缝熔池金属与熔渣之间的相互位置，及时调节焊条角度，防止焊渣超前流动，造成夹渣及焊缝产生未熔合、未焊透的缺欠。打底层焊缝焊接参数见表1-9。

表1-9　低碳钢管垂直固定焊条电弧单面焊双面成形焊接参数

焊接层次	焊条直径/mm	焊接电流/A	焊接速度/(mm/min)
定位焊	2.5	60～80	60～80
打底层		60～80	60～70
盖面层		70～80	60～80

（4）盖面层焊　焊接时，焊条与管外壁夹角同打底层的焊接。焊接过程中，焊条采用锯齿形摆动的同时，要不断地转动手腕和手臂，使焊缝成形良好。当焊条摆动在焊缝两端时，要稍做停留，防止咬边缺欠产生。焊条在进行盖面层焊接时，摆动的同时，要注意防止熔池温度过高，造成液态金属下坠或咬边缺欠的产生。盖面层焊缝焊接参数见表1-9。管垂直固定焊条电弧单面焊双面成形焊条角度如图1-34所示。

5. 焊缝清理

焊完焊缝后，用敲渣锤清除焊渣，用钢丝刷进一步将焊渣、焊接飞溅物等清理干净，焊缝处于原始状态，交付专职检验前不得对各种焊接缺欠进行修补。

6. 焊接质量检验

按TSG Z6002—2010《特种设备焊接操作人员考核细则》评定。

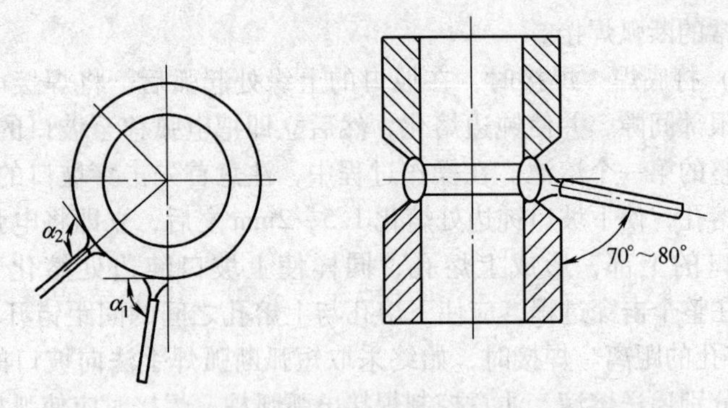

图 1-34 管垂直固定焊条电弧单面焊双面成形焊条角度

α_1 是起始焊点角度，α_1 = 70° ~ 80° α_2 是起弧后正常焊接角度，α_2 = 50° ~ 60°

（1）焊缝外形尺寸 焊缝余高为 0 ~ 4mm，焊缝余高差≤3mm，焊缝宽度比坡口每侧增宽 0. 5 ~ 2. 5mm，宽度差≤3mm。

（2）焊缝表面缺陷 咬边深度≤0. 5mm，焊缝两侧咬边总长度不超过 18mm。背面凹坑深度≤1mm，总长度 <18mm。焊缝表面不得有裂纹、未熔合、夹渣、气孔、焊瘤和未焊透。

（3）焊缝内部质量 焊缝按 NB/T 47013. 1 ~ 13—2015《承压设备无损检测》系列标准检测，射线透照质量不低于 AB 级，焊缝缺陷等级不低于Ⅱ级。

十、ϕ51mm × 3. 5mm 小直径管对接垂直固定加障碍管焊条电弧焊单面焊双面成形操作技术

1. 酸性焊条（断弧焊）焊接管对接垂直固定加障碍管单面焊双面成形

（1）焊前准备

1）焊机。选用 BX3-500 直流弧焊机。

2）焊条。选用 E4303 酸性焊条，焊条直径为 2. 5mm，焊前经 75 ~ 150℃烘干 1 ~ 2h。烘干后的焊条放在焊条保温筒内随用随取，焊条在炉外停留时间不得超过 6 ~ 8h。否则焊条必须放在炉中重新烘干。焊条重复烘干次数不得多于 3 次。

3）管焊件。采用 20 钢管，直径为 51mm，厚度为 3. 5mm，用无

齿锯床或气割下料，然后再用车床加工成 V 形 30°坡口。气割下料的焊件，其坡口边缘的热影响区应该用车床车掉，试件图样如图 1-35 所示。

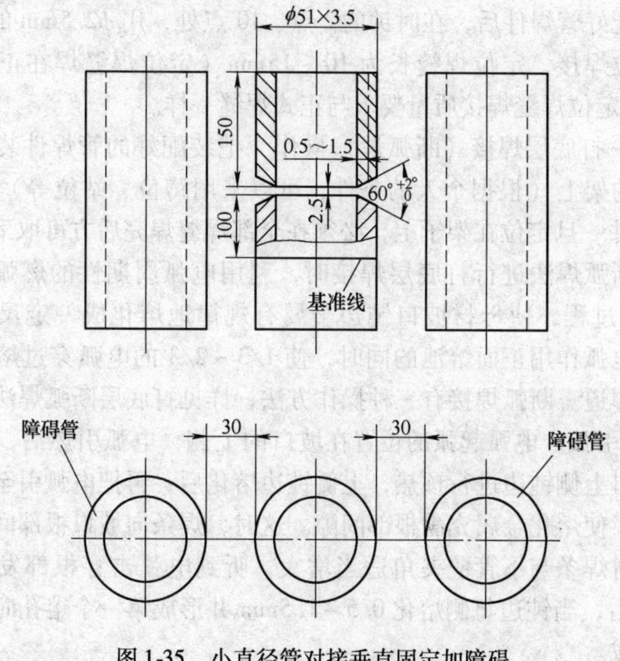

图 1-35　小直径管对接垂直固定加障碍管焊条电弧焊单面焊双面成形试件

4）辅助工具和量具。焊条保温筒、角向磨光机、钢丝刷、敲渣锤、样冲、划针、焊缝万能量规等。

（2）焊前装配定位焊　装配定位的目的是把两个管件装配成合乎焊接技术要求的 Y 形坡口管焊件。

1）准备管焊件。用角向磨光机将管焊件两侧坡口面及坡口边缘 20～30mm 范围内的油、污、锈、垢清除干净，使其呈现金属光泽。然后在距坡口边缘 100mm 处的管焊件表面用划针划上与坡口边缘平行的平行线，并打上样冲眼，作为焊后测量焊缝坡口每侧增宽的基准线。

2）管焊件装配。将打磨好的管件装配成 Y 形坡口的对接接头，装配间隙始焊端为 2.5mm（可以用 ϕ2.5mm 焊条头夹在试板坡口的钝边处，将两试板定位焊牢，然后用敲渣锤打掉定位用的 ϕ2.5mm 焊条头）。

装配好管焊件后，在时钟的 2 点、10 点处，用 ϕ2.5mm 的 E4303 焊条定位焊接，定位焊缝长为 10～15mm（定位焊缝焊在正面焊缝处），对定位焊缝焊接质量要求与正式焊缝一样。

（3）打底层焊接（断弧焊）操作　把装配好的管焊件装夹在一定高度的架上（根据个人的条件，可以采用蹲位、站位等）进行焊接（焊件一旦定位在架子上，必须在全部焊缝焊完后方可取下）。

用断弧焊法进行打底层焊接时，利用电弧周期性的燃弧—断弧（灭弧）过程，使母材坡口钝边金属有规律地熔化成一定尺寸的熔孔，在电弧作用正面熔池的同时，使 1/3～2/3 的电弧穿过熔孔而形成背面焊道。断弧焊接有三种操作方法，详见打底层断弧焊法。

1）引弧。电弧起弧的位置在坡口的上侧，电弧引燃后，对起弧点处坡口上侧钝边进行预热，上侧钝边熔化后，再把电弧引至钝边的间隙处，使熔化金属充满根部间隙。这时，焊条向坡口根部间隙处下压，同时焊条与下管壁夹角适当增大，听到电弧击穿根部发出“噗噗”声后，当钝边每侧熔化 0.5～1.5mm 并形成第一个熔孔时，引弧工作完成。

2）焊条角度。焊条角度如图 1-36 所示。

3）运条方法。断弧单面焊双面成形有三种成形手法：一点击穿焊法、两点击穿焊法和三点击穿焊法。当管壁厚为 2.5～3.5mm，根部间隙小于等于 2.5mm 时，由于管壁较薄，多采用一点击穿法焊接；根部间隙大于 2.5mm 时，可采用两点击穿法焊接；当管壁厚大于 3.5mm，根部间隙小于 2.5mm 时，多采用一点击穿焊法；根部间隙大于 2.5mm 但小于等于 4mm 时，可采用两点击穿焊法；根部间隙大于 4mm 时，采用三点击穿焊法。焊接分为两个半圆进行。起弧点在时钟的 10～9 点钟中间处，因有障碍管影响焊条的运条，所以焊工在时钟的 10～9 点钟处，将焊条穿过障碍管与被焊管之间的间隙，找好焊条角度，尽量在 10～9 点钟处起弧。焊接方向是从左向右（即从

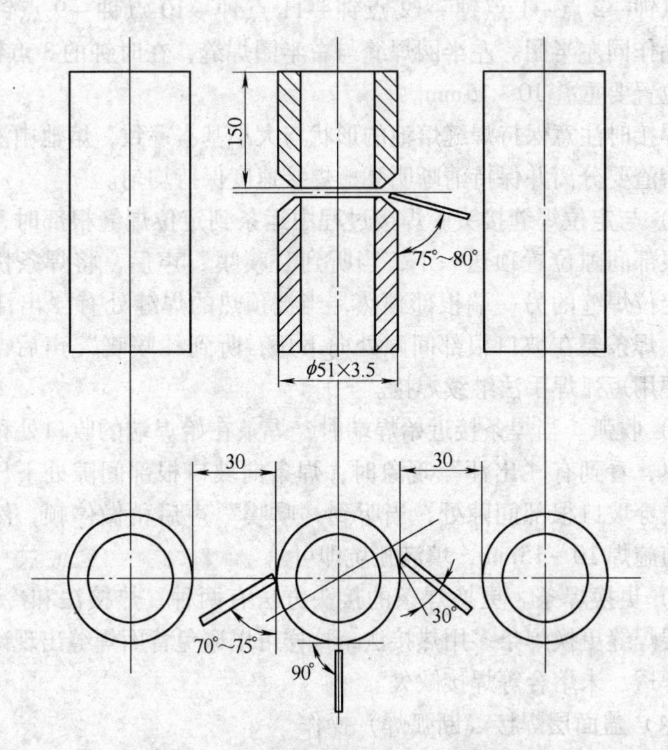

图 1-36　小直径管对接垂直固定加障碍管
打底层焊条电弧焊焊条角度

10 ~ 9 点钟处起弧，经过 8 点钟→7 点钟→6 点钟→5 点钟→4 点钟→3 点钟→2 点钟止），逐点将熔化的金属送到坡口根部，然后迅速向侧后方灭弧。灭弧的动作要干净、利落，不拉长弧，防止产生咬边缺欠。灭弧与重新引燃电弧的时间间隔要短，灭弧频率以 70 ~ 80 次/min 为宜。灭弧后重新引弧的位置要准确，新焊点与前一个焊点搭接 2/3 左右。

然后，焊工移位在 12 点钟处，在 4 ~ 3 点钟处进行打磨，用角向磨光机将起弧点（4 ~ 3 点钟）打磨成斜坡状。焊工在时钟的 4 ~ 3 点钟处，将焊条穿过障碍管与被焊管之间的间隙，找好焊条角度，尽量在 4 ~ 3 点钟处起弧。焊接方向是从右向左（即从 4 ~ 3 点钟起弧，经过3点钟→2点→1点钟→12点钟→11点钟→10点钟→9点钟止）。其他操作同左半圈。左半圈焊缝与右半圈焊缝，在时钟的3点钟和9点钟位置要重叠10～15mm。

焊接时注意保持焊缝熔池的形状与大小基本一致，熔池中液态金属与熔渣要分离并保持清晰明亮，焊接速度保持均匀。

4）与定位焊缝接头。焊接过程中运条到定位焊缝根部时，焊条要向根部间隙位置顶送一下，当听到“噗噗”声后，将焊条快速运条到定位焊缝的另一端根部预热，当被预热的焊缝处有“出汗”现象时，焊条要在坡口根部间隙处向下压，听到“噗噗”声后，稍做停顿便用短弧焊手法继续焊接。

5）收弧。当焊条接近始焊端时，焊条在始焊端的收口处稍微停顿预热，看到有“出汗”现象时，焊条向坡口根部间隙处下压，让电弧击穿坡口根部间隙处，当听到“噗噗”声后稍做停顿，然后继续向前施焊10～15mm，填满弧坑即可。

6）更换焊条。更换焊条的接头方法有两种：热接法和冷接法。打底层焊缝更换焊条多用热接法，这样可以避免背面焊缝出现冷缩孔和未焊透、未熔合等焊接缺欠。

（4）盖面层焊接（断弧焊）操作

1）清渣与打磨焊缝。仔细清理打底层焊缝与坡口两侧母材夹角处的焊渣、焊点与焊点叠加处的焊渣。将打底层焊缝表面不平处进行打磨，为盖面层焊缝焊接做准备。

2）焊条角度。焊条角度如图1-37所示。

盖面层为1道焊缝时，焊条与下管壁夹角为80°～90°。

盖面层为2道焊缝时，第1道焊缝焊条与下管壁夹角为75°～80°，第2道焊缝焊条与下管壁夹角为80°～90°。

所有盖面层焊道，焊条与焊点处管切线焊接方向夹角均为80°～85°。

3）运条方法。焊条由时钟的9～10点钟位置起弧，由左向右施焊：9点钟→8点钟→7点钟→6点钟→5点钟→4点钟→3点钟→2点钟止，这是前半圈。后半圈焊接：由4～3点处起弧→3点钟→2点钟→1点钟→12点钟→11点钟→10点钟→9点钟止。盖面层为1道焊

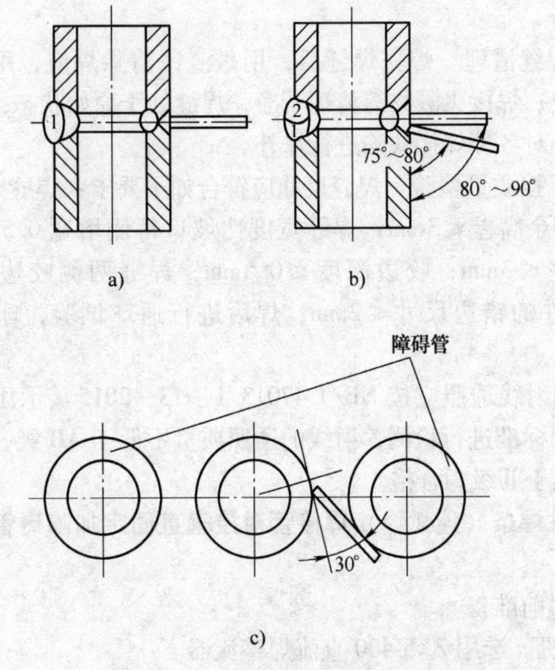

图 1-37　小直径管对接垂直固定加障碍管盖面层焊条电弧焊焊条角度

缝时，采用锯齿形运条法，在焊缝的中间部分运条速度要稍快些，在焊缝的两侧稍做停顿，给焊缝边缘填足熔化金属，防止咬边缺欠产生。盖面层为 2 道焊缝时，采用直线形运条法，不做横向摆动，按打底层的焊法，分 2 个半圆进行盖面层的焊接。同时，每道焊缝与前一道焊缝要搭接 1/3 左右，盖面层焊缝要熔进坡口两侧边缘 1～2mm。

（5）焊接参数　打底层焊缝采用单点击穿法，焊接参数见表 1-10。

表 1-10　小直径管对接垂直固定加障碍管焊条电弧焊焊接参数

焊缝层次（道数）	焊条直径/mm	焊接电流/A	电弧电压/V
打底层（1）	2.5	75～85	22～26
盖面层（2）	2.5	70～80	22～26

灭弧频率：在横焊位、平焊位为35～40次/min；在立焊位为40～45次/min。

（6）焊缝清理　焊完焊缝后，用敲渣锤清除焊渣，用钢丝刷进一步将焊渣、焊接飞溅物等清理干净，焊缝处于原始状态，交付专职检验前不得对各种焊接缺陷进行修补。

（7）焊接质量检验　焊缝尺寸应符合如下要求：焊缝余高为0～4mm；焊缝余高差≤3mm；焊缝宽度比坡口每侧增宽0.5～2.5mm；焊缝宽度差≤3mm；咬边深度≤0.5mm，焊缝两侧咬边总长度≤15mm；焊件的错边尺寸≤2mm；焊后进行通球试验，球的直径为37.4mm。

焊件的射线透照应按NB/T 47013.1～13—2015《承压设备无损检测》系列标准进行检测，射线的透照质量不低于AB级，焊缝的缺陷等级不低于Ⅱ级为合格。

2. 碱性焊条（连弧焊）焊接管对接垂直固定加障碍管单面焊双面成形

（1）焊前准备

1）焊机。选用ZX5-400直流焊整流器。

2）焊条。选用E5015碱性焊条，焊条直径为2.5mm，焊前经350～400℃烘干1～2h。烘干后的焊条放在焊条保温筒内随用随取，焊条在炉外停留时间不得超过4h。否则焊条必须放在炉中重新烘干。焊条重复烘干次数不得多于3次。

3）焊件（管件）。采用Q345（16Mn）钢管，直径为51mm，厚度为3.5mm，用无齿锯床或气割下料，然后再用车床加工成V形30°坡口。气割下料的焊件，其坡口边缘的热影响区应该用车床车掉，试件图样如图1-35所示。

4）辅助工具和量具。焊条保温筒、角向磨光机、钢丝刷、敲渣锤、样冲、划针、焊缝万能量规等。

（2）焊前装配定位焊　装配定位的目的是把两个管件装配成合乎焊接技术要求的Y形坡口管焊件。

1）准备管焊件。用角向磨光机将管焊件两侧坡口面及坡口边缘20～30mm范围内的油、污、锈、垢清除干净，使其呈现金属光泽。

然后，在距坡口边缘100mm处的管焊件表面用划针划上与坡口边缘平行的平行线，并打上样冲眼，作为焊后测量焊缝坡口每侧增宽的基准线。

2）管焊件装配。将打磨好的管件装配成Y形坡口的对接接头，装配间隙始焊端为2.5mm（可以用ϕ2.5mm焊条头夹在试板坡口的钝边处，将两试板定位焊牢，然后用敲渣锤打掉定位用的ϕ2.5mm焊条头）。

装配好管焊件后，在时钟的2点、10点处，用ϕ2.5mm的E5015焊条定位焊接，定位焊缝长为10~15mm（定位焊缝焊在正面焊缝处），对定位焊缝焊接质量要求与正式焊缝一样。

（3）打底层焊接（连弧焊）操作　把管子分为两个半圆焊接。以时钟的3点、9点钟为界，打底层的起弧点分别是在时钟的3点和9点钟位置，面对着两个障碍管起弧点要尽量在一个范围。例如，焊工面对着时钟的6点，起弧时尽量将焊条往被焊管和障碍管间隙的深处送（2~3点钟或10~9点钟），起弧后不断弧地由两条线路连续焊接，即由左向右（逆时针方向）和由右向左（顺时针方向）。

打底层由左向右焊法：在10点~9点钟位置起弧→8点钟→7点钟→6点钟→5点钟→4点钟→3点钟→接近2点钟位置止（障碍管限制了焊接）。

打底层由右向左焊法：在2点~3点钟位置起弧→3点钟→4点钟→5点钟→6点钟→7点钟→8点钟→9点钟→10点钟位置止（障碍管限制了焊接）。

焊工换个位置，面对着时钟的12点钟，焊接另一个半圆。起弧后不断弧地由两条线路连续焊接，即由左向右（逆时针方向）和由右向左（顺时针方向）。

另一个半圆由左向右焊法：在4~3点钟位置起弧→3点钟→2点钟→1点钟→12点钟→11点钟→10点钟→9点钟→接近8点钟位置止（障碍管限制焊接）。

另一个半圆由右向左焊法：在8~9点钟位置起弧→9点钟→10点钟→11点钟→12点钟→1点钟→2点钟→3点钟→接近4点钟位置止（障碍管限制焊接）。

打底层连弧焊接时采用短弧，采用斜椭圆形运条法或锯齿形运条法，在向前运条的同时做横向摆动，将坡口两侧各熔化1～1.5mm。为了防止熔池金属下坠，电弧在上坡口停留的时间要略长些，同时要有1/3电弧通过间隙在焊管内燃烧。电弧在下坡口侧只是稍加停留，电弧的2/3要通过坡口间隙在焊管内燃烧。打底层焊道应在坡口的正中，焊缝的上部、下部不允许有熔合不良的现象。

在打底层焊接过程中，还要注意保持熔池的形状和大小，给背面焊缝成形美观创造条件。与定位焊缝接头时，焊条在焊缝接头的根部要向前顶一下，听到“噗噗”声后，稍做停留即可收弧停止焊接（或快速移弧到定位焊缝的另一端继续焊接）。

后半圈焊缝焊接前，在与前半圈焊缝接头处，用角向磨光机或锯条将其修磨成斜坡状，以备焊缝接头用。

打底层焊缝更换焊条时采用热接法，在焊缝熔池还处在红热状态下，快速更换焊条，起弧并将电弧移至收弧处，这时弧坑的温度已经很高，当看到有“出汗”现象时，迅速向熔孔处压下，听到“噗噗”两声后，提起焊条正常地向前焊接，焊条更换完毕。

打底层焊缝焊接过程中，焊条与焊管下侧的夹角为80°～85°，与管子切线的夹角为70°～75°。

（4）盖面层焊接（连弧焊）操作　盖面层有上下两条焊缝，采用直线形运条法，焊接过程中不摆动。焊前将打底层焊缝的焊渣及飞溅物等清理干净，用角向磨光机修磨向上凸的接头焊缝。

盖面层焊缝的焊接顺序是自左向右、自下而上，同打底层焊缝一样，以时钟的3点钟、9点钟位置分为两个半圆进行焊接。

盖面层采用短弧焊接，焊条角度与运条操作如下：

第一条焊道焊接时，焊条与管子下侧夹角为75°～80°，并且1/3直径的电弧在母材上燃烧，使下坡口母材边缘熔化1～2mm。

第二条焊道焊接时，焊条与管子下侧夹角为85°～90°，并且第二条焊缝的1/3搭在第一条焊道上，第二条焊缝的2/3搭在母材上，使上坡口母材边缘熔化1～2mm。

（5）焊接参数　打底层焊缝、盖面层焊缝焊接参数见表1-11。

表 1-11 小直径管对接垂直固定加障碍管焊条电弧焊焊接参数

焊缝层次（道数）	焊条直径/mm	焊接电流/A	电弧电压/V
打底层（1）	2.5	65～85	20～24
盖面层（2、3）	2.5	70～80	20～24

（6）焊缝清理　焊完焊缝后，用敲渣锤清除焊渣，用钢丝刷进一步将焊渣、焊接飞溅物等清理干净，焊缝处于原始状态，交付专职检验前不得对各种焊接缺陷进行修补。

（7）焊接质量检验　焊缝尺寸应符合如下要求：焊缝余高为0～4mm；焊缝余高差≤3mm；焊缝宽度比坡口每侧增宽0.5～2.5mm；焊缝宽度差≤3mm；咬边深度≤0.5mm，焊缝两侧咬边总长度≤15mm；焊件的错边尺寸≤2mm；焊后进行通球试验，球的直径为37.4mm。

焊件的射线透照应按 NB/T 47013.1～13—2015《承压设备无损检测》系列标准进行检测，射线的透照质量不低于 AB 级，焊缝的缺陷等级不低于Ⅱ级为合格。

十一、小直径管对接 45°倾斜固定焊位焊条电弧焊单面焊双面成形操作技术

45°倾斜焊位固定管对接焊，它是介于水平固定与垂直固定焊位之间的焊接。焊接过程也分为两个半圆进行（以时钟的 6 点钟～12 点钟，分为左右两个半圆），每个半圆都包括斜仰焊、斜立焊和斜平焊三种焊接位置。通常在时钟的 6 点钟位置开始焊接，在时钟 12 点钟位置收弧。

1. 酸性焊条（断弧焊）焊接管对接 45°倾斜固定焊位单面焊双面成形

（1）焊前准备

1）焊机。选用 BX3-500 直流弧焊机。

2）焊条。选用 E4303 酸性焊条，焊条直径为 2.5mm，焊前经 75～150℃烘干 1～2h。烘干后的焊条放在焊条保温筒内随用随取，焊条在炉外停留时间不得超过 6h。否则焊条必须放在炉中重新烘干。

焊条重复烘干次数不得多于3次。

3）焊件（管件）。采用Q345（16Mn）钢管，直径为51mm，厚度为3.5mm，用无齿锯床或气割下料，然后再用车床加工成V形30°坡口。气割下料的焊件，其坡口边缘的热影响区应该用车床车掉，试件图样如图1-38所示。

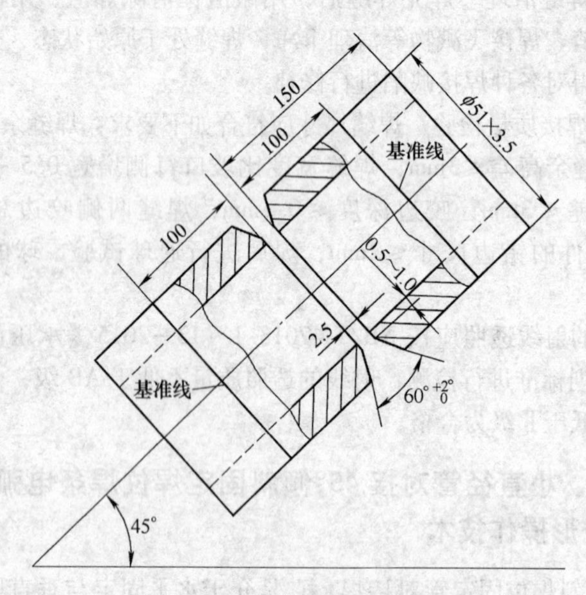

图1-38 小直径管对接45°倾斜固定焊位焊条电弧单面焊双面成形

4）辅助工具和量具。焊条保温筒、角向磨光机、钢丝刷、敲渣锤、样冲、划针、焊缝万能量规等。

（2）焊前装配定位焊 装配定位的目的是把两个管件装配成合乎焊接技术要求的Y形坡口管焊件。

1）准备管焊件。用角向磨光机将管焊件两侧坡口面及坡口边缘20~30mm范围内的油、污、锈、垢清除干净，使其呈现金属光泽。然后在距坡口边缘100mm处的管焊件表面用划针划上与坡口边缘平行的平行线，并打上样冲眼，作为焊后测量焊缝坡口每侧增宽的基准线。

2）管焊件装配。将打磨好的管件装配成Y形坡口的对接接头，装配间隙始焊端为2.5mm（可以用ϕ2.5mm焊条头夹在试板坡口的钝边处，将两试板定位焊牢，然后用敲渣锤打掉定位用的ϕ2.5mm焊条头）。

装配好管焊件后，在时钟的2点、10点处，用ϕ2.5mm的E4303焊条定位焊接，定位焊缝长为10～15mm（定位焊缝焊在正面焊缝处），对定位焊缝焊接质量要求与正式焊缝一样。

（3）打底层焊接（断弧焊）操作　把装配好的管焊件，装夹在一定高度的架上（根据个人的条件，可以采用蹲位、站位等）进行焊接（焊件一旦定位在架子上，必须在全部焊缝焊完后方可取下）。

1）引弧。电弧起弧的位置在坡口的上侧，电弧引燃后，对起弧点处坡口上侧钝边进行预热，上侧钝边熔化后，再把电弧引至钝边的间隙处，使熔化金属充满根部间隙。这时，焊条向坡口根部间隙处下压，同时焊条与下管壁夹角适当增大，听到电弧击穿根部发出“噗噗”声后，当钝边每侧熔化0.5～1.5mm并形成第一个熔孔时，引弧工作完成。

2）焊条角度。焊条与焊管的夹角为85°～95°，焊条与焊管熔池切线夹角为80～90°。

3）打底层焊接操作。打底层焊接时，如果起弧点在5点钟～6点钟位置，则焊接的方向是由右向左进行：6点钟→7点钟→8点钟→9点钟→10点钟→11点钟→12点钟→1点钟止。

如果起弧点在时钟的7～6点钟位置时，则焊接的方向是由左向右进行：经过6点钟→5点钟→4点钟→3点钟→2点钟→1点钟→12点钟→11点钟止。

用断弧焊法进行打底层焊接时，利用电弧周期性的燃弧—断弧（灭弧）过程，使母材坡口钝边金属有规律地熔化成一定尺寸的熔孔，在电弧作用正面熔池的同时，使1/3～2/3的电弧穿过熔孔而形成背面焊道。

（4）盖面层焊接操作

1）清渣与打磨焊缝。仔细清理打底层焊缝与坡口两侧母材夹角处的焊渣，以及焊点与焊点叠加处的焊渣。将打底层焊缝表面不平处进行打磨，为盖面层焊缝焊接作准备。

2）焊条角度。焊条角度如下：

盖面层为1道焊缝时，焊条与下管壁夹角为80°~90°。

盖面层为2道焊缝时，第1道焊缝焊条与下管壁夹角为75°~80°，第2道焊缝焊条与下管壁夹角为80°~90°。

盖面层为3道焊缝时，第1道焊缝焊条与下管壁夹角为75°~80°，第2道焊缝焊条与下管壁夹角为95°~100°。第3道焊缝焊条与下管壁夹角为80°~90°。

所有盖面层焊道，焊条与焊点处管切线焊接方向夹角均为80°~85°。

3）运条方法。焊条由时钟7~8点钟位置起弧，由左向右方向施焊：6点钟→5点钟→4点钟→3点钟→2点钟→1点钟→12点钟→11点钟止，这是前半圈。后半圈焊接时：由5~6点钟位置起弧，由右向左方向施焊：6点钟→7点钟→8点钟→9点钟→10点钟→11点钟→12点钟→1点钟止。盖面层为1道焊缝时，采用锯齿形运条法，在焊缝的中间部分运条速度要稍快些，在焊缝的两侧稍做停顿，给焊缝边缘填足熔化金属，防止咬边缺欠产生。盖面层为2道焊缝时，采用直线形运条法，不做横向摆动，按打底层的焊法，分两个半圆进行盖面层的焊接。同时，每道焊缝与前一道焊缝要搭接1/3左右，盖面层焊缝要熔进坡口两侧边缘1~2mm。

（5）焊接参数　打底层焊缝采用单点击穿法，焊接参数见表1-12。灭弧频率：在斜仰焊位、斜平焊位为35~40次/min；在斜立焊位为40~45次/min。

表1-12　小直径管对接45°倾斜固定焊位焊条电弧焊焊接参数

焊缝层次（道数）	焊条直径/mm	焊接电流/A	电弧电压/V
打底层（1）	2.5	75~85	22~26
盖面层（2）	2.5	70~80	22~26

（6）焊缝清理　焊完焊缝后，用敲渣锤清除焊渣，用钢丝刷进一步将焊渣、焊接飞溅物等清理干净，焊缝处于原始状态，交付专职检验前不得对各种焊接缺欠进行修补。

（7）焊接质量检验 焊缝尺寸应符合如下要求：焊缝余高为0～4mm；焊缝余高差≤3mm；焊缝宽度比坡口每侧增宽0.5～2.5mm；焊缝宽度差≤3mm；咬边深度≤0.5mm，焊缝两侧咬边总长度≤15mm；焊件的错边尺寸≤2mm；焊后进行通球试验，球的直径为37.4mm。

焊件的射线透照应按NB/T 47013.1～13—2015《承设备无损检测》系列标准进行检测，射线的透照质量不低于AB级，焊缝的缺陷等级不低于Ⅱ级为合格。

2. 碱性焊条（连弧焊）焊接管对接45°倾斜固定焊位单面焊双面成形

（1）焊前准备

1）焊机。选用ZX5-400直流弧焊整流器。

2）焊条。选用E5015碱性焊条，焊条直径为2.5mm，焊前经350～400℃烘干1～2h。烘干后的焊条放在焊条保温筒内随用随取，焊条在炉外停留时间不得超过4h。否则焊条必须放炉中重新烘干，焊条重复烘干次数不得多于3次。

3）管焊件。采用Q345（16Mn）钢管，直径为51mm，厚度为3.5mm，用无齿锯床或气割下料，然后再用车床加工成V形30°坡口。气割下料的焊件，其坡口边缘的热影响区应该用车床车掉，试件图样如图1-38所示。

4）辅助工具和量具。焊条保温筒、角向磨光机、钢丝刷、敲渣锤、样冲、划针、焊缝万能量规等。

（2）焊前装配定位焊 装配定位的目的是把两个管件装配成合乎焊接技术要求的Y形坡口管焊件。

1）准备管焊件。用角向磨光机将管焊件两侧坡口面及坡口边缘20～30mm范围内的油、污、锈、垢清除干净，使其呈现金属光泽。然后在距坡口边缘100mm处的管焊件表面用划针划上与坡口边缘平行的平行线，并打上样冲眼，作为焊后测量焊缝坡口每侧增宽的基准线。

2）管焊件装配。将打磨好的管件装配成Y形坡口的对接接头，装配间隙始焊端为2.5mm（可以用ϕ2.5mm焊条头夹在试板坡口的钝边处，将两试板定位焊牢，然后用敲渣锤打掉定位用的 ϕ2.5mm 焊条头）。

装配好管焊件后，在时钟的 2 点、10 点处，用 ϕ2.5mm 的 E5015 焊条定位焊接，定位焊缝长为 10～15mm（定位焊缝焊在正面焊缝处），对定位焊缝焊接质量要求与正式焊缝一样。

（3）打底层焊接（连弧焊）操作　把装配好的管焊件，装夹在一定高度的架上（根据个人的条件，可以采用蹲位、站位等）进行焊接（焊件一旦定位在架子上，必须在全部焊缝焊完后方可取下）。

1）引弧。电弧起弧的位置在坡口的上侧，电弧引燃后，对起弧点处坡口上侧钝边进行预热，上侧钝边熔化后，再把电弧引至钝边的间隙处，使熔化金属充满根部间隙。这时，焊条向坡口根部间隙处下压，同时焊条与下管壁夹角适当增大，听到电弧击穿根部发出“噗噗”声后，当钝边每侧熔化 0.5～1.5mm 并形成一个熔孔时，引弧工作完成。

2）焊条角度。焊条与焊管的夹角为 85°～95°，焊条与焊管熔池切线夹角为 80°～90°。

3）打底层焊接操作。打底层焊接时，将焊管以时钟的 6 点钟到 12 点钟位置，分为左、右两个半圆。左半圆：6 点钟→7 点钟→8 点钟→9 点钟→10 点钟→11 点钟→12 点钟；右半圆：6 点钟→5 点钟→4 点钟→3 点钟→2 点钟→1 点钟→12 点钟。左、右两个半圆，先从哪半圆开始焊接都行。先焊接的半圆为前半圆，后焊接的为后半圆。左半圆的起弧点为 5～6 点钟位置；右半圆起弧点为 7～6 点钟位置。两个半圆在 6 点钟和 12 点钟相交处，必须搭接 15～25mm。

打底层连弧焊接时采用短弧，采用斜椭圆形运条法或锯齿形运条法，在向前运条的同时做横向摆动，将坡口两侧各熔化 1～1.5mm。为了防止熔池金属下坠，电弧在上坡口停留的时间要略长些，同时要有 1/3 电弧通过间隙在焊管内燃烧。电弧在下坡口侧只是稍加停留，电弧的 2/3 要通过坡口间隙在焊管内燃烧。打底层焊道应在坡口的正中间，焊缝的上、下部不允许有熔合不良的现象。

连弧焊的关键是焊条起弧后始终燃烧不停弧，在合理的焊接参数保证下，配合电弧的移动和摆动，调整焊缝熔池的温度和大小，确保焊接正常进行。

在打底层焊接过程中，还要注意保持熔池的形状和大小，给背面焊缝成形美观创造条件。与定位焊缝接头时，焊条在焊缝接头的根部要向前顶一下，听到“噗噗”声后，稍做停留（约1~1.5s）即可收弧停止焊接（或快速移弧到定位焊缝的另一端继续焊接）。

后半圈焊缝焊接前，在与前半圈焊缝接头处，用角向磨光机或锯条将其修磨成斜坡状，以备焊缝接头用。

打底层焊缝更换焊条时采用热接法，在焊缝熔池还处在红热状态下，快速更换焊条，起弧并将电弧移至收弧处。这时，弧坑的温度已经很高，当看到有“出汗”现象时，迅速向熔孔处压下，听到“噗噗”两声后，提起焊条正常地向前焊接，焊条更换完毕。

打底层焊缝焊接过程中，焊条与焊管下侧的夹角为85°~95°，与管子切线的夹角为70°~75°。

（4）盖面层焊接（连弧焊）操作　盖面层有上下两条焊缝，采用直线形运条法，焊接过程中不摆动。焊前将打底层焊缝的焊渣及飞溅物等清理干净，用角向磨光机修磨向上凸的接头焊缝。

盖面层焊缝以时钟6~12点钟分为两个半圈（左半圆和右半圆），左半圆的焊接顺序：6点钟→7点钟→8点钟→9点钟→10点钟→11点钟→12点钟；右半圆焊接顺序：6点钟→5点钟→4点钟→3点钟→2点钟→1点钟→12点钟。左、右两个半圈，先从哪个半圆开始焊接都行。先焊接的半圆为前半圆，后焊接的为后半圆。左半圆的起弧点为5~6点钟位置；右半圆起弧点为7~6点钟位置。两个半圆在6点钟和12点钟相交处，必须搭接15~25mm。

盖面层采用短弧焊接，焊条角度与运条操作如下：

第1条焊道焊接时，焊条与管子下侧夹角为75°~80°，使下坡口母材边缘熔化1~2mm。

第2条焊道焊接时，焊条与管子下侧夹角为85°~90°，并且第2条焊缝的1/3搭在第1条焊道上，第2条焊缝的2/3搭在母材上，使上坡口母材边缘熔化1~2mm。

（5）焊接参数　打底层焊缝、盖面层焊缝焊接参数见表1-13。

表 1-13　小直径管对接垂直固定加障碍管焊条电弧焊焊接参数

焊缝层次（道数）	焊条直径/mm	焊接电流/A	焊接速度/(mm/min)
打底层（1）	2.5	65～85	60～80
盖面层（2、3）	2.5	70～80	90～110

（6）焊缝清理　焊完焊缝后，用敲渣锤清除焊渣，用钢丝刷进一步将焊渣、焊接飞溅物等清理干净，焊缝处于原始状态，交付专职检验前不得对各种焊接缺欠进行修补。

（7）焊接质量检验　焊缝尺寸应符合如下要求：焊缝余高为 0～4mm；焊缝余高差≤3mm；焊缝宽度比坡口每侧增宽 0.5～2.5mm；焊缝宽度差≤3mm；咬边深度≤0.5mm，焊缝两侧咬边总长度≤15mm；焊件的错边尺寸≤2mm；焊后进行通球试验，球的直径为 37.4mm。

焊件的射线透照应按 NB/T 47013.1～13—2015《承压设备无损检测》系列标准进行检测，射线的透照质量不低于 AB 级，焊缝的缺陷等级不低于Ⅱ级为合格。

复习思考题

1. 断弧焊有几种操作手法？
2. 焊条电弧焊单面焊双面成形焊前应进行哪些准备工作？
3. 连弧焊的特点？
4. 小管垂直障碍焊与小管 45°倾斜焊焊接手法有哪些不同？
5. 板仰焊的特点是什么？
6. 断弧焊操作要领是什么？
7. 板仰焊（连弧焊）在操作上应注意的事项有哪些？

第二章　焊　　条

第一节　焊条的组成

焊条是供焊条电弧焊焊接过程中使用的涂有药皮的熔化电极，它由药皮和焊芯两部分组成，如图 2-1 所示。

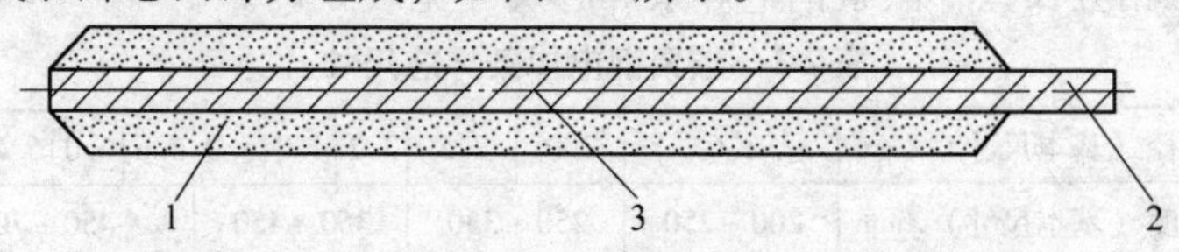

图 2-1　焊条的组成

1—药皮　2—夹持端　3—焊芯

一、焊条药皮

压涂在焊芯表面的涂料层是药皮，焊条中被药皮所包覆的金属芯称为焊芯；焊条药皮与焊芯的重量比称为药皮重量系数，焊条的药皮重量系数一般为 25% ~40%。焊条药皮沿焊芯直径方向偏心的程度，称为偏心度。国家标准规定，直径为 3.2mm 和 4mm 的焊条，偏心度不应大于 5%。焊条的一端没涂药皮的焊芯部分，在焊接过程中被焊钳夹持用，称为焊条的夹持端。焊条的夹持端长度应至少 15mm，焊条引弧端允许涂引弧剂。

二、焊芯

焊芯是具有一定长度、一定直径的金属丝。焊芯在焊接过程中有两个作用。其一是传导焊接电流并产生电弧，把电能转换为热能，既熔化焊条本身，又使被焊母材熔化而形成焊缝；其二是作为填充金属，起到调整焊缝中合金元素成分的作用。为保证焊缝质量，对焊芯的质量要求很高，焊芯金属对各合金元素的含量都有一定的要求，确保焊缝各方面性能不低于母材金属。按照国家标准，制造焊芯的钢丝可分为碳素结构构钢、合金结构钢、不锈钢以及铸铁、有色金属丝等。

焊芯的牌号用字母 H 打头，后面的数字表示碳的质量分数，其他的合金元素含量表示方法与钢号表示方法大致相同。焊芯质量不同时，在牌号的最后标注特定的符号以示区别：A 为高级优质焊丝；S、P 含量较低，其质量分数≤0.030%，若末尾注有字母 E 或 C，则为特级焊丝，S、P 含量更低，E 级 S、P 质量分数≤0.020%，C 级 S、P 质量分数≤0.015%。

焊条的规格以焊芯的直径来表示，焊芯的直径越大，焊芯的基本长度也相应长些，碳素钢电焊条焊芯尺寸见表 2-1。

表 2-1 碳素钢电焊条焊芯尺寸

焊芯直径（基本尺寸）/mm	1.6	2.0	2.5	3.2	4.0	5.0	5.6	6.0	6.4	8.0
焊芯长度（基本尺寸）/mm	200~250	250~350		350~450			450~700			

第二节 焊条的分类

一、按用途分类

焊条按用途可分为：

（1）非合金钢及细晶粒钢焊条 这类焊条主要用于强度等级较低的低碳钢和普通低合金钢的焊接。

（2）热强钢焊条 这类焊条主要用于低合金高强度钢、含合金元素较低的钼和铬钼耐热钢及低温钢的焊接。

（3）不锈钢焊条 这类焊条主要用于含合金元素较高的钼和铬钼耐热钢及各类不锈钢的焊接。

（4）堆焊焊条 这类焊条用于金属表面层的堆焊，其熔敷金属在常温或高温中具有较好的耐磨性和耐蚀性。

（5）铸铁焊条 这类焊条用于铸铁的焊接和补焊。

（6）镍及镍合金焊条 这类焊条用于镍及镍合金的焊接、补焊或堆焊。

(7) 铜及铜合金焊条　这类焊条用于铜及铜合金的焊接、补焊或堆焊，也可用于某些铸铁的补焊或异种金属的焊接。

(8) 铝及铝合金焊条　这类焊条用于铝及铝合金的焊接、补焊或堆焊。

(9) 特殊用途焊条　这类焊条是指用于在水下进行焊接、切割的焊条及管状焊条等。

二、按焊条药皮熔化后的熔渣特性分类

焊接过程中，焊条药皮熔化后，按所形成熔渣呈现酸性或碱性，把焊条分为碱性焊条（熔渣碱度≥1.5）和酸性焊条（熔渣碱度≤1.5）两大类。

(1) 酸性焊条工艺特点　焊条引弧容易，电弧燃烧稳定，可用交流、直流电源焊接；焊接过程中，对铁锈、油污和水分敏感性不大，抗气孔能力强；焊接过程中飞溅小，脱渣性好；焊接时产生的烟尘较少；焊条使用前需 75～150℃烘干 1～2h，烘干后允许在大气中放置时间不超过 6h，否则必须重新烘干。

焊缝常温、低温的冲击性能一般；焊接过程中合金元素烧损较多；酸性焊条脱硫效果差，抗热裂纹性能差。由于焊条药皮中的氧化性较强，所以不适宜焊接合金元素较多的材料。

厚药皮酸性焊条，焊接过程中电弧燃烧稳定并集中在焊芯中心，因为药皮的熔点高，导热慢，所以焊条端部熔化时，药皮套筒长。由于套筒的冷却作用，压缩电弧，使电弧更加集中在焊芯中心，此时焊芯中心熔化快，焊芯边缘熔化慢，使焊条端部熔化面呈现内凹型，如图 2-2a 所示。

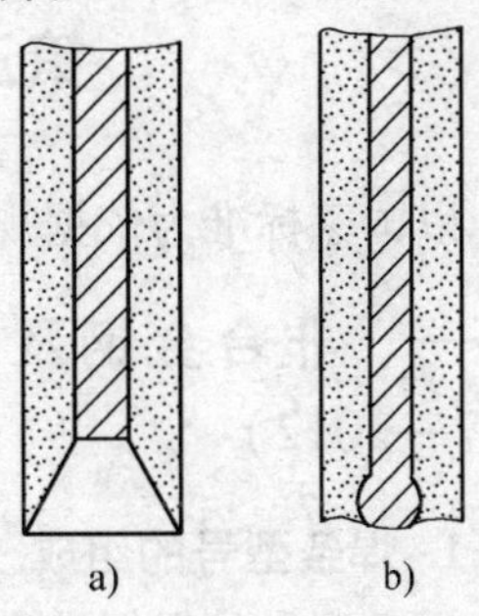

图 2-2　焊条端部熔化表面
a）酸性焊条　b）碱性焊条

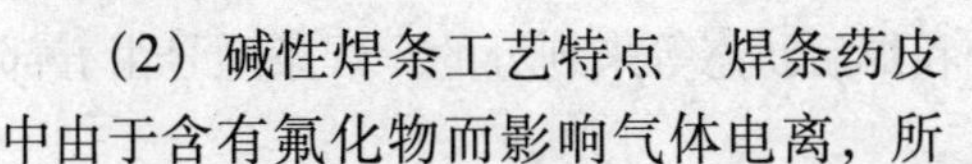

(2) 碱性焊条工艺特点　焊条药皮中由于含有氟化物而影响气体电离，所以焊接电弧燃烧的稳定性差，只能使用直流焊机焊接；焊接过程中对水、铁锈产生气孔缺陷敏感性较大；焊接过程中飞溅较大、脱渣性较

差；焊接过程中产生的烟尘较多；由于药皮中含有萤石，焊接过程会析出氟化氢有毒气体，注意加强通风保护；焊接熔渣流动性好，冷却过程中黏度增加很快，焊接过程宜采用短弧连弧焊手法焊接；焊条使用前经250～400℃烘干1～2h，烘干后的焊条应放在100～150℃的保温箱（筒）内随用随取；低氢型焊条在常温下放置，不能超过3h，否则必须重新烘干。

焊缝常温、低温冲击性好；焊接过程中合金元素过渡效果好，焊缝塑性好；碱性焊条脱氧、脱硫能力强，焊缝含氢、氧、硫低，抗裂性能好，用于重要结构的焊接。

碱性焊条端部熔化面呈凸型的原因有两种观点。其一，认为碱性焊条药皮含有CaF_2，使电弧分散在焊芯的端面上，由于药皮的熔点低，焊条端部熔化面处药皮套筒短，所以，冷却压缩电弧的作用很小，焊接电弧更分散，这样焊芯边缘先熔化，端部药皮套筒也熔化，焊条端部的熔化面呈现凸型，如图2-2b所示。其二，认为碱性焊条药皮中CaF_2使渣的表面张力加大，生成粗大的熔滴，电弧在熔滴下端发生，热量由焊接电弧向焊条端部的表面传递，它首先熔化焊条端部套筒药皮及焊芯的边缘部分，所以焊条端部熔化面呈现凸型。

第三节 焊条的型号

以国家标准为依据规定的焊条表示方法称为型号。

一、非合金钢及细晶粒钢焊条型号编制方法（GB/T 5117—2012）

1. 焊条型号的组成

焊条型号是根据熔敷金属的力学性能、药皮类型、焊接位置、电流类型、熔敷金属化学成分和焊后状态等来划分的。焊条型号由五部分组成：

1）第一部分用字母“E”表示焊条。

2）第二部分为字母“E”后面的紧邻两位数字，表示熔敷金属的最小抗拉强度代号，见表2-2。

表2-2　熔敷金属抗拉强度代号

抗拉强度代号	最小抗拉强度值/MPa	抗拉强度代号	最小抗拉强度值/MPa
43	430	55	550
50	490	57	570

3）第三部分为字母“E”后面的第三和第四两位数字，表示药皮类型、焊接位置和电流类型，见表2-3。

表2-3　焊条药皮类型、焊接位置、电流类型代号

代　号	药皮类型	焊接位置①	电流类型
03	钛型	全位置①	交流和直流正、反接
10	纤维素	全位置	直流反接
11	纤维素	全位置	交流和直流反接
12	金红石	全位置②	交流和直流正接
13	金红石	全位置②	交流和直流正、反接
14	金红石＋铁粉	全位置②	交流和直流正、反接
15	碱性	全位置②	直流反接
16	碱性	全位置③	交流和直流反接
18	碱性＋铁粉	全位置②	交流和直流反接
19	钛铁矿	全位置②	交流和直流正、反接
20	氧化铁	PA、PB	交流和直流正接
24	金红石＋铁粉	PA、PB	交流和直流正、反接
27	氧化铁＋铁粉	PA、PB	交流和直流正、反接
28	碱性＋铁粉	PA、PB、PC	交流和直流反接
40	不做规定	由制造商确定	
45	碱性	全位置	直流反接
48	碱性	全位置	交流和直流反接

①　焊接位置见GB/T 16672，其中PA＝平焊，PB＝平角焊、PC＝横焊、PG＝向下立焊。

②　此处“全位置”并不一定包含向下立焊，由制造商确定。

4）第四部分为熔敷金属的化学成分分类代号，可为“无标记”或短划“-”后的字母、数字或字母和数字的组合，见表2-4。

表 2-4 熔敷金属的化学成分分类代号

分类代号	主要化学成分的名义含量（质量分数,%）				
	Mn	Ni	Cr	Mo	Cu
无标记、-1、-P1、-P2	1.0	—	—	—	—
-1M3	—	—	—	0.5	—
-3M2	1.5	—	—	0.4	—
-3M3	1.5	—	—	0.5	—
-N1	—	0.5	—	—	—
-N2	—	1.0	—	—	—
-N3	—	1.5	—	—	—
-3N3	1.5	1.5	—	—	—
-N5	—	2.5	—	—	—
-N7	—	3.5	—	—	—
-N13	—	6.5	—	—	—
-N2M3	—	1.0	—	0.5	—
-NC	—	0.5	—	—	0.4
-CC	—	—	0.5	—	0.4
-NCC	—	0.2	0.6	—	0.5
-NCC1	—	0.6	0.6	—	0.5
-NCC2	—	0.3	0.2	—	0.5
-G	其他成分				

5）第五部分为熔敷金属的化学成分代号之后的焊后状态代号，其中“无标记”表示焊态，“P”表示热处理状态，“AP”表示焊态和焊后热处理两种状态均可。

除以上强制分类代号外，根据供需双方协商，可在型号后依次附加可选代号：

1）字母“U”，表示在规定的试验温度下，冲击吸收能量可以达到47J以上。

2）扩散氢代号“HX”，其中X代表15，10或5，分别表示每100g熔敷金属中扩散氢含量最大值（mL），见表2-5。

表 2-5 熔敷金属扩散氢含量

扩散氢代号	H15	H10	H5
扩散氢含量/(mL/100g)	≤15	≤10	≤5

型号示例 1：

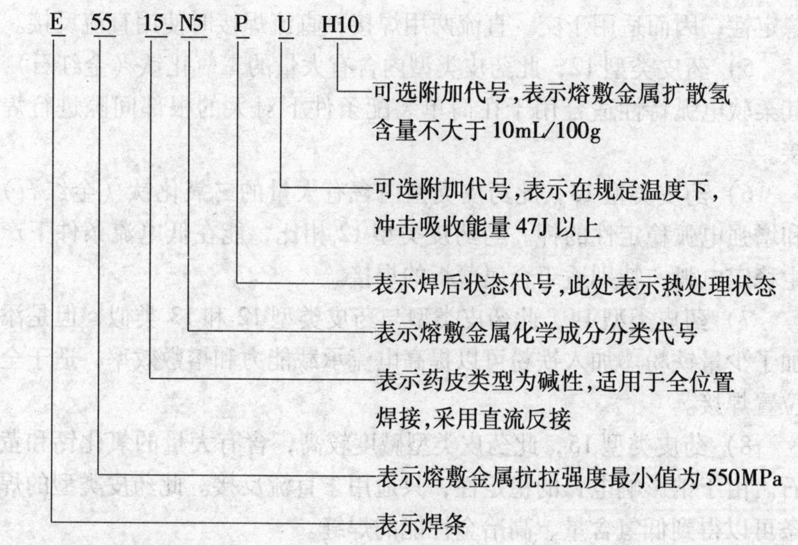

型号示例 2：

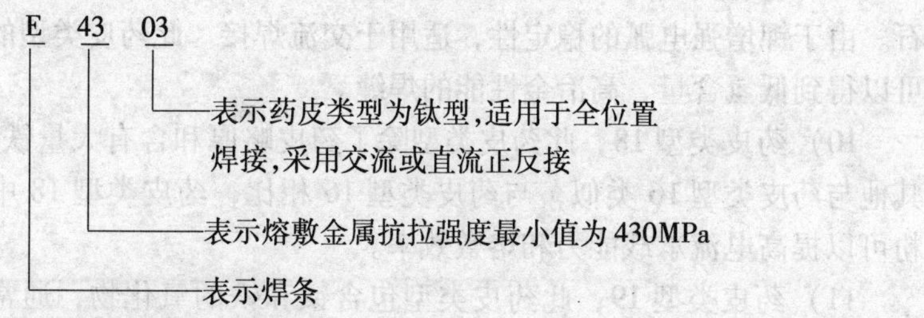

2. 焊条药皮类型说明

1）焊条药皮中的组成物可以概括为如下 6 类：造渣剂、脱氧剂、造气剂、稳弧剂、粘接剂、合金化元素（如需要），此外，加入铁粉可以提高焊条熔敷效率，但对焊接位置有影响。

2）药皮类型 03，此药皮类型包含二氧化钛和碳酸钙的混合物，所以同时具有金红石焊条和碱性焊条的某些性能。

3）药皮类型 10，此药皮类型内含有大量的可燃有机物，尤其是纤维素，由于其强电弧特性特别适用于向下立焊。由于钠影响电弧的稳定性，因而焊条主要适用于直流焊接，通常使用直流反接。

4）药皮类型 11，此药皮类型内含有大量的可燃有机物，尤其是纤维素，由于其强电弧特性特别适用于向下立焊。由于钾增强电弧的稳定性，因而适用于交、直流两用焊接，直流焊接时使用直流反接。

5）药皮类型12，此药皮类型内含有大量的二氧化钛（金红石），其柔软电弧特性适合用于在简单装配条件下对大的根部间隙进行焊接。

6）药皮类型13，此药皮类型内含有大量的二氧化钛（金红石）和增强电弧稳定性的钾。与药皮类型12相比，能在低电流条件下产生稳定电弧，特别适于金属薄板的焊接。

7）药皮类型14，此药皮类型与药皮类型12和13类似，但是添加了少量铁粉。加入铁粉可以提高电流承载能力和熔敷效率，适于全位置焊接。

8）药皮类型15，此药皮类型碱度较高，含有大量的氧化钙和萤石。由于钠影响电弧的稳定性，只适用于直流反接。此药皮类型的焊条可以得到低氢含量、高冶金性能的焊缝。

9）药皮类型16，此药皮类型碱度较高，含有大量的氧化钙和萤石。由于钾增强电弧的稳定性，适用于交流焊接。此药皮类型的焊条可以得到低氢含量、高冶金性能的焊缝。

10）药皮类型18，此药皮类型除了药皮略厚和含有大量铁粉外，其他与药皮类型16类似，与药皮类型16相比，药皮类型18中的铁粉可以提高电流承载能力和熔敷效率。

11）药皮类型19，此药皮类型包含钛和铁的氧化物，通常在钛铁矿获取。虽然它们不属于碱性药皮类型焊条，但是可以制造出高韧性的焊缝金属。

12）药皮类型20，此药皮类型包含大量的铁氧化物，熔渣流动性好，所以通常只在平焊和横焊中使用。主要用于角焊缝和搭接焊缝。

13）药皮类型24，此药皮类型除了药皮略厚和含有大量的铁粉外，其他与药皮类型14类似。通常只在平焊和横焊中使用。主要用于角焊缝和搭接焊缝。

14）药皮类型27，此药皮类型除了药皮略厚和含有大量铁粉外，其他与药皮类型20类似，增加了药皮类型20中的铁氧化物。主要用于高速角焊缝和搭接焊缝的焊接。

15）药皮类型28，此药皮类型除了药皮略厚和含有大量铁粉外，其他与药皮类型18类似，通常只在平焊和横焊中使用。能得到低氢含量、高冶金性能的焊缝。

16）药皮类型40，此药皮类型不属于上述任何焊条类型。其制造是为了达到购买商的特定使用要求。焊接位置由供应商和购买商之间协议确定。如要求在圆孔内部焊接（塞焊）或者在槽内进行的特殊焊接。由于药皮类型40并无具体指定，此药皮类型可按照具体要求有所不同。

17）药皮类型45，除了主要用于向下立焊外，此药皮类型与药皮类型15类似。

18）药皮类型48，除了主要用于向下立焊外，此药皮类型与药皮类型18类似。

3. 常用焊条型号对照

非合金钢及细晶粒钢焊条GB/T 5117—2012标准，与其他相关标准常用焊条型号对应关系见表2-6。

表2-6 非合金钢及细晶粒钢焊条GB/T 5117—2012标准与其他相关标准常用焊条型号对照

GB/T 5117—2012	AWS A 5.1M：2004	AWS A5.5M：2006	ISO 2560：2009	GB/T 5117—1995	GB/T 5118—1995
碳钢					
E4303	—	—	E4303	E4303	—
E4310	E4310	—	E4310	E4310	—
E4311	E4311	—	E4311	E4311	—
E4312	E4312	—	E4312	E4312	—
E4313	E4313	—	E4313	E4313	—
E4315	—	—	—	E4315	—
E4316	—	—	E4316	E4316	—
E4318	E4318	—	E4318	—	—
E4319	E4319	—	E4319	E4301	—
E4320	E4320	—	E4320	E4320	—

（续）

GB/T 5117—2012	AWS A 5. 1M：2004	AWS A5. 5M：2006	ISO 2560：2009	GB/T 5117—1995	GB/T 5118—1995
碳　钢					
E4324	—	—	E4324	E4324	—
E4327	—	—	E4327	E4327	—
E4328	—	—	—	E4328	—
E4340	—	—	E4340	E4300	—
E5003	—	—	E4903	E5003	—
E5010	—	—	E4910	E5010	—
E5011	—	—	E4911	E5011	—
E5012	—	—	E4912	—	—
E5013	—	—	E4913	—	—
E5014	E4914	—	E4914	E5014	—
E5015	E4915	—	E4915	E5015	—
E5016	E4916	—	E4916	E5016	—
E5016-1	—	—	E4916-1	—	—
E5018	E4918	—	E4918	E5018	—
E5018-1	—	—	E4918-1	—	—
E5019	—	—	E4919	E5001	—
E5024	E4924	—	E4924	E5024	—
E5024-1	—	—	E4924-1	—	—
E5027	E4927	—	E4927	E5027	—
E5028	E4928	—	E4928	E5028	—
E5048	E4948	—	E4948	E5048	—
E5716	—	—	E5716	—	—
E5728	—	—	E5728	—	—
管线钢					
E5010-P1	—	E4910-P1	E4910-P1	—	—
E5510-P1	—	E5510-P1	E5510-P1	—	—

（续）

GB/T 5117—2012	AWS A 5.1M：2004	AWS A5.5M：2006	ISO 2560：2009	GB/T 5117—1995	GB/T 5118—1995
管线钢					
E5518-P2	—	E5518-P2	E5518-P2	—	—
E5545-P2	—	E5545-P2	E5545-P2	—	—
碳钼钢					
E5003-1M3	—	—	—	—	E5003-A1
E5010-1M3	—	E4910-A1	E4910-1M3	—	E5010-A1
E5011-1M3	—	E4911-A1	E4911-1M3	—	E5011-A1
E5015-1M3	—	E4915-A1	E4915-1M3	—	E5015-A1
E5016-1M3	—	E4916-A1	E4916-1M3	—	E5016-A1
E5018-1M3	—	E4918-A1	E4918-1M3	—	E5018-A1
E5019-1M3	—	—	E4919-1M3	—	—
E5020-1M3	—	E4920-A1	E4920-1M3	—	E5020-A1
E5027-1M3	—	E4927-A1	E4927-1M3	—	E5027-A1
锰钼钢					
E5518-3M2	—	E5518-D1	E5518-3M2	—	—
E5515-3M3	—	—	—	—	E5515-D3
E5516-3M3	—	E5516-D3	E5516-3M3	—	E5516-D3
E5518-3M3	—	E5518-D3	E5518-3M3	—	E5518-D3
镍　钢					
E5015-N1	—	—	—	—	—
E5016-N1	—	—	E4916-N1	—	—
E5028-N1	—	—	E4928-N1	—	—
E5515-N1	—	—	—	—	—
E5516-N1	—	—	E5516-N1	—	—
E5528-N1	—	—	E5528-N1	—	—
E5015-N2	—	—	—	—	—

（续）

GB/T 5117—2012	AWS A 5.1M：2004	AWS A5.5M：2006	ISO 2560：2009	GB/T 5117—1995	GB/T 5118—1995
镍钢					
E5016-N2	—	—	E4916-N2	—	—
E5018-N2	—	E4918-C3L	E4918-N2	—	—
E5515-N2	—	—	—	—	E5515-C3
E5516-N2	—	E5516-C3	E5516-N2	—	E5516-C3
E5518-N2	—	E5518-C3	E5518-N2	—	E5518-C3
E5015-N3	—	—	—	—	—
E5016-N3	—	—	E4916-N3	—	—
E5515-N3	—	—	—	—	—
E5516-N3	—	E5516-C4	E5516-N3	—	—
E5516-3N3	—	—	E5516-3N3	—	—
E5518-N3	—	E5518-C4	E5518-N3	—	—
E5015-N5	—	E4915-C1L	E4915-N5	—	E5015-C1L
E5016-N5	—	E4916-C1L	E4916-N5	—	E5016-C1L
E5018-N5	—	E4918-C1L	E4918-N5	—	E5018-C1L
E5028-N5	—	—	E4928-N5	—	—
E5515-N5	—	—	—	—	E5515-C1
E5516-N5	—	E5516-C1	E5516-N5	—	E5516-C1
E5518-N5	—	E5518-C1	E5518-N5	—	E5518-C1
E5015-N7	—	E4915-C2L	E4915-N7	—	E5015-C2L
E5016-N7	—	E4916-C2L	E4916-N7	—	E5016-C2L
E5018-N7	—	E4918-C2L	E4918-N7	—	E5018-C2L
E5515-N7	—	—	—	—	—
E5516-N7	—	E5516-C2	E5516-N7	—	E5516-C2
E5518-N7	—	E5518-C2	E5518-N7	—	E5518-C2
E5515-N13	—	—	—	—	—
E5516-N13	—	—	E5516-N13	—	—

（续）

GB/T 5117—2012	AWS A 5.1M：2004	AWS A5.5M：2006	ISO 2560：2009	GB/T 5117—1995	GB/T 5118—1995
镍钼钢					
E5518-N2M3	—	E5518-NM1	E5518-N2M3	—	E5518-NM
耐候钢					
E5003-NC	—	—	E4903-NC	—	—
E5016-NC	—	—	E4916-NC	—	—
E5028-NC	—	—	E4928-NC	—	—
E5716-NC	—	—	E5716-NC	—	—
E5728-NC	—	—	E5728-NC	—	—
E5003-CC	—	—	E4903-CC	—	—
E5016-CC	—	—	E4916-CC	—	—
E5028-CC	—	—	E4928-CC	—	—
E5716-CC	—	—	E5716-CC	—	—
E5728-CC	—	—	E5728-CC	—	—
E5003-NCC	—	—	E4903-NCC	—	—
E5016-NCC	—	—	E4916-NCC	—	—
E5028-NCC	—	—	E4928-NCC	—	—
E5716-NCC	—	—	E5716-NCC	—	—
E5728-NCC	—	—	E5728-NCC	—	—
E5003-NCC1	—	—	E4903-NCC1	—	—
E5016-NCC1	—	—	E4916-NCC1	—	—
E5028-NCC1	—	—	E4928-NCC1	—	—
E5516-NCC1	—	—	E5516-NCC1	—	—
E5518-NCC1	—	E5518-W2	E5518-NCC1	—	E5518-W
E5716-NCC1	—	—	E5716-NCC1	—	—
E5728-NCC1	—	—	E5728-NCC1	—	—
E5015-NCC2	—	—	E4916-NCC2	—	—
E5018-NCC2	—	E4918-W1	E4918-NCC2	—	E5018-W

（续）

GB/T 5117—2012	AWS A 5.1M：2004	AWS A5.5M：2006	ISO 2560：2009	GB/T 5117—1995	GB/T 5118—1995
其　他					
E50××-G	—	—	E49××-G	—	E50××-G
E55××-G	—	—	E55××-G	—	E55××-G
E57××-G	—	—	E57××-G	—	—

二、热强钢焊条型号编制方法（GB/T 5118—2012）

1. 焊条型号的组成

焊条型号按熔敷金属力学性能、药皮类型、焊接位置、电流类型、熔敷金属化学成分等进行划分。焊条型号由四部分组成：

1）第一部分用字母“E”表示焊条。

2）第二部分为字母“E”后面的紧邻两位数字，表示熔敷金属的最小抗拉强度代号，见表2-7。

表2-7　熔敷金属的最小抗拉强度代号

抗拉强度代号	最小抗拉强度/MPa	抗拉强度代号	最小抗拉强度/MPa
50	490	55	550
52	520	62	620

3）第三部分为字母“E”后面的第三和第四两位数字，表示药皮类型、焊接位置和电流类型，见表2-8。

表2-8　焊条药皮类型、焊接位置和电流类型

代　号	药皮类型	焊接位置	电流类型
03	钛型	全位置	交流和直流正、反接
10	纤维素	全位置	直流反接
11	纤维素	全位置	交流和直流反接
13	金红石	全位置	交流和直流正、反接

（续）

代　号	药皮类型	焊接位置	电流类型
15	碱性	全位置	直流反接
16	碱性	全位置	交流和直流反接
18	碱性+铁粉	全位置（PG 除外）	交流和直流反接
19	钛铁矿	全位置	交流和直流正、反接
20	氧化铁	PA、PB	交流和直流正接
27	氧化铁+铁粉	PA、PB	交流和直流正接
40	不做规定	由制造商确定	

4）第四部分为短划“-”后的字母、数字或字母和数字的组合，表示熔敷金属的化学成分分类代号，见表2-9。

表2-9　焊条熔敷金属的化学成分分类代号

分类代号	主要化学成分的名义含量
-1M3	此类焊条中含有 Mo，Mo 是在非合金钢焊条基础上的唯一添加的合金元素。数字1约等于名义上 Mn 含量两倍的整数，字母“M”表示 Mo，数字3表示 Mo 的名义含量，大约0.5%
-×C×M×	对于含铬-钼的热强钢，标识“C”前的整数表示 Cr 的名义含量，“M”前的整数表示 Mo 的名义含量。对于 Cr 或者 Mo，如果名义含量少于1%，则字母前不标记数字 如果在 Cr 和 Mo 之外还加入了 W、V、B、Nb 等合金成分，则按照此顺序，加于铬和钼标记之后。标识末尾的“L”表示含碳量较低。最后一个字母后的数字表示成分有所改变
-G	其他成分

除以上强制分类代号外，根据供需双方协商，可在型号后附加扩散氢代号“HX”，其中 X 代表15、10或5，分别表示每100g 熔敷金属中扩散氢含量的最大值（mL）。

型号示例：

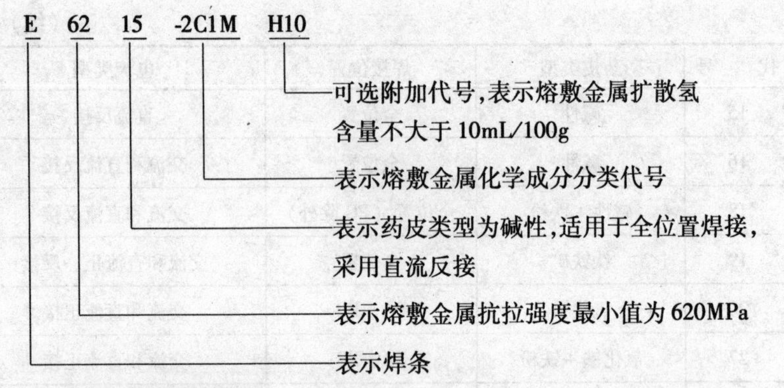

2. 焊条药皮类型说明

1）焊条药皮中的组成物可以概括为如下6类：造渣剂、脱氧剂、造气剂、稳弧剂、粘接剂、合金化元素（如需要），此外，加入铁粉可以提高焊条熔敷效率，但对焊接位置有影响。

2）药皮类型03，此药皮类型包含二氧化钛和碳酸钙的混合物，所以同时具有金红石焊条和碱性焊条的某些性能。

3）药皮类型10，此药皮类型内含有大量的可燃有机物，尤其是纤维素，由于其强电弧特性特别适用于向下立焊。由于钠影响电弧的稳定性，因而焊条主要适用于直流焊接，通常使用直流反接。

4）药皮类型11，此药皮类型内含有大量的可燃有机物，尤其是纤维素，由于其强电弧特性特别适用于向下立焊。由于钾增强电弧的稳定性，因而适用于交、直流两用焊接，直流焊接时使用直流反接。

5）药皮类型13，此药皮类型内含有大量的二氧化钛（金红石）和增强电弧稳定性的钾。可以在低电流条件下产生稳定电弧，特别适宜金属薄板的焊接。

6）药皮类型15，此药皮类型碱度较高，含有大量的氧化钙和萤石。由于钠影响电弧的稳定性，因而焊条只适用于直流反接。此药皮类型的焊条可以得到低氢含量、高冶金性能的焊缝。

7）药皮类型16，此药皮类型碱度较高，含有大量的氧化钙和萤石。由于钾增强电弧的稳定性，因而焊条适用于交、直流两用焊接。此药皮类型的焊条可以得到低氢含量、高冶金性能的焊缝。

8）药皮类型18，此药皮类型除了药皮略厚和含有大量的铁粉外，其他与药皮类型 16 类似，药皮类型 18 中的铁粉可以提高电流承载能力和熔敷效率。

9）药皮类型 19，此药皮类型包含钛和铁的氧化物，通常在钛铁矿获取。虽然它们不属于碱性药皮类型焊条，但是可以制造出高韧性的焊缝金属。

10）药皮类型 20，此药皮类型包含大量的氧化物，熔渣流动性好，所以通常只在平焊和横焊中使用。主要用于角焊缝和搭接焊缝。

11）药皮类型 27，此药皮类型除了药皮略厚和含有大量的铁粉外，其他与药皮类型 20 类似，药皮类型 20 中的铁氧化物。主要用于高速角焊缝和搭接焊缝的焊接。

12）药皮类型 40，此药皮类型属于特殊类型，此药皮类型可按照具体要求有所不同。

3. 常用焊条对照

热强钢焊条 GB/T 5118—2012 标准与其他相关标准焊条型号的对应关系见表 2-10。

表 2-10　热强钢焊条 GB/T 5118—2012 标准与其他相关标准常用焊条型号的对应关系

GB/T 5118—2012	ISO 3580：2010	AWS A5.5M：2006	GB/T 5118—1995
E50××-1M3	E49××-1M3	—	E50××-A1
E50YY-1M3	E49YY-1M3	—	E50YY-A1
E5515-CM	E5515-CM	—	E5515-B1
E5516-CM	E5516-CM	E5516-B1	E5516-B1
E5518-CM	E5518-CM	E5518-B1	E5518-B1
E5540-CM	—	—	E5500-B1
E5503-CM	—	—	E5503-B1
E5515-1CM	E5515-1CM	—	E5515-B2
E5516-1CM	E5516-1CM	E5516-B2	E5516-B2
E5518-1CM	E5518-1CM	E5518-B2	E5518-B2
E5513-1CM	E5513-1CM	—	—
E5215-1CML	E5215-1CML	E4915-B2L	E5515-B2L
E5216-1CML	E5216-1CML	E4916-B2L	—

（续）

GB/T 5118—2012	ISO 3580：2010	AWS A5. 5M：2006	GB/T 5118—1995
E5218-1CML	E5218-1CML	E4918-B2L	E5518-B2L
E5540-1CMV	—	—	E5500-B2-V
E5515-1CMV	—	—	E5515-B2-V
E5515-1CMVNb	—	—	E5515-B2-VNb
E5515-1CMWV	—	—	E5515-B2-VW
E6215-2C1M	E6215-2C1M	E6215-B3	E6015-B3
E6216-2C1M	E6216-2C1M	E6216-B3	E6016-B3
E6218-2C1M	E6218-2C1M	E6218-B3	E6018-B3
E6213-2C1M	E6213-2C1M	—	—
E6240-2C1M	—	—	E6000-B3
E5515-2C1ML	E5515-2C1ML	E5515-B3L	E6015-B3L
E5516-2C1ML	E5516-2C1ML	—	—
E5518-2C1ML	E5518-2C1ML	E5518-B3L	E6018-B3L
E5515-2CML	E5515-2CML	E5515-B4L	E5515-B4L
E5516-2CML	E5516-2CML	—	—
E5518-2CML	E5518-2CML	—	—
E5540-2CMWVB	—	—	E5500-B3-VWB
E5515-2CMWVB	—	—	E5515-B3-VWB
E5515-2CMVNb	—	—	E5515-B3-VNb
E62 × ×-2C1MV	E62 × ×-2C1MV	—	—
E62 × ×-3C1MV	E62 × ×-3C1MV	—	—
E5515-C1M	E5515-C1M	—	—
E5516-C1M	E5516-C1M	E5516-B5	E5516-B5
E5518-C1M	E5518-C1M	—	—
E5515-5CM	E5515-5CM	E5515-B6	—
E5516-5CM	E5516-5CM	E5516-B6	—
E5518-5CM	E5518-5CM	E5518-B6	—
E5515-5CML	E5515-5CML	E5515-B6L	—
E5516-5CML	E5516-5CML	E5516-B6L	—
E5518-5CML	E5518-5CML	E5518-B6L	—
E5515-5CMV	—	—	—

（续）

GB/T 5118—2012	ISO 3580：2010	AWS A5.5M：2006	GB/T 5118—1995
E5516-5CMV	—	—	—
E5518-5CMV	—	—	—
E5515-7CM	—	E5515-B7	—
E5516-7CM	—	E5516-B7	—
E5518-7CM	—	E5518-B7	—
E5515-7CML	—	E5515-B7L	—
E5516-7CML	—	E5516-B7L	—
E5518-7CML	—	E5518-B7L	—
E6215-9C1M	E6215-9C1M	E5515-B8	—
E6216-9C1M	E6216-9C1M	E5516-B8	—
E6218-9C1M	E6218-9C1M	E5518-B8	—
E6215-9C1ML	E6215-9C1ML	E5515-B8L	—
E6216-9C1ML	E6216-9C1ML	E5516-B8L	—
E6218-9C1ML	E6218-9C1ML	E5518-B8L	—
E6215-9C1MV	E6215-9C1MV	E6215-B9	—
E6216-9C1MV	E6216-9C1MV	E6216-B9	—
E6218-9C1MV	E6218-9C1MV	E6218-B9	—
E62××-9C1MV1	E62××-9C1MV1	—	—

注：焊条型号中××代表药皮类型15、16或18，YY代表药皮类型10、11、19、20或27。

三、不锈钢焊条型号编制方法（GB/T 983—2012）

1. 焊条型号的组成

焊条型号按熔敷金属化学成分、焊接位置和药皮类型等进行划分。焊条型号由四部分组成：

1）第一部分用字母“E”表示焊条。

2）第二部分为字母“E”后面的数字，表示熔敷金属的化学成分分类，数字后面的“L”表示碳含量较低，“H”表示碳含量较高，如有其他特殊要求的化学成分，该化学成分用元素符号表示放在后面，见表2-11。

表 2-11 不锈钢焊条熔敷金属化学成分

焊条型号①	化学成分(质量分数,%)②									
	C	Mn	Si	P	S	Cr	Ni	Mo	Cu	其他
E209-××	0.06	4.0~7.0	1.00	0.04	0.03	20.5~24.0	9.5~12.0	1.5~3.0	0.75	N:0.1~0.3、V:0.1~0.3
E219-××	0.06	8.0~10.0	1.00	0.04	0.03	19.0~21.5	5.5~7.0	0.75	0.75	N:0.10~0.30
E240-××	0.06	10.5~13.5	1.00	0.04	0.03	17.0~19.0	4.0~6.0	0.75	0.75	N:0.10~0.30
E307-××	0.04~0.14	3.30~4.75	1.00	0.04	0.03	18.0~21.5	9.0~10.7	0.5~1.5	0.75	—
E308-××	0.08	0.5~2.5	1.00	0.04	0.03	18.0~21.0	9.0~11.0	0.75	0.75	—
E308H-××	0.04~0.08	0.5~2.5	1.00	0.04	0.03	18.0~21.0	9.0~11.0	0.75	0.75	—
E308L-××	0.04	0.5~2.5	1.00	0.04	0.03	18.0~21.0	9.0~12.0	0.75	0.75	—
E308Mo-××	0.08	0.5~2.5	1.00	0.04	0.03	18.0~21.0	9.0~12.0	2.0~3.0	0.75	—
E308LMo-××	0.04	0.5~2.5	1.00	0.04	0.03	18.0~21.0	9.0~12.0	2.0~3.0	0.75	—
E309L-××	0.04	0.5~2.5	1.00	0.04	0.03	22.0~25.0	12.0~14.0	0.75	0.75	—
E309-××	0.15	0.5~2.5	1.00	0.04	0.03	22.0~25.0	12.0~14.0	0.75	0.75	—
E309H-××	0.04~0.15	0.5~2.5	1.00	0.04	0.03	22.0~25.0	12.0~14.0	0.75	0.75	—
E309LNb-××	0.04	0.5~2.5	1.00	0.04	0.03	22.0~25.0	12.0~14.0	0.75	0.75	Nb+Ta:0.70~1.00
E309Nb-××	0.12	0.5~2.5	1.00	0.04	0.03	22.0~25.0	12.0~14.0	0.75	0.75	Nb+Ta:0.70~1.00
E309Mo-××	0.12	0.5~2.5	1.00	0.04	0.03	22.0~25.0	12.0~14.0	2.0~3.0	0.75	—
E309LMo-××	0.04	0.5~2.5	1.00	0.04	0.03	22.0~25.0	12.0~14.0	2.0~3.0	0.75	—

（续）

焊条型号①	化学成分（质量分数，%）②								
	C	Mn	Si	P	S	Cr	Ni	Mo	Cu	其他
E310-××	0.08～0.20	1.0～2.5	0.75	0.03	0.03	25.0～28.0	20.0～22.5	0.75	0.75	—
E310H-××	0.35～0.45	1.0～2.5	0.75	0.03	0.03	25.0～28.0	20.0～22.5	0.75	0.75	—
E310Nb-××	0.12	1.0～2.5	0.75	0.03	0.03	25.0～28.0	20～22.0	0.75	0.75	Nb + Ta:0.70～1.00
E310Mo-××	0.12	1.0～2.5	0.75	0.03	0.03	25.0～28.0	20.0～22.0	2.0～3.0	0.75	—
E312-××	0.15	0.5～2.5	1.00	0.04	0.03	28.0～32.0	8.0～10.5	0.75	0.75	—
E316-××	0.08	0.5～2.5	1.00	0.04	0.03	17.0～20.0	11.0～14.0	2.0～3.0	0.75	—
E316H-××	0.04～0.08	0.5～2.5	1.00	0.04	0.03	17.0～20.0	11.0～14.0	2.0～3.0	0.75	—
E316L-××	0.04	0.5～2.5	1.00	0.04	0.03	17.0～20.0	11.0～14.0	2.0～3.0	0.75	—
E316LCu-××	0.04	0.5～2.5	1.00	0.04	0.03	17.0～20.0	11.0～16.0	1.20～2.75	1.00～2.50	—
E316LMn-××	0.04	5.0～8.0	0.90	0.04	0.03	18.0～21.0	15.0～18.0	2.5～3.5	0.75	N:0.10～0.25
E317-××	0.08	0.5～2.5	1.00	0.04	0.03	18.0～21.0	12.0～14.0	3.0～4.0	0.75	—
E317L-××	0.04	0.5～2.5	1.00	0.04	0.03	18.0～21.0	12.0～14.0	3.0～4.0	0.75	—
E317MoCu-××	0.08	0.5～2.5	0.90	0.035	0.03	18.0～21.0	12.0～14.0	2.0～2.5	2	—
E317MoCu-××	0.04	0.5～2.5	0.90	0.035	0.03	18.0～21.0	12.0～14.0	2.0～2.5	2	—
E318-××	0.08	0.5～2.5	1.00	0.04	0.03	17.0～20.0	11.0～14.0	2.0～3.0	0.75	Nb + Ta:6×C～1.00
E318V-××	0.08	0.5～2.5	1.00	0.035	0.03	17.0～20.0	11.0～14.0	2.0～2.5	0.75	V:0.30～0.70
E320-××	0.07	0.5～2.5	0.60	0.04	0.03	19.0～21.0	32.0～36.0	2.0～3.0	3.0～4.0	Nb + Ta:8×C～1.00

（续）

焊条型号①	化学成分(质量分数,%)②									
	C	Mn	Si	P	S	Cr	Ni	Mo	Cu	其他
E320LR-××	0.03	1.5~2.5	0.30	0.02	0.015	19.0~21.0	32.0~36.0	2.0~3.0	3.0~4.0	Nb+Ta:8×C~0.40
E330-××	0.18~0.25	1.0~2.5	1.00	0.04	0.03	14.0~17.0	33.0~37.0	0.75	0.75	—
E330H-××	0.35~0.45	1.0~2.5	1.00	0.04	0.03	14.0~17.0	33.0~37.0	0.75	0.75	—
E330MoMnWNb-××	0.20	3.5	0.70	0.035	0.030	15.0~17.0	33.0~37.0	2.0~3.0	0.75	Nb:1.0~2.0 W:2.0~3.0
E347-××	0.08	0.5~2.5	1.00	0.04	0.03	18.0~21.0	9.0~11.0	0.75	0.75	Nb+Ta:8×C~1.00
E349-××	0.13	0.5~2.5	1.00	0.04	0.03	18.0~21.0	8.0~10.0	0.35~0.65	0.75	Nb+Ta:0.75~1.20 V:0.10%~0.30 Ti≤0.15 W:1.25%~1.75
E383-××	0.03	0.5~2.5	0.90	0.02	0.02	26.5~29.0	30.0~33.0	3.2~4.2	0.6~1.5	—
E385-××	0.03	1.0~2.5	0.90	0.03	0.02	19.5~21.5	24.0~26.0	4.2~5.2	1.2~2.0	—
E409Nb-××	0.12	1.00	1.00	0.04	0.03	11.0~14.0	0.06	0.75	0.75	Nb+Ta:0.50~1.50
E410-××	0.12	1.00	0.90	0.04	0.03	11.0~14.0	0.70	0.75	0.75	—
E410NiMo-××	0.06	1.00	0.90	0.04	0.03	11.0~12.5	4.0~5.0	0.040~0.70	0.75	—
E430-××	0.10	1.00	0.90	0.04	0.03	15.0~18.0	0.60	0.75	0.75	—

（续）

焊条型号①	化学成分(质量分数,%)②								
	C	Mn	Si	P	S	Cr	Ni	Mo	Cu	其他
E430Nb-××	0.10	1.00	1.00	0.04	0.03	15.0~18.0	0.60	0.75	0.75	Nb+Ta:0.50~1.50
E630-××	0.05	0.25~0.75	0.75	0.04	0.03	16.0~16.75	4.5~5.0	0.75	3.25~4.00	Nb+Ta:0.15~0.30
E16-8-2-××	0.10	0.5~2.5	0.60	0.03	0.03	14.5~16.5	7.5~9.5	1.0~2.0	0.75	—
E16-25MoN-××	0.12	0.5~2.5	0.90	0.035	0.03	14.0~18.0	22.0~27.0	5.0~7.0	0.75	N≥0.1
E2209-××	0.04	0.5~2.0	1.00	0.04	0.03	21.5~23.5	7.5~10.5	2.5~3.5	0.75	N:0.08~0.20
E2553-××	0.06	0.5~1.5	1.00	0.04	0.03	24.0~27.0	6.5~8.5	2.9~3.9	1.5~2.5	N:0.10~0.25
E2593-××	0.04	0.5~1.5	1.00	0.04	0.03	24.0~27.0	8.5~10.5	2.9~3.9	1.5~3.0	N:0.08~0.25
E2594-××	0.04	0.05~2.0	1.00	0.04	0.03	24.0~27.0	8.0~10.5	3.5~4.5	0.75	N:0.20~0.30
E2595-××	0.04	2.5	1.2	0.03	0.025	24.0~27.0	8.0~10.5	2.5~4.5	0.4~1.5	N:0.20~0.30 W:0.40~1.00
E3155-××	0.10	1.00~2.5	1.00	0.04	0.03	20.0~22.5	19.0~21.0	2.5~3.5	0.75	Nb+Ta:0.75~1.25 Co:18.5~21.0 W:2.0~3.0
E33-31-××	0.03	2.5~4.0	0.9	0.02	0.01	31.0~35.0	30.0~32.0	1.0~2.0	0.4~0.8	N:0.30~0.50

注：表中的单值均为最大值。

① 焊条型号中-××表示焊接位置和药皮类型，见表 2-12 和表 2-13。

② 化学分析应按表中规定的元素进行分析。如果在分析过程中发现其他化学成分，则应进一步分析这些元素的含量，除铁外，不应超过 0.5%。

3）第三部分为短划“-”后面的第一位数字，表示焊接位置，见表2-12。

表2-12 焊接位置代号

代号	-1	-2	-4
焊接位置①	PA、PB、PD、PF	PA、PB	PA、PB、PD、PF、PG

① 焊接位置见GB/T 16672，其中PA=平焊、PB=平角焊、PD=仰角焊、PF=向上立焊、PG=向下立焊。

4）第四部分为最后一位数字，表示药皮类型和电流类型，见表2-13。

表2-13 药皮类型代号

代 号	药皮类型	电流类型
5	碱性	直流
6	金红石	交流或直流①
7	钛酸型	交流或直流②

① 46型采用直流焊接。

② 47型采用直流焊接。

型号示例：

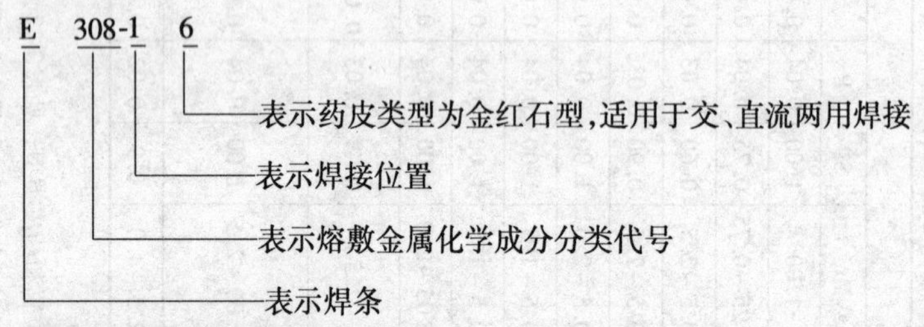

2. 焊条药皮类型说明

本标准不锈钢药皮类型有三种：

1）碱性药皮类型5，此类型药皮含有大量碱性矿物质和化学物质，如石灰石（碳酸钙）、白云石（碳酸钙、碳酸镁）和萤石（氟化钙）。焊条通常只使用直流反接。

2）金红石药皮类型6，此类型药皮含有大量金红石矿物质，主要是二氧化钛（氧化钛）。这类焊条药皮中含有低电离元素。用此类焊条焊接时，可以使用交直流焊接。

3）钛酸型药皮类型7，此类型药皮是已改进的金红石类，使用一部分二氧化硅代替氧化钛。此类药皮特征是熔渣流动性好，引弧性能良好，电弧易喷射过渡。但是不适用于薄板的立向上位置的焊接。

3. 常用焊条对照

不锈钢焊条 GB/T 983—2012 标准与其他相关标准焊条型号的对应关系见表2-14。

表2-14　不锈钢焊条 GB/T 983—2012 标准与其他相关标准焊条型号的对应关系

GB/T 983—2012	ISO 3581：2003	AWS A5.4M：2006	GB/T 983—1995
E209-××	ES209-××	E209-××	E209-××
E219-××	ES219-××	E219-××	E219-××
E240-××	ES240-××	E240-××	E240-××
E307-××	ES307-××	E307-××	E307-××
E308-××	ES308-××	E308-××	E308-××
E308H-××	ES308H-××	E308H-××	E308H-××
E308L-××	ES308L-××	E308L-××	E308L-××
E308Mo-××	ES308Mo-××	E308Mo-××	E308Mo-××
E308LMo-××	ES308LMo-××	E308LMo-××	E308MoL-××
E309L-××	ES309L-××	E309L-××	E309L-××
E309-××	ES309-××	E309-××	E309-××
E309H-××	—	E309H-××	—
E309LNb-××	ES309LNb-××	—	—
E309Nb-××	ES309Nb-××	E309Nb-××	E309Nb-××
E309Mo-××	ES309Mo-××	E309Mo-××	E309Mo-××
E309LMo-××	ES309LMo-××	E309LMo-××	E309MoL-××
E310-××	ES310-××	E310-××	E310-××
E310H-××	ES310H-××	E310H-××	E310H-××
E310Nb-××	ES310Nb-××	E310Nb-××	E310Nb-××
E310Mo-××	ES310Mo-××	E310Mo-××	E310Mo-××
E312-××	ES312-××	E312-××	E312-××
E316-××	ES316-××	E316-××	E316-××

（续）

GB/T 983—2012	ISO 3581：2003	AWS A5.4M：2006	GB/T 983—1995
E316H-××	ES316H-××	E316H-××	E316H-××
E316L-××	ES316L-××	E316L-××	E316L-××
E316LCu-××	ES316LCu-××	—	—
E316LMn-××	—	E316LMn-××	—
E317-××	ES317-××	E317-××	E317-××
E317L-××	ES317L-××	E317L-××	E317L-××
E317MoCu-××	—	—	E317MoCu-××
E317LMoCu-××	—	—	E317MoCuL-××
E318-××	ES318-××	E318-××	E318-××
E318V-××	—	—	E318V-××
E320-××	ES320-××	E320-××	E320-××
E320LR-××	ES320LR-××	E320LR-××	E320LR-××
E330-××	ES330-××	E330-××	E330-××
E330H-××	ES330H-××	E330H-××	E330H-××
E330MoMnWNb-××	—	—	E330MoMnWNb-××
E347-××	ES347-××	E347-××	E347-××
E347L-××	ES347L-××	—	—
E349-××	ES349-××	E349-××	E349-××
E383-××	ES383-××	E383-××	E383-××
E385-××	ES385-××	E385-××	E385-××
E409Nb-××	ES409Nb-××	E409Nb-××	—
E410-××	ES410-××	E410-××	E410-××
E410NiMo-××	ES410NiMo-××	E410NiMo-××	E410NiMo-××
E430-××	ES430-××	E430-××	E430-××
E430Nb-××	ES430Nb-××	E430Nb-××	—
E630-××	ES630-××	E630-××	E630-××
E16-8-2-××	ES16-8-2-××	E16-8-2-××	E16-8-2-××
E16-25MoN-××	—	—	E16-25MoN-××

（续）

GB/T 983—2012	ISO 3581：2003	AWS A5.4M：2006	GB/T 983—1995
E2209-××	ES2209-××	E2209-××	E2209-××
E2553-××	ES2553-××	E2553-××	E2553-××
E2593-××	ES2593-××	E2593-××	—
E2594-××	—	E2594-××	—
E2595-××	—	E2595-××	—
E3155-××	—	E3155-××	—
E33-31-××	—	E33-31-××	—

四、堆焊焊条型号编制方法（GB/T 984—2001）

1. 焊条型号组成

1）型号中第一个字母“E”表示焊条。

2）第二个字母“D”表示用于表面耐磨堆焊。

3）D后面用一位或两位字母、元素符号表示焊条熔敷金属化学成分分类代号，见表2-15。还可以附加一些主要成分的元素符号。

表2-15 堆焊焊条熔敷金属化学成分分类

型号分类	熔敷金属化学成分分类	型号分类	熔敷金属化学成分分类
EDP××-××	普通低中合金钢	EDZ××-××	合金铸铁
EDR××-××	热强合金钢	EDZCr××-××	高铬铸铁
EDCr××-××	高铬钢	EDCoCr××-××	钴基合金
EDMn××-××	高锰钢	EDW××-××	碳化钨
EDCrMn××-××	高铬锰钢	EDT××-××	特殊型
EDCrNi××-××	高铬镍钢	EDNi××-××	镍基合金
EDD××-××	高速钢		

4）在基本型号内可用数字、字母进行细分类，细分类代号也可用短划“-”与前面符号分开。

5）型号中最后两位数字表示药皮类型和焊接电流种类，用短划“-”与前面符号分开，见表2-16。

表 2-16 堆焊焊条药皮类型和焊接电流种类

型号	药皮类型	焊接电流种类
ED××-00	特殊型	交流或直流
ED××-03	钛钙型	
ED××-15	低氢钠型	直流
ED××-16	低氢钾型	交流或直流
ED××-08	石墨型	

型号示例：

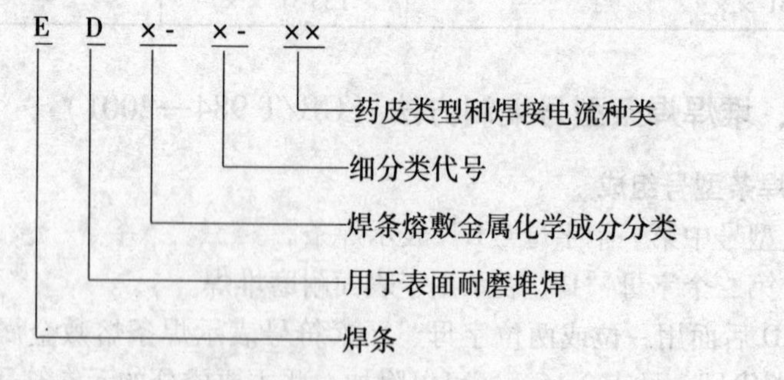

碳化钨管状焊条型号表示方法：

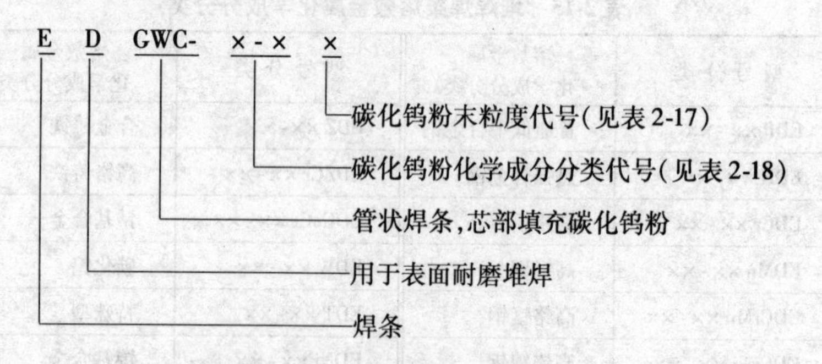

表 2-17 堆焊焊条碳化钨粉的粒度

型号	粒度分布
EDGWC×-12/30	600～1700μm(-12 目，+30 目)
EDGWC×-20/30	600～850μm(-20 目，+30 目)
EDGWC×-30/40	425～600μm(-30 目，+40 目)

（续）

型 号	粒度分布
EDGWC×-40	<425μm（-40目）
EDGWC×-40/120	125~425μm（-40目，+120目）

注：1. 焊条型号中的“×”代表“1”或“2”或“3”。

2. 允许通过（“-”）筛网的筛上物≤5%，不通过（“+”）筛网的筛下物≤20%。

表2-18 堆焊焊条碳化钨粉的化学成分

型 号	化学成分（质量分数，%）							
	C	Si	Ni	Mo	Co	W	Fe	Th
EDGWC1-××	3.6~4.2	≤0.3	≤0.3	≤0.6	≤0.3	≥94.0	≤1.0	≤0.01
EDGWC2-××	6.0~6.2					≥91.5	≤0.5	
EDGWC3-××	由供需双方商定							

堆焊焊条型号举例：

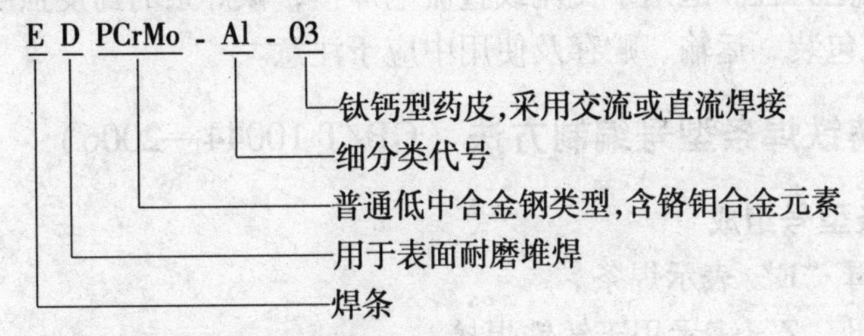

碳化钨管状焊条型号举例：

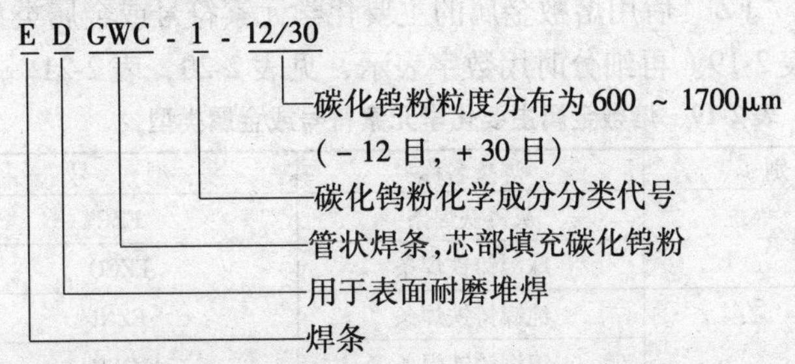

2. 堆焊焊条药皮类型说明

1）药皮类型有特殊型，可用交流或直流电进行焊接。

2）药皮类型有钛钙型，可用交流或直流电进行焊接，药皮含30%（质量分数）以上的氧化钛和20%（质量分数）以下的钙或镁的碳酸盐矿石。熔渣流动性良好，脱渣容易；熔深适中，电弧较稳定，飞溅少，焊缝美观。

3）药皮类型有低氢钠型，可用直流电进行焊接。药皮主要组成物是碳酸盐矿石和氟化物，熔渣是碱性的。焊接工艺性能一般，焊接过程要短弧操作，熔渣流动性好，焊缝较高。焊接时要求焊条药皮很干燥，该类型焊条具有良好的抗裂性能和力学性能。

4）药皮类型有低氢钾型，可用交流或直流电进行焊接。为了用交流电焊接，在药皮中除用硅酸钾作粘合剂外，还加入了稳弧组成物。

5）药皮类型有石墨型，可用交流或直流电进行焊接。这类焊条除含有碱性氧化物、酸性氧化物外，在药皮中还加入较多的石墨，使焊缝金属获得较高的游离碳或碳化物。本焊条在焊接过程中会产生较大的烟雾，容易引弧，熔深较浅，工艺性能较好，焊接飞溅少，施焊时要用小规范为宜。适用于交流或直流电焊接，该焊条的药皮强度较差，所以在包装、运输、贮存及使用中应予注意。

五、铸铁焊条型号编制方法（GB/T 10044—2006）

1. 焊条型号组成

1）字母“E”表示焊条。

2）字母“Z”表示用于铸铁焊接。

3）字母“EZ”后用熔敷金属的主要化学元素符号或金属类型代号表示，见表2-19。再细分时用数字表示，见表2-20，表2-21。

表2-19　熔敷金属主要化学元素符号或金属类型

类　别	焊条名称	型　号
铁基焊条	灰铸铁焊条	EZC
	球墨铸铁焊条	EZCQ
镍基焊条	纯镍铸铁焊条	EZNi
	镍铜铸铁焊条	EZNiCu
	镍铁铸铁焊条	EZNiFe
	镍铁铜铸铁焊条	EZNiFeCu
其他焊条	纯铁及碳钢焊条	EZFe
	高钒焊条	EZV

表 2-20　铸铁焊条熔敷金属化学成分

焊条型号	化学成分(质量分数,%)											
	C	Si	Mn	S	P	Fe	Ni	Cu	Al	V	球化剂	其他元素总量
EZC	2.0~4.0	2.5~6.5	≤0.75	≤0.10	≤0.15	余量	—	—	—	—	—	—
EZCQ	3.2~4.2	3.2~4.0	≤0.80	≤0.10	≤0.15	余量	—	—	—	—	0.04~0.15	≤1.0
EZNi-1	≤2.0	≤2.5	≤1.0	≤0.03	—	≤8.0	≥90	—	—	—	—	≤1.0
EZNi-2	≤2.0	≤4.0	≤2.5	≤0.03	—	≤8.0	≥85	≤2.5	≤1.0	—	—	≤1.0
EZNi-3	≤2.0	≤4.0	≤2.5	≤0.03	—	≤8.0	≥85	≤2.5	1.0~3.0	—	—	≤1.0
EZNiFe-1	≤2.0	≤4.0	≤2.5	≤0.03	—	余量	45~60	≤2.5	≤1.0	—	—	≤1.0
EZNiFe-2	≤2.0	≤4.0	≤2.5	≤0.03	—	余量	45~60	≤2.5	1.0~3.0	—	—	≤1.0
EZNiFeMn	≤2.0	≤1.0	10~14	≤0.03	—	余量	35~45	≤2.5	≤1.0	—	—	≤1.0
EZNiCu-1	0.35~0.55	≤0.75	≤2.3	≤0.025	—	3.0~6.0	60~70	25~35	—	—	—	≤1.0
EZNiCu-2	0.35~0.55	≤0.75	≤2.3	≤0.025	—	3.0~6.0	50~60	35~45	—	—	—	≤1.0
EZNiFeCu	≤2.0	≤2.0	≤1.5	≤0.03	—	余量	45~60	4~10	—	—	—	≤1.0
EZV	≤0.25	≤0.70	≤1.50	≤0.04	≤0.04	余量	—	—	—	8~13	—	—

表 2-21 纯铁及碳钢焊条焊芯化学成分

焊条型号	化学成分（质量分数,%）					
	C	Si	Mn	S	P	Fe
EZFe-1	≤0.04	≤0.10	≤0.60	≤0.010	≤0.015	余量
EZFe-2	≤0.10	≤0.03	≤0.60	≤0.030	≤0.030	余量

铸铁焊条型号举例：

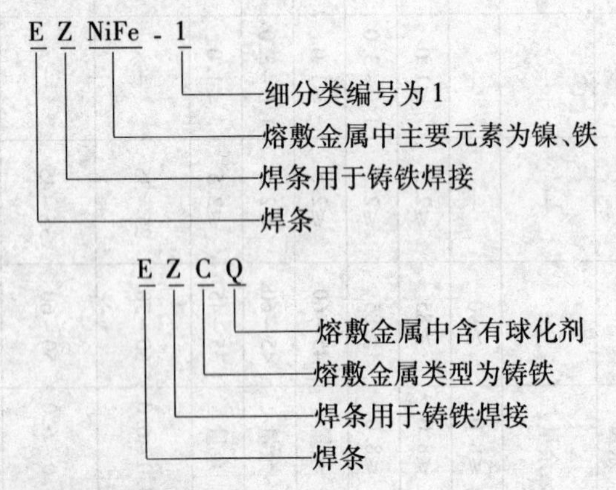

2. 铸铁焊条使用说明

（1）铁基焊条

1）EZC 型灰铸铁焊条。

EZC 型焊条是钢芯或铸铁芯、强石墨化型焊条，可交、直流两用。

①钢芯铸铁焊条药皮中加入适量石墨化元素，焊缝在缓慢冷却时可变成灰口铸铁。冷却速度快，就会产生白口而不易加工。冷却速度对切削加工性和焊缝组织影响很大。因此，操作工艺与一般冷焊焊条不同，该焊条使用时要求连续施焊，焊后保温，以达到焊缝缓冷。

灰口铸铁焊缝的组织、性能、颜色基本与母材相近，但由于塑性差，不能松弛焊接应力，抗热应力裂纹性能较差。小型薄壁件刚度较小部位的缺陷可以不预热。为了防止裂纹和白口组织，焊接时应预热至 400℃左右再焊或热焊，焊后缓冷。

②铸铁芯铸铁焊条，采用石墨化元素较多的灰口铸铁浇铸成焊

芯，外涂石墨化型药皮，焊缝在一定的冷却速度下成为灰口铸铁。

这种焊条的特点是配合适当的焊接工艺措施，在不预热的条件下焊接可以避免白口组织产生，焊后切削加工性能较好。可以广泛用于不易产生裂纹的铸件焊接。由于灰口铸铁焊缝塑性低，采用铸铁芯焊条补焊时，焊缝区温度很高，在刚性大的部位容易引起较大的内应力而产生裂纹。因此，补焊铸件较大刚度处（铸件的边角部位、不能自由热胀冷缩部位），需要进行局部加热或整体预热。

热焊时用石墨化能力较弱的焊条，以免焊缝石墨片粗大，强度和硬度降低。

冷焊和半热焊时用石墨化能力较弱的焊条，碳、硅含量较高的 EZC 型焊条通常用于冷焊和半热焊，碳、硅含量较低的 EZC 型焊条用于热焊和半热焊。

2）EZCQ 型铁基球墨铸铁焊条。

EZCQ 型是用钢芯或铸铁芯，强石墨化型药皮的球墨铸铁焊条。药皮中加入一定量的球化剂，可使焊缝金属中的碳在缓冷过程中呈球状石墨析出，从而使焊缝有好的塑性和力学性能。焊缝的颜色与母材相匹配。焊接工艺与 EZC 型焊条基本相同。EZCQ 型焊条的焊缝可承受较高的残余应力而不产生裂纹。但最好采用预热及缓慢冷却速度，以防止母材及焊缝产生应力裂纹及白口，重要的铸件可以在焊后进行热处理得到所需要的性能和组织。

（2）镍基焊条

1）EZNi 型纯镍铸铁焊条。

EZNi 型是纯镍焊芯、强石墨化的铸铁焊条，交、直流两用，可进行全位置焊接。施焊时，焊件可不预热，是铸铁冷焊焊条中抗裂性、切削加工性、操作工艺及力学性能等综合性能较好的一种焊条，广泛用于铸铁薄件及加工面的补焊。

2）EZNiFe 型镍铁铸铁焊条。

EZNiFe 型是镍铁焊芯、强石墨化药皮的铸铁焊条，交、直流两用，可进行全位置焊接。施焊时，焊件可不预热，具有强度高、塑性好，抗裂性优良、与母材熔合好等特点。可用于重要灰口铸铁及球墨铸铁的补焊。

3）EZNiCu 型镍铜铸铁焊条。

EZNiCu 型是镍铜合金焊芯，强石墨化药皮的铸铁焊条，交、直流两用，可进行全位置焊接。其工艺性能和切削加工性能接近 EZNi 及 EZNiFe 型焊条。但由于收缩率较大，焊缝金属抗拉强度较低，不宜用于刚度大的铸件补焊。可在常温或低温预热（至 300℃左右）焊接。用于强度要求不高、塑性要求好的灰口铸铁件的补焊。

4）EZNiFeCu 型镍铁铜铸铁焊条。

EZNiFeCu 型是镍铁铜合金芯或镀铜镍铁芯，强石墨化药皮的铸铁焊条，交、直流两用，可进行全位置焊接。具有强度高、塑性好，抗裂性优良、与母材熔合好等特点。切削加工性能与 EZNiFe 型焊条相似，可用于重要灰口铸铁及球墨铸铁的补焊。

（3）其他焊条

1）EZFe-1 型纯铁焊条。

EZFe-1 型是纯铁芯药皮焊条，焊缝金属具有良好的塑性和抗裂性能，但熔合区白口较严重，加工性能较差，适于铸铁非加工面补焊。

2）EZFe-2 型碳钢焊条。

EZFe-2 型是低碳钢芯、低熔点药皮的低氢型碳钢焊条，该焊条与 GB 5117—1995《碳钢焊条》中的一般碳钢焊条不同。焊缝与母材的结合较好，有一定的强度，但熔合区白口较严重，加工困难，适于铸铁非加工面的补焊。

3）EZV 型高钒焊条。

EZV 是低碳钢芯、低氢型药皮焊条。药皮中含有大量钒铁，碳化钒均匀分散在焊缝铁素体上，焊缝为高钒钢，特点是焊缝致密性好，强度较高，但熔合区白口较严重，加工困难，适用于补焊高强度灰口铸铁及球墨铸铁。在保证熔合良好的条件下，尽可能采用小电流。

六、镍及镍合金焊条型号编制方法（GB/T 13814—2008）

1. 焊条型号组成

1）第一部分为字母“ENi”表示镍及镍合金焊条。

2）第二部分为 4 位数字，表示焊条型号。第 1 位数字表示熔敷金属的类别，其中2表示非合金系列；4表示镍铜合金；6表示含铬，且铁含量不大于25%（质量分数）的NiCrFe和NiCrMo合金；8表示含铬，且铁含量大于25%（质量分数）的NiFeCr合金；10表示不含铬，含钼的NiMo合金。

3）第三部分为可选部分，表示化学成分代号，见表2-22。

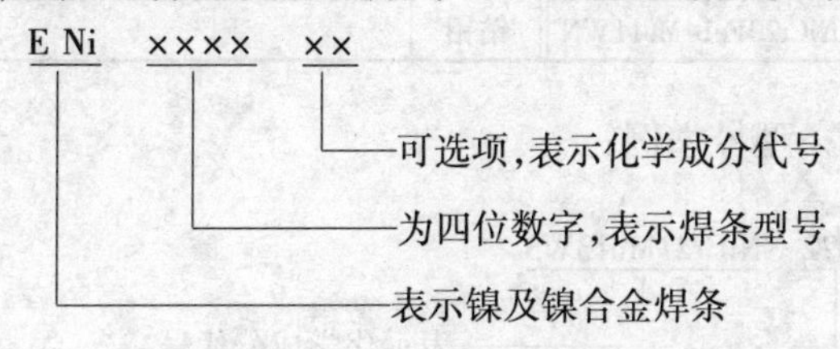

表2-22 镍及镍合金焊条型号及化学成分代号

类别	焊条型号	化学成分代号	类别	焊条型号	化学成分代号
镍	ENi2601	NiTi3	镍钼	ENi1001	NiMo28Fe5
	ENi2601A	NiNbTi		ENi1004	NiMo25Cr5Fe5
镍铜	ENi4060	NiCu30Mn3Ti		ENi1008	NiMo19WCr
	ENi4061	NiCu27Mn3NbTi		ENi1009	NiMo20WCu
镍铬	ENi6082	NiCr20Mn3Nb		ENi1062	NiMo24Cr8Fe6
	ENi6231	NiCr22W14Mo		ENi1066	NiMo28
镍铬铁	ENi6025	NiCr25Fe10AlY		ENi1067	NiMo30Cr
	ENi6062	NiCr15Fe8Nb		ENi1069	NiMo28Fe4Cr
	ENi6093	NiCr15Fe8NbMo	镍铬钼	ENi6002	NiCr22Fe18Mo
	ENi6094	NiCr14Fe4NbMo		ENi6012	NiCr22Mo9
	ENi6095	NiCr15Fe8NbMoW		ENi6022	NiCr21Mo13W3
	ENi6133	NiCr16Fe12NbMo		ENi6024	NiCr26Mo14
	ENi6152	NiCr30Fe9Nb		ENi6030	NiCr29Mo5Fe15W2
	ENi6182	NiCr15Fe6Mn		ENi6059	NiCr23Mo16
	ENi6333	NiCr25Fe16CoNbW		ENi6200	NiCr23Mo16Cu2
	ENi6701	NiCr36Fe7Nb		ENi6205	NiCr25Mo16
	ENi6702	NiCr28Fe6W		ENi6275	NiCr15Mo16Fe5W3
	ENi6704	NiCr25Fe10Al3YC		ENi6276	NiCr15Mo15Fe6W4
	ENi8025	NiCr29Fe30Mo		ENi6452	NiCr19Mo15
	ENi8165	NiCr25Fe30Mo		ENi6455	NiCr16Mo15Ti

（续）

类别	焊条型号	化学成分代号	类别	焊条型号	化学成分代号
镍铬钼	ENi6620	NiCr14Mo7Fe	镍铬钼	ENi6686	NiCr21Mo16W4
	ENi6625	NiCr22Mo9Nb		ENi6985	NiCr22Mo7Fe19
	ENi6627	NiCr21MoFeNb	镍铬钴钼	ENi6117	NiCr22Co12Mo
	ENi6650	NiCr20Fe14Mo11WN			

镍及镍合金焊条型号举例：

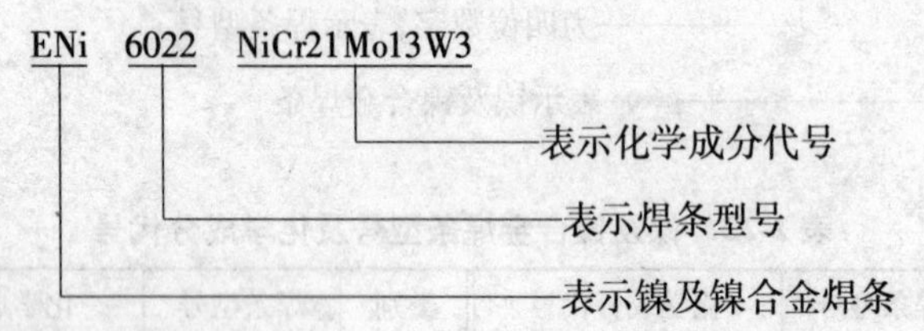

2. 常用焊条对照

镍及镍合金 GB/T 13814—2008 标准与其他相关标准焊条型号的对应关系见表 2-23。

表 2-23 镍及镍合金 GB/T 13814—2008 标准与其他相关标准焊条型号的对应关系

GB/T 13814—2008	AWS A5. 11—2005	ISO 14172：2003	GB/T 13814—1992
镍			
ENi2061	ENi-1	ENi2061	ENi-1
ENi2061A	—	—	ENi-0
镍 铜			
ENi4060	ENiCu-7	ENi4060	ENiCu-7
ENi4061	—	ENi4061	—
镍 铬			
ENi6082	—	ENi6082	—
ENi6231	ENiCrWMo-1	ENi6231	—
镍铬铁			
ENi6025	ENiCrFe-12	ENi6025	—
ENi6062	ENiCrFe-1	ENi6062	ENiCrFe-1

（续）

GB/T 13814—2008	AWS A5. 11—2005	ISO 14172：2003	GB/T 13814—1992
镍铬铁			
ENi6093	ENiCrFe-4	ENi6093	ENiCrFe-4
ENi6094	ENiCrFe-9	ENi6094	—
ENi6095	ENiCrFe-10	ENi6095	—
ENi6133	ENiCrFe-2	ENi6133	ENiCrFe-2
ENi6152	ENiCrFe-7	ENi6152	—
ENi6182	ENiCrFe-3	ENi6182	ENiCrFe-3
ENi6333	—	ENi6333	—
ENi6701	—	ENi6701	—
ENi6702	—	ENi6702	—
ENi6704	—	ENi6704	—
ENi8025	—	ENi8025	—
ENi8165	—	ENi8165	—
镍　钼			
ENi1001	ENiMo-1	ENi1001	ENiMo-1
ENi1004	ENiMo-3	ENi1004	ENiMo-3
ENi1008	ENiMo-8	ENi1008	—
ENi1009	ENiMo-9	ENi1009	—
ENi1062	—	ENi1062	—

七、铜及铜合金焊条型号编制方法（GB/T 3670—1995）

1. 焊条型号组成

1）第一部分为字母“E”表示焊条。

2）字母“E”后面直接用元素符号表示型号分类，同一分类中有不同化学成分要求时，用字母或数字表示，并以短划“-”与前面的元素符号分开。

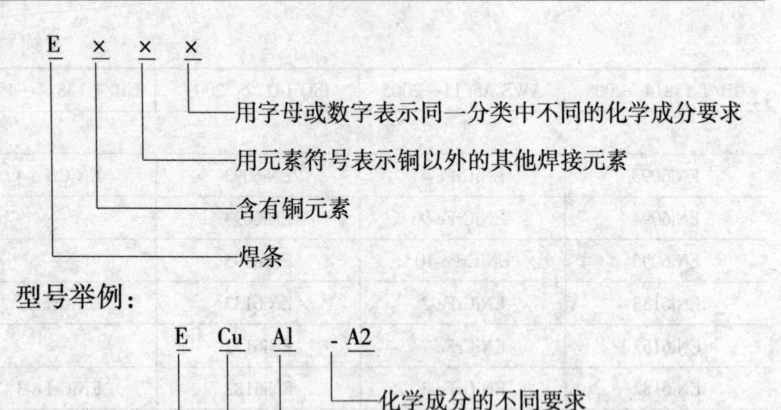

型号举例：

E Cu Al - A2

- 化学成分的不同要求
- 含有铝元素
- 含有铜元素
- 焊条

2. 常用焊条对照

铜及铜合金 GB/T 3670—1995 标准与其他相关标准焊条型号的对应关系见表 2-24。

表 2-24 铜及铜合金 GB/T 3670—1995 标准与其他相关标准焊条型号的对应关系

GB/T 3670—1995	GB/T 3670—1983	AWS A5.6—1984	JIS Z3231—1989
ECu	TCu	ECu	DCu
ECuSi-A	—	—	DCuSiA
ECuSi-B	TCuSi	ECuSi	DCuSiB
ECuSn-A	TCuSnA	ECuSn-A	DCuSnA
ECuSn-B	TCuSnB	ECuSn-C	DCuSnD
ECuAl-A2	—	ECuAl-A2	—
ECuAl-B	—	ECuAl-B	—
ECuAl-C	TCuAl	—	DCuAl
ECuNi-A	—	—	DCuNi-1
ECuNi-B	—	ECuNi	DCuNi-3
ECuAlNi	—	ECuNiAl	DCuAlNi
ECuMnAlNi	TCuMnAl	ECuMnNiAl	—

八、铝及铝合金焊条型号编制方法（GB/T 3669—2001）

1. 焊条型号组成

用字母“E”表示焊条，E后面的数字表示焊芯用的铝及铝合金牌号。

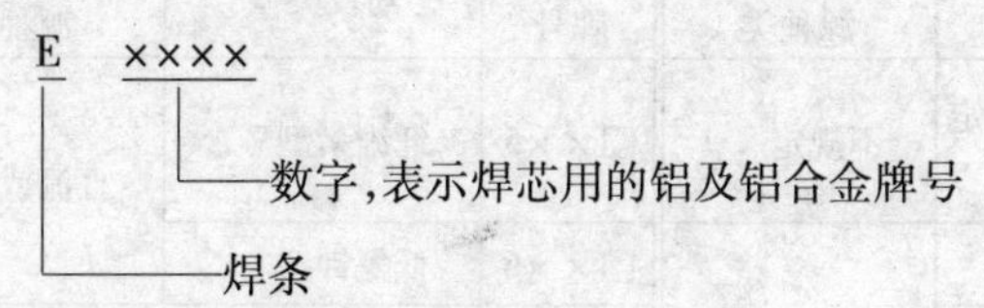

铝及铝合金焊条型号举例：

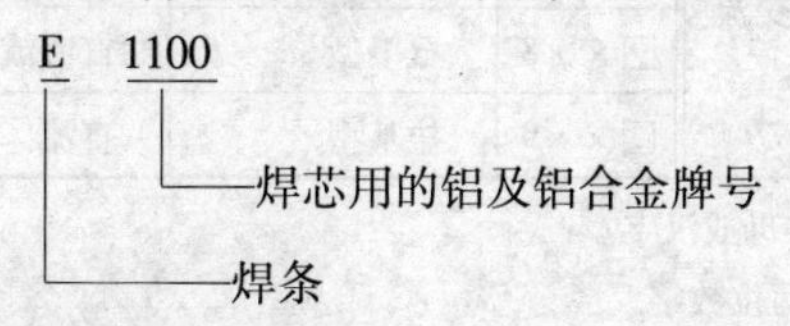

2. 常用焊条对照

铝及铝合金新旧焊条型号对照见表2-25，铝及铝合金焊接接头抗拉强度见表2-26。

表 2-25　铝及铝合金新旧焊条型号对照

GB/T 3669—2001	E1100	E3003	E4043
GB/T 3669—1983	TAl	TAlMn	TAlSi

表 2-26　铝及铝合金焊接接头抗拉强度

焊条型号	E1100	E3003	E4043
抗拉强度 R_m/MPa	≥80	≥95	≥95

第四节　焊条的牌号

焊条牌号是根据焊条的主要用途及性能特点来命名的，焊条牌号通常以一个汉语拼音字母（或汉字）与三位数字表示。拼音字母（或汉字）表示焊条各大类，后面的三位数字中，前两位数字表示熔敷金属抗拉强度最低值，第三位数字表示焊条药皮类型及焊接电源种类。当熔敷金属含有某些主要元素时，也可以在焊条牌号后面加注元素符号；对某些具有特殊性能的焊条，可在焊条牌号的后面加注拼音字母。焊条牌号中第三位数字含义见表2-27，焊条牌号中具有某些特殊性能字母符号的意义见表2-28，焊缝金属抗拉强度等级见表2-29。

表2-27 焊条牌号中第三位数字含义

焊条牌号	药皮类型	焊接电源种类	焊条牌号	药皮类型	焊接电源种类
□××0	不属于已规定的类型	不规定	□××5	纤维素型	直流或交流
□××1	氧化钛型	直流或交流	□××6	低氢钾型	
□××2	钛钙型		□××7	低氢钠型	直流
□××3	钛铁矿型		□××8	石墨型	直流或交流
□××4	氧化铁型		□××9	盐基型	直流

注：1. □表示焊条牌号中的拼音字母或汉字。

2. ××表示焊条牌号中的前两位数字。

表2-28 焊条牌号中具有某些特殊性能字母符号的意义

字母符号	表示意义	字母符号	表示意义
D	底层焊条	RH	高韧性超低氢焊条
DF	低尘焊条	LMA	低吸潮焊条
Fe	高效铁粉焊条	SL	渗铝钢焊条
Fe15	高效铁粉焊条，焊条名义熔敷效率150%	X	向下立焊用焊条
		XG	管子用向下立焊焊条
G	高韧性焊条	Z	重力焊条
GM	盖面焊条	Z16	重力焊条，焊条名义熔敷效率160%
R	压力容器用焊条		
GR	高韧性压力容器用焊条	CuP	含Cu和P的抗大气腐蚀焊条
H	超低氢焊条	CrNi	含Cr和Ni的耐海水腐蚀焊条

表2-29 焊缝金属抗拉强度等级

焊条牌号	焊缝焊接抗拉强度等级		焊条牌号	焊缝焊接抗拉强度等级	
	MPa	kgf/mm^2		MPa	kgf/mm^2
J（结）42×	420	43	J（结）50×	490	50

（续）

焊条牌号	焊缝焊接抗拉强度等级		焊条牌号	焊缝焊接抗拉强度等级	
	MPa	kgf/mm^2		MPa	kgf/mm^2
J（结）55 ×	540	55	J（结）75 ×	740	75
J（结）60 ×	590	60	J（结）85 ×	830	85
J（结）70 ×	690	70			

一、结构钢（含低合金高强钢）焊条牌号编制方法

1. 焊条牌号组成

1）牌号前加入“J”，表示结构钢焊条。

2）“J”后面两位数表示金属抗拉强度等级。

3）牌号第三位数字表示药皮类型和焊接电源种类。

4）当焊条药皮中含有铁粉量为 30%（质量分数），或熔敷金属效率大于 105% 时，在焊条牌号末尾加注“Fe”；当熔敷效率为 130% 以上时，在“Fe 后还要加注两位数字（以熔敷效率的 1/10 表示）。

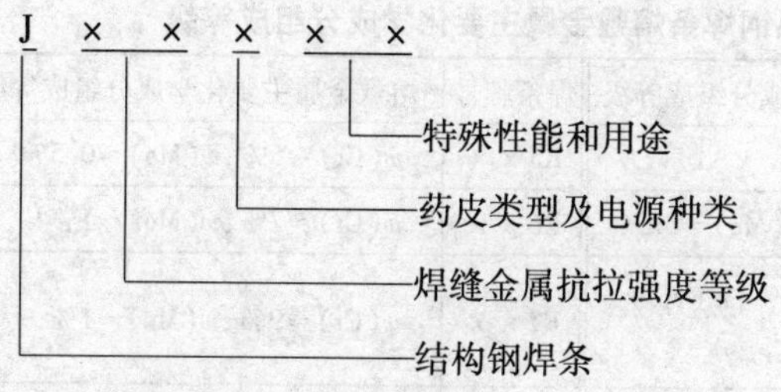

2. 结构钢焊条牌号举例

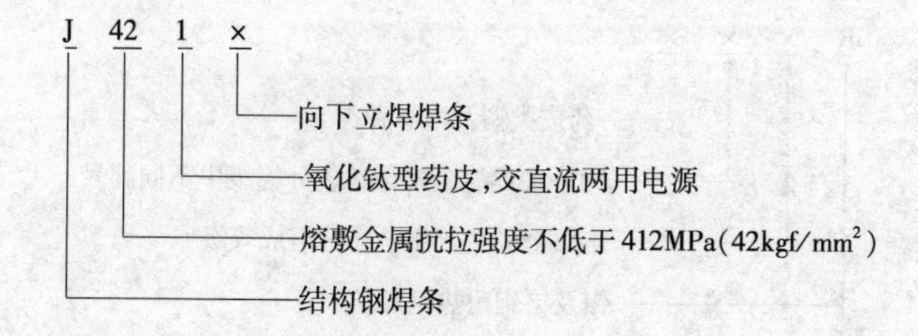

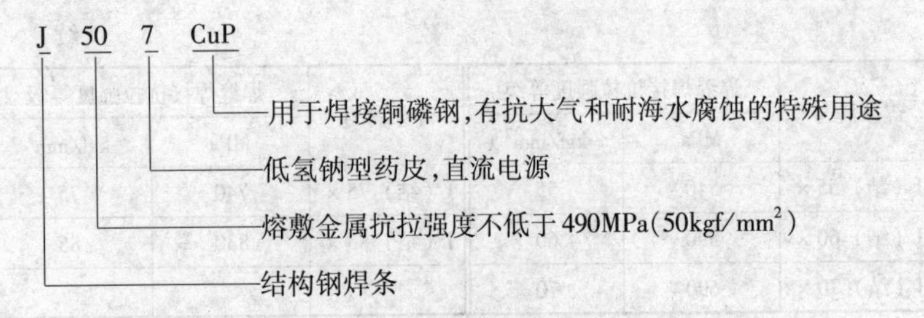

二、钼和铬钼耐热钢焊条牌号编制方法

1. 焊条牌号组成

1)“R”表示钼和铬钼耐热钢焊条。

2)“R”后第一位数字表示熔敷金属主要化学成分组成等级，见表2-30。

3)“R”后第二位数字表示同一熔敷金属主要化学成分组成等级中的不同牌号，同一组成等级的焊条可有10个牌号，按0、1、2、3、4、5、6、7、8、9顺序编排，以区别铬钼之外的其他成分的不同。

4)“R”后第三位数字表示药皮类型和焊接电源种类。

表2-30 耐热钢焊条熔敷金属主要化学成分组成等级

焊条牌号	熔敷金属主要化学成分组成等级	焊条牌号	熔敷金属主要化学成分组成等级
R1××	$w(\mathrm{Mo})\approx0.5\%$	R5××	$w(\mathrm{Cr})\approx5\%$, $w(\mathrm{Mo})\approx0.5\%$
R2××	$w(\mathrm{Cr})\approx0.5\%$, $w(\mathrm{Mo})\approx0.5\%$	R6××	$w(\mathrm{Cr})\approx7\%$, $w(\mathrm{Mo})\approx1\%$
R3××	$w(\mathrm{Cr})\approx1\%\sim2\%$, $w(\mathrm{Mo})\approx0.5\%\sim1\%$	R7××	$w(\mathrm{Cr})\approx9\%$, $w(\mathrm{Mo})\approx1\%$
R4××	$w(\mathrm{Cr})\approx2.5\%$, $w(\mathrm{Mo})\approx1\%$	R8××	$w(\mathrm{Cr})\approx11\%$, $w(\mathrm{Mo})\approx1\%$

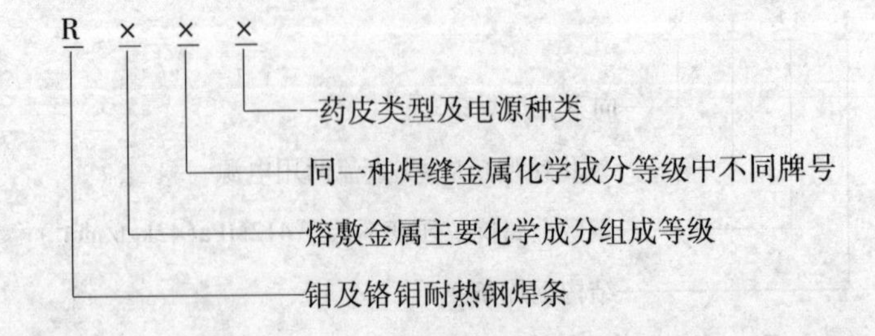

2. 钼和铬钼耐热钢焊条牌号举例

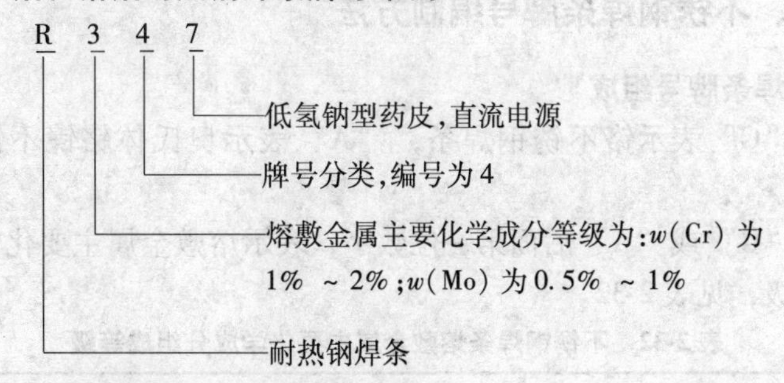

三、低温钢焊条牌号编制方法

1. 焊条牌号组成

1)"W" 表示低温钢焊条。

2)"W"后两位数字，表示低温钢焊条工作温度等级，见表2-31。

3)"W" 后面第三位数字表示药皮种类和焊接电源种类。

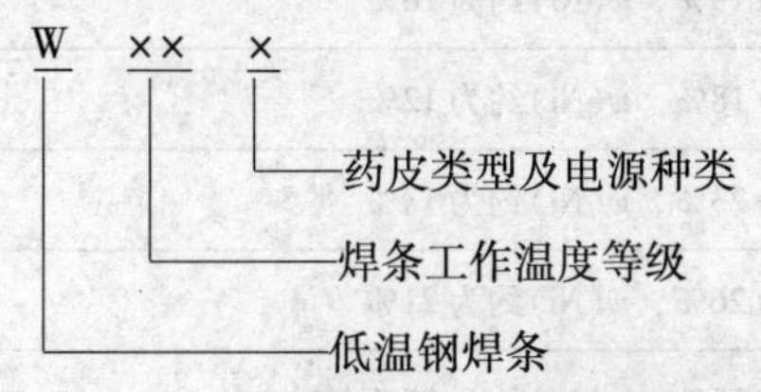

表 2-31　低温钢焊条工作温度等级

焊条牌号	工作温度等级/℃	焊条牌号	工作温度等级/℃
W60×	-60	W10×	-100
W70×	-70	W19×	-196
W80×	-80	W25×	-253
W90×	-90	—	—

2. 低温钢焊条牌号举例

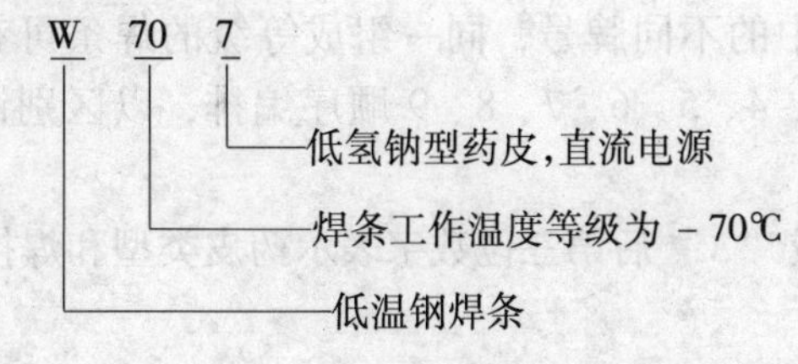

四、不锈钢焊条牌号编制方法

1. 焊条牌号组成

1）“G”表示铬不锈钢焊条，“A”表示奥氏体铬镍不锈钢焊条。

2）“G”或“A”后面第一位数字，表示熔敷金属主要化学成分组成等级，见表2-32。

表2-32　不锈钢焊条熔敷金属主要化学成分组成等级

焊条牌号	熔敷金属主要化学成分组成等级
G2××	w(Cr)约为13%
G3××	w(Cr)约为17%
A0××	w(Cr)≤0.04%(超低碳)
A1××	w(Cr)约为19%，w(Ni)约为10%
A2××	w(Cr)约为18%，w(Ni)约为12%
A3××	w(Cr)约为23%，w(Ni)约为13%
A4××	w(Cr)约为26%，w(Ni)约为21%
A5××	w(Cr)约为16%，w(Ni)约为25%
A6××	w(Cr)约为16%，w(Ni)约为35%
A7××	铬锰氮不锈钢
A8××	w(Cr)约为18%，w(Ni)约为18%
A9××	待发展

3）“G”或“A”后面第二位数字，表示同一熔敷金属主要化学成分组成等级中的不同牌号，同一组成等级的焊条可有10个牌号，按0、1、2、3、4、5、6、7、8、9顺序编排，以区别镍铬之外其他成分的不同。

4）“G”或“A”后第三位数字表示药皮类型和焊接电源种类。

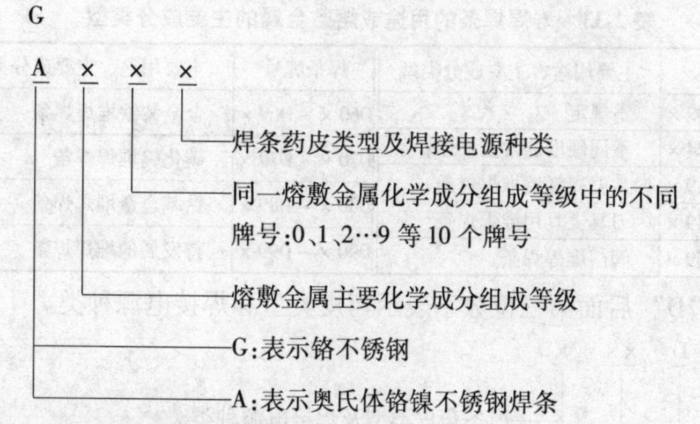

2. 不锈钢焊条牌号举例

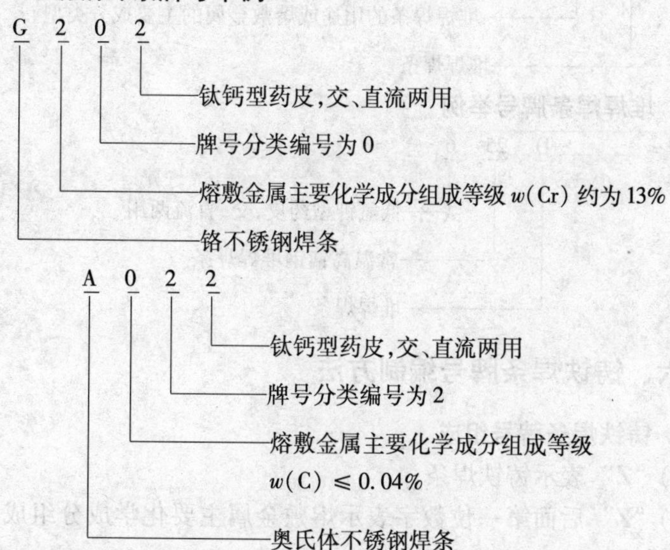

五、堆焊焊条牌号编制方法

1. 焊条牌号组成

1）“D” 表示堆焊焊条。

2）“D” 后面两位数字，表示堆焊焊条的用途或熔敷金属的主要成分类型等，见表 2-33。

表 2-33 堆焊焊条的用途或熔敷金属的主要成分类型

焊条牌号	主要用途、主要成分类型	焊条牌号	主要用途、主要成分类型
D00×~D09×	不规定	D60×~D69×	合金铸铁堆焊焊条
D10×~D24×	不同硬度的常温堆焊焊条	D70×~D79×	碳化钨堆焊焊条
D25×~D29×	常温高锰钢堆焊焊条	D80×~D89×	钴基合金堆焊焊条
D30×~D49×	刀具工具用堆焊焊条	D90×~D99×	待发展的堆焊焊条
D50×~D59×	阀门堆焊焊条		

3）“D”后面第三位数字表示药皮类型和焊接电源种类。

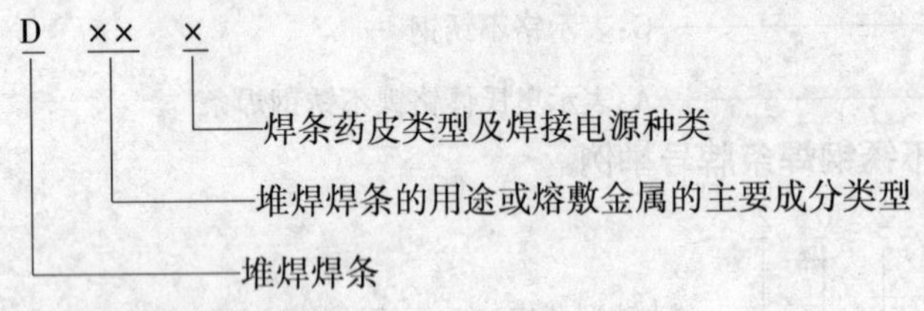

2. 堆焊焊条牌号举例

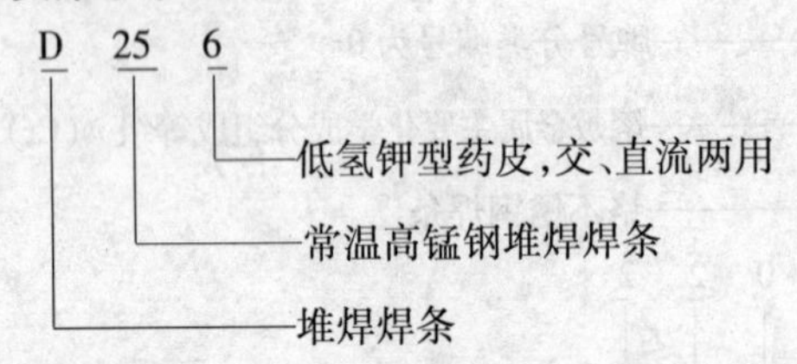

六、铸铁焊条牌号编制方法

1. 铸铁焊条牌号组成

1）“Z”表示铸铁焊条。

2）“Z”后面第一位数字表示熔敷金属主要化学成分组成类型，见表 2-34。

表 2-34 铸铁焊条熔敷金属主要化学成分组成类型

焊条牌号	熔敷金属主要化学成分组成类型	焊条牌号	熔敷金属主要化学成分组成类型
Z1××	碳素钢或高钒钢	Z5××	镍铜合金
Z2××	铸铁(包括球墨铸铁)	Z6××	铜铁合金
Z3××	纯镍	Z7××	待发展
Z4××	镍铁合金	—	—

3）“Z”后面第二位数字表示同一熔敷金属主要化学成分组成类型中的不同牌号，同一组成等级的焊条可有10个牌号，按0、1、2、3、4、5、6、7、8、9顺序编排。

4）“Z”后面第三位数字表示药皮类型和焊接电源种类。

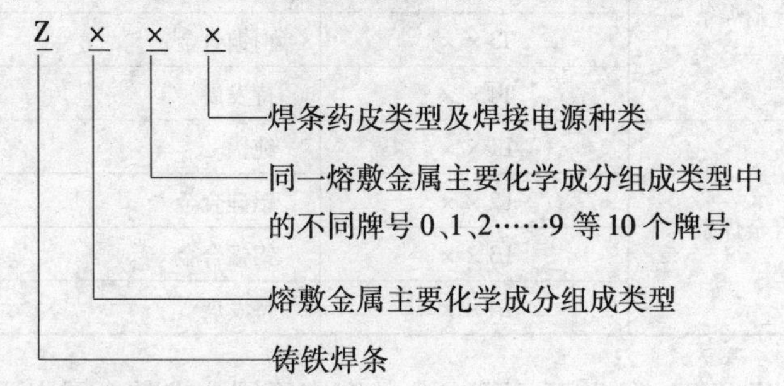

2. 铸铁焊条牌号举例

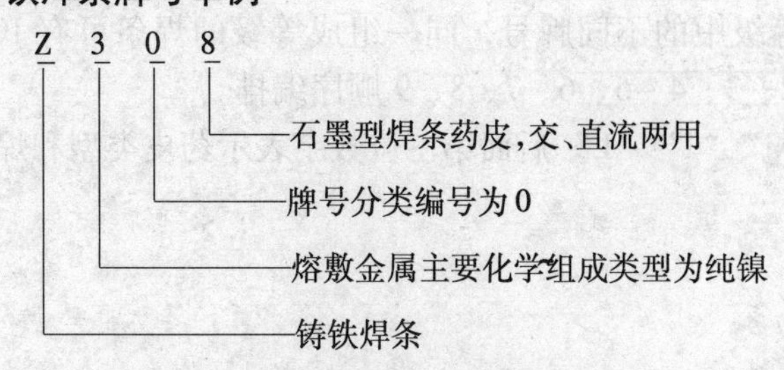

七、有色金属焊条牌号编制方法

1. 有色金属“Ni”“T”“L”焊条牌号组成

1）“Ni”“T”“L”分别表示镍及镍合金焊条、铜及铜合金焊条、铝及铝合金焊条。

2）“Ni”“T”“L”后面第一位数字表示熔敷金属主要化学成分组成类型，见表2-35。

表2-35 有色金属焊条熔敷金属化学成分组成类型

焊条牌号		熔敷金属化学成分组成类型
镍及镍合金焊条	Ni1××	纯镍
	Ni2××	镍铜合金
	Ni3××	因康镍合金
	Ni4××	待发展

（续）

焊条牌号		熔敷金属化学成分组成类型
铜及铜合金焊条	T1××	纯铜
	T2××	青铜合金
	T3××	白铜合金
	T4××	待发展
铝及铝合金焊条	L1××	纯铝
	L2××	铝硅合金
	L3××	铝锰合金
	L4××	待发展

3）"Ni""T""L"后面第二位数字表示同一熔敷金属主要化学成分组成等级中的不同牌号，同一组成等级的焊条可有10个牌号，按0、1、2、3、4、5、6、7、8、9顺序编排。

4）"Ni""T""L"后面第三位数字表示药皮类型和焊接电源种类。

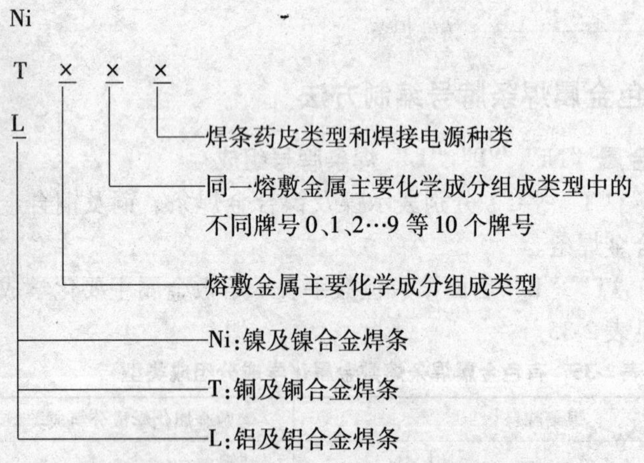

2. 有色金属"Ni""T""L"焊条牌号举例

1）镍及镍合金焊条牌号举例：

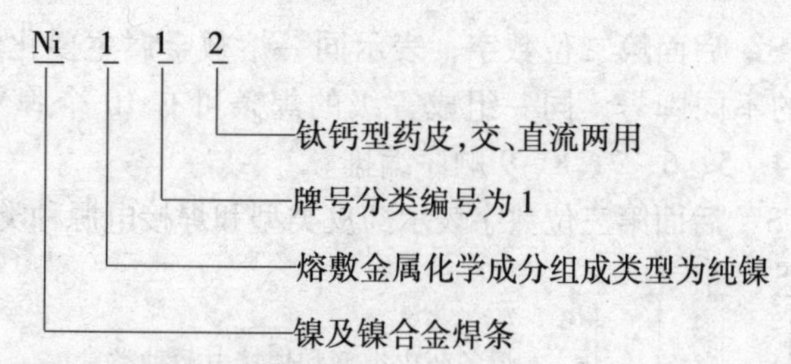

2）铜及铜合金焊条牌号举例：

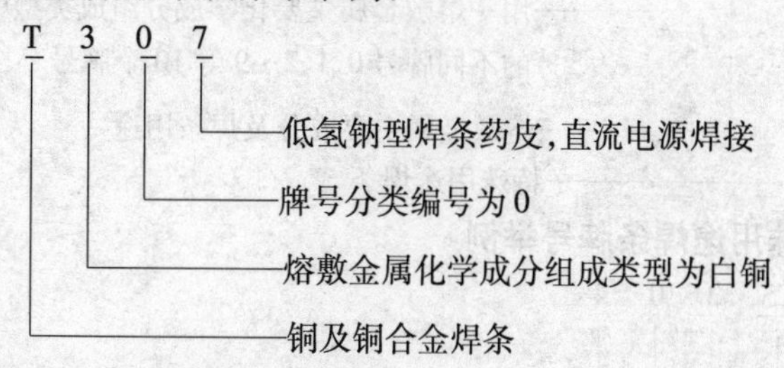

3）铝及铝合金焊条牌号举例：

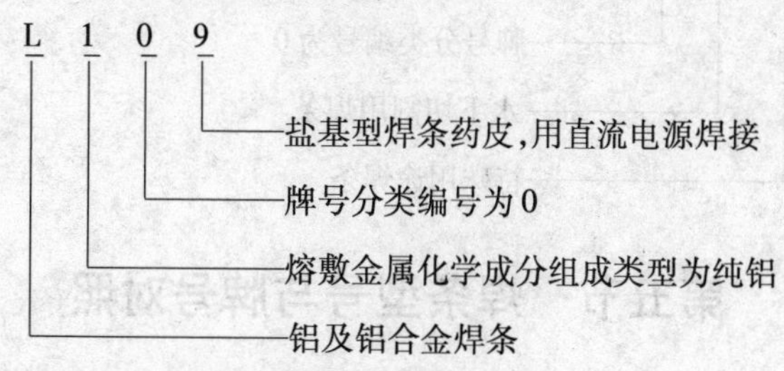

八、特殊用途焊条牌号编制方法

1. 特殊焊条牌号组成

1）“TS”表示特殊用途焊条。

2）“TS”后面第一位数字，表示焊条用途，见表2-36。

表2-36　特殊焊条熔敷金属主要成分及焊条用途

焊条牌号	熔敷金属主要成分及焊条用途	焊条牌号	熔敷金属主要成分及焊条用途
TS2××	水下焊接用	TS5××	电渣焊用管状焊条
TS3××	水下切割用	TS6××	铁锰铝焊条
TS4××	铸铁件补焊前开拔口用	TS7××	高硫堆焊焊条

3）“TS”后面第二位数字，表示同一熔敷金属主要化学成分组成等级中的不同牌号，同一组成等级的焊条可有10个牌号，按0、1、2、3、4、5、6、7、8、9顺序编排。

4）“TS”后面第三位数字表示药皮类型和焊接电源种类。

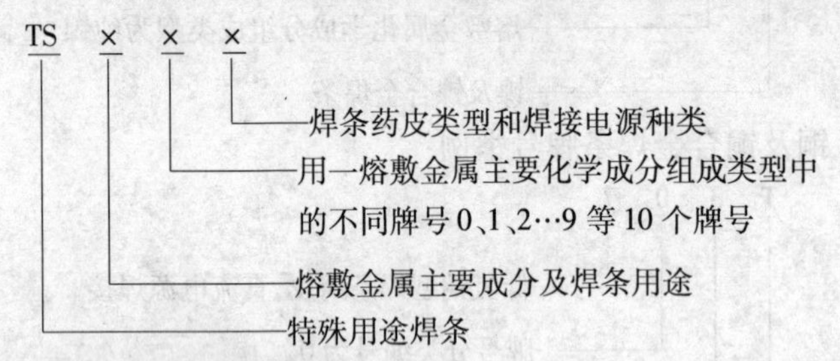

2. 特殊用途焊条牌号举例

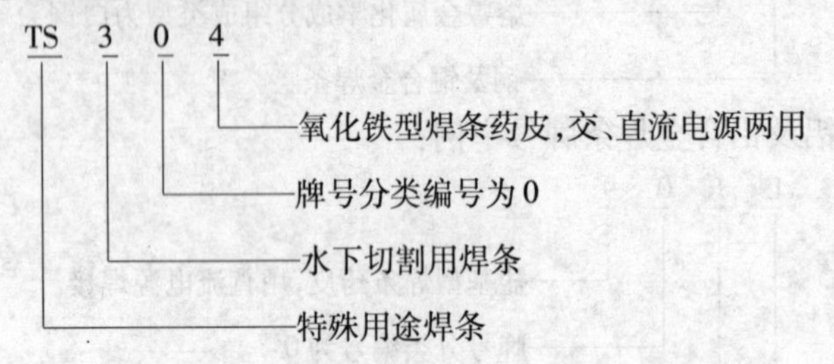

第五节　焊条型号与牌号对照

一、焊条型号与焊条牌号的对照关系

焊条在选用过程中，常常需要知道焊条型号与牌号的对应关系，为方便按焊条的型号或牌号选用焊条，焊条型号与牌号的对照关系见表2-37。

表2-37　焊条型号与牌号的对照关系

型号			牌号			
国家标准	名称	代号	类型	名称	代号	
					字母	汉字
GB/T 5117—2012	非合金钢及细晶粒钢焊条	E	一	结构钢焊条	J	结

（续）

型号			牌号			
国家标准	名称	代号	类型	名称	代号	
					字母	汉字
GB/T 5118—2012	热强钢焊条	E	一	结构钢焊条	J	结
			二	钼和铬钼耐热钢焊条	R	热
			三	低温钢焊条	W	温
GB/T 983—2012	不锈钢焊条	E	四	不锈钢焊条	G	铬
					A	奥
GB/T 984—2001	堆焊焊条	ED	五	堆焊焊条	D	堆
GB/T 10044—1988	铸铁焊条及焊丝	EZ	六	铸铁焊条	Z	铸
GB/T 13814—1992	镍及镍合金焊条	E	七	镍及镍合金焊条	Ni	镍
GB/T 3670—1995	铜及铜合金焊条	E	八	铜及铜合金焊条	T	铜
GB/T 3669—2001	铝及铝合金焊条	T	九	铝及铝合金焊条	L	铝
—	—	—	十	特殊用途焊条	TS	特

二、非合金钢及细晶粒钢焊条常用型号与牌号对照

非合金钢及细晶粒钢焊条常用型号与牌号对照见表2-38。

表2-38　非合金钢及细晶粒钢焊条常用型号与牌号对照

型号	牌　号	型号	牌　号
E4300	J420G	E5003	J502、J502Fe
E4301	J423	E5011	J505、J505MoD
E4303	J422	E5015	J507、J507H、J507XG、J507X、J507DF
E4311	J425		
E4313	J421、J421X、421Fe	E5016	J506、J506X、J506D、J506DF、J506GM、J506LMA
E4315	J427、J427Ni		
E4316	J426	E5018	J506Fe、J507Fe
E4320	J424	E5023	J502Fe16、J502Fe18
E4323	J422Fe13、J422Fe16、J422Z13	E5024	J501Fe15、J501Fe18、J501Z18、J501Z1
E4324	J421Fe13	E5027	J504Fe、J504Fe14
E4327	J424Fe14	E5028	J506Fe16、J506Fe18、J507Fe16
E5001	J503、J503Z	—	—

三、热强钢焊条常用型号与牌号对照

热强钢焊条常用型号与牌号对照见表2-39。

表2-39 热强钢焊条常用型号与牌号对照

型号	牌号	型号	牌号
E5003-1M3	R102	E5540-1CMV	R310
E5015-1M3	R107	E5515-1CMV	R317
E5540-CM	R200	E5515-1CMWV	R327
E5503-CM	R202	E5015-N7	W107
E5515-CM	R207	E5515-2CMWVB	R347
E5515-N5	W807H、W707Ni	E6240-2C1M	R400、R402、R406Fe
E5518-1CM	R306Fe	E6215-2C1M	R407
E5515-1CM	R307、R307H	E5515-2CMVNb	R427

四、不锈钢焊条常用型号与牌号对照

不锈钢焊条常用型号与牌号对照见表2-40

表2-40 不锈钢焊条常用型号与牌号对照

型号	牌号	型号	牌号
E307-××	A172	E316-××	A202、A201、A202NE
E308-××	A001、A101、A102A、A107	E316L-××	A002Si、A022、A022L
E308L-××	A002	E317-××	A242
E308Mo-××	A002Mo	E318-××	A212
E309L-××	A062	E318V-××	A232
E309-××	A302、A307	E347-××	A132、A132A、A137
E309Mo-××	A312、A317	E16-25MoN-××	A502、A507
E309LMo-××	A042	E330MoMnWNb-××	A607
E310-××	A402、A407	E320-××	A902
E310H-××	A432	E410-××	G202、G207、G217
E310Mo-××	A412	E430-××	G302、G307

五、堆焊焊条常用型号与牌号对照

堆焊焊条常用型号与牌号对照见表 2-41。

表 2-41　堆焊焊条常用型号与牌号对照

型　号	牌　号	型　号	牌　号
EDPMn2-03	D102	EDCr-A1-03	D502
EDPMn2-16	D106	EDCr-A1-15	D507
EDPMn2-15	D107	EDCr-A2-15	D507MoNb
EDPCrMo-A1-03	D112	EDCr-A1-15	D507MoNb
EDPMo3-16	D126	EDCr-B-03	D512
EDPMn3-15	D127	EDCrMn-A-16	D516M
EDPCrMo-A2-03	D132	EDCrMn-A-16	D516MA
EDPMn4-16	D146	EDCr-B-15	D517
EDPMn6-15	D167	EDCrNi-A-15	D547
EDPCrMo-A3-03	D172	EDCrNi-B-15	D547Mo
EDPCrMnSi-15	D207	EDCrNi-C-15	D557
EDPCrMo-A4-03	D212	EDCrMn-D-15	D567
EDPCrMo-A4-15	D217A	EDCrMn-C-15	D577
EDPCrMoV-A2-15	D227	EDZ-A1-08	D608
EDPCrMoV-A1-15	D237	EDZCr-B-03	D642
EDMn-A-16	D256	EDZCr-B-16	D646
EDMn-B-16	D266	EDZCr-C-15	D667
EDCrMn-B-16	D276	EDZ-B1-08	D678
EDCrMn-B-15	D277	EDZ-D-15	D687
EDD-D-15	D307	EDZ-B2-08	D698
EDRCrMoWV-A3-15	D317	EDW-A-15	D707
EDRCrMoWV-A1-03	D322	EDW-B-15	D717
EDRCrMoWV-A1-15	D327	EDCoCr-A-03	D802
EDRCrMoWV-A2-15	D327A	EDCoCr-B-03	D812
EDRCrW-15	D337	EDCoCr-C-03	D822
EDRCrMnMo-15	D397	EDCoCr-D-03	D842

六、铸铁焊条常用型号与牌号对照

铸铁焊条常用型号与牌号对照见表2-42。

表2-42 铸铁焊条常用型号与牌号对照

类别	名称	药皮类型	型号	牌号
铁基焊条	灰铸铁焊条	强石墨化型药皮、交、直流两用	EZC	Z208、Z218、Z248
	球墨铸铁焊条		EZCQ	Z238、Z238SnCu、Z258、Z268
镍基焊条	纯镍铸铁焊条		EZNi	Z308
	镍铁铸铁焊条		EZNiFe	Z408、Z438
	镍铜铸铁焊条		EZNiCu	Z508
	镍铁铜铸铁焊条		EZNiFeCu	Z408A
其他焊条	纯铁及碳钢焊条	低氢型药皮	EZFe	Z100、Z122Fe
	高钒焊条		EZV	Z116、Z117

七、铝及铝合金焊条常用型号与牌号对照

铝及铝合金焊条常用型号与牌号对照见表2-43。

表2-43 铝及铝合金焊条常用型号与牌号对照

型号	牌号	焊接电源	熔敷金属主要成分(质量分数,%)
E1100	L109	直流反接	Al≥99.5%
E4043	L209	直流反接	Si≈5%的铝硅合金
E3003	L309	直流反接	Mn≈1.0%~1.5%的铝锰合金

八、镍及镍合金焊条常用型号与牌号对照

镍及镍合金焊条常用型号与牌号对照见表2-44。

表2-44 镍及镍合金焊条常用型号与牌号对照

类型	型号	牌号	类型	型号	牌号
镍	ENi2061A	Ni102	镍铬铁	ENi6062	Ni347
		Ni112		ENi6133	Ni357
镍铜	ENi4060	Ni202		ENi6182	Ni307
		Ni207		ENi6625	Ni327

九、铜及铜合金焊条常用型号与牌号对照

铜及铜合金焊条常用型号与牌号对照见表2-45。

表2-45　铜及铜合金焊条常用型号与牌号对照

型号	焊接电源	牌号	熔敷金属主要成分(质量分数,%)
ECu	直流	T107	Cu＞95.0%的铜
ECuSi-B	直流	T207	Si≈3%的硅青铜
ECuSn-B	直流	T227	Sn≈8%的磷青铜(又称为锡青铜)
ECuAl-C	直流	T237	Al≈8%的铝青铜
ECuNi-B	直流	T307	Ni≈30%的铜镍合金

第六节　焊条的选用和使用

一、焊条的选用原则

焊条的选用正确与否，对确保焊接结构的焊接质量、焊接生产效率、焊接生产成本、焊工身体健康等都是很重要的一个环节，为此，选用焊条时应遵循以下基本原则：

1. 考虑焊缝金属的使用性能要求

焊接碳素结构钢时，同种钢的焊接，按钢材抗拉强度等强的原则选用焊条；不同钢号的碳素结构钢焊接时，按强度较低一侧的钢材选用焊条；对于承受动载荷的焊缝，应选用熔敷金属具有较高冲击韧度的焊条；对于承受静载荷的焊缝，应选用抗拉强度与母材相当的焊条。

2. 考虑焊件的形状、刚度和焊接位置

结构复杂、刚度大的焊件，由于焊缝金属收缩时，产生的应力大，应选用塑性较好的焊条焊接；选用同一种焊条，不仅要考虑其力学性能，还要考虑焊接接头形状的影响，因为强度和塑性虽然适用于对接焊缝的焊接，但是，用该焊条焊角焊缝时就会使力学性能偏高而塑性偏低；对于焊接部位焊前难以清理干净的焊件，应选用氧化性

强、对铁锈、油污等不敏感的酸性焊条，这样更能保证焊缝的质量。

3. 考虑焊缝金属的抗裂性

当焊件刚度较大，母材含碳、硫、磷量偏高或外界温度偏低时，焊缝容易出现裂纹，焊接时最好选用抗裂性较好的碱性焊条。

4. 考虑焊条操作工艺性

在保证焊缝使用性能和抗裂性要求的前提下，尽量选用焊接过程中电弧稳定、焊接飞溅少、焊缝成形美观、脱渣性好、适用于全位置焊接的酸性焊条。

5. 考虑设备及施工条件

在没有直流焊机时，不能选用低氢钠型焊条，可选用交直流两用的低氢钾型焊条；当焊件不能翻转而必须进行全位置焊接时，应选用能适合各种条件下空间位置焊接的焊条。例如，进行立焊和仰焊操作时，建议选用钛型药皮焊条、钛铁矿药皮类型焊条焊接；在密闭的容器内或狭窄的环境中进行焊接时，除考虑应加强通风外，还要尽可能避免使用碱性低氢型焊条，因为这种焊条在焊接过程中会放出大量有害气体、产生粉尘。

6. 考虑经济合理

在同样能保证焊缝性能要求的条件下，应当选用成本较低的焊条，如钛铁矿药皮类型焊条的成本要比具有相同性能的钛钙药皮类型焊条低得多。

7. 考虑生产效率

对于焊接工作量大的焊件，在保证焊缝性能的前提下，尽量选用生产效率高的焊条，如铁粉焊条、重力焊焊条、立向下焊条、连续焊条（CCE 技术）等专用焊条，这样不仅焊缝力学性能满足同类焊条标准，还能极大地提高焊接效率。

二、焊条的使用

焊条采购入库时，必须有焊条生产厂的质量合格证，凡无质量合格证或对其质量有怀疑时，应按批抽查试验。特别是重要的焊接结构焊接时，焊前应对所选用的焊条进行性能鉴定，对于长时间存放的焊条，焊前也要经过技术鉴定后方能确定是否可以使用。如发现焊条焊芯有锈迹时，该焊条需经试验，鉴定合格后方可使用。如果发现焊条受潮严重，有药皮脱落情况时，此焊条应该报废。

焊条在使用前，一般应按说明书规定的温度进行烘干。因为焊条药皮受成分、存放空间空气湿度、保管方式和贮存时间长短等因素的影响，使焊条药皮因吸潮而工艺性能变坏，造成焊接电弧不稳定、焊接飞溅增大、容易产生气孔和裂纹等缺陷。

酸性焊条的烘干温度为75～150℃，烘干1～2h，当焊条包装完好且贮存时间较短，用于一般的钢结构焊接时，焊前也可以不予以烘干。烘干后允许在大气中放置时间不超过6h，否则，必须重新烘干。

碱性焊条的烘干温度为350～400℃，烘干1～2h，烘干后的焊条放在焊条保温筒中随用随取，烘干后的焊条允许在大气中放置3～4h，对于抗拉强度在590MPa以上的低氢型高强度钢焊条应在1.5h内用完，否则必须重新烘干。

纤维素型焊条烘干温度为70～120℃，保温时间为0.5～1h。注意烘干温度不可过高，否则纤维素易烧损、焊条性能变坏。

对于有些管道用纤维素焊条，某些生产厂商在产品说明书中规定打开包装（镀锌铁皮筒）后，焊条即可直接使用，不准进行再烘干。因为厂家在调制焊条配方时，已将焊条药皮中所含水分对电弧吹力的影响一并考虑在内，若再进行烘干，将降低药皮的含水量，减弱了电弧吹力，使焊接质量变差。

烘干焊条时，要在炉温较低时放入焊条，然后逐渐升温；取烘干好的焊条时，不可从高温的炉中直接取出，应该等炉温降低后再取出，防止冷焊条突然被高温加热，或高温焊条突然被冷却而使焊条药皮开裂，降低焊条药皮的作用。焊条烘干箱中的焊条，不应该成垛或成捆地摆放，应该铺成层状，每层焊条堆放不能太多，ϕ4mm焊条不超过三层，ϕ3.2mm焊条不超过五层。ϕ3.2mm和ϕ4mm焊条的偏心度不大于5%。

露天焊接施工时，下班后剩余的焊条必须妥为保管，不允许露天放在施工现场。

焊条重复进行烘干时，重复烘干次数不宜超过3次。各类严重变质的焊条，不再允许使用，应责成有关人员，去除焊条药皮、焊芯清洗后回用。

三、焊条的保管

1. 电焊条在仓库中的管理

进厂的焊条必须按国家标准要求进行复验，只有检验合格的焊条才能办理入库手续，此时焊条的生产厂家的质量合格证及入厂复验合格证必须妥善保管。

焊条堆放时，应按种类、牌号、焊条生产批次、规格、入库的时间分类存放，每垛应有明确标注，并与焊条生产厂家质量合格证及入厂复验合格证相统一，统一备案在库房台账中。

焊条必须存放在通风良好的干燥库房内，库房内应备有温度计和湿度计，室温宜为10～25℃，相对湿度小于60%，焊条应放在货架上，货架离地面高度距离不小于200mm，离墙壁距离不小于300mm，架子下面应放置干燥剂，防止焊条受潮。

焊条的出库量不能超过2天的焊接用量，已经出库的焊条由焊工妥善保管。焊条的发放出库原则是：先入库的焊条先发放使用。

受潮或包装损坏的焊条，未经复验或复验不合格时，不允许入库。对于焊芯有锈迹的焊条须经烘干后进行质量评定，各项复验结果合格时，该焊条方可入库，否则不准入库。

对于存放一年以上的焊条，在发放前应重新做各种性能试验，符合要求时方可发放，否则不允许出库。

2. 电焊条在施工中的管理

施工中的焊条必须由专人负责，凭焊条支领单由库房中领取，支领单应写有支领人姓名、支领的焊条型（牌）号、焊条直径、领取数量、支领焊条基层单位负责人签字、支领日期，在备注单写有该焊条的生产厂家、生产批次、出厂日期、入库日期等。

焊条领到基层生产单位后，填写焊条保管账本，账本内容包括：焊条生产厂家、生产批次、焊条型（牌）号、焊条直径、进账数量。焊条在使用前应进行烘干，烘干时应填写焊条烘干记录，记录单据的主要内容有：焊条生产厂家、焊条型（牌）号、焊条生产批次、焊条直径、烘干温度、烘干时间、烘干焊条数量、烘干责任人签字、烘干检验人签字，此单据一式三份备案。经烘干后的焊条可以发放给焊工，焊工在领取烘干好的焊条时，需填写焊条领用单，领用单上应填写：焊条生产厂家、焊条型（牌）号、焊条生产批次、焊条直径、焊条数量、领用时间、领用人签字，在备注栏里写明焊条用于哪个焊件上的哪条焊缝上，焊工领取焊条时，应向焊条基层保管者索要焊条烘干合格的记录单据，没烘干记录单据的焊条，焊工不得领用。

焊工领用烘干后的焊条，应将焊条放入焊条保温筒内，保温筒内只允许装一种型（牌）号的焊条，不允许多种型（牌）号焊条混装在同一焊条保温筒内，以免在焊接施工中用错焊条，造成焊接质量事故。焊工每次领取焊条最多不能超过5kg，剩余焊条必须交车间材料室或施工现场材料组妥善保管。

复习思考题

1. 焊条的组成？
2. 焊芯牌号表示方法？
3. 焊芯中对焊接影响大的合金元素有哪几个？
4. 焊条药皮的作用？
5. 焊条药皮组成物，按其在焊接过程中所起的作用可分为哪几种？
6. 焊条按用途可分为哪几种？
7. 焊条按药皮熔化后的熔渣特性分类可分为哪几种？
8. 酸性焊条的工艺特点是什么？
9. 碱性焊条的工艺特点是什么？
10. 焊条型号的编制方法是什么？
11. 焊条牌号的表示方法是什么？
12. 碳钢焊条的选用原则？
13. 碳钢焊条的使用原则是什么？
14. 碳钢焊条在仓库中如何管理？
15. 焊条在施工中的管理？

第三章　焊条电弧焊设备

第一节　焊条电弧焊电源

一、对焊条电弧焊电源的要求

焊条电弧焊电源是一种利用焊接电弧产生的热量来熔化焊条和焊件的电器设备。焊接过程中，焊接电弧的电阻值一直在随着电弧长度的变化而改变，当电弧长度增加时电阻就大，反之电阻就小。

焊接过程中，焊条熔化形成的金属熔滴从焊条末端分离时，会发生电弧的短路现象，一般这种短路过渡达 20～70 滴/s，当这些金属熔滴被分离后，电弧能在 0.05s 内恢复。

综合各种现象，为满足焊条电弧焊焊接的需要，对焊条电弧焊机提出下列要求。

1. 具有陡降的外特性

电弧焊电源的外特性是指在稳定的工作状态下，焊接电源输出的焊接电流与输出的电压之间的关系。当这种关系用曲线表示时，就称为焊接电源的外特性曲线。电源的外特性曲线如图 3-1 所示。

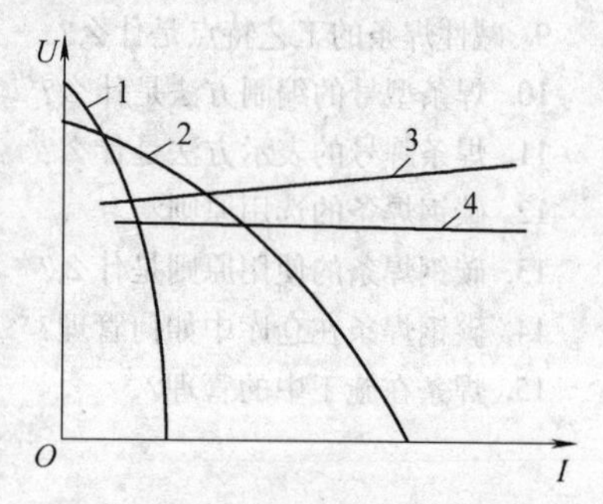

图 3-1　电源外特性曲线

1—陡降外特性曲线　2—缓降外特性曲线　3—上升特性曲线　4—平特性曲线

从图 3-1 中可以看出，在焊接电弧弧长发生变化时，电弧电压也随之产生变化，外特性曲线越陡，焊接电流变化越小。由于一台焊机具有无数条外特性曲线，调节焊接电流实际上就是调节电源外特性曲线，所以在实际焊接过程中，电源外特性曲线选用陡降的。这样即使焊接电弧弧长有变化，也能保障焊接电弧稳定燃烧和良好的焊缝成形。

2. 适当的空载电压

焊条电弧焊过程中，在频繁的引弧和熔滴短路过渡时，维持电弧稳定燃烧的工作电压为20～30V，焊条正常引弧电压是50V以上。焊条电弧焊焊接电源空载电压一般为50～90V，可满足焊接过程中不断引弧的要求。

空载电压高时虽然容易引弧，但不是越高越好，因为空载电压过高，容易造成触电事故，另外，空载电压是焊接电源输出端没有焊接电流输出时的电压，也消耗电能。我国有关标准规定：弧焊整流器空载电压一般在90V以下，弧焊变压器的空载电压一般在80V以下。

3. 适当的短路电流

焊条电弧焊过程中，引弧和熔滴过渡等都会造成焊接回路的短路现象。短路电流过大时，不但会使焊条过热、药皮脱落、焊接飞溅增大，而且还会引起弧焊电源过载而被烧坏。而短路电流过小时，则会使焊接引弧和熔滴过渡发生困难，导致焊接过程难以继续进行。所以，陡降外特性电源应具有适当的短路电流，通常规定短路电流等于焊接电流的1.25～1.5倍。

4. 良好的动特性

焊接过程中，电焊机的负荷总是在不断地变化着，焊条与焊件之间会发生频繁地短路和重新引弧。如果焊机的输出电流和电压不能迅速地适应电弧焊过程中的这些变化，焊接电弧就不能稳定地燃烧，甚至熄灭。这种弧焊电源适应焊接电弧变化的特性称为动特性。动特性是用来表示弧焊电源对负载瞬变的快速反应能力的。动特性良好的弧焊电源，焊接过程中电弧柔软、平静、富有弹性，容易引弧，焊接过程稳定，飞溅小。

5. 良好的调节特性

焊接过程中，需要选择不同的焊接电流。为此，弧焊电源的焊接电流，必须能在较宽的范围内均匀灵活地调节。一般要求焊条电弧焊电源的电流调节范围，为弧焊电源额定焊接电流的0.25～1.2倍。

二、焊条电弧焊电源的种类及型号

1. 焊条电弧焊电源种类

焊条电弧焊电源按产生的电流种类，可分为交流电源和直流电源两大类。

交流电源有弧焊变压器，直流电源有弧焊整流器、弧焊发电机和弧焊逆变器。

（1）弧焊变压器　它是一种具有下降外特性的特殊降压变压器，在焊接行业里又称为交流弧焊电源。获得下降外特性的方法是在焊接回路里增加电抗（在回路里串联电感和增加变压器自身漏磁）。

（2）弧焊整流器　它是一种用硅二极管作为整流，把交流电经过变压、整流后，供给电弧负载的直流电源。

（3）直流弧焊发电机　它有两种，一种是电动机和特种直流发电机的组合体，因焊接过程噪声大，耗能大，焊机重量大，现在是被淘汰的产品；另一种是柴油（汽油）机和特种直流发电机的组合体，用以产生适用于焊条电弧焊的直流电，多用于野外没有电源的地方进行焊接施工。

（4）弧焊逆变器　它是一种新型、高效、节能的直流焊接电源，该焊机具有很高的综合指标，它作为直流焊接电源的更新换代产品，已受到各个国家的普遍重视。

2. 焊条电弧焊机型号

电焊机是将电能转换为焊接能量的焊接设备。电焊机型号表示方法如下：

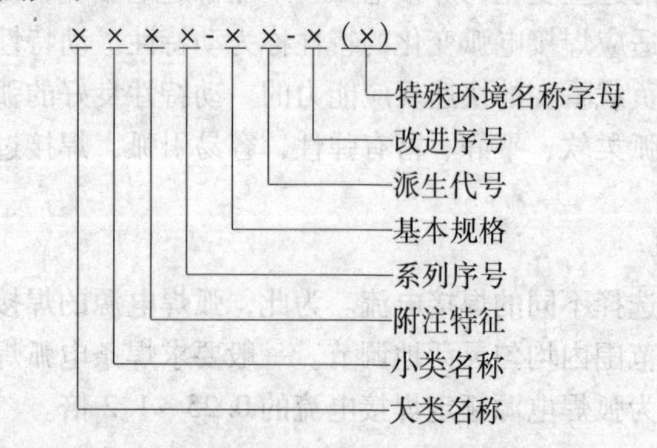

电焊机型号举例：

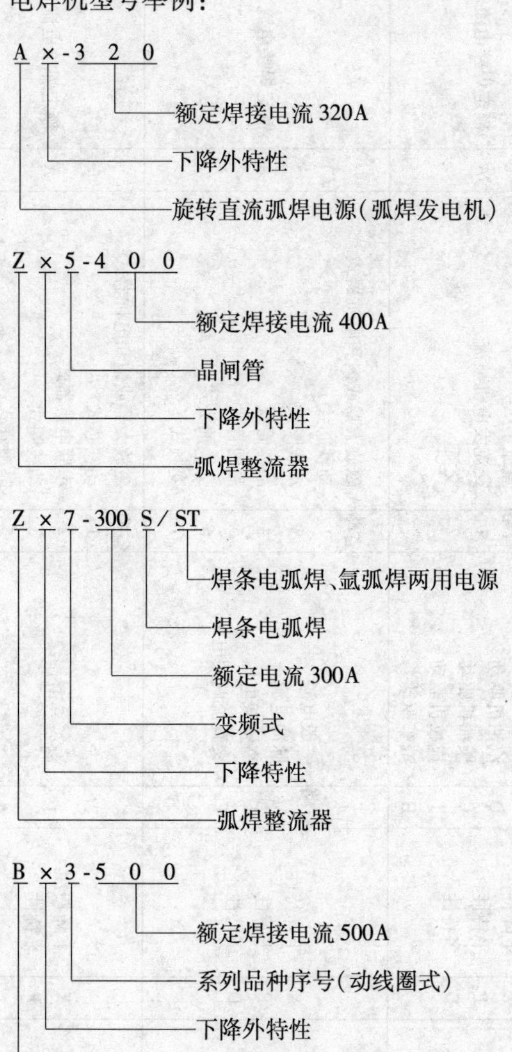

部分电焊机型号与代表符号见表3-1。电弧机附加特征名称及其代表符号见表3-2。电焊机特殊环境名称及其代表符号见表3-3。

表 3-1 部分电焊机型号与代表符号

序号	第一字位		第二字位		第三字位		第四字位		第五字位	
	代表字母	大类名称	代表字母	小类名称	代表字母	附注特征	数字序号	系列序号	单位	基本规格
1	A	弧焊发电机	X P D	下降特性 平特性 多特性	省略 D Q C T H	电动机驱动 单纯弧焊发电机 汽油机驱动 柴油机驱动 拖拉机驱动 汽车驱动	省略 1 2	直流 交流发电机整流 交流	A	额定焊接电流
2	Z	弧焊整流器	X P D	下降特性 平特性 多特性	省略 M L E	一般电源 脉冲电源 高空载电压 交直流两用电源	省略 1 3 4 5 6 7	磁放大器或饱和电抗器式 动铁芯式 动线圈式 晶体管式 晶闸管式 交换抽头式 变频式	A	额定焊接电流
3	B	弧焊变压器	X P	下降特性 平特性	L	高空载电压	省略 1 2 3 5 6	磁放大器或饱和电抗器式 动铁芯式 串联电抗器式 动线圈式 晶闸管式 交换抽头式	A	额定焊接电流

表 3-2　电焊机附加特征名称及其代表符号

大类名称	附加特征名称	简　称	代表符号
弧焊发电机	同轴电动发电机组		
	单一发电机	单	D
	汽油机拖动	汽	Q
	柴油机拖动	柴	C
弧焊整流器	硒整流器	硒	X
	硅整流器	硅	G
	锗整流器	锗	Z
弧焊变压器	铝绕组	铝	L

表 3-3　电焊机特殊环境名称及其代表符号

特殊环境名称	简　称	代表符号
热带用	热	T
湿热带用	湿热	TH
干热带用	干热	TA
高原用	高原	G
水下用	水下	S

三、焊条电弧焊电源的铭牌

每台电弧焊机出厂时，在焊机的明显位置上装有焊机的铭牌，铭牌的内容主要有：焊机的名称、型号、主要技术参数、绝缘等级、焊机制造厂、生产日期、焊机出厂编号等。其中，焊机铭牌中的主要技术参数是焊接生产中选用焊机的主要依据。其参数有：

1）额定焊接电流是指焊条电弧焊电源在额定负载持续率工作条件下，允许使用的最大焊接电流。负载持续率越大时，表明在规定的工作周期内，焊接工作时间延长了，电焊机的温升要升高。为了不使焊机绝缘破坏，需要减小焊接电流。当负载持续率变小时，表明在规定的工作周期内，焊接工作的时间减少了，此时，可以短时提高焊接电流。当实际负载持续率与额定负载持续不同时，焊条电弧焊机的许用电流就会变化，可按下式计算：

$$许用焊接电流 = 额定焊接电流 \times \sqrt{\frac{额定负载持续率}{实际负载持续率}}$$

焊接铭牌上将列出几种不同负载持续率所允许的焊接电流。弧焊变压器类和弧焊整流器类电源都是以额定焊接电流表示其基本规格。

2）负载持续率是指弧焊电源负载的时间占选定工作时间周期的百分数。可按下式表示：

$$负载持续率 = \frac{在选定工作时间周期中弧焊电源有负载的时间}{选定工作时间周期} \times 100\%$$

之所以选用负载持续率这一参数表示焊接电源的工作状态，是因为电弧焊电源的温升既与焊接电流大小有关，也和电弧焊电源的工作状态有关，连续焊接和断续焊接时电弧焊电源的温升是不一样的。我国标准规定，对于容量500A以下的焊条电弧焊电源，它的工作周期为5min，如果5min内有2min用来换焊条、清渣，焊机的负载时间即是3min，则该焊机的负载持续率为60%。

对于一台弧焊电源，随着实际焊接时间的增长，间歇的时间减少，那么负载持续率就会增高，弧焊电源就容易发热升温，甚至烧损，所以，焊工开始焊接工作前，要看好焊机的铭牌，按负载持续率使用焊机。如BX3-400焊机在负载持续率为60%时，其额定焊接电流为400A。

一次电压、一次电流、相数、功率等这些参数说明该弧焊电源对电网的要求，弧焊电源在接入电网时，这些参数都必须与弧焊电源相符，只有这样才能保证弧焊电源安全正常工作。

第二节 焊条电弧焊电源的选择及使用

一、焊条电弧焊电源的选用

1. 根据焊条药皮分类及电流种类选用焊机

当选用酸性焊条焊接低碳钢时，首先应该考虑选用交流弧焊变压器，型号如BX1-160、BX1-400、BX2-125、BX2-400、BX3-400、BX6-160、BX6-400等。

当选用低氢钠型焊条时，只能选用直流弧焊机反接法进行焊接，可以选用硅整流式弧焊整流器，型号如 ZXG-160、ZXG-400 等；三相动圈式弧焊整流器，型号如 ZX3-160、ZX3-400 等；晶闸管式弧焊整流器，型号如 ZX5-250、ZX5-400 等。

2. 根据焊接现场有无外接电源选用焊机

当焊接现场用电方便时，可根据焊件的材质、焊件的重要程度选用交流弧焊变压器或各类弧焊整流器。

当焊接现场是野外作业用电不方便时，应选用柴油机驱动直流弧焊发电机，型号如 AXC-160、AXC-400 等，或选用越野汽车焊接工程车，型号如 AXH-200、AXH-400 等。这两种焊机在野外作业很方便，焊机可随车行走，特别适合野外长距离架设管道焊接。

3. 根据额定负载持续率下的额定焊接电流选用焊机

弧焊电源铭牌上给出的额定焊接电流是指在额定负载持续率下允许使用的最大焊接电流。弧焊电源的负荷能力受电器元器件允许的极限温升所制约，而极限温升既取决于焊接电流的大小，又与焊机负荷状态有关。例如 BX2-125 焊机，在额定负载持续率为 60% 时，额定焊接电流是 125A，在焊接过程中如果需要 125A 焊接电流的话，选 BX2-160 焊机的焊接效率将比用 BX2-125 焊机提高近一倍，因为 BX2-160 在焊接电流为 125A 时，负载持续率可达 100%。

4. 根据自有资金选用焊机

在相同负载持续率和相同焊接电流值时，弧焊变压器的价格最便宜，其次是弧焊整流器，其价格是焊接变压器的 2 倍。而越野汽车焊接工程车是弧焊变压器价格的 14 倍；AXD 直流弧焊发电机价格是弧焊变压器价格的 1～3 倍。

5. 根据焊机的主要功能选用焊机

目前市场上的焊机品种很多，同一类焊接电源在功能上也各有所长，所以在选用焊接设备时，要注意该焊机的功能及特点。例如，如果长期用酸性焊条焊接焊件，应首选弧焊变压器；如果使用低氢钠型焊条焊接焊件，应选用弧焊发电机或弧焊整流器；如果日常焊接生产中焊件既需用酸性焊条又需用低氢钠型焊条焊接，可以配备 ZXE1 系列交、直流两用硅整流式弧焊整流器，能一机两用，既完成了焊接任务，又可以节省焊机购置费用；如果需要质量轻、节能型焊机时，应该首先 ZX7 系列焊机。

二、焊条电弧焊电源的调节及使用

1. 弧焊变压器

（1）动铁心式弧焊变压器　其代表产品 BX1-330，该变压器具有三个铁心柱，其中两个为固定的主铁心柱，中间为可动铁心柱，变压器的一次线圈为筒形绕在一个主铁心柱上，二次线圈一部分绕在一次线圈外面，另一个兼作电抗线圈绕在另一个主铁心柱上。弧焊变压器两侧装有接线板，供接网路用，另一侧为二次接线板，供焊机回路用，焊机变压器的陡降外特性是靠动铁心的漏磁作用获得的。

这类弧焊变压器的结构简单，容易制造和修理，但由于有两个空气气隙，漏感和损耗较大，所以适宜制作成中小容量弧焊变压器。该类焊机机动性强、价格便宜，特别适宜中、小企业的零活维修、制造；焊接技能培训学校供练习操作技能用的焊机等。BX1-330 型弧焊变压器结构如图 3-2 所示。

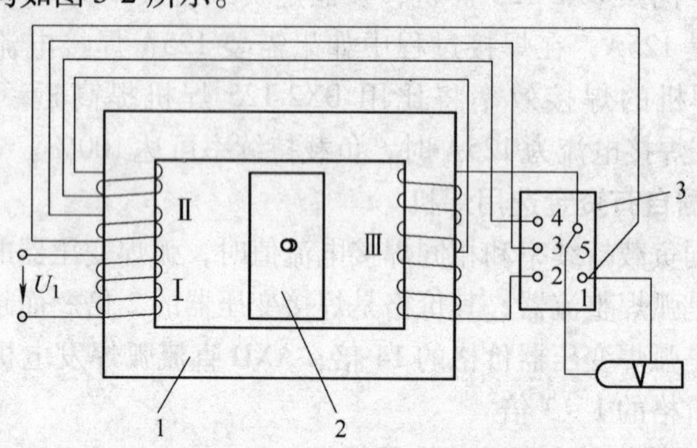

图 3-2　动铁芯弧焊变压器结构

1—主铁芯　2—动铁芯　3—二次接线板

BX1-330 型焊机电流的调节分为粗调节和细调节两部分。

1）电流粗调节。通过改变弧焊变压器二次接线板上的接线来改变焊接电流大小。接法Ⅰ，焊接电流的调节范围为 50～180A，空载电压为 70V；接法Ⅱ，焊接电流调节范围为 160～450A，空载电压为 60V。

电流粗调节时，为防止触电，应在切断电源的情况下进行。调节前，各连接螺栓要拧紧，防止接触电阻过大而引起发热、烧损连接螺栓和连接板。

2）电流细调节。通过弧焊变压器侧面的旋转手柄来改变活动铁芯的位置进行。当手柄逆时针旋转时，活动铁芯向外移动，漏磁减少，焊接电流增加；当手柄顺时针旋转时，活动铁芯向内移动，漏磁加大，焊接电流减小，如图 3-3 所示。

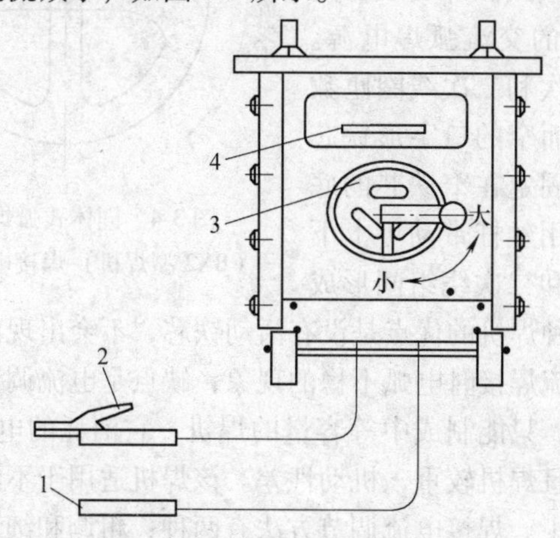

图 3-3　BX1-330 型焊机电流的调节

1—焊件　2—焊钳　3—电流调节手柄　4—电流指示刻度

（2）同体式弧焊变压器（BX2 型）　此类焊机是由一台具有平特性的降压变压器和一个电抗器组成，铁芯形状像一个“H”字形，在上部装有活动铁芯，改变它与固定铁芯的间隙大小，就可改变漏磁的大小，从而达到调节电流的目的。

当焊机短路时，电抗线圈通过的短路电流很大，产生的电压降很大，使次级线圈的电压接近于零，从而限制了短路电流。

当焊机空载时，无焊接电流通过，电抗线圈不产生电压降，此时空载电压基本上等于次级电压，便于引弧。

当焊机焊接时，由于有焊接电流通过，电抗线圈产生电压降，从而获得陡降的外特性。

这类焊机多用于大功率电源，如 BX2-1000 用于埋弧焊电源。焊接电流的调节只有一种方法，即改变移动铁芯和固定铁芯的间隙，当顺时针方向转动手柄时，铁芯的间隙增大，焊接电流增加；当逆时针方向转动手柄时，铁芯的间隙变小，焊接电流则减小，如图 3-4 所示，同体式弧焊变压器线路结构如图 3-5 所示。

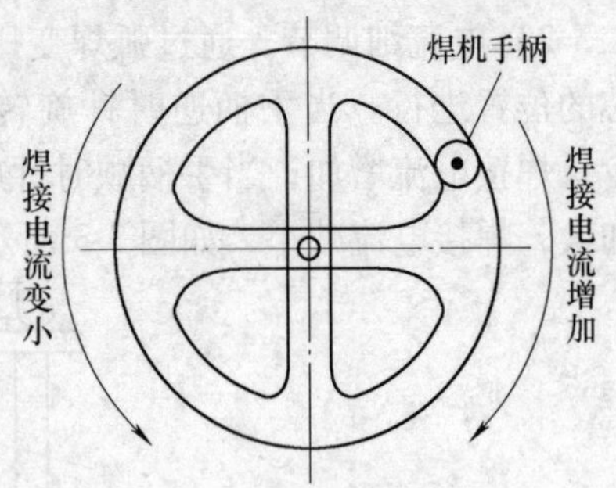

图 3-4 同体式弧焊变压器（BX2 型焊机）焊接电流的调节

（3）动圈式弧焊变压器（BX3 型） 动圈式弧焊变压器是一种应用广泛的交流弧焊电源。该变压器的一次和二次线圈匝数相等，绕在高而窄的口字形铁芯上。一次线圈固定在窄铁芯的底部，二次线圈用丝杠带动可上下移动，在一次和二次绕组间形成漏磁磁路。这种焊机的优点是没有活动铁芯，不会出现由于铁芯的振动而造成小电流焊接时电弧不稳的现象，缺点是电流调节下限受到铁芯高度的限制，只能制成中等容量的焊机，它消耗的电工材料较多，经济性较差，且焊机较重，机动性差。该焊机适用于不经常移动的固定地点焊接施工。焊接电流调节方法有两种：粗调和细调。

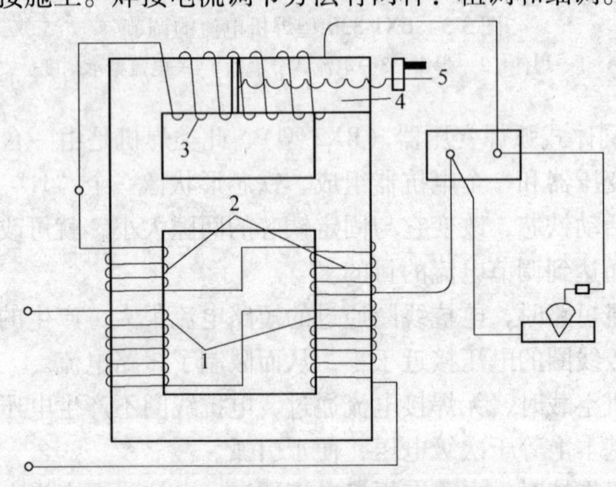

图 3-5 同体式弧焊变压器线路结构

1—一次线圈 2—二次线圈 3—电抗线圈 4—可动铁芯 5—手柄

1）焊接电流粗调方法：通过更换电源转换开关和次级接线板上连接的位置来改变初次线圈的匝数，有串联（接法 I）和并联（接法Ⅱ）两种。BX3-500 型弧焊变压器电流粗调节如图 3-6 所示。

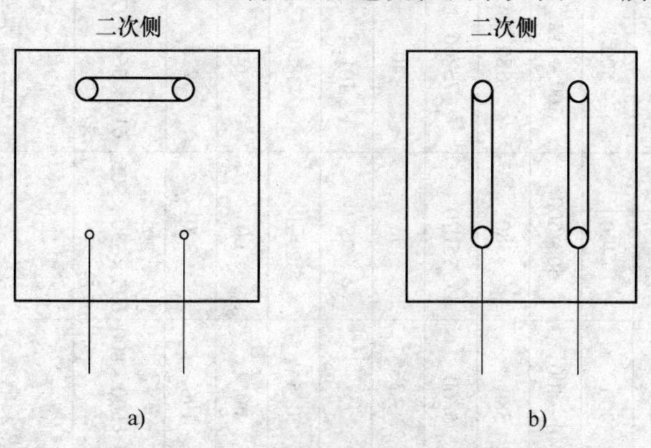

图 3-6 BX3-500 型弧焊变压器焊接电流的粗调节

a）接法Ⅰ b）接法Ⅱ

2）焊接电流细调方法：当转动手柄使初、次级线圈间的距离加大时，漏磁、漏抗增大，焊机焊接电流就减小；当转动手柄使初、次级线圈间距离减小时，漏磁和漏抗减小，此时焊接电流增大，如图 3-7 所示。

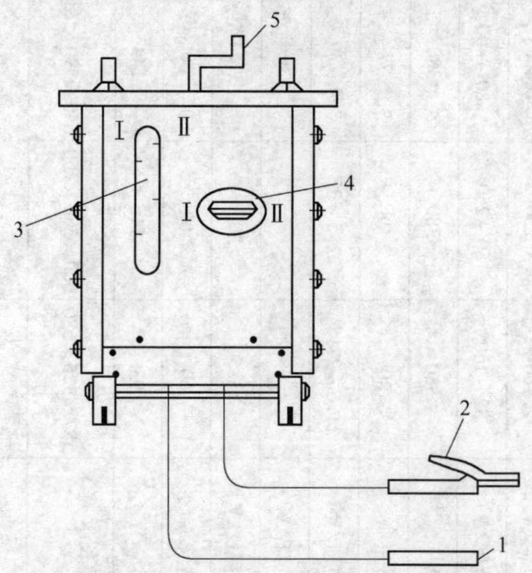

图 3-7 动圈式弧焊变压器（BX3 型焊机）焊接电流的调节

1—焊件 2—焊钳 3—电流指示刻度 4—电流挡位旋钮 5—电流调节手柄

常用的弧焊变压器技术数据见表 3-4。

表 3-4 常用的弧焊变压器技术数据

主要技术数据	动铁芯式			动圈式			
	BX1-160	BX1-250	BX1-400	BX3-250	BX3-300	BX3-400	BX3-500
额定焊接电流/A	160	250	400	250	300	400	500
电流调节范围/A	32～160	50～250	80～400	36～360	40～400	50～500	60～612
一次电压/V	380	380	380	380	380	380	380
额定空载电压/V	80	78	77	78/70	75/60	75/70	73/66
额定工作电压/V	21.6～27.8	22.5～32	24～39.2	30	22～36	36	40
额定一次电流/A	—	—	—	48.5	72	78	101.4
额定输入容量/kVA	13.5	20.5	31.4	18.4	20.5	29.1	38.6
额定空载持续率(%)	60	60	60	60	60	60	60
质量/kg	93	116	144	150	190	200	225
外形尺寸(长×宽×高)/mm	587×325×680	600×380×750	640×390×780	630×480×810	580×600×800	695×530×905	610×666×970
用途	适用于1～8mm厚低碳钢板的焊接。焊条电弧焊电源	适用于中等厚度低碳钢板的焊接。焊条电弧焊电源	适用于中等厚度低碳钢板的焊接。焊条电弧焊电源	适用3mm厚度以下的低碳钢板焊接。焊条电弧焊电源	焊条电弧焊电源，电弧切割电源	焊条电弧焊电源	手工氩弧焊、焊条电弧焊、电弧切割电源

2. 弧焊整流器

（1）硅弧焊整流器　这是弧焊整流器的基本形式之一，此种焊接电源一般由降压变压器、硅整流器、输出电抗器和外特性调节机构等部分组成，如图 3-8 所示。焊机型号如 ZXG-400。

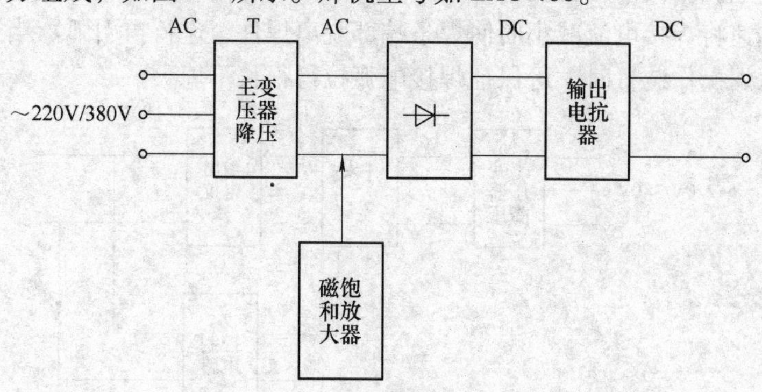

图 3-8　硅弧焊整流器

它是以硅元件作为整流元件，通过增大降压变压器的漏磁或通过磁饱和放大器来获得下降的外特性及调节空载电压和焊接电流。输出电抗器是串联在直流回路中的一个带铁芯并有气隙的电磁线圈，起改善焊机动特性的作用。

它的优点主要是：电弧稳定、耗电少、噪声小、制造简单、维护方便、防潮、抗震、耐候力强。缺点主要是：不采用电子电路进行控制和调节，焊接过程中可调的焊接参数少，不够精确，受电网电压波动的影响较大。用在要求一般质量的焊接产品的焊接。

（2）晶闸管式弧焊整流器　它是用晶闸管代替二极管整流来获得可调的外特性。该弧焊整流器主要由降压变压器、晶闸管整流器和控制、输出电抗器等组成，如图 3-9 所示。由于它的电磁惯性小容易控制，因此可以用很小的触发功率来控制整流器的输出，又因为它完全可以用不同的反馈方式获得各种形状的外特性，所以电流、电压可以在很宽的范围内均匀、精确、快速的调节，不仅达到焊接电流无级调节，还容易实现电网电压补偿，是在现实中应用很广泛的直流焊接电源。

这种焊接电源带有电弧推力调节装置，使焊接过程中电弧吹力增大，并可调节电弧吹力强度来改变焊接电弧穿透力，确保焊接过程中引弧容易，促进熔滴过渡，焊接飞溅小。

它还具有连弧焊和断弧焊操作选择装置来调节电弧长度。当选择断弧焊时，配以适当的推力电流，可保证焊条一碰焊件就能引燃电弧，电弧拉到一定长度就熄灭，当焊条与焊件短路时，“防粘”功能可迅速将焊接电流减小而使焊条端部脱离焊件，进行再引弧。当选择连弧焊操作装置时，可保证焊接电弧拉得很长不熄灭。

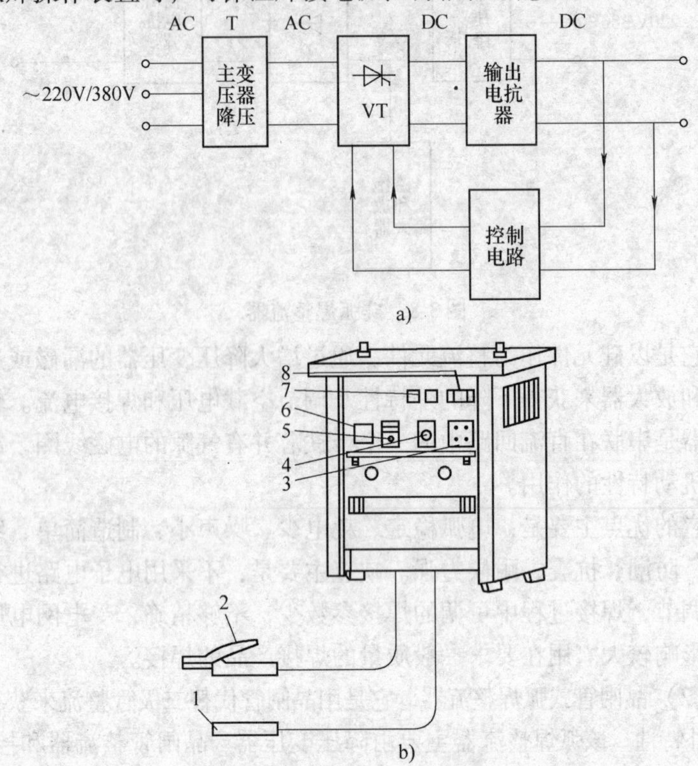

图 3-9　晶闸管式弧焊整流器

a）基本原理图　b）焊机图

1—焊件　2—焊钳　3—电源开关　4—推力电流调节旋钮　5—焊接电流调节旋钮　6—焊接电流指示表　7—熔断器　8—指示灯

晶闸管弧焊整流器电源控制板全部采用集成电路元件，一旦控制板出现故障，只需更换备用电路板，电源就能正常使用，维修很方便。常用的弧焊整流器技术数据见表 3-5。

表 3-5　常用的弧焊整流器技术数据

主要技术数据		动铁芯式			晶闸管式		
		ZXE1-160	ZXE1-300	ZXE1-500	ZX5-800	ZX5-250	ZX5-400
输出	额定焊接电流/A	160	300	500	800	250	400
	电流调节范围/A	交流:80～100 直流:7～150	50～300	交流:100～500 直流:90～450	100～800	50～250	40～400
	额定工作电压/V	27	32	交流:24～40 直流:24～38	—	30	36
	空载电压/V	80	60～70	80(交流)	73	55	60
	额定负载持续率(%)	35	35	60	60	60	60
	额定输出功率/kW	—	—	—	—	—	—
输入	电压/V	380	380	380	380	380	380
	额定输入电流/A	40	59	—	—	23	37
	相数	1	1	1	3	3	3
	频率/Hz	50	50	50	50	50	50
	额定输入容量/kVA	15.2	22.4	41	—	15	24
功率因素		—	—	—	0.75	0.7	0.75
效率(%)		—	—	—	75	70	75
质量/kg		150	200	250	300	160	200
用　途		焊条电弧焊;交、直流钨极氩弧焊			焊条电弧焊、钨极氩弧焊、碳弧切割电源	焊条电弧焊电源	焊条电弧焊电源,特别适用于碱性低氢型焊条焊接低碳钢、中碳钢以及低合金结构钢

3. 逆变式弧焊整流器

逆变式弧焊整流器是一种新型的弧焊电源，至今只有20多年的历史，经历了由晶闸管（可控硅）→晶体管→场效应管（MOS-FET）→绝缘门极晶体管（IGBT）逆变四代发展。

逆变是指从直流电变为交流电（特别是中频或高频交流电）的变换，而将交流电变为直流电的变换称为整流，实现电流整流的装置称为整流器，实现逆变的装置称为逆变器。弧焊逆变器采用了工频交流→直流→中频交流→降压→交流或直流的变流顺序。逆变的主要思路是：将工频交流电变为中频（几kHz至几十kHz）交流电之后再降至适于焊接的电压。逆变焊机输出外特性曲线具有外拖的陡降横流特性，如图3-10所示。

具有外拖特性曲线的弧焊电源，焊工容易操作。因为焊接过程中，由于某种原因焊接电弧突然缩短，电弧电压降至某一数值，外特性曲线出现外拖，此时，输出电流值加大，加速熔滴向熔池过渡，焊接电弧仍能稳定燃烧，不会发生焊条与焊件粘着现象。

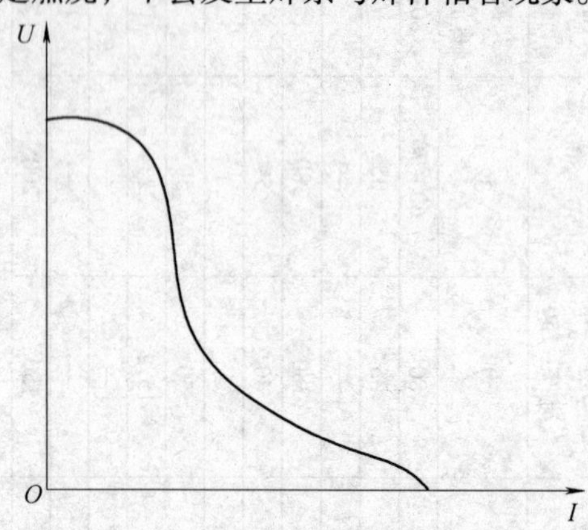

图3-10 具有外拖的陡降横流特性

逆变式弧焊整流器装有数字显示的电流调节系统和很强的电网波动补偿系统，使焊接电流稳定性高。逆变弧焊电源还采用模块化设计，每个模块单元均可拆装下来进行检修，方便维修。常用的逆变式弧焊整流器技术数据见表3-6。

表 3-6 常用的逆变式弧焊整流器技术数据

主要技术数据	晶闸管		场效应管		IGBT 管		
	ZX7-300S/ST	ZX7-630S/ST	ZX7-315	ZX7-400	ZX7-160	ZX7-315	ZX7-630
电源	三相、380V、50Hz		三相、380V、50Hz		三相、380V、50Hz		
额定输入功率/kVA	—	—	11.1	16	4.9	12	32.4
额定输入电流/A	—	—	17	22	7.5	18.2	49.2
额定焊接电流/A	300	630	315	400	160	315	630
额定负载持续率(%)	60	60	60	60	60	60	60
最高空载电压/V	70~80	70~80	65	65	75	75	75
焊接电流调节范围/A	Ⅰ档:30~70 Ⅱ档:90~300	Ⅰ档:60~210 Ⅱ档:180~630	50~315	60~400	16~160	30~315	60~630
效率(%)	83	83	90	90	≥90	≥90	≥90
外形尺寸(长×宽×高)/mm	640×355×470	720×400×560	450×200×300	560×240×355	500×290×390		550×320×390
质量/kg	58	98	25	30	25	35	45
用　途	“S”为焊条电弧焊电源，“ST”为焊条电弧焊、氩弧焊两用电源		具有电流响应速度快，静、动特性好，功率因数高、空载电流小、效率高等特点。适用于各种低碳钢、低合金钢及不同类型结构钢的焊接		采用脉冲宽度调制(PWM)，20kHz 绝缘门极双极型晶体管(IGBT)模块逆变技术。具有引弧迅速可靠、电弧稳定、飞溅小、体积小、高效节能、焊缝成形好、并可“防粘”等特点。用于焊条电弧焊、碳弧气刨电源		

逆变电弧焊机应能在以下环境条件正常工作：

1）工作环境的空气相对湿度：在20°C时，空气相对湿度不超过90%；在40°C时，空气相对湿度不超过50%。

2）焊机工作地的海拔高度不应超过1000m。

3）工作地点的周围环境空气温度范围：焊接过程中，（-10～40°C）；在运输和储存过程中应在（-25～55°C）。

4）焊机在落地安放时，其倾斜度不应超过15°。

5）对周围空气中的酸、灰尘、腐蚀性气体有要求时，焊机厂家可以与用户商定不同环境条件下，逆变电弧焊机的工作参数。

三、焊条电弧焊电源的外部接线

1. 焊接电源的极性

焊条电弧焊焊接电源有两个输出电极，分别接到焊钳和焊件上在焊接过程中形成一个完整的焊接回路。对直流弧焊电源的两输出电极，一个为正极、一个为负极，当焊件接电源正极、焊钳接电源负极的接线法叫直流正接；当焊件接电源负极、焊钳接电源正极的接线法叫直流反接，如图3-11所示。

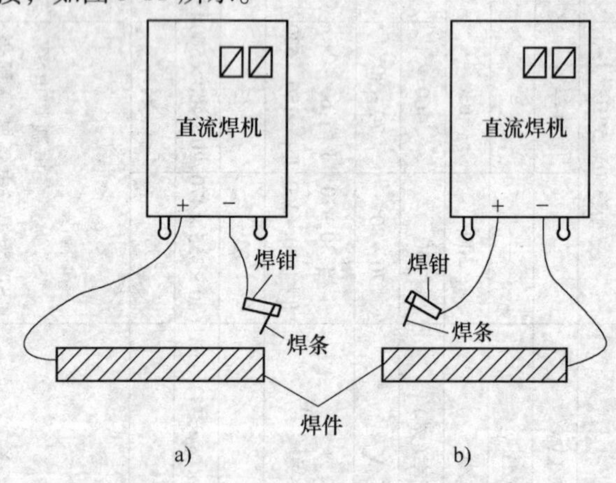

图3-11　直流焊接电源的正接与反接

a）正接　b）反接

对于交流弧焊电源，由于电弧的极性是周期地改变的，焊接电弧的燃烧和熄灭每秒钟要重复100次，所以，交流弧焊变压器的输出电极无正、负极之分。

2. 焊接电源极性的应用

焊条电弧焊过程中，酸性焊条用交流电源焊接；低氢钾型焊条可以用交流电源进行焊接，也可以用直流电源反接法进行焊接；酸性焊条用直流焊接电源焊接时，厚板宜采用直流正接法焊接，此时焊件接正极，正极温度较高，焊缝熔深大；薄板宜采用直流反接法焊接，此时焊件接电源负极，可以防止焊件烧穿。当使用低氢钠型焊条焊接时，则必须使用直流焊接电源反接法焊接。

3. 直流电源极性的鉴别方法

直流焊接电源的极性，由于某种原因导致分不清时，可以采用下列方法进行鉴别：

1）采用低氢钠型焊条，如E5015在直流焊接电源上试焊，焊接过程中，若焊接电弧稳定、飞溅小，电弧燃烧声音正常，则表明焊接电源采用的是直流反接，与焊件连接的焊机输出极性是负极，与焊钳相连的焊机输出极性是正极。

2）采用碳棒试焊，如果试焊时碳弧燃烧稳定，电弧被拉起很长也不断弧，而且在断弧后，碳棒端面光滑，此种接法为直流正接，与焊件相连的焊机输出极性是正极，与碳棒相连的焊机输出极性是负极。

3）采用直流电压表鉴别，鉴别时将直流电压表的正极、负极分别接在直流电源的两个电极上，若电压表指针向正方向偏转时，此时与电压表正极相连接的焊接电源输出极性是正极，与电压表负极相连接的焊接电源输出极性是负极。

复习思考题

1. 对焊条电弧焊的要求是什么？
2. 焊条电弧焊电源分为哪几类？
3. 弧焊整流器的电源型号有哪几种？
4. 弧焊变压器的型号有哪些？
5. 什么是额定电流？
6. 什么是负载持续率？
7. 逆变电源的变流顺序是什么？
8. 逆变电源具有外拖特性曲线的作用是什么？

第四章　焊条电弧焊焊接接头和坡口形式

第一节　焊接接头形式

一、焊接接头分类

焊接接头是由两个或两个以上零件用焊接方法连接的接头，一个焊接结构通常由若干个焊接接头所组成。焊接接头按接头的结构形式可分为五大类，即对接接头、T形（十字）接头、搭接接头、角接接头和端接接头等。焊接接头在焊接结构中的作用主要有三点：①工作接头，主要进行工作力的传递，该接头必须进行强度计算，确保焊接结构安全可靠。②联系接头，虽然也参与力的传递，但主要作用是通过焊接使更多的焊件连接成整体，起连接作用。这类接头通常不作强度计算。③密封接头、保证焊接结构的密闭性、防止泄漏是其主要作用，可以同时是工作接头或是联系接头。焊接接头基本类型如图4-1所示。

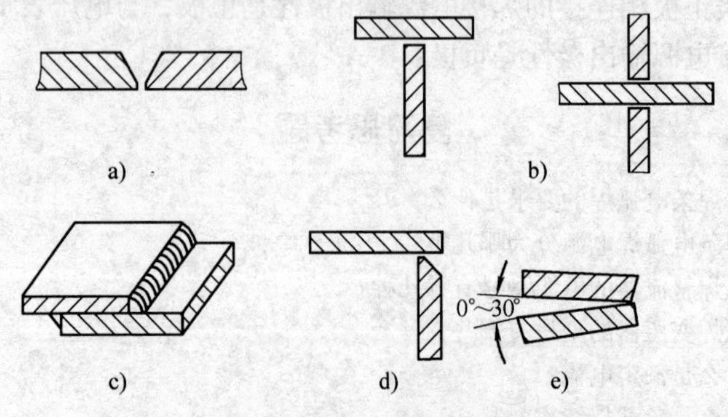

图4-1　焊接接头基本类型

a）对接接头　b）T形（十字）接头　c）搭接接头

d）角接接头　e）端接接头

1. 对接接头

对接接头从受力的角度看：受力状况好、应力集中程度小、焊接材料消耗较少、焊接变形也较小，是比较理想的接头形式，在所有的焊接接头中，对接接头应用最广泛。为了保证焊缝质量，厚板对接焊往往是在接头处开坡口，进行坡口对接焊。

2. T 形（十字）接头

T 形（十字）接头是把相互垂直的焊件用角焊缝连接起来的接头，它有焊透和不焊透两种形式，如图 4-2 所示。开坡口的 T 形（十字）接头是否能焊透，要根据坡口的形状和尺寸而定。从承受动载的能力看，开坡口焊透的 T 形（十字）接头承受动载能力较强。其强度可按对接接头计算。不焊透的 T 形（十字）接头承受力和力矩的能力有限，所以，只应用在不重要的焊接结构中。

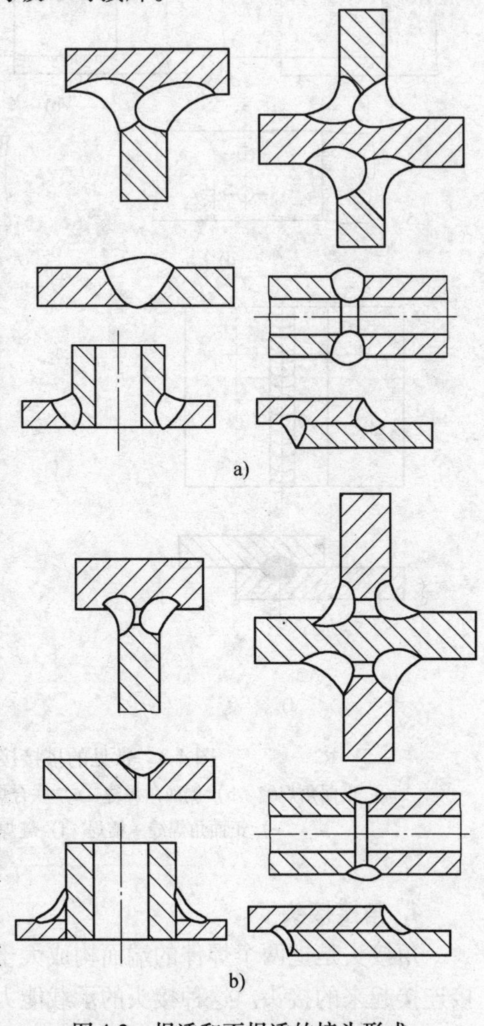

图 4-2　焊透和不焊透的接头形式

a）焊透的接头形式　b）不焊透的接头形式

3. 搭接接头

搭接接头是把两个焊件部分重叠在一起，加上专门的搭接件，用角焊缝、塞焊缝、槽焊缝或压焊缝连接起来的接头。搭接接头的应力分布不均匀、疲劳强度较低，不是理想的接头形式，但是，由于搭接接头焊前准备及装配工作较简单，所以在焊接结构中应用广泛，对于承受动载荷的焊接接头不宜采用。常见的搭接接头形式如图4-3所示。

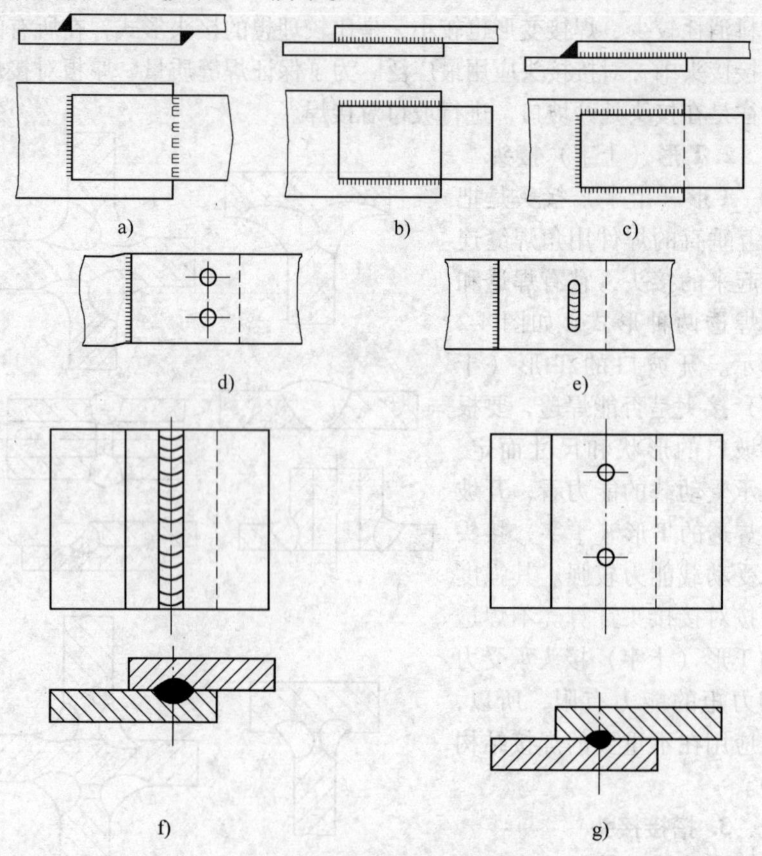

图4-3　常见的搭接接头形式

a）正面角焊缝　b）侧面角焊缝　c）联合焊缝　d）正面角焊缝+塞焊　e）正面角焊缝+槽焊　f）缝焊　g）电阻点焊

4. 角接接头

角接头是把两个焊件的端面构成大于30°、小于135°夹角，用焊接连接起来的接头。这种接头的承载能力较差，多用于箱形构件等。

5. 端接接头

端接接头是两焊件重叠放置或两焊件表面之间的夹角不大于

30°，用焊接连接起来的接头。它多用于密封构件上，因其承载能力较差，不是理想的接头形式。端接接头形式如图 4-4 所示。

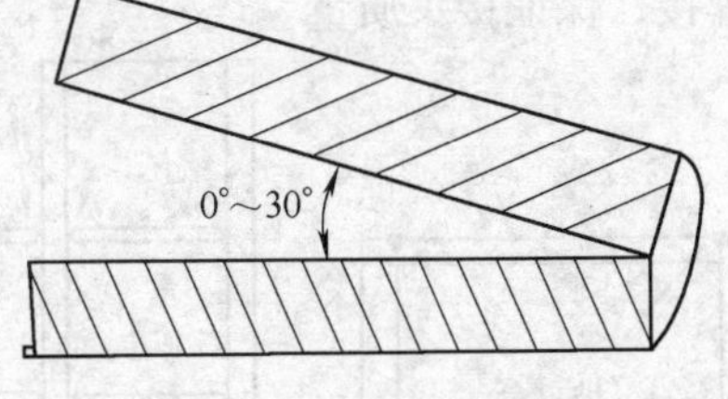

图 4-4　端接接头形式

二、焊接坡口形状

1. 焊接坡口的目的

焊接坡口是指根据设计和工艺的需要，在待焊接区域加工的一定几何形状的沟槽，从而保证焊缝厚度满足技术要求。焊缝开坡口的作用有以下几点：

（1）保证焊缝熔透　某些焊缝如厚板对接焊缝、吊车梁工形盖板与腹板间角焊缝等，设计要求熔透焊，为了达到熔透效果，需要开坡口焊接，如果采用焊条电弧焊或二氧化碳气体保护焊，坡口根部留 2～3mm 的钝边，如果采用埋弧焊，坡口根部留 3～6mm 的钝边，并配合背面清根，可以实现熔透，典型熔透焊缝开坡口的形状如图 4-5 所示。

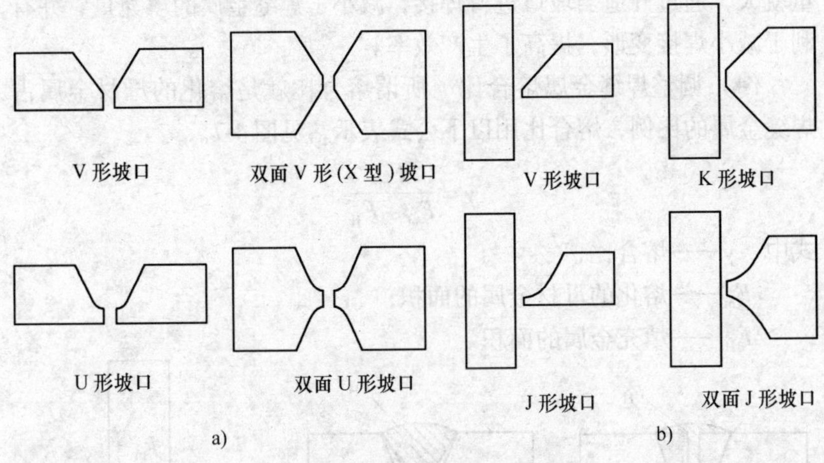

图 4-5　熔透焊缝坡口形状

a）对接熔透焊缝　b）角接熔透焊缝

（2）保证焊缝厚度满足设计要求　某些焊缝如高层建筑的箱型柱棱角焊缝、电站钢结构的柱节点板角焊缝等，如图 4-6 所示，为了满足受力需要，需要开适当坡口，焊条或焊丝能够深入到接头的根部焊接，保证接头质量。

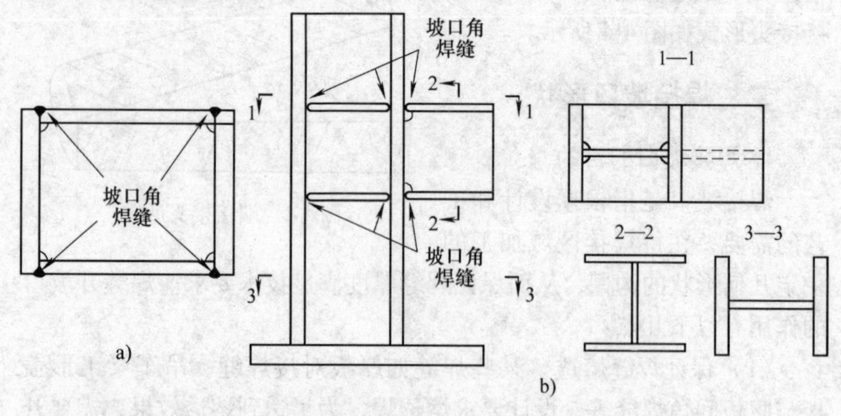

图 4-6　坡口角焊缝

a）箱型柱棱角焊缝　b）工形柱节点坡口角焊缝

（3）减小焊缝金属的填充量，提高生产效率　某些受力较大的厚板角焊缝，如果焊接太贴角焊缝，焊脚尺寸很大，焊缝金属的填充量就大，通过开适当坡口进行焊接，减小了焊缝金属的填充量，并有利于减小焊接变形，提高了生产效率。

（4）调整焊缝金属熔合比　所谓熔合比就是熔化的母材金属占焊缝金属的比例，熔合比用以下公式表示，见图 4-7。

$$\gamma = \frac{F_m}{F_m + F_H}$$

式中　γ——熔合比；

F_m——熔化的母材金属的面积；

F_H——填充金属的面积。

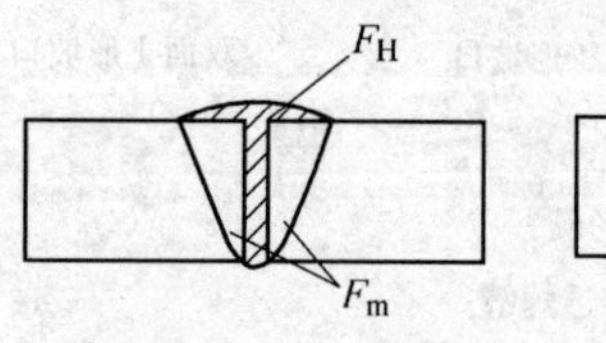

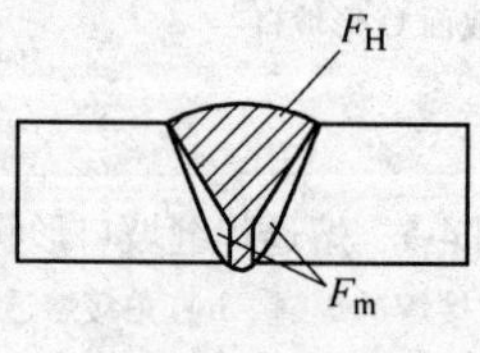

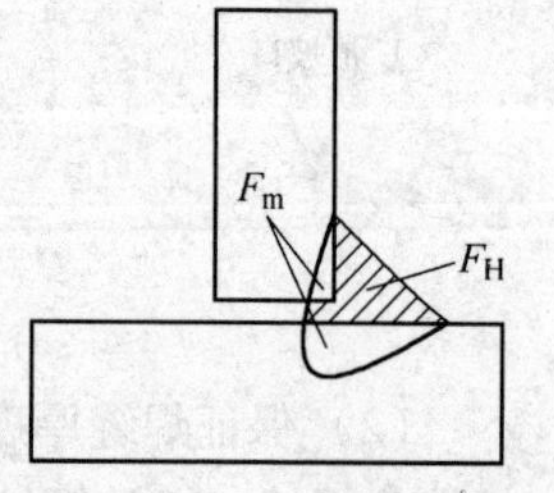

图 4-7　焊缝熔合比

坡口的改变会使熔合比发生变化，在碳钢、合金钢的焊接中，可以通过加工适当的坡口，改变熔合比来调整焊缝金属的化学成分，从而降低裂纹的敏感性，提高接头的力学性能。

2. 确定焊接坡口的原则

确定焊接坡口应遵循以下原则：

1）便于焊接操作，应根据焊缝所处的空间位置及焊工的操作位置来确定坡口方向，以便于焊工施焊。如在容器内部不便施焊，应开单面坡口在容器外面焊接。如要求熔透的焊缝，在保证不焊漏的前提下，尽可能减小钝边尺寸，以减少清根量。再如一条熔透角焊缝或对接焊缝，一侧为平焊，另一侧为仰焊，应在平焊侧开大坡口，在仰焊侧开小坡口，以减小焊工的操作难度。

2）坡口形状易于加工，应根据加工坡口的设备情况来确定坡口形状，使其形状易于加工。

3）尽可能减小坡口尺寸，节省焊接材料，提高生产效率。

4）尽可能减小焊后焊件的变形。

3. 坡口形状

根据几何形状的不同，焊缝的坡口形状有 I 形、V 形、U 形、J 形，根据加工面和加工边的不同，有单面单边 V 形、双面双边 V 形（即 X 形）、双面单边 V 形（即 K 形）、双面双边 U 形、双面单边 J 形等，表 4-1 为常用焊缝坡口的基本形状。

表 4-1　常用焊缝坡口的基本形状

坡口名称	对接接头	T 形接头	角接接头
I 形	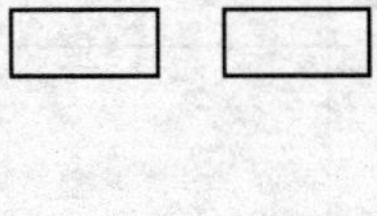	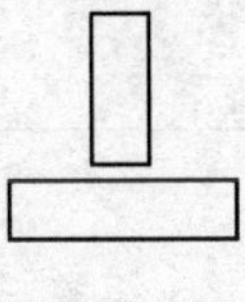	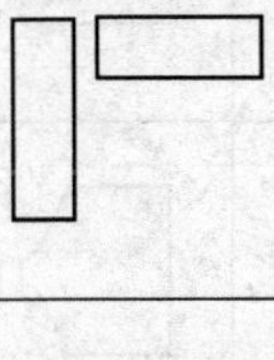
单边 V 形	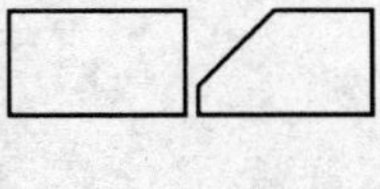	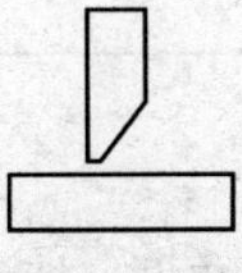	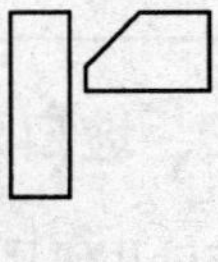

（续）

坡口名称	对接接头	T形接头	角接接头
Y形		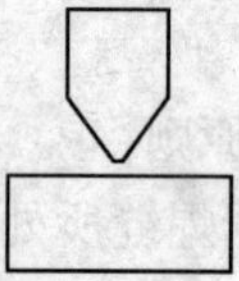 (K形)	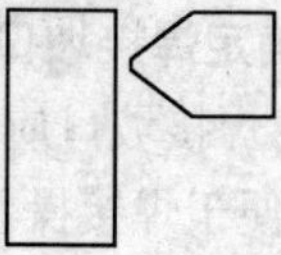 (K形)
双V形（X形）	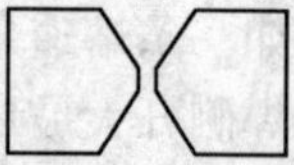	—	—
单面J形	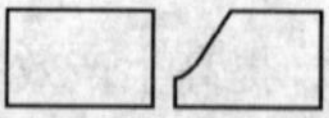	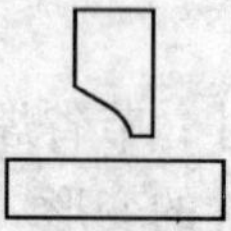	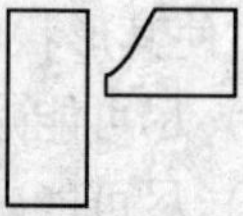
双面J形		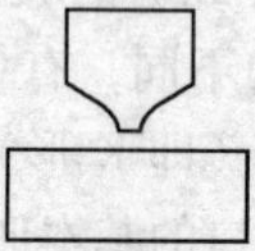	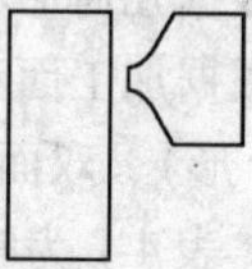
单U形	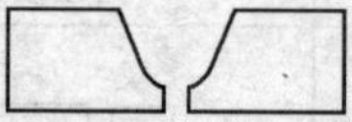	—	—
双U形	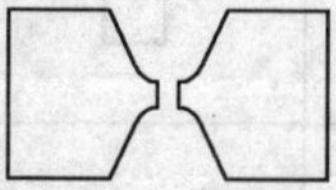	—	—

三、坡口几何尺寸

坡口几何尺寸包括坡口角度、坡口深度、根部间隙、钝边、圆弧半径，如图4-8所示，每一个几何尺寸用一个字母表示。

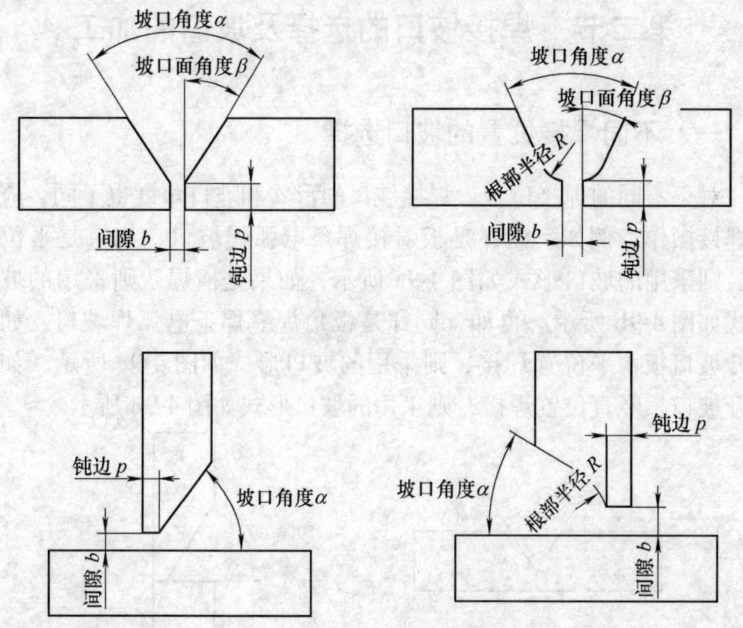

图4-8　坡口几何尺寸

（1）坡口角度（α）、坡口面角度（β）　焊件表面的垂直面与坡口面之间的夹角为坡口面角度，用β表示；两坡口面之间的夹角为坡口角度，用α表示。开单侧坡口时，坡口角度等于坡口面角度；开双侧坡口时，坡口角度等于两个坡口面角度之和。

（2）坡口深度（H）　坡口深度是焊件表面至坡口根部的距离，用字母H表示。

（3）根部间隙（b）　焊前焊接接头根部之间的空隙，用字母b表示。要求熔透的焊缝，采用一定的根部间隙可以保证熔透。

（4）钝边（P）　焊件在开坡口时，沿焊件厚度方向未开坡口的端面部分为钝边，用字母P表示。钝边的作用是防止焊缝根部焊漏。

（5）圆弧半径（R）　对于U形和J形坡口，坡口底部采用圆弧过渡。圆弧半径的作用是增大坡口根部的空间，使焊条或焊丝能够伸入到坡口根部，促使根部熔合良好。

第二节　焊接坡口的选择及坡口的加工

一、不同焊接位置的坡口选择

对于不同的焊接位置，焊接坡口的形式和坡口角度也不同，应便于焊接操作。例如，同样是板对接焊条电弧焊坡口，如果是平位焊接，则采用的坡口形式如图 4-9a 所示，如果是横焊，则采用的坡口形式如图 4-9b 所示。再如，同样是板角焊缝焊条电弧焊坡口，如果是开坡口板水平位置焊接，则采用的坡口形式如图 4-9c 所示，如果是开坡口板竖直位置焊接，则采用的坡口形式如图 4-9d 所示。

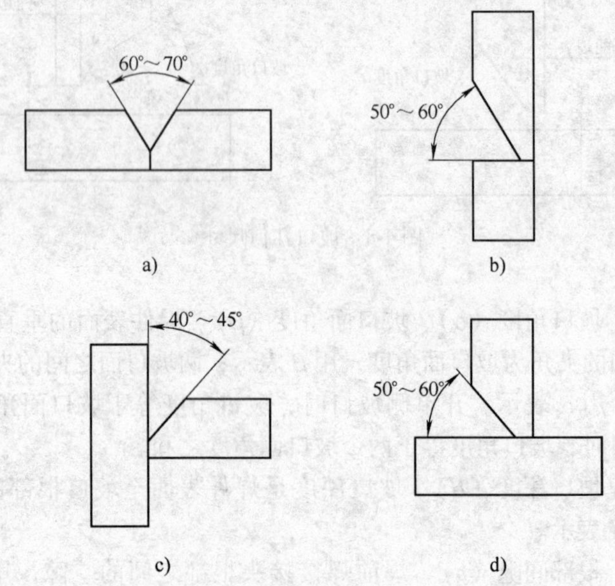

图 4-9　不同焊接位置的坡口形式

二、焊接坡口的加工方法

根据焊件的结构形式、板厚、焊接方法和材料的不同，焊接坡口的加工方法不同，常用的坡口加工方法有剪切、铣边、刨削、车削、热切割、气刨等。

（1）剪切　剪切一般用于I形坡口（即不开坡口）的薄板焊接边的加工，另外，目前公路钢箱梁大桥的U形加筋肋角焊缝的坡口也采用专用机床滚剪加工。

（2）铣边　对于薄板I形坡口的加工，可以将多层钢板叠在一起，一次铣削完成，提高坡口加工效率。

（3）刨削　对于中厚钢板的直边焊接坡口可以采用刨床加工，加工后的坡口平直、精度高，能够加工V形、U形或更为复杂的坡口。

（4）车削　对于圆柱体如圆管、圆棒、圆盘的圆形焊接坡口，可以在车床上采用车削方法加工。

（5）热切割　对于普通钢板的焊接坡口加工，可以采用火焰切割法加工，不锈钢板的焊接坡口可以采用等离子切割方法加工。热切割方法加工坡口可以提高加工效率，尤其是曲线焊缝坡口，只能采用热切割方法，如管子相贯焊接坡口等。热切割坡口在焊接前应将坡口表面的氧化皮打磨干净。

（6）气刨　气刨坡口目前一般用于局部坡口修整和焊缝背面清根，气刨坡口应防止渗碳，焊接前必须将坡口表面打磨干净。

复习思考题

1. 焊接坡口的目的是什么？确定焊接坡口的原则是什么？
2. 什么叫熔合比？
3. 常用的坡口几何尺寸有哪些？请画图说明。
4. 焊接坡口的加工方法有哪些？

第五章　碳素钢的焊接

碳素钢按含碳量的多少可分为：低碳钢（$w_C < 0.25\%$）、中碳钢（$w_C = 0.25\% \sim 0.6\%$）、高碳钢（$w_C > 0.6\%$）三类。

按照钢中有害硫和磷的含量，可将碳素钢分为：普通碳素钢（$w_S \leqslant 0.055\%$，$w_P \leqslant 0.045\%$）、优质碳素钢（$w_S \leqslant 0.045\%$，$w_P \leqslant 0.04\%$）、高级优质碳素钢（$w_S \leqslant 0.035\%$，$w_P \leqslant 0.035\%$）。

第一节　低碳钢的焊接

一、焊前预热

低碳钢焊接性能良好，一般不需要采用焊前预热特殊工艺措施，只有母材成分不合格（硫、磷含量过高）、焊件的刚度过大、焊接时周围环境温度过低等情况下，才需要采取预热措施。常用低碳钢典型产品的焊前预热温度见表 5-1。

表 5-1　常用低碳钢典型产品的焊前预热温度

焊接场地环境温度/℃（小于）	焊件厚度/mm		预热温度/℃
	导管、容器类	柱、桁架、梁类	
0	41 ~ 50	51 ~ 70	100 ~ 150
-10	31 ~ 40	31 ~ 50	
-20	17 ~ 30	—	
-30	16 以下	30 以下	

二、焊条的选择

低碳钢焊接时应按焊接接头与母材等强度的原则选用焊条。常用焊条选用见表 5-2。

表 5-2　低碳钢焊接常用焊条

钢　　号	焊条型号	
	普通结构件	重要结构件
Q195、Q215、Q235	E4313、E4303、E4301、E4320、E4311	E4316、E4315、E5016、E5015
Q245R、10、15、20	E4303、E4301、E4320、E4310	E4316、E4315（或 E5016、E5015）
20R、25、20G	E4316、E4315	E5016、E5015

三、焊缝层间温度及焊后回火温度

当焊件刚度较大、焊缝很长时，为避免在焊接过程中焊接裂纹倾向加大，要采取控制层间温度和焊后进行热处理等措施。焊接低碳钢时的层间温度和焊后回火温度见表 5-3。

表 5-3　焊接低碳钢时的层间温度和焊后回火温度

钢　　号	材料厚度/mm	层间温度/℃	回火温度/℃
Q235、08、10、15、20	50 左右	<350	600～650
	>50～100	>100	
25、20G、220G、Q245R	25 左右	>50	
	>50	>100	

四、低碳钢的焊接工艺要点

1）焊前焊条应按规定进行烘干。为防止焊缝产生气孔、裂纹等焊接缺陷，焊前要清除焊件表面的油、污、锈、垢。

2）避免采用深而窄的坡口形式，以免出现夹渣、未焊缝等焊接缺欠。

3）控制热影响区的温度，不能太高，在其高温停留的时间不能太长，防止晶粒粗大。

4）尽量采用短弧焊接。

5）多层焊时，每层焊缝金属厚度不应大于 5mm，最后一层盖面焊缝要连续焊完。

第二节 中碳钢的焊接

中碳钢的含碳量较高，在焊接及焊补过程中容易产生的焊接缺欠是:

1）焊接接头脆化。

2）焊接接头在焊接过程中容易产生裂纹，如热裂纹、冷裂纹、热应力裂纹。

3）焊接过程中容易在焊缝中产生气孔。

为保证中碳钢在焊后获得满意的焊缝成形、力学性能，通常采取以下措施。

一、焊前预热

焊前预热是碳钢焊接和焊补中的主要工艺措施。方法有整体预热和局部预热两种。整体预热既有利于防止产生裂纹和淬硬组织外，还能有效地减小焊件的残余应力。

预热温度的选择与焊件的含碳量、焊缝尺寸、焊件刚度和材料厚度有关。一般预热温度为 150～300℃，含碳量高、焊件厚度和结构刚度大时，其预热温度可达到 400℃。如 $\delta \geqslant 100$mm 的 45 钢焊接时，预热温度为：200℃ $< t_{预热} <$ 400℃。

二、焊条的选择

应按照焊接接头与母材等强度的原则选择焊条。中碳钢焊接最好选用具有较好脱硫能力、熔敷金属的塑性和韧性良好、抗裂性较高的低氢型焊条，中碳钢焊接常用焊条见表 5-4。

表 5-4 中碳钢焊接常用焊条

牌 号	焊条型号(牌号)		
	要求等强构件	不要求等强构件	塑性好的焊条
30、35 ZG270-500	E5015(J506)、 E5516-G(J556、J556RH)、 E5015(J507)、 E5515-G(J557)	E4303(J422)、 E4301(J423)、 E4316(J426)、 E4315(J427)	E308-16(A101、A102)、 E309-15(A307)

（续）

牌　　号	焊条型号（牌号）		
	要求等强构件	不要求等强构件	塑性好的焊条
40、45 ZG310-570	E5516-G（J556、J556RH）、 E5515-G（J557、J557Mo）、 E6016-D1（J606）、 E6015-D1（J607）	E4303（J422）、 E4316（J426）、 E4315（J427）、 E4301（J423）、 E5015（J507）、 E5016（J506）	E310-16（A402）、 E310-15（A407）
50、55 ZG340-640	E6016-D1（J606）、 E6015-D1（J607）		

三、焊缝层间温度及焊后回火温度

焊件在焊接过程中的层间温度及焊后的回火处理温度与焊件的含碳量多少、焊件厚度、焊件刚度及焊条类型有关。常用的中碳钢焊接过程中的层间温度及焊后回火处理温度见表 5-5。

表 5-5　常用的中碳钢焊接过程中的层间温度及焊后回火处理温度

牌号	板厚/mm	操作工艺		
		预热及层间温度/℃	消除应力回火温度/℃	锤击
25	25	>50	—	不要
		>50	600～650	不要
30	>25～50	>100	600～650	要
		>150	600～650	要
35	>50～100	>150	600～650	要
45	100	>200	600～650	要

四、中碳钢的焊接工艺要点

1）选用直径较小的焊条焊接，通常为 ϕ3.2～ϕ4mm。

2）焊件坡口尽量开成 U 形，以减少母材的熔入量。

3）焊后尽可能缓冷。

4）焊接过程中，宜采用锤击焊缝金属的方法减少焊接残余应力。

5）采用局部预热方法焊接时，坡口两侧的加热范围为 150～200mm。

6）焊接过程中为减少焊接变形和温度应力，宜采取逐步退焊法或短段多层焊法。

7）采用直流反接电源焊接。

8）在焊条直径相同时，中碳钢焊接电流要比低碳钢焊接小10%~15%。

第三节 高碳钢的焊接

高碳钢含碳量较高（w_C>0.6%），淬硬倾向和裂纹敏感性很大，属于焊接性差的钢种。高碳钢焊接及焊补过程中容易产生的缺欠是：

1）焊接接头脆化。

2）焊接接头易产生裂纹。

3）焊缝中易产生气孔。

4）焊缝与母材金属的力学性能在焊后完全相同比较困难。

为保证高碳钢在焊后获得较满意的力学性能及焊缝成形，通常采取如下措施：

一、焊前预热

高碳钢焊前预热温度较高，一般为250~400℃，对个别结构复杂、刚度较大、焊缝较长、板厚较厚的焊件，预热温度会高于400℃。常用高碳钢焊前预热温度见表5-6。

表5-6 常用高碳钢焊前预热温度

牌 号	预热温度/℃	备 注
65	250~400	视焊件具体情况而定
70	>400	
85	>400	

二、焊条的选择

高碳钢由于含碳量高，更容易在焊接过程中产生硬而脆的高碳马氏体，所以淬硬倾向和裂纹敏感性更大，焊接性也更差。这类钢不用在制造焊接结构，多用在铸件或零件局部缺陷进行修复和焊补。所以，高碳钢焊接时必须选用低氢型焊条。其常用焊条见表 5-7。

表 5-7　高碳钢焊接常用焊条

力学性能要求较高时	力学性能要求不高	焊件焊前不能预热
E6015-D1（J607）、E7015-D2（J707）、E6015-G（J607Ni）、E7015-G（J707Ni）	E5015（J507）、E5016（J506）、E5515-G（J557）	E308-15（A107）、E308-16（A102）、E309-15（A307）、E309-16（A302）、E310-15（A407）、E310-16（A402）

三、焊缝层间温度及焊后回火温度

高碳钢多层焊接时，各焊层的层间温度应控制在与预热温度等同。施焊结束后，应立即将焊件送入加热炉中，加热至 600～650℃，然后缓冷，进行消除应力热处理。

四、高碳钢的焊接工艺要点

1）仔细清除待焊处油、污、锈、垢。

2）采用小电流施焊、焊缝熔深要浅。

3）焊接过程中采用引弧板和引出板，不要在焊件上任意引弧。

4）为防止在焊接过程中产生焊接裂纹，可采用隔离焊缝焊接法。即先在焊件的坡口上用低碳钢焊条堆焊一层，然后再在堆焊层上进行正常焊接。

5）为减少焊接应力，焊接过程中，可采用锤击焊缝金属的方法减少焊件的残余应力。

复习思考题

1. 低碳钢焊接焊条选用原则？
2. 低碳钢焊接工艺要点？
3. 中碳钢焊接焊条选用原则？
4. 中碳钢焊接工艺要点？
5. 高碳钢焊接焊条选用原则？
6. 高碳钢焊接工艺要点？

第六章　低合金结构钢的焊接

第一节　概　述

一、低合金结构钢的分类

低合金结构钢按照强度级别划分可以分为295MPa级、345MPa级、390MPa级、420MPa级和460MPa级；按照使用情况划分，可分为普通低合金结构钢和专业用低合金结构钢，专业用低合金结构钢包括锅炉和压力容器用碳素钢和低合金钢、船舶及海洋工程用结构钢、桥梁用结构钢、高层建筑结构用钢板等。

二、低合金高强度结构钢

低合金高强度结构钢是含有少量合金元素，同时保证化学成分和力学性能符合规定的结构钢。其强度比较高，综合性能好，有较好的加工和焊接性能，还具有耐蚀、耐磨、耐低温等优点，从而提高了结构的可靠性和使用寿命。大量生产低合金高强度结构钢代替碳素结构钢，是我国钢铁工业的发展方向之一。

1. 低合金高强度结构钢的牌号

低合金高强度结构钢牌号的表示方法由代表屈服点的汉语拼音字母（Q）、屈服点数值、质量等级符号（A、B、C、D、E）三个部分按顺序排列。

例如Q390A，表示该钢号屈服点为390MPa、质量等级为A的低合金高强度结构钢。

2. 常用低合金高强度结构钢的牌号（见表6-1）

表 6-1　常用低合金高强度结构钢的牌号

牌号	Q345	Q390	Q420	Q460	Q500	Q550	Q620	Q690
质量等级	ABCDE	ABCDE	ABCDE	CDE	CDE	CDE	CDE	CDE

三、专业用低合金结构钢

由于各行业制造的工程构件不同，对钢材的成分和力学性能提出了不同的要求，因此产生了适用于不同行业钢结构制造的专业用钢，如锅炉用钢、船体用钢、桥梁用钢等，下面对常用的锅炉用结构钢、船体用结构钢、桥梁用结构钢和高层建筑用结构钢进行介绍。

1. 锅炉和压力容器用碳素结构钢

锅炉和压力容器用低合金高强度结构钢牌号见表 6-2。

表 6-2　锅炉和压力容器用低合金高强度结构钢牌号

钢　种	牌　号
锅炉和压力容器用钢（GB 713—2014）	Q245R、Q345R、Q370R、Q420R
	18MnNbR、13MnNiMoR、15CrMoR、14Cr1MoR、12Cr2Mo1R、12Cr1MoVR、12Cr2Mo1VR、07Cr2AlMoR

2. 船舶及海洋工程用结构钢

船舶及海洋工程用结构钢分一般强度钢和高强度钢两种。一般强度船舶及海洋工程用结构钢分为四个不同的质量等级，即 A、B、D、E；高强度船舶及海洋工程用结构钢分为两个强度级别三个质量等级，即 AH32、DH32、EH32、AH36、DH36、EH36。船舶及海洋工程用结构钢的化学成分见表 6-3。

表 6-3　船舶及海洋工程用结构钢的化学成分

强度级别和质量等级	化学成分（质量分数，%）							
	C	Mn	Si	P	S	Als	Nb	V
A32、A36、A40 D32、D36、D40 E32、E36、E40	≤0.18	0.90～1.60	≤0.50	≤0.035	≤0.035	≥0.015	0.02～0.05	0.05～0.10
F32、F36、F40	≤0.26	0.90～1.60	≤0.50	≤0.025	≤0.025	≥0.015	0.02～0.05	0.05～0.10

（续）

强度级别和质量等级	化学成分（质量分数，%）					
	Ti	Cu	Cr	Ni	Mo	N
A32、A36、A40 D32、D36、D40 E32、E36、E40	≤0.02	≤0.35	≤0.20	≤0.40	≤0.08	—
F32、F36、F40	≤0.02	≤0.35	≤0.20	≤0.80	≤0.08	≤0.009 含铝钢， w(N)≤0.012

3. 桥梁用结构钢

桥梁用结构钢的牌号由代表屈服点的汉语拼音字母（Q）、屈服点数值、桥梁钢的汉语拼音字母（q）、质量等级符号（C、D、E）四个部分组成。

例如Q345qE表示该钢号为屈服强度345MPa、质量等级为E级的桥梁用结构钢。常用桥梁用结构钢牌号见表6-4。

表6-4 常用桥梁用结构钢牌号

桥梁用结构钢	Q345qC、Q345qD、Q345qE、Q370qC、Q370qD、Q370qE、Q420qC、Q420qD、Q420qE

4. 高层建筑用结构钢

高层建筑用结构钢的牌号由代表屈服强度的汉语拼音字母（Q）、屈服强度数值、代表高层建筑的汉语拼音字母（GJ）和质量等级符号（C、D、E）组成，如Q345GJC，对于厚度方向性能钢板，在质量等级前加上厚度方向性能等级。高层建筑用结构钢的牌号和化学成分应符合表6-5的规定。

表6-5 高层建筑用结构钢的牌号和化学成分

牌号	质量等级	厚度/mm	化学成分（质量分数，%）								
			C	Si	Mn	P	S	V	Nb	Ti	Als
Q235GJ	C	6～100	≤0.20	≤0.35	0.60～1.20	≤0.025	≤0.015	—	—	—	≥0.015
	D E		≤0.18								
Q345GJ	C	6～100	≤0.20	≤0.55	≤1.60	≤0.025	≤0.015	0.02～0.015	0.015～0.060	0.01～0.10	≥0.015
	D E		≤0.18								

第二节　低合金结构钢的焊接性

低合金结构钢含有一定量的合金元素，其焊接性与碳钢的差别主要是焊接热影响区组织与性能的变化，它对焊接热输入较敏感，热影响区淬硬倾向增大，对氢致裂纹敏感性较大；含有碳、氮化合物形成元素的低合金高强度结构钢还存在产生再热裂纹的可能等。只有在掌握了各种低合金高强度结构钢焊接性特点的规律基础上，才能制定正确的焊接工艺，保证低合金高强度结构钢的焊接质量。

一、焊接热影响区的淬硬倾向

在焊接冷却的过程中，热影响区易出现低塑性的脆硬组织，使硬度明显升高，塑性、韧性降低，低塑性的脆硬组织在焊缝含氢量较高和接头焊接应力较大时易产生裂纹。

决定钢材焊接热影响区淬硬倾向的一个主要因素是钢材的碳当量。碳当量越高，钢材的淬硬程度越严重。另一个主要因素是冷却速度，即800～500℃的冷却速度（即 $t_{8/5}$）。冷却速度越大，热影响区淬硬程度越严重。

焊接接头中热影响区的硬度值最高。一般用它来衡量淬硬程度的大小。

二、冷裂纹敏感性

低合金高强度结构钢的焊接裂纹主要是冷裂纹。有资料表明，低合金高强度结构钢在焊接中产生的裂纹90%属于冷裂纹。因此，在焊接时应对此予以极大的重视。随着低合金高强度结构钢强度级别的提高，淬硬倾向增大，冷裂纹敏感性也增大。

产生冷裂纹的原因有：

1）焊缝及热影响区的含氢量。氢对高强度结构钢的焊接产生裂纹影响很大。当焊缝冷却时，奥氏体向铁素体转变，氢的溶解度急剧减小，氢向热影响区扩散，使热影响区的氢含量达到饱和就容易产生裂纹。焊接低合金高强度结构钢，尤其是焊接调质钢时，应保持低氢状态，焊接坡口及两侧严格清除水、油、锈及其他污物，焊丝应严格脱脂、除锈，尽量减少氢的来源，以防止产生冷裂纹。冷裂纹一般在焊后焊缝冷却的过程中产生，也可能在焊后数分钟或数天发生，具有延迟的特性（也称为延迟裂纹），可以理解为氢从焊缝金属扩散到热影响区的淬硬区，并达到某一极限值的时间。

2）热影响区的淬硬程度。热影响区的淬硬组织马氏体，由于氢的作用而脆化，因而淬硬程度越大，冷裂倾向越大。

3）结构的刚度越大、拘束应力越大，产生焊接冷裂纹的倾向也越大。

4）在定位焊时，由于焊缝冷却速度快，容易出现冷裂纹。焊接低合金高强度结构钢时应该予以重视。

三、其他

1）某些低合金高强度结构钢焊接时，还有热裂倾向，主要是元素 S 在晶间形成低熔点的硫化物及其共晶体而引起的。

2）再热裂倾向。当焊接厚壁压力容器等结构件时，焊后进行消除应力热处理。对于含有 Cr、Mo、V、Ti、Nb 等合金元素的低合金高强度结构钢在热处理过程中，热影响区产生晶间裂纹，有时也可能发生在焊后再次高温加热的过程中。

3）层状撕裂。在大型厚板结构件中，特别是 T 形接头、角焊缝，由于母材轧制过程中层状偏析、各向异性等缺欠，在热影响区，或在远离焊缝的母材中产生与钢板表面成梯形平行的裂纹（层状撕裂）。焊接低合金高强度结构钢大厚度钢板角焊缝时，应注意防止层状撕裂的产生。

第三节　低合金结构钢的焊接工艺

一、焊前准备

为了保证焊接低合金高强度结构钢的焊接质量，必须使焊件处于低氢状态，因此对焊接坡口及两侧应严格清除水、油、锈及其他污物，焊丝应严格脱脂、除锈，尽量减少氢的来源。

加工坡口时，对于强度级别较高的钢材，火焰切割时应注意边缘的软化或硬化。为防止切割裂纹，可采用与焊接预热温度相同的温度预热后进行火焰切割。

组装时应尽量减小应力。定位焊时强度级别高的钢材，易产生冷裂纹，应采用与焊接预热温度相同的温度预热后进行，并保证定位焊焊缝具有足够的长度和厚度。

对低碳调质钢，严禁在非焊接部位随意引弧。

二、焊接材料的选择

焊接材料的选用是决定焊接质量的一个重要因素，其选择应根据母材的力学性能、化学成分、焊接方法和接头的技术要求等确定。对于低合金高强度结构钢的焊接材料选择，应从以下几个方面考虑。

1）对于要求焊缝金属与母材等强度的工件，应选用与母材同等强度级别的焊接材料，同时应考虑到焊缝强度不仅取决于焊接材料的性能，而且与焊件的板厚、接头形式、坡口形式、焊接热输入等有关。如果厚板大坡口焊接用的焊接材料用到薄板小坡口焊缝上，由于焊缝的熔合比增加，焊缝的强度就会变得偏高；如果对接焊缝用焊接材料用到T形角焊缝上，由于T形角焊缝为三向散热，接头的冷却速度快，焊缝的强度也会变得偏高。

2）对于不要求焊缝金属与母材等强度的焊件，则焊接材料强度等级可以略低，因为强度较低的焊缝一般塑性较好，对防止冷裂纹有利。

3）关于酸性、碱性焊接材料的选用。低合金高强度结构钢的焊接一般采用碱性焊接材料，尤其是强度级别大于345MPa时，因为碱性焊接材料的韧性高，抗裂性好。对于板厚大、结构刚度大、受动载或低温下工作的重要结构，更应该选用碱性焊接材料。对于次要结构，可以采用酸性焊接材料。如Q345MPa级钢板对接焊缝焊条电弧焊采用E5015（J507）焊条；对于次要角焊缝可以采用酸性焊条E5003（J502）焊接。

4）特殊情况下可选用奥氏体焊条。焊接或修补大刚度件或铸锻件接管时，如果不允许预热且焊后不能进行热处理、焊缝与母材不要求等强的条件下，可选用奥氏体焊条焊接。由于奥氏体焊条的塑性好，可减小热影响区所承受的收缩变形和应力，有利于防止冷裂纹的产生，可采用 E309-15（A307）、E310-15（A407）等，需要指出的是，由于焊缝金属的组织与母材不同以及奥氏体组织的非磁性，对此类焊缝不能进行超声波检测和磁粉检测。

三、焊接热输入的选择

焊接热输入是指焊接电弧的移动热源给予单位长度焊缝的热量，它是与焊接区冶金、力学性能有关的重要参数之一。

$$E=\eta 0.24IU/v$$

式中 I——焊接电流（A）；

U——电弧电压（V）；

v——焊接速度（cm/s）；

η——代表焊接中热量损失的系数。

热输入综合考虑了焊接电流、电弧电压和焊接速度三个焊接参数对热循环的影响，热输入增大时，热影响区的宽度增大，加热到1100℃以上温度的区域加宽，在1100℃以上停留时间加长。同时，800℃→500℃冷却时间（即 $t_{8/5}$）延长，在650℃时的冷却速度减慢。适当调节焊接参数，以合理的热输入焊接，可保证焊接接头具有良好的性能。

对于热轧普通低合金高强度结构钢，碳当量小于0.4%，焊接时一般对热输入不加限制。

对于有低淬硬倾向的钢，碳当量为0.4%～0.6%，焊接时对热输入要适当加以控制。热输入不可过低，否则会产生热影响区的淬硬组织，易产生冷裂纹；但热输入也不可过高，否则热影响区晶粒长大；对过热倾向强的钢更要注意，否则，热影响区的冲击韧度会下降。

对于焊接低碳调质钢，要严格控制焊接热输入。由于低碳调质钢本身的特点，如果焊接过程中冷却速度快，会使热影响区完全由低碳马氏体或下贝氏体组成，这种组织韧性好。如果冷却速度慢，热影响区除马氏体外还有贝氏体及铁素体存在，形成一种不均匀的混合组织，使冲击韧度降低。但冷却速度过快，也会产生热影响区的淬硬组织及增大冷裂倾向，因此，要根据板厚、预热和层间温度来确定合适的焊接热输入，并加以严格限制。

随着低合金高强度结构钢强度级别的提高、碳当量的增大，焊接热输入的控制要求更加严格，焊接热输入的大小直接影响到接头的性能（特别是冲击韧度），同时影响焊接接头的冷裂倾向。如对于Q420E钢的对接，为了使接头韧性达到-40℃时为47J，埋弧焊热输入应控制在25kJ/cm以下，这时不能采用粗丝埋弧焊，而采用直径2mm或1.6mm的焊丝进行细丝埋弧焊。

四、焊前预热和层间温度的控制及后热

1. 预热的目的

预热可以降低焊后接头的冷却速度。焊接低碳调质钢主要是降低马氏体转变时的冷却速度，避免淬硬组织的产生，加速氢的扩散、逸出，减少热影响区的氢含量；另外，预热可减少焊接残余应力，从而防止焊接冷裂纹的产生。

2. 预热温度的确定

预热温度的大小主要取决于钢材的化学成分、钢板的厚度及结构的刚性、施焊时的环境温度。当屈服强度>490MPa，碳当量C_E>0.45%，板厚$\delta \geqslant$25mm时，一般应考虑预热，预热温度在100℃以上。预热温度不可过高，焊接低碳调质钢的预热温度一般为200℃以下。对于低碳调质钢，预热温度过高，会使热影响区的冲击韧度和塑性降低。

3. 层间温度的控制

为了保持预热的作用，在多层焊时，层间温度的控制对焊接质量的保证也是必要的。一般对于Q345、Q370钢的焊接，层间温度可控制在预热温度到250℃之间；对于Q390、Q420、Q460钢的焊接，需要对层间温度更加严格地控制，可在预热温度到200℃之间。

4. 后热

后热又叫消氢处理，是指焊后立即将焊件的全部（或局部）进行加热并保温，让其缓慢冷却，使扩散氢逸出的工艺措施。后热的目

的是使扩散氢逸出焊接接头，防止焊接冷裂纹的产生。后热温度一般为 200 ~300℃，保温时间一般为 2 ~6h。

五、焊后热处理

多数情况下，大量使用的热轧状态的低合金高强度结构钢，焊后不进行热处理；低碳调质钢是否进行热处理，应根据产品结构的要求决定。板厚较大、焊接残余应力大、在低温下工作、承受动载荷、有应力腐蚀要求或对尺寸稳定性有要求的结构才进行焊后热处理。

低合金高强度结构钢焊后热处理的工艺有三种：

1）消除应力退火。

2）正火加回火或正火。

3）淬火加回火（一般用于调质钢的焊接结构）。

焊后热处理应注意的问题：

1）不要超过母材的回火温度，以免影响母材的性能。一般应比母材回火温度低 30 ~60℃。

2）对于有回火脆性的材料，应避开出现脆性的温度区间，如含 Mo、Nb 的材料应避开 600℃左右保温，以免脆化。

3）含一定量 Cr、Mo、V、Ti 的低合金高强度结构钢消除应力退火时，应注意防止产生再热裂纹。

第四节　低合金高强度结构钢焊接实例

一、Q345B（16Mn）钢的焊接

1）焊接性：Q345B（16Mn）钢的焊接性好，焊接热影响区最高硬度低于 $350HV_{10}$。

2）气割、碳弧气刨：气割、碳弧气刨对 Q345B 钢的焊接性不会产生影响，只要在焊前将气割边和碳弧气刨坡口表面的氧化皮打磨干净即可。

3）热矫正：对 Q345B 钢允许采用热矫正，加热时应控制加热温度不超过 900℃，一般控制在 700 ~800℃，温度过高，会产生过热魏

氏体组织，使冲击韧度降低。

4）焊前预热：Q345B 钢的焊接性良好，一般不需要预热，只有当焊件板厚过大、结构刚度大、低温下施焊时才需要预热，预热条件见表 6-6。

表 6-6　Q345B 钢的预热条件

板厚/mm	不同气温下的预热条件
<10	不低于 -26℃，不预热
10~16	不低于 -10℃，不预热；-10℃以下预热 100~150℃
16~25	不低于 -5℃，不预热；-5℃以下预热 100~150℃
25~35	不低于 0℃，不预热；0℃以下预热 100~150℃
≥35	均预热 100~150℃

5）焊接材料：Q345B 钢常用焊接材料见表 6-7。

表 6-7　Q345B 钢常用焊接材料

焊接方法	焊接材料
焊条电弧焊	重要结构：E5016（J506）、E5015（J507） 强度要求不高的结构：E4316（J426）、E4315（J427） 不重要的结构：E5003（J502）、E5001（J503）

6）焊接热输入：Q345B 钢的过热敏感性不大，淬硬倾向小，为防止冷裂纹的产生，采用较大热输入焊接，一般焊接热输入应控制在 50kJ/cm 以下。

7）后热及热处理：Q345B 钢一般结构的焊接接头不需要进行焊后热处理，但对于电站锅炉钢结构的梁和柱的厚板（板厚大于 38mm）对接接头、要求抗应力腐蚀的结构、低温下工作的结构，以及厚壁高压容器等，均要求进行焊后消除应力高温回火。

二、Q420（15MnVN）钢的焊接

1）焊接性：Q420（15MnVN）钢由于含有钒、铌、钛、氮等合金元素，钢板的淬硬性增加，焊接性较好。

2）气割、碳弧气刨：为防止产生切割或气刨裂纹，厚板的气割、碳弧气刨前应预热，并在焊接前将气割边和碳弧气刨坡口表面的

氧化皮打磨干净。

3）焊前预热：Q420 钢的预热条件见表 6-8。

表 6-8 Q420 钢的预热条件

焊接方法	板厚/mm	不同气温下的预热条件
焊条电弧焊	<16	不低于 5℃，不预热
	16～24	预热 100～120℃
	≥24	预热 160～180℃

4）焊接材料：Q420 钢常用焊接材料见表 6-9。

表 6-9 Q420 钢常用焊接材料

焊接方法	焊 接 材 料
焊条电弧焊	重要结构：J557Mo、J557MoV、J607、J607Ni 强度要求不高的结构：J506、J507

5）焊接热输入：Q420 钢的淬硬倾向大，热影响区脆化现象严重，焊接时需要严格控制焊接热输入，对于要求 -20℃冲击韧度的 D 级钢，一般焊接热输入应控制在 35kJ/cm 以下；对于要求 -40℃冲击韧度的 E 级钢，一般焊接热输入应控制在 20kJ/cm 以下，埋弧焊需要采用小直径焊丝（直径 1.6mm 或 2mm）。采用较小的焊接热输入，使焊缝金属快速冷却，得到韧性较好的下贝氏体或低碳马氏体组织。另外焊接过程中需要控制层间温度在 200℃以下。

6）后热及热处理：根据技术要求确定 Q420 钢焊接接头是否需要进行后热或焊后热处理。

复习思考题

1. 掌握常用低合金高强度结构钢的牌号，如 Q345C、Q420E 等的意义及其力学性能要求。

2. 什么叫焊接性？

3. 评价焊接性的方法有哪些？

4. 简述低合金高强度结构钢的焊接性。

5. 简述低合金高强度结构钢的焊接要点。

第七章　珠光体耐热钢的焊接

第一节　概　　述

具有热稳定性和热强性的钢，称为耐热钢。耐热钢与普通碳素钢相比较有两个特殊性能：高温强度和高温抗氧化性。

珠光体耐热钢是以 Cr、Mo 为主要合金元素的低合金结构钢，在正火或正火加回火的供货状态下，其基本组织是珠光体，该钢种在高温下具有足够的强度和抗氧化性，用于制造长期在600°C 下高温使用的零部件。

一、珠光体耐热钢的分类

珠光体耐热钢含 Cr 质量分数一般为0.5% ~9%，含 Mo 质量分数为0.5%或1%，随着 Cr、Mo 质量分数的增加，钢的抗氧化性、抗高温强度和抗硫化物腐蚀性能也都在增加。当钢中加入 Cr、Si、Al 等合金元素时，钢的抗氧化性有所提高；当在 Cr-Mo 钢中加入少量的 V、W、Nb、Ti 等元素后，还可以进一步提高珠光体耐热钢的热强性。这类钢的合金系统基本分为：Cr-Mo、Cr-Mo-V、Cr-Mo-W-V、Cr-Mo-W-V-B、Cr-Mo-V-Ti-B 等。常用珠光体耐热钢的化学成分见表7-1。常用珠光体耐热钢的力学性能见表7-2。

表7-1　常用珠光体耐热钢的化学成分

钢　号	化学成分(质量分数,%)					
	C	Mn	Si	Mo	Cr	V
12CrMo	0.08 ~0.15	0.40 ~0.70	0.17 ~0.37	0.40 ~0.55	0.40 ~0.70	—
15CrMo	0.12 ~0.18	0.40 ~0.70	0.17 ~0.37	0.40 ~0.55	0.80 ~1.10	—
20CrMo	0.17 ~0.24	0.40 ~0.70	0.17 ~0.37	0.15 ~0.25	0.80 ~1.10	—
12Cr1MoV	0.08 ~0.15	0.40 ~0.70	0.17 ~0.37	0.25 ~0.35	0.30 ~0.60	0.15 ~0.30

表 7-2　常用珠光体耐热钢的力学性能

钢　号	试样毛坯尺寸/mm	热处理状态	力学性能(不小于)				
			抗拉强度/MPa	屈服强度/MPa	断后伸长率(%)	断面收缩率(%)	冲击韧度 α_K/J·cm^2
12CrMo	30	900°C 空气中淬火 650°C 空气中回火	410	265	24	60	137
15CrMo	30	900°C 空气中淬火 650°C 空气中回火	441	295	22	60	118
20CrMo	15	880°C 水、油中淬火 500°C 水、油中回火	885	685	12	50	98
12Cr1MoV	30	970°C 空气中淬火 750°C 空气中回火	440	225	22	50	98

二、珠光体耐热钢焊接的主要问题

珠光体耐热钢焊接的主要问题是：热影响区的硬化、冷裂纹、软化，以及焊后热处理或高温长期使用时，产生再热裂纹缺欠。此外，近年来，有些 Cr-Mo 钢焊后有明显的回火脆化现象，产生回火脆化的主要原因是珠光体耐热钢长期在回火脆化温度内加热后，由于 P、As、Sn、Sb 等杂质元素在奥氏体晶界偏析而引起的晶界脆化现象。值得一提的是，回火脆化的产生，还与促进回火脆化的元素 Si、Mn 的含量有关，所以，焊接珠光体耐热钢时，必须严格控制焊接材料和母材的 P 和 Si 含量，才能获得低回火脆性的焊缝金属。

第二节　珠光体耐热钢的焊接性

一、冷裂纹倾向

由于珠光体耐热钢具有很强的淬透性，而扩散氢是造成热影响区冷裂纹产生的重要因素。所以，随着焊接过程热影响区温度的升高，氢在奥氏体中的溶解度比在铁素体中大得多，当焊缝金属随着温度的降低转变成珠光体时，此时的氢便从焊缝向热影响区扩散，集聚在离熔合线不远的奥氏体组织中，在焊接残余应力的作用下，容易在热影响区产生冷裂纹。

二、热裂纹倾向

在珠光体耐热钢焊接过程中，由于C、S、P等杂质与Ni等合金元素形成低熔点共晶物（Ni_3P-Ni共晶熔点为880°C，NiS-Ni共晶熔点为645°C），集聚在晶界处，在焊缝临界凝固温度区内，因焊接残余应力的作用，便会在焊缝及弧坑处产生热裂纹。

三、再热裂纹倾向

焊件焊完后，在一定的温度范围内，因再次加热而产生的裂纹称为再热裂纹。再热裂纹的机理是：焊接过程中，靠近熔合线的热影响区被加热到1300°C以上，此时珠光体耐热钢中的Cr、Mo、V、Ni、Ti等元素从碳化物溶入固溶体，当焊接接头再次被加热时，碳化物从固溶体中析出，使焊缝晶粒强化，在焊接应力松弛过程中，晶界处发生蠕变，产生再热裂纹。

第三节 珠光体耐热钢的焊接工艺

一、焊接材料的选择

焊接珠光体耐热钢选择焊接材料的原则是：焊缝金属的合金成分与强度性能应基本与母材相应指标一致，或应达到产品技术条件提出的最低性能指标。但是，如果焊后需要经过退火、正火或热加工成形等热处理或热加工时，则应选择合金成分或强度级别较高的焊接材料，为了提高焊缝金属的抗裂能力，焊接材料的总含碳量应略低于母材的含碳量。焊条电弧焊焊接常用的珠光体耐热钢焊条见表7-3。

表 7-3 焊条电弧焊焊接常用的珠光体耐热钢焊条

钢号	焊条型号(牌号)
12CrMo	E5515-B1(R207)
15CrMo	E5515-B2(R307)
20CrMo	E5515-B2(R307)
12Cr1MoV	E5515-B2-V(R317)

珠光体耐热钢焊条电弧焊时，大多使用碱性低氢焊条，焊接过程中电弧吹力大、焊缝金属熔深大、含氢量少、抗裂性能好、塑性、韧性和高温性能也较好，适合焊接较厚的焊件。但是，这种焊条特别容易吸潮、对铁锈敏感性也大，还需要使用直流焊机焊接。此外，珠光体耐热钢焊条药皮中含有纯碱、过锰酸钾、重铬酸钾等易吸潮的原料，虽然在焊条出厂前已经进行了高温烘干，但在各级仓库储存期间还会返潮，所以焊前必须重新进行烘干，烘干温度为 350 ~ 400°C，烘焙 2h，然后再放入 80 ~ 100°C 保温箱中保温，随用随取。

二、焊接热输入的选择

由于珠光体耐热钢淬硬倾向较大，所以焊后都要进行回火处理，当焊接热输入较大时，会造成热影响区因晶粒粗大而脆化；当焊接热输入较小时，对改善热影响区的冲击韧度会有很大的好处，因此，焊接珠光体耐热钢时，要严格地控制焊接热输入量。珠光体耐热钢焊条电弧焊的焊接参数见表 7-4。

表 7-4 珠光体耐热钢焊条电弧焊的焊接参数

钢号	焊条牌号	焊接电流/A			
		ϕ2.5	ϕ3.2	ϕ4.0	ϕ5.0
12CrMo	E5515-B1(R207)	60 ~ 90	90 ~ 120	140 ~ 180	170 ~ 210
15CrMo	E5515-B2(R307)	60 ~ 90	90 ~ 120	130 ~ 180	160 ~ 210
12Cr1MoV	E5515-B2-V(R317)	60 ~ 90	90 ~ 120	140 ~ 180	170 ~ 210

三、焊前预热和层间温度的选择

珠光体耐热钢的主要元素是 C，此外还含有一定数量的 Cr、Mo、

V、W、Si、Ti、B等元素。在焊接热循环的作用下，热影响区和焊缝都可能产生淬硬组织和冷裂纹，为了减小焊后冷却速度，珠光体耐热钢焊前要采取预热措施。因为焊前预热可降低冷却速度、避免产生脆硬的马氏体组织，减少因马氏体组织转变而产生的组织应力，而且因减少焊缝金属周围的温度差而使热应力减小，从而降低了近缝区的应力峰值，提高焊缝金属的塑性。

焊前预热温度通常根据被焊材料的化学成分、裂纹的倾向性而定。在确定预热温度时，需要同时考虑焊件的尺寸大小、焊接结构的形式以及焊接现场周围的空气温度等；多层焊的层间温度应不小于预热温度的最低温度。进行预热操作时应注意：①升温速度不能太快，要均匀，整条焊缝各部位的温度基本一致，局部温度不能过高；②火焰的加热点应放在焊接处的背面，比如在结构内部焊接时，预热点应在结构的外壁加热；③焊接结构的预热温度应该一致，比如在外壁加热时，应以内壁的测量温度为准。

焊前的预热方法有：氧乙炔火焰加热、煤气预热、喷油燃烧预热、焦碳炉预热、电红外线预热、感应加热及炉内整体预热等。常用的珠光体耐热钢焊前预热温度、层间温度见表7-5。

表7-5 常用的珠光体耐热钢焊前预热温度、层间温度

钢 号	预热温度/°C	层间温度/°C
12CrMo	200~250	≥200
15CrMo	200~250	≥200
12Cr1MoV	200~250	≥200

四、后热处理和焊后热处理

珠光体耐热钢焊接的后热处理是指焊后立即对焊件的全部或局部进行加热或保温，使其缓慢冷却的工艺措施。它不等于焊后热处理，后热的作用是降低焊缝结晶后接头的冷却速度，有利于焊缝金属中的扩散氢逸出，所以也称为消氢处理，是一种防止冷裂纹的有效办法，珠光体耐热钢经过300°C×1h后热处理就能防止延迟裂纹的产生。而焊后热处理是：焊件焊后为了改善焊接接头的组织和性能或消除残余应力而进行的热处理。焊后热处理的主要作用是：①可以消除或者减

少在热影响区出现的脆硬组织；②降低热影响区硬度，提高塑性和韧性；③促进扩散氢的逸出，减小冷裂纹倾向；④有效减少焊接残余应力，增加焊件的尺寸稳定。

珠光体耐热钢焊后热处理的方法有以下几种。

1. 回火

把经过淬火的钢加热至低于 A_1 以下的某一温度，经过充分的保温后，再以一定速度冷却的热处理工艺称为回火处理。大多数珠光体耐热钢焊接接头的回火温度为680~760°C。常用的珠光体耐热钢回火温度见表7-6。

表7-6 常用的珠光体耐热钢回火温度

钢　号	回火温度/°C
12CrMo	680~720
15CrMo	650~700
12Cr1MoV	710~750

2. 正火

把钢加热到 A_1 或 A_{cm} 以上50~70°C保温后，在静止的空气中冷却的热处理方法称为正火。正火可以细化晶粒、提高钢材的综合力学性能，但却不能消除内应力，所以，珠光体耐热钢在正火处理后，还要进行高温回火。

3. 退火

把钢加热到 A_3 或 A_1 一定温度保温后，缓慢（一般随炉冷却）而均匀冷却的热处理方法称为退火。珠光体耐热钢常用的退火方法有完全退火和消除应力退火。完全退火的加热温度与正火相同，只是冷却速度更缓慢，以获得较粗的珠光体组织，消除应力。消除应力退火是把焊件整体或局部缓慢均匀地加热到500~650°C。

五、焊接工艺措施

1）按焊缝与母材化学成分及性能相近的原则选用低氢型焊条。

2）焊前仔细清除焊件待焊处的油、污、锈、垢。

3）焊件焊前要预热，包括装配定位焊前的预热。

4）焊接过程中层间温度应不低于预热温度。

5）焊接过程应避免中途停焊，尽量一次连续焊完。

6）焊后应缓冷，为了消除焊接应力，焊后需要进行高温回火处理。

7）焊接过程中，焊件、焊条应严格保持低氢状态。

复习思考题

1. 珠光体耐热钢的特性是什么？
2. 简述珠光体耐热钢的焊接性。
3. 简述珠光体耐热钢焊接材料的选择原则。
4. 珠光体耐热钢焊前预热和层间温度如何选择？

第八章　不锈钢的焊接

第一节　概　　述

一、不锈钢的分类

不锈钢中的主要合金元素是铬，当含铬量 $w(Cr)>12\%$ 时，铬比铁优先与氧化合并在钢的表面形成一层致密的氧化膜，可以提高钢的抗氧化性和耐蚀性。普通不锈钢在空气、水及蒸汽中不腐蚀、不生锈的性能；在不锈钢中加入 Ni、Mn 等元素，使钢材能抵抗某些酸性、碱性及其他化学介质侵蚀的钢是耐腐蚀不锈钢；在不锈钢中加入一定量的 Si、Al 等合金元素，可以提高不锈钢在高温下的抗氧化性和高温强度的钢是耐热不锈钢。

1. 按化学成分分类

1）铬不锈钢：12Cr13（1Cr13）[⊖]、10Cr17（1Cr17）等。

2）铬镍不锈钢：12Cr18Ni9（1Cr18Ni9）、12Cr18Ni9Ti（1Cr18Ni9Ti）等。

2. 按室温金相组织分类

（1）奥氏体不锈钢　在钢中加入 $w(Cr)$ 为 18%，$w(Ni)$ 为 8%~10% 时，钢中便有了稳定的奥氏体组织，这种钢就是奥氏体不锈钢。该钢无磁性、具有良好的耐蚀性、塑性、高温性能和焊接性，焊接时一般不需要采取特殊的焊接工艺措施，经淬火也不会硬化，但经冷加工后，钢材表面有加工硬化性。属于这类钢的牌号有：12Cr17Ni7（1Cr17Ni8）、12Cr18Ni9（1Cr18Ni9）、06Cr25Ni20（0Cr25Ni20）等，生产中应用最多的是：12Cr17Ni7（1Cr17Ni8）、

⊖ 括号内的牌号为对应的旧牌号。

12Cr18Ni9（1Cr18Ni9）、06Cr25Ni20（0Cr25Ni20）。

（2）马氏体不锈钢 这种钢除了含有较高的铬外，$w(Cr)$为11.5% ~18%，还含有较高的碳，$w(C)$为0.1% ~0.5%，室温下钢的金相组织是马氏体，具有淬硬性，提高了钢的强度和硬度，属于这类钢的牌号有：20Cr13（2Cr13）、30Cr13（3Cr13）、14Cr17Ni2（1Cr17Ni2）等，实际生产中应用最多的是：20Cr13（2Cr13）、14Cr17Ni2（1Cr17Ni2）。

（3）铁素体不锈钢 室温下的金相组织为铁素体，$w(Cr)$为13% ~30%，含碳量很低，$w(C)$为0.15%以下，经过淬火也不会硬化，具有良好的热加工性和冷加工性，属于这类钢的牌号有：10Cr17（1Cr17）、06Cr13Al（0Cr13Al）、10Cr17Mo（1Cr17Mo）等，实际生产中应用最多的是：10Cr17（1Cr17）、10Cr17Mo（1Cr17Mo）。

（4）奥氏体+铁素体型不锈钢 室温下的金相组织为奥氏体+铁素体，铁素体的体积分数小于10%，是在奥氏体钢的基础上发展的钢种，它与含相同碳量的奥氏体型不锈钢相比，具有较小的晶间腐蚀倾向和较高的力学性能，并且韧性比铁素体型不锈钢好。当铁素体的体积分数为30% ~60%时，该类钢具有特殊的抗点蚀、抗应力腐蚀性能，从金相组织上分类，属于典型的双相不锈钢。属于这类钢的牌号有：14Cr18Ni11Si4AlTi（1Cr18Ni11Si4AlTi）、12Cr21Ni5Ti（1Cr21Ni5Ti）等。

（5）沉淀硬化型不锈钢 这种钢有很好的成形性能和良好的焊接性，属于这类钢的牌号有：07Cr17Ni7Al（0Cr17Ni7Al）、07Cr15Ni7Mo2Al（0Cr15Ni7Mo2Al）、05Cr17Ni4Cu4Nb（0Cr17Ni4Cu4Nb）等。

3. 按用途分类

（1）不锈钢 包括高铬钢（Cr13之类）、铬镍钢（12Cr18Ni9、12Cr17Ni7之类）等。用于有浸蚀性的化学介质（主要是各类酸），要求能耐腐蚀，对强度要求不高。

（2）热稳定钢 主要用于高温下要求抗氧化或耐气体介质腐蚀的一类钢，也叫做抗氧化不起皮钢，对高温强度并无特别要求。常用的钢有铬镍钢，如06Cr25Ni20，高铬钢，如10Cr17等。

（3）热强钢 在高温下既要能抗氧化或耐气体介质腐蚀，又必须具有一定的高温强度。常用的钢有高铬镍钢，如07Cr19Ni11Ti（1Cr18Ni11Ti）、多元合金化的以12Cr12（1Cr12）为基的马氏体钢也用来作热强钢。

二、不锈钢的物理性能

1）奥氏体不锈钢的线胀系数比碳素钢大50%，只有马氏体不锈钢和铁素体不锈钢的线胀系数与碳素钢大体相等。

2）不锈钢的电阻率高，奥氏体不锈钢的电阻率是碳素钢的5倍。

3）不锈钢的热导率低于碳钢，奥氏体不锈钢的热导率约为碳素钢的1/3。

4）奥氏体不锈钢的密度大于碳素钢，马氏体不锈钢和铁素体不锈钢的密度比碳素钢稍小。

5）奥氏体不锈钢没有磁性，马氏体不锈钢和铁素体不锈钢有磁性。

6）奥氏体不锈钢、马氏体不锈钢的比热容与碳素钢相差不大，只有铁素体不锈钢的比热容比碳素钢要小一些。

三、奥氏体不锈钢的焊接性

1. 焊接接头热裂纹

奥氏体不锈钢焊接时，在焊缝及近缝区均可见到热裂纹，较常见的是焊缝凝固裂纹，有时也以液化裂纹形式出现在近缝区。其中，25-20类高镍（一般$w(\mathrm{Ni})>15\%$）奥氏体耐热钢的焊缝产生凝固裂纹倾向比18-8类钢大得多，而且含镍量越高，产生裂纹的倾向也越大，并且越不容易控制。

（1）奥氏体不锈钢焊接时热裂纹产生的原因

1）奥氏体不锈钢焊接时，容易形成方向性较强的柱状晶焊缝组织，有利于有害杂质的偏析，促使形成晶间液态夹层并产生焊缝凝固裂纹。

2）奥氏体不锈钢的热导率小而线胀系数大，在焊接局部加热和冷却条件下，焊接接头在冷却过程中，可形成较大的拉应力，焊缝金属在凝固过程中存在较大的拉应力，是产生凝固裂纹的必要条件。

3）奥氏体不锈钢及其焊缝的合金较复杂，不仅P、S、Sn、Sb之类的杂质可形成易熔夹层，有些合金元素因溶解度有限，也能形成有害的易熔夹层。

（2）防止奥氏体不锈钢焊接热裂纹的措施

1）严格限制有害杂质。严格限制P、S杂质含量对18-8类钢防止热裂纹产生很有效；对25-20类钢也有一定的效果，但不理想。

2）尽可能避免形成单相奥氏体组织。焊缝组织如果是奥氏体+铁素体的双相组织时，就不容易产生低熔点杂质偏析，由此可减少热裂纹产生。但双相组织中的铁素体体积分数不宜超过5%，否则，会产生σ相而脆化。

3）适当调整合金成分。在不适宜采用双相组织焊缝时，必须在焊接过程中进行合理的合金化。适当提高奥氏体化元素Mn、C、N的含量，可以明显改善单相奥氏体焊缝的抗裂性。必须注意的是，当$w(Mn)>4\%\sim6\%$时，产生热裂纹倾向最小，当$w(Mn)>7\%$时，热裂纹倾向反而有增大的趋势。

4）尽量减小焊缝的过热。在选择焊接参数时，尽量减小熔池过热，避免焊缝形成粗大柱状晶，采用小热输入、快速焊、小截面焊道对提高焊缝抗热裂性是有益的。

5）选择适当的焊条药皮类型。低氢型药皮焊条可使焊缝晶粒细化，减少杂质偏析，提高抗裂性。但不利的因素是随着含碳量的增加，焊接接头的耐蚀性下降。

2. 焊接接头晶间腐蚀

把集中发生在金属显微组织晶界并向金属材料内部深入的腐蚀称为晶间腐蚀。这类腐蚀有时从外观不易被发现，但由于晶界区因腐蚀已遭到破坏，晶粒间的结合强度几乎完全丧失。腐蚀深度较大的焊件因有效承载面积大减而导致过载断裂。受腐蚀严重的不锈钢甚至形成粉末从焊件上脱落下来，这种腐蚀危害极大。

（1）奥氏体不锈钢晶间腐蚀机理　奥氏体不锈钢在450~850℃温度区停留一段时间后，在晶界处会析出碳化铬（Cr23C6），其中铬主要来自晶粒表层，当$w(Cr)<12\%$时，因内部的铬来不及补充而使

晶界晶粒表层的含铬量下降形成贫铬区，在强腐蚀介质的作用下，晶界贫铬区受到腐蚀而形成晶间腐蚀。受到晶间腐蚀的不锈钢在表面上没有明显的变化，受到外力作用后，会沿晶界断裂，这是不锈钢最危险的一种破坏形式。

（2）防止和减小奥氏体不锈钢晶间腐蚀的措施

1）采用小电流、快速焊、短弧焊、焊条不做横向摆动、减小焊缝在高温停留时间；为了加快焊接接头的冷却速度，减小焊接热影响区，可给焊缝采取强制冷却措施（如用铜垫板、水冷等）；多层焊时，要控制好层间温度（前一道焊缝冷却到60℃以下再焊第二道焊缝）。

2）选择超低碳（$w(C) \leqslant 0.03\%$）焊条，或用含有 Ti 或 Nb 等稳定元素的不锈钢焊条。

3）先焊接不与腐蚀介质接触的非工作面焊缝，与腐蚀介质接触的工作面焊缝最后焊接。

4）焊后进行固溶处理，把焊件加热至1050～1150℃后进行淬火处理，使晶界上的Cr23C6溶入晶粒内部，形成均匀的奥氏体组织。

5）对于奥氏体不锈钢焊缝金属，一般希望铁素体δ相的体积分数为4%～12%比较适宜，实践证明，体积分数为5%的铁素体δ相可获得比较满意的抗晶间腐蚀性能，焊接生产中常用的18-8钢焊条，就是基于这一要求而研制的。

3. 焊接接头应力腐蚀

（1）奥氏体不锈钢应力腐蚀机理　奥氏体不锈钢由于热导性差、线胀系数大，焊接过程中在约束焊接变形时，会产生较大的残余应力。众所周知：拉应力的存在是应力腐蚀开裂不可缺少的重要条件，而焊接残余应力所引起的应力腐蚀开裂事例占比达60%以上。

1）应力条件。应力腐蚀对应力有选择性，通常压应力是不会引起应力腐蚀开裂的，只有拉应力的作用才会导致应力腐蚀裂纹开裂。

2）材料条件。一般情况下，纯金属不会产生应力腐蚀，应力腐蚀大多发生在合金中（含各种杂质的工业纯金属也属于合金），在晶界上的合金元素偏析是引起晶间型开裂应力腐蚀的重要因素之一。

3）介质的影响。应力腐蚀的最大特点是腐蚀介质与材料组合上有选择性，在特定组合以外的条件下不会产生应力腐蚀。如奥氏体不锈钢在 Cl^- 环境中的应力腐蚀，不仅与溶液中的 Cl^- 浓度有关，而且还与溶液中的氧含量有关。当溶液中的 Cl^- 浓度很高而氧含量很少，或者 Cl^- 浓度较低而氧含量较高时，都不会引起奥氏体不锈钢应力腐蚀。

Cr-Ni 奥氏体不锈钢由于所处的腐蚀介质不同，其应力腐蚀开裂形式也不同：可以呈晶间开裂形式，也可以呈穿晶开裂形式，或者穿晶与沿晶混合开裂形式。

（2）控制应力腐蚀开裂的措施

1）尽量降低焊接残余应力，在焊接施工中尽量消除应力集中源和减少焊接应力，同时焊后消除应力处理也是非常重要的。

2）合理调整焊缝成分，在奥氏体不锈钢中增加铁素体含量，使铁素体组织在奥氏体组织中阻碍裂纹的发展，从而提高其耐应力腐蚀的能力（铁素体的体积分数不宜超过60%，否则将使不锈钢性能下降）。

4. 焊接接头的脆化

奥氏体不锈钢在高温下持续加热的过程中，就会形生一种以 Fe-Cr 为主、成分不定的金属间化合物，即 σ 相，σ 相硬而脆且无磁性，分布在晶界处，使奥氏体不锈钢因冲击韧度大大下降而脆化。实践表明，σ 相的析出温度为 650～850℃。常用的 12Cr18Ni9（1Cr18Ni9）钢在 700～800℃温度下，06Cr25Ni20（0Cr25Ni20）钢在 800～850℃温度下，σ 相析出的敏感性最大。以上两类钢在低于 σ 相的析出温度时，σ 相的析出速度要缓慢得多；在高于 σ 相析出温度时，σ 相将不再析出。在高温加热过程中，如伴有塑性变形或施加应力，就将大大加速 σ 相析出。

σ 相对奥氏体不锈钢性能最明显的影响就是促使缺口冲击韧度急剧下降。此外，σ 相对奥氏体不锈钢抗高温氧化、蠕变强度也产生一定的有害影响。

为了消除已经生成的 σ 相，恢复焊接接头冲击韧度，焊后可以把焊接接头加热到 1000～1050℃，然后快速冷却。

5. 焊接变形

奥氏体不锈钢的热导率小而线胀系数大，在自由状态下焊接时，容易产生较大的焊接变形。

第二节　奥氏体不锈钢的焊接工艺

一、焊接工艺特点

1. 焊接热输入要小

奥氏体不锈钢焊接过程中，为了缩小高温停留时间，加快冷却速度，要采用小的热输入，短弧快速焊，这样不仅能防止晶间腐蚀，而且还能减小焊接变形。

2. 焊接操作正确

焊接过程中，焊条不做横向摆动。应直线形运条，每道焊缝不宜过宽，应小于焊条直径的 3 倍。

3. 快速冷却

为了防止晶间腐蚀，奥氏体不锈钢焊后可采取强制冷却措施，如采用铜垫板、用水冷却等。

4. 焊前预热和后热处理

为了防止焊后冷却速度降低，奥氏体不锈钢焊前不进行预热、焊后不采取后热工艺措施。多层多道焊接时，其层间温度应低于 60℃。

二、焊后热处理

焊后一般不进行热处理，只是在有应力腐蚀开裂倾向时，进行消除应力退火处理，退火温度的选择，可根据设计要求在低于 350℃ 退火或者在高于 850℃ 进行退火处理。热处理前，必须将钢材表面的油脂洗净，以免加热时产生渗碳现象。当在 800 ~ 900℃ 以上温度进行加热消除应力处理时，850℃ 以下升温要缓慢，在 850℃ 以上的升温速度要快，以免焊缝晶粒受热长大。

三、焊后表面处理

奥氏体不锈钢焊后进行表面处理，可以增加不锈钢的耐蚀性。主要的处理方法有：

1. 表面抛光处理

不锈钢光滑的表面能产生一层致密而均匀的氧化膜，保护内部的金属不再受到氧化和腐蚀，所以，焊后应对不锈钢表面的凹痕、刻痕、污点、粗糙点、焊接飞溅等进行表面抛光处理。

2. 表面钝化处理

为增加不锈钢焊后的耐蚀性，把在其表面人工形成一层起保护作用的氧化膜的工艺措施称为表面钝化处理。钝化处理的工艺流程如下：表面清理和修补→酸洗→水洗和中和→钝化→水洗和吹干。

1）表面清理和修补。用手提砂轮把焊接飞溅、焊瘤磨光，把表面损伤处修好。

2）酸洗。用酸洗液或酸膏去除热加工和焊接高温所形成的氧化皮。

3）水洗和中和。经酸洗的焊件，用清水冲洗干净。

4）钝化。在焊件表面用钝化液擦拭一遍，停留1h。

5）水洗和吹干。用清水冲洗，再用布仔细擦洗，最后再用热水冲洗干净并吹干。

四、焊接工艺及操作技术

1. 焊条的选择

选用焊条应根据焊件化学成分来考虑，焊条的化学成分类型尽量与母材相近，焊条的含碳量不要高于母材、铬镍的含量应不低于母材。奥氏体不锈钢焊条的选用见表8-1。不锈钢焊条药皮分为以下三类：

1）焊条药皮类型代号为15的焊条通常为碱性焊条。焊接电弧不够稳定，飞溅较多，脱渣性稍差，焊缝外观容易形成凸形，可以进行全位置焊接，焊波粗糙，只适用直流反接电源。焊条金属抗裂性好，适用于焊接刚性较大、中板以上的焊接结构。

2）焊条药皮类型代号为16的焊条，药皮可以是碱性的，也可以是钛型或钛钙型的。焊接工艺性良好，电弧柔软，焊接飞溅少，焊缝光滑、美观，熔深稍浅，可使用交流或直流电源进行全位置焊接，由于不锈钢焊条钢芯电阻大，交流电源焊接时，焊条药皮容易发红、开裂，使后半根焊条工艺性能恶化，所以最好不用交流电源。

表 8-1 奥氏体不锈钢焊条的选用

奥氏体不锈钢牌号	工作条件及要求	焊条型号及牌号	备注(旧牌号)
06Cr19Ni10	工作温度低于 300℃，要求良好的耐蚀性	E308-16(A102) E308-15(A107)	(0Cr19Ni9)
12Cr18Ni9	抗裂、抗蚀性较高	(A122)	(1Cr18Ni9)
07Cr19Ni11Ti	工作温度低于 300℃，要求良好的耐蚀性	E347-16(A132) E347-15(A137)	(1Cr18Ni11Ti)
022Cr19Ni10	耐蚀性要求较高	E308L-16(A002)	(00Cr19Ni10)
06Cr19Ni13Mo3	抗非氧化性酸及有机酸性能较好	E308L-16(A002) E317-16(A242)	(0Cr19Ni13Mo3)
06Cr23Ni13	耐热、耐氧化，异种钢焊接	E309-16(A302) E309-15(A307)	(0Cr23Ni13)
06Cr25Ni20	高温，异种钢焊接	E310-16(A402) E310-15(A407)	(0Cr25Ni20)

3）焊条药皮类型代号为 17 的焊条，它是焊条药皮类型代号为 16 的变型，可以使用交流或直流电源进行全位置焊接。这类焊条熔滴以附壁过渡为主，比药皮类型代号为 16 的焊条焊缝成型更好、焊波更细密、圆滑、扁平，横角焊焊缝的形状呈凹形，立角焊焊缝是由下向上焊接时，熔渣凝固较慢，焊条要作轻微摆动，加速熔池冷却速度，使焊缝形成合适的形状，因此，角焊缝的最小尺寸，比药皮类型为 16 的焊条焊接的角焊缝大一些。与药皮类型代号为 16 的焊条相比：熔化系数提高 20% 以上，焊接过程中，焊条药皮不发红、减少了焊条头的损失，并且提高了熔敷效率，是目前国内外大力发展、推广的焊条。

2. 焊接参数的选择

采用直流反接电源，为了防止热影响区晶粒长大及碳化物析出，应严格控制多层焊的层间温度 <60℃ 和小的焊接热输入，由于不锈钢焊条的电阻大，焊接过程药皮容易发红而失去保护作用，所以，焊接

电流要比碳素钢焊条小20%左右。奥氏体不锈钢焊接电流的选择见表8-2。

表8-2　奥氏体不锈钢焊接电流的选择

焊件厚度/mm	焊条直径/mm	平焊焊接电流/A
<2	2	30~45
2~2.5	2~3	30~75
2.5~3	3	65~95
3~5	3~4	65~125
5~8	4	115~145
8~12	4~5	125~160

3. 焊接操作技术

奥氏体不锈钢焊接过程中，采用小电流、短弧、快速、焊条不做横向摆动，为了加快焊缝冷却速度，减少焊缝在450~850℃停留时间，可以采取强制冷却措施，如用水冷却焊缝。

焊接开始时，不要在坡口之外的焊件上直接引弧，要用引弧板，收弧时要填满弧坑。与腐蚀介质接触的焊缝，为了防止因多次焊接热循环使其过热而产生晶间腐蚀，应该最后焊接。

4. 焊接生产的注意事项

1）奥氏体不锈钢焊缝性能对化学成分的变动有很大的敏感性，所以，为保证焊缝成分的稳定，必须保证有稳定的熔合比，也就是必须设法保证焊接参数的稳定性。

2）钢材的表面避免碰撞和摩擦损伤，划线下料时不要打样冲眼和用划针划线，以免影响不锈钢的耐蚀性。

3）焊缝根部接触腐蚀介质时，要保证背面焊缝焊透，禁止使用金属垫板。

4）焊接地线电缆卡头，在焊件上要夹紧，防止在焊接过程中出现起弧或过烧现象。为避免焊接飞溅损伤不锈钢表面，在坡口及其两侧刷涂石灰水或防飞溅剂。

5）焊缝交接处要错开，不要出现十字交接型焊缝。

6）钢材的储存及运输，要与一般的结构钢分开，以免不锈钢被铁锈污染。

7）尽量用机械加工或等离子弧切割下料，避免用碳弧切割。

8）钢材的矫正不得用铁锤敲击，以免破坏不锈钢表面保护膜。

9）容器封头等零件最好冷压成形，如热压成形时，应检查耐蚀性的变化，并且做相应的热处理。奥氏体不锈钢焊后，不能用火焰矫正变形，只能采用机械矫正。

10）焊接前后需要进行热处理时，加热前必须把钢材表面的油脂洗净，以免在加热时产生渗碳现象。

复习思考题

1. 奥氏体不锈钢有哪几种分类方法？
2. 奥氏体不锈钢有哪些物理性能？
3. 奥氏体不锈钢产生热裂纹的原因？防止热裂纹的措施有哪些？
4. 奥氏体不锈钢的焊接工艺特点有哪些？

第九章　异种金属的焊接

第一节　概　　述

异种金属的焊接是指两种或两种以上的不同金属（指其化学成分、物理性能、金相组织及金属的力学性能等不同)，在一定的焊接工艺条件下进行焊接操作的过程。

一、异种金属焊接的分类

(1) 从材料的角度分类　主要分为以下三类：

1）异种钢焊接，如珠光体耐热钢与奥氏体钢的焊接。

2）异种有色金属焊接，如铜与铝、钛与铝的焊接。

3）钢与有色金属焊接，如钢与铜、钢与铝的焊接。

(2) 以焊接接头形式分类　主要分为以下三类：

1）两种不同金属母材的接头，如铜与铝的接头、钛与铝的接头等。

2）被焊母材金属相同而采用不同的焊缝金属的接头，如用奥氏体不锈钢焊条焊接中碳调质钢的接头等。

3）复合金属板的接头，如奥氏体不锈钢复合钢板的接头等。

二、异种金属焊接的主要困难

异种金属之间除了在合金成分上有差别外，在冶金、物理、化学以及焊接工艺上也有所差别。有的异种金属之间差别还很大，所以，焊接异种金属通常要比焊接同种金属困难得多。

异种金属焊接的主要困难如下：

1）当两种被焊金属的线胀系数相差很大时，在焊接过程中会产生很大的热应力，而这种应力又无法消除，最终将导致焊接结构在热应力的作用下发生破坏。

2）当两种被焊金属的熔化温度相差很大时，在焊接过程中，其中一种金属已经处于熔化状态，而另一种金属还处于固态。所以，异种金属的熔点相差越大，越难进行焊接。

3）当两种金属的热导率和比热容相差越大时，越难进行焊接。因为热导率和比热容相差越大，会使焊缝的结晶条件变坏，焊缝晶粒粗化严重。

4）当两种被焊金属的氧化性越强，越难进行焊接。因为在焊接过程中，存在于晶粒间的氧化物，使焊缝产生夹渣和裂纹。

5）由于金属间化合物具有很大的脆性，容易使焊缝产生裂纹，甚至发生断裂。所以，当两种被焊金属之间形成的金属间化合物越多，越难进行焊接。

6）在焊接过程中，由于熔点低的金属元素容易烧损、蒸发，造成焊缝金属化学成分发生变化，力学性能降低。所以，异种金属焊接时，焊缝和两种母材金属不容易达到等强度。

7）两种金属焊接时，电磁性相差越大，焊接电弧越不稳定，焊缝成形也就变坏。所以，异种金属的电磁性相差越大，越难进行焊接。

8）异种金属化学成分相差越大，实现优质焊接接头越困难，焊接性越差。

三、异种金属的焊接方法

异种金属焊接时，选用的焊接方法不同，会得到不同质量和不同性能的焊接接头。所以正确选择焊接方法是非常重要的。常用的异种金属的焊接方法有三类：熔焊、压焊和钎焊。

1. 熔焊

它是将待焊处的母材金属熔化以后形成焊缝的焊接方法。

（1）熔焊的特点

①焊缝熔池是被焊母材金属局部熔化而形成的。

②焊接过程中，通常需要外加填充金属。

③焊缝金属具有铸造结构。

④在焊接过程中不对焊接接头施加压力。

⑤适于塑性、脆性异种金属焊接。

⑥焊接接头容易产生变形和应力。

⑦焊接过程需要用电能转变为热能，或可燃气体燃烧所产生的热量来熔化金属形成焊缝。

（2）熔焊的种类 常用的异种金属熔焊方法很多，主要有氧-乙炔焊、焊条电弧焊、气体保护焊、电渣焊、真空电子束焊、埋弧焊、等离子弧焊和激光焊。

2. 压焊

它是在焊接过程中须对焊件施加压力（加热或不加热）以完成焊接的方法。

（1）压焊的特点

①压焊过程中，被焊金属没有形成熔池，只是在焊件表面熔化或成塑性状态。

②压焊过程中，对焊接接头需要施加压力。

③压焊适用于塑性异种金属焊接，也适用于金属与非金属的焊接。

④压焊过程中，不需要填充金属。

⑤压焊焊缝金属是晶内结合，近缝区具有再结晶组织。

⑥压焊焊接接头以搭接和对接为主。

（2）压焊方法的种类

常用的异种金属压焊方法有电阻焊（电阻点焊、电阻对焊、电阻缝焊、电阻凸焊等）、摩擦焊、扩散焊、超声波焊、爆炸焊和冷压焊等。

3. 钎焊

它是将低于母材熔点的钎料加热到高于钎料的熔点，但低于母材熔点，利用液态钎料润湿母材，填充焊接接头间隙，并与母材相互扩散，实现焊件连接的方法。

（1）钎焊的特点

①焊接接头没有熔池，因为被焊母材金属在焊接过程中不熔化，只是钎料熔化。

②焊接过程中对焊接接头不施加压力。

③适用于塑性、脆性的异性金属焊接。

④焊接过程中需要填充钎料。

⑤钎焊焊缝实现了晶粒之间的结合。

（2）钎焊方法的种类　钎焊方法有软钎焊和硬钎焊两种。

①软钎焊。使用软钎料（熔点低于450°C的钎料）钎焊的工艺方法。

②硬钎焊。使用硬钎料（熔点高于450°C的钎料）钎焊的工艺方法。

适于异种金属焊接的焊接方法很多，主要有烙铁钎焊、火焰钎焊、盐浴浸渍硬钎焊、炉中钎焊、感应钎焊、真空硬钎焊、电阻钎焊等。

四、异种金属接头的连接形式

1. 异种金属接头的直接连接

在实际生产中，异种金属接头的直接连接主要形式如图9-1所示。

1）在金属A上堆焊一层金属B，如图9-1a所示。

2）在金属A上喷涂一层金属B，如图9-1b所示。

3）在金属A上喷焊一层金属B，如图9-1c所示。

4）在金属A上镀一层金属B，如图9-1d所示。

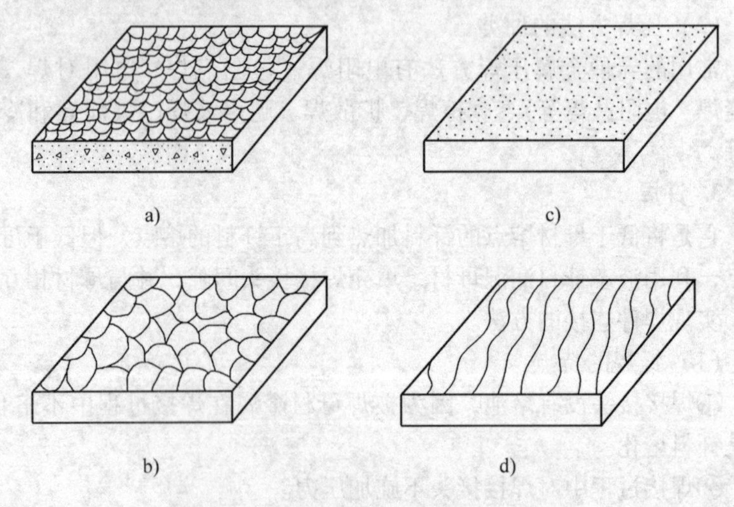

图9-1　异种金属接头的直接连接形式

a）堆焊　b）喷涂　c）喷焊　d）电镀

异种金属接头直接连接形式的特点如下：

1）不通过第三者而直接焊接在一起，形成不可拆卸的永久接头。

2）可以用熔焊、压焊、钎焊等任何一种焊接工艺方法来完成。

3）直接连接的焊接接头，在生产实践中有很大的实用价值，应用很广。

4）焊接接头的力学性能高。

2. 异种金属接头的间接连接

在实际生产中，异种金属接头的主要间接连接形式如图 9-2 所示。

1）有 A、B 两种金属需要焊接在一起，首先，在金属 A 的坡口表面上先堆焊一层中间金属，然后用与中间金属和金属 B 性能相近的填充金属，再把中间金属与金属 B 连接起来，如图 9-2a 所示。

2）在金属 A、B 之间，填加金属垫片，通过焊接金属垫片，将金属 A 与金属 B 连接起来，如图 9-2b 所示。

3）在异种金属 A、B 之间，填加金属丝，然后，通过焊接金属丝而使异种金属 A 与 B 连接起来，如图 9-2c 所示。

4）在金属 A 的接头表面上，先镀一层或喷涂一层金属，然后，再将镀层或喷涂层与金属 B 连接起来，进行连接时，可以加填充金属，也可以不加填充金属，如图 9-2d 所示。

5）在管件 A 与 B 之间，加一个 AB 管垫，通过对 AB 管垫的焊接，把管件 A 与 B 连接起来，如图 9-2e 所示。

6）在异种金属 A 与 B 的接头上附加盖板，然后，将异种金属 A 与 B 用铆钉与盖板连接起来，如图 9-2f 所示。

7）在异种金属 A 与 B 之间双金属管件坡口处填加金属粉末，通过对金属粉末的焊接而将异种金属 A 与 B 连接起来，如图 9-2g 所示。

8）在异种金属 A 与 B 的接头上附加盖板，然后，将异种金属 A 与 B 用铆钉与盖板连接起来，如图 9-2h 所示。

9）在异种金属 A 与 B 之间，加一个双金属过渡段，然后，通过对过渡段的焊接，而将异种金属 A 与 B 连接起来，如图 9-2i 所示。

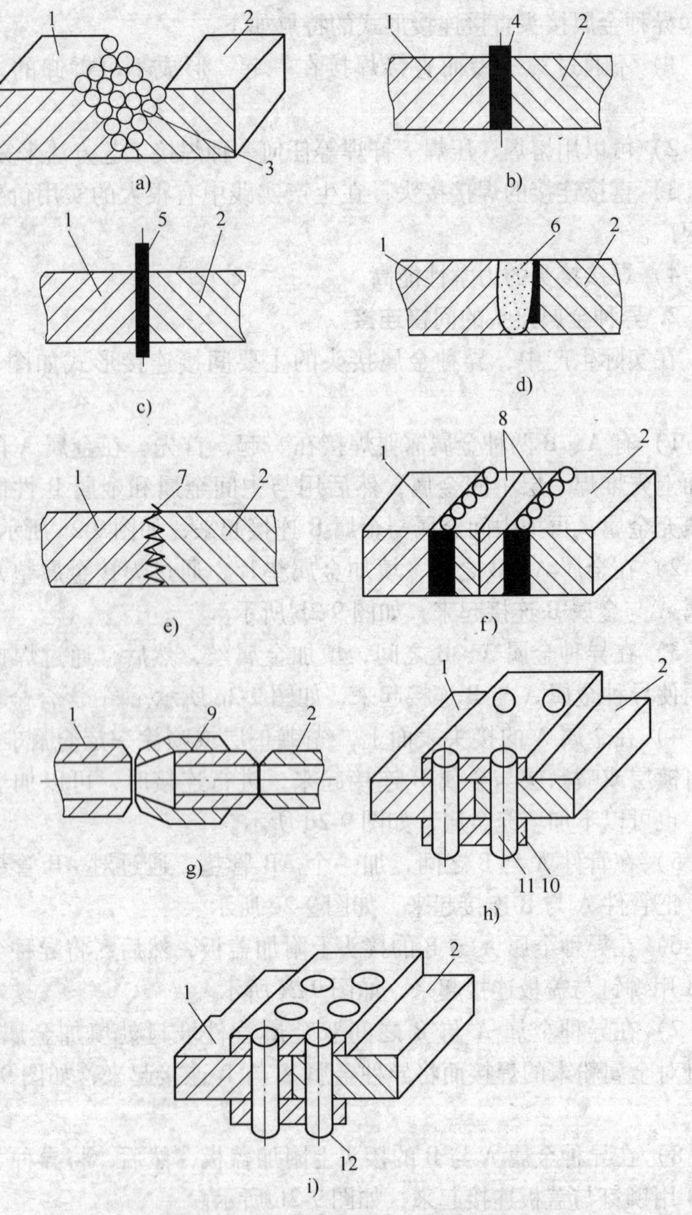

图 9-2　异种金属接头的间接连接形式

1—金属 A　2—金属 B　3—堆焊层　4—金属垫片　5—金属丝　6—金属粉末
7—喷涂或镀层　8—双金属过渡层　9—双金属管件　10—盖板　11—螺栓　12—铆钉

异种金属接头间接连接形式的特点如下：

1）异种金属之间的间接连接通常不采用压焊方法，而是采用熔焊和钎焊方法，也可以采用铆接或螺钉联接的方法。

2）异种金属接头的间接连接在航天技术、原子能反应堆、航海及石油化工等领域应用很多。

3）异种金属接头的间接连接是通过第三者把两种金属连接在一起、形成不可拆卸的永久接头。

4）异种金属接头间接连接时填加的第三种金属是预先制备好的丝、板、垫片、棒、粉末或过渡段等。连接的工艺比较复杂，要求操作水平高。

第二节　奥氏体不锈钢与珠光体钢的焊接

一、奥氏体不锈钢与珠光体钢的焊接性

碳素钢与低合金结构钢含有珠光体金相组织，所以它们也被称为珠光体钢。由于碳素钢中不含合金元素，低合金钢中含合金元素较少，所以奥氏体不锈钢与珠光体钢焊接时，会产生一定的困难。

1. 焊缝的稀释

奥氏体不锈钢与珠光体钢焊接时，焊缝中溶入的珠光体钢，将对焊缝中的合金成分产生稀释作用。稀释的结果使焊缝金属的成分、组织与焊缝两侧母材金属有很大的差异。稀释严重时，焊缝中出现的马氏体组织，恶化了焊接接头的力学性能。

2. 过渡层的形成

奥氏体不锈钢与珠光体钢焊接时，由于珠光体钢与奥氏体钢的填充金属材料在成分上相差悬殊，在焊缝熔池内部与边缘，珠光体钢母材对整个焊缝的稀释作用是不相同的。

在熔池边缘，由于液态金属温度较低、流动性较差，熔化的母材金属与填充金属不能很好地熔合，所以，在珠光体钢这边焊缝金属中，珠光体钢母材金属所占的比例较大。因此，在紧靠珠光体钢的一侧熔合线的焊缝金属中，会形成与焊缝金属内部成分不同的过渡层。

离熔合线越近，珠光体钢的稀释作用越强烈，过渡层中含铬、镍量越少。此时的过渡层将由奥氏体＋马氏体区和马氏体组成。在过渡层出现马氏体脆硬层会导致熔合区被破坏，降低焊接结构的可靠性。过渡层的宽度与所使用的焊条类型有关，见表9-1。

表9-1 奥氏体不锈钢与珠光体钢焊接时过渡层的宽度

焊条类型	马氏体区＋奥氏体区尺寸/μm	马氏体尺寸/μm
18-8型不锈钢焊条	100	50
25-20型不锈钢焊条	25	10

3. 扩散层的形成

奥氏体不锈钢与珠光体钢组成的焊接接头中，由于奥氏体不锈钢含碳量较少、含合金元素较多，而珠光体钢却相反，这样在珠光体钢一侧的熔合区两边，形成碳的浓度差，当焊接接头长期在高于350～400°C的温度下工作时，在熔合区就出现了明显的碳扩散。即碳从珠光体钢的母材金属通过熔合区，向奥氏体焊缝扩散。扩散的结果是在靠近熔合区的珠光体母材金属上，因脱碳而软化。在奥氏体焊缝的一侧，因形成了增碳层而硬化。不论是扩散层的硬化层还是软化层，都是异种钢焊接接头中的薄弱环节。扩散层对焊接接头的常温和高温瞬时性能影响不大，但使焊接接头的高温持久强度降低10%～20%。

4. 焊接接头应力的形成

由于奥氏体不锈钢与珠光体钢线胀系数不同（奥氏体不锈钢与珠光体钢线胀系数之比为17:14），由于在焊缝和熔合线附近，产生附加的拉应力，因而导致在熔合线上断裂。

二、奥氏体不锈钢与珠光体钢的焊接工艺

1. 焊接方法的选择

奥氏体不锈钢与珠光体钢焊接，选择焊接方法时除了考虑焊接生产率、具体的焊接条件外，还要考虑熔合比对焊接质量的影响，在焊接过程中尽量减少熔合比，以降低对焊缝的稀释作用。

带极电弧堆焊和钨极惰性气体保护焊，可得到最小的熔合比。

埋弧焊的熔合比与焊接电流有关，焊接电流越高，熔合比越大。所以，用埋弧焊焊接时，要严格控制熔合比，即增加熔池在高温停留

的时间和熔池的搅拌作用，从而减小过渡层的宽度。埋弧焊的过渡层宽度为0.25～0.5mm。

焊条电弧焊焊接时，熔合比为0.4～0.6，比较小，因为操作时方便、灵活，是目前异种钢焊接时常用的焊接方法。此外钨极氩弧焊也是常用的焊接方法。

2. 焊接材料的选择

奥氏体不锈钢与珠光体钢焊接时（以Q235-A和12Cr18Ni9焊接为例），焊接材料的选择，必须考虑焊接接头的使用要求、稀释作用、碳迁移、残余应力及抗热裂性等一系列问题。

1）克服珠光体钢对焊缝的稀释作用。当采用焊条电弧焊焊接时，有三种焊条可供选择，即A102（E308-16）、A307（E309-15）和A407（E310-15）。

如果选用A102焊条（18-8型），则焊缝会出现脆硬的马氏体组织，必须用极小的熔合比才能避免，但是，这在焊接工艺上是很难实现的。最后焊缝得到的组织是奥氏体+马氏体组织。

如果选用A307焊条（25-13型），只要把母材金属的熔合比控制在40%以下，就能得到具有较高抗裂性能的奥氏体+铁素体双相组织，这是比较理想的组织。

如果选用A407焊条（25-20型），则焊缝通常为单相奥氏体组织，热裂倾向较大。

2）改变焊接应力分布。在奥氏体不锈钢与珠光体钢的异种钢焊接接头中，如果焊缝金属的线胀系数与奥氏体不锈钢母材金属接近，则高温应力就会集中在珠光体钢一侧的熔合区内；如果焊缝金属的线胀系数与珠光体钢母材金属接近，则高温应力就会集中在奥氏体不锈钢一侧的熔合区内。由于珠光体钢通过塑性变形来降低焊接应力的能力较弱，而奥氏体钢的能力较强，所以，奥氏体不锈钢与珠光体钢焊接时，最好选用线胀系数接近于珠光体钢的镍基合金材料，从而提高接头的承载能力。

3）控制熔合区中碳的扩散。随着焊接接头在使用过程中工作温度的提高，要想阻止其中碳的扩散，就必须提高焊缝中的镍元素含量。因为，镍是抑制熔合区中碳扩散的重要元素。

4）提高抗热裂的能力。为提高焊缝金属抗热裂能力，当珠光体钢和奥氏体钢焊接时，焊缝组织为单相奥氏体或奥氏体+碳化物组织为宜。当珠光体钢和Cr: Ni>1的奥氏体钢焊接时，应选用使焊缝含有铁素体的体积分数为3%～7%的双相组织焊缝为宜。

总之，奥氏体不锈钢与珠光体钢焊条电弧焊，焊条最好选用E309-15（A307）和E309-16（A302）。

3. 焊接操作技术

焊接奥氏体不锈钢与珠光体钢时，应该掌握的重点问题是尽量采取工艺措施，降低熔合比、减小扩散层。

（1）母材金属的选择　正确选择珠光体钢是减小扩散层的最有效的手段之一，在为焊接结构选择母材时，应该优先选择稳定珠光体钢，因为，这种钢的扩散层较小。当次稳定珠光体钢与奥氏体钢焊接时，可以在次稳定珠光体钢上先堆焊一层，作为过渡层，然后，再按铬、镍比是否大于或小于1来选择焊条。

对于非淬火钢，过渡层的厚度为5～6mm；对于易淬火钢，过渡层的厚度约为9mm。

（2）坡口形式　焊条电弧焊时，焊接接头的坡口形式，对焊缝的熔合比有很大的影响，因为，坡口角度越大，熔合比越小；焊缝的层数越多，熔合比越小。所以，当选用镍基焊条焊接时，为了使焊条熔滴从摆动的焊条上落在焊缝熔池内，V形坡口的角度应开大些，通常V形坡口角度为80°～90°。

（3）焊接参数　熔合比又称为截面系数，是指熔焊时被熔化的母材部分在焊道金属中所占的比例。焊条电弧焊时，为获得较小的熔合比，在可能的情况下，尽量采用小直径的焊条、小电流、大电压和快速焊接，只有选择这样的焊接参数，才能使被熔化的母材在焊道金属中所占的比例最小。奥氏体不锈钢和珠光体钢焊条电弧焊焊接电流见表9-2。

表9-2　奥氏体不锈钢和珠光体钢焊条电弧焊焊接电流

焊条直径/mm	2.5	3.2	4.0	5.0
焊接电流/A	55～60	70～80	100～110	145～155

（4）热处理　奥氏体不锈钢和珠光体钢焊接时，焊前需要进行

预热，焊后需要进行消除应力热处理。在选择预热温度时，应该在两种焊接材料各自的焊前预热温度中，选择较高的预热温度；焊后选择热处理温度时，应该在两种焊接材料各自的焊后热处理温度中，选择较低的热处理温度；应该指出的是：奥氏体不锈钢和珠光体钢焊件焊后进行热处理时，当加热到高温时，随着焊接接头在高温中受热膨胀，在松弛中降低了焊接应力，由于母材金属和焊缝金属的热物理性能有差异，所以，在随后的冷却过程中，又产生了新的残余应力。奥氏体不锈钢和珠光体钢焊后进行的热处理，并不能消除焊接应力，只是焊接应力的重新分布。

第三节　低碳钢与低合金钢的焊接

低碳钢与低合金钢焊接，在异种金属焊接中应用的最多。低合金钢是在碳素钢的基础上，加入少量或微量的合金元素（质量分数小于3%），使碳素钢的组织发生了变化，并且，随着钢中合金元素的增加，低合金钢的淬硬性加大，焊接性变差。

一、低碳钢与低合金钢的焊接性

衡量低碳钢与低合金钢的焊接性，通常用碳当量作为衡量标准。所谓碳当量，就是把钢中合金元素（包括碳）的含量，按其作用换算成碳的相当含量。可作为评定钢材焊接性的一种参考指标。碳当量用 CE 表示。国际焊接学会（ⅡW）推荐的碳当量公式如下：

$$CE = w(C) + 1/6w(Mn) + 1/5w(Cr) + 1/5w(Mo) + 1/5w(V) + 1/15w(Cu) + 1/15w(Ni)$$

根据（ⅡW）推荐的公式，可以计算出低碳钢与低合金钢的碳当量，见表 9-3。

表 9-3　低碳钢与低合金钢的碳当量

钢的牌号	CE(%)	焊接性	钢的牌号	CE(%)	焊接性
Q195	0.2	好	(Q345)16Mn	0.47	较差
Q215	0.24		(Q390)15MnV	0.49	
Q235	0.32		Q275	0.51	
Q255	0.40	较差			

低碳钢与低合金钢焊接时，在低合金钢母材金属侧容易产生淬硬组织。这是由于低合金钢比低碳钢加入少量或微量的合金元素，在焊接过程中，受电弧加热的影响，含有合金元素的低合金钢，随着碳当量的增加，在同样的焊接环境中，低合金钢比低碳钢容易淬火，为此，在低合金钢母材金属侧容易产生淬硬组织。

为了防止低碳钢与低合金钢在焊接过程中产生淬硬组织和裂纹，通常采取以下措施：

1）焊前进行预热。焊前根据低合金钢的要求选用预热温度，可单独对低合金钢进行预热，也可在低碳钢和低合金钢组焊成一体后共同进行预热。预热温度不低于100°C，预热区为坡口两侧各100mm。预热的方法，可以用氧-乙炔火焰加热；对于体积较小的焊件，可以放入加热炉中整体加热。

2）填充金属的选用。为提高异种金属焊缝的抗裂性，应选用低氢型焊条焊接；为降低焊接接头的拘束应力，减轻熔合区的裂纹倾向，选用低强度焊条焊接异种金属，适当降低焊缝金属的强度，对防止裂纹很有效。

3）合理设计焊接接头的形式，改变焊接接头的受力方向，可以防止产生焊接裂纹。异种钢焊接接头形式对裂纹的影响如图9-3所示。

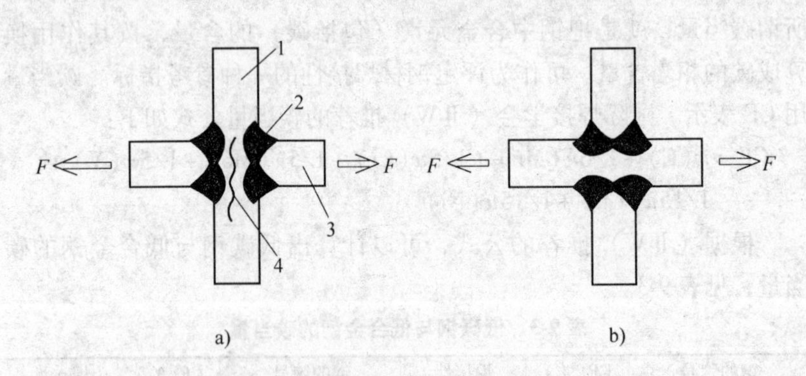

图9-3 异种钢焊接接头形式对裂纹的影响

a）接头形式不良 b）接头形式良好

1—低合金钢 2—焊缝 3—低碳钢 4—裂纹

4）合理选择坡口形式。坡口形式合理，可以减轻坡口边缘受力作用，有效地防止裂纹。异种钢焊接接头坡口形式对裂纹的影响如图9-4所示。

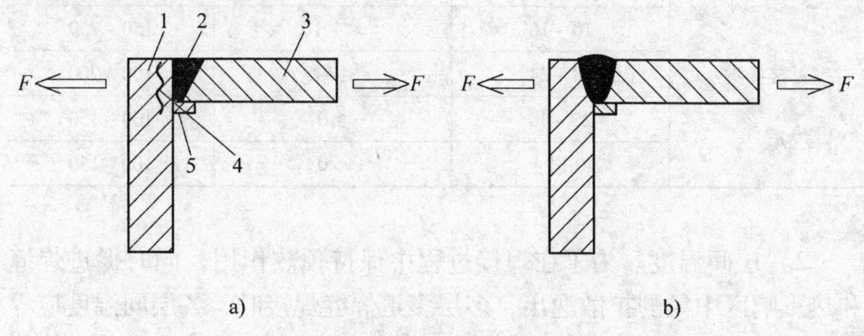

图9-4 异种钢焊接接头坡口形式对裂纹的影响
a）接头形式不良 b）接头形式良好
1—低合金钢 2—焊缝 3—低碳钢 4—裂纹 5—垫板

5）合理选择焊接参数。焊接参数选择正确与否，对保证焊接质量有很大的影响。包括焊接电流、焊接速度、电弧电压、填充材料直径等。

6）合理选择“后热”热处理工艺。异种钢焊后，及时对其进行“后热”处理，可以减少焊接接头的残余应力，消除由氢作用而产生的裂纹。

二、低碳钢与低合金钢的焊接操作技术

为了确保低碳钢与低合金钢的焊接质量，在焊接过程中，应该合理选择焊前预热和焊后的“后热”处理、选择合适的填充材料及正确选择焊接参数等。

1）焊前预热。低碳钢与低合金钢焊条电弧焊时，焊前应进行预热处理。预热温度的选择，应根据低合金钢对预热温度的要求，以及焊接地点的环境温度而选择，可以单独对低合金钢进行预热处理，也可以在低碳钢与低合金钢装配定位后整体进行，其预热温度不应低于100°C，预热区域为坡口两侧各100mm，预热方法为氧-乙炔火焰加热。低碳钢与低合金钢焊条电弧焊时预热温度见表9-4。

表 9-4 低碳钢与低合金钢焊条电弧焊时预热温度

焊接接头形式	母材金属厚度/mm	焊接现场环境温度/°C	预热温度/°C
对接接头	≤10	≤ -15	200 ~ 300
	10 ~ 16	≤ -10	150 ~ 250
	18 ~ 24	≤ -5	100 ~ 200
	25 ~ 40	≥0	100 ~ 150
	40 以上	>0	100 ~ 150

2）层间温度。为了在焊接过程中保持预热作用，同时促进焊缝和热影响区中氢的扩散逸出，多层多道焊缝焊接时，各层间温度应等于或稍高于预热温度，但也不能太高，以免引起焊接接头组织和性能发生变化。

3）坡口加工。低合金钢气割后，随着强度等级的提高，气割后的焊件切口边缘会有显微裂纹；高强度钢碳弧气刨后，表面会残存碳屑等飞溅物，一旦进入焊缝熔池内，会增加焊缝的含碳量，容易引起焊缝裂纹。要避免这些，必须对气割或碳弧气刨后的焊件坡口，重新进行机械加工。

4）焊接热输入。为了减少异种钢焊接接头热影响区的淬硬倾向，促进焊缝中氢的扩散逸出。可以采用较大的焊接热输入。即在电弧电压不变的情况下，选择较大的焊接电流和较小的焊接速度，使焊接熔池缓慢冷却，有利于氢的逸出，防止冷裂纹的产生。

5）填充材料的选择。低碳钢与低合金钢焊条电弧焊时，为了保证异种焊缝金属和母材金属等强度，应按低合金钢的强度级别来选择填充材料：

①当焊接结构要求不高的强度时，可选择焊条 E4315（J427）或 E4316（J426）。

②当焊接结构要求较高的强度时，可选择焊条 E5003（J502）或 E5001（J503）。

③当焊接结构要求很高的强度时，可选择焊条 E5016（J506）或 E5015（J507）。

6）焊后热处理。低碳钢与低合金钢焊条电弧焊时，应根据低合金钢的要求来决定焊后是否进行热处理。如强度等级大于500MPa的低合金钢焊后，对具有延迟裂纹倾向的焊件，焊后要及时进行热处理，以利于氢的扩散和逸出。

7）合理选择焊接接头形式。异种钢焊接时，接头的形式将对焊接结构的质量有很大的影响，具体情况如下：

①异种钢对接焊接接头，散热的速度最慢，具有缓冷的作用，焊后淬硬倾向最小。

②异种钢搭接焊接接头（实质是角接接头），散热条件较好，焊后淬硬和裂纹倾向都较小。

③异种钢T形焊接接头，散热条件好，散热速度最快，焊后淬硬倾向最大。

④异种钢十字焊接接头，散热情况介于对接和T形接头之间，焊后淬硬倾向较小，但是，由于十字接头的刚度最大，所以，焊后裂纹倾向最大。

8）焊接参数。低碳钢与低合金钢焊条电弧焊焊接参数见表9-5。

表9-5　低碳钢与低合金钢焊条电弧焊焊接参数

母材金属厚度 /mm	焊条型号（牌号）	焊条直径 /mm	焊接电流 /A	电弧电压 /V	电源极性
3+3	E4303(J422)	3.2	85~95	25	交流
5+5	E4301(J423)	3.2	95~105	25	交流
8+8	E4316(J426)	4	105~115	26	交流、直流
10+10	E4315(J427)	4	115~125	27	直流
12+12	E5003(J502)	4	115~125	27	交流
14+14	E5001(J503)	4	125~135	27	交流

第四节　不锈复合钢板的焊接

一、不锈复合钢板的焊接特点

复合材料是把不同性质、不同形状或不同厚度的材料加以组合，创造出不同于各个单一材料的特性，从而具备了适用于使用要求的高性能材料。复合材料应满足以下几个条件：

1）必须是人造的而不是天然的材料，是人们根据生产、科研等需要进行特殊设计、制造的材料。

2）必须由两种或两种以上化学成分、物理性能不同的材料组成，并且有明显隔开的界面存在。

3）必须具有特殊的使用性能，这种性能是各单独组成材料所不能达到的。

4）必须是由金属与金属、金属与非金属、非金属与非金属复合而成。

5）必须由各组成材料，以人为设计的形式、比例、分布等组合而成。

复合钢板是以不锈钢、镍基合金、铜基合金或钛板为复层，低碳钢或低合金钢为基层进行复合轧制的。复合钢板的基层，主要作用是满足复合钢板的强度和刚度要求，而复合钢板的复层应满足复合钢板的耐蚀性要求。为了节约大量的贵重金属（如不锈钢、钛等），复合钢板的复层厚度只占总厚度的10%~20%。

复合材料的制造方法很多，主要有轧制复合法、挤压成形法、粉末烧结挤压法、爆炸焊接法和钎焊法等。

复合钢板的焊接性主要取决于复层钢的物理性能、化学性能、接头形式及填充材料的种类等。

1. 奥氏体系复合钢板的焊接特点

（1）焊缝容易产生结晶裂纹　这种裂纹是焊缝金属在结晶过程中，冷却到固相线附近的高温时，液态晶界在焊接应力的作用下产生的裂纹。

影响结晶裂纹的主要因素：

1）结晶区间的影响。在奥氏体不锈钢结晶时，由于在熔池枝晶的晶界上存在硫、磷、硅等低熔点共晶物薄膜，在焊接拉应力的作用下产生了裂纹。

2）稀释率的影响。奥氏体系复合钢板焊接时，由于基层复合钢板的含碳量比复层高，所以基层复合钢板的含碳量逐渐减少，而奥氏体系复层含碳量逐渐增多，奥氏体形成元素逐渐在减少，因此焊缝在结晶过程中产生了裂纹。

（2）熔合区脆化　奥氏体系复合钢焊接时，由于多种原因促使熔合区产生脆化：

1）不锈钢焊条的影响。奥氏体系复合钢焊接时，如果选用A132焊条或A137焊条焊接复层钢板，焊接电弧在熔化复层的同时，也在熔化基层金属，从而稀释了焊缝金属，不仅降低焊缝金属的塑性和耐蚀性，还明显增加熔合区的脆性。

2）结构钢焊条的影响。奥氏体系复合钢焊接时，如果选用E4303焊条或E4315焊条焊接基层钢板，在焊接电弧热的作用下，不仅熔化了基层金属，而且复层钢板也被局部熔化，使合金元素熔入焊缝中，在熔合区的狭小区域中，产生了马氏体组织，从而增加了熔合区的硬度和脆性。

3）碳迁移的影响。奥氏体系复合钢焊接时，在基层、复合层的交界处，发生了碳迁移，即碳由低铬的基层钢板（低碳钢或低合金钢）向高铬的不锈钢复层焊缝金属迁移。因此，在基层、复合层的交界处，形成了高硬度的增碳层和低硬度的脱碳层，从而使熔合区脆化（或软化）。

为了在焊接过程中防止碳的迁移，解决熔合区的脆化问题，可以采用“隔离层焊缝”的焊接工艺，即首先用结构钢焊条焊接基层（焊至距复层3mm处），然后用含铌的铁素体焊条在基层钢板上焊接“隔离焊缝”，最后用奥氏体钢焊条焊接复层。这种工艺措施可以有效地防止碳迁移、避免在熔合区出现增碳层和脱碳层，提高接头的抗蚀性，防止熔合区出现脆化现象。

（3）热影响区容易产生液化裂纹　液化裂纹是热裂纹的一种形式，是指在电弧的作用下，母材热影响区低熔点杂质被熔化，而在焊接拉应力的作用下产生的裂纹。

因为只有在压应力变为拉应力之后，热影响区晶界上存在的低熔点共晶物液膜被拉开才产生裂纹。如果晶界析出物的熔点高，在受热的瞬时产生液态膜，并在压应力的作用下已经完成结晶，当压应力转变为拉应力时，晶界已经不存在液态膜了，所以在拉应力的作用下不会产生热裂纹。

2. 铁素体系复合钢板的焊接特点

(1) 焊接接头容易产生延迟裂纹　延迟裂纹是焊缝冷裂纹的一种形式，是焊接接头冷却到室温，并在一定的时间（几小时、几天或更长的时间）后才出现的焊接冷裂纹，延迟裂纹有潜伏期，用不同的焊接材料焊接时，延迟裂纹的潜伏期和裂纹的数目都不同，铁素体系复合钢板延迟裂纹的潜伏期见表9-6。延迟裂纹多发生在热影响区。铁素体系复合钢板焊后产生的延迟裂纹如图9-5所示。

表9-6　铁素体系复合钢板延迟裂纹的潜伏期

焊条型号	焊条牌号	预热温度/°C	裂纹数目					
			焊后	24h	48h	70h	120h	340h
E410-16	G202	无	4	17	19	0	50	0
E410-15	G207	100	0	0	0	0	0	0
E430-16	G302	无	0	1	1	2	2	2
E430-15	G307	50	0	0	2	0	0	0

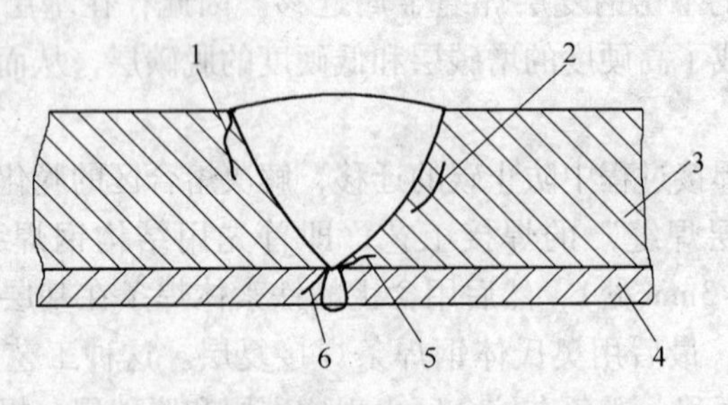

图9-5　铁素体系复合钢板焊后产生的延迟裂纹

1—焊趾裂纹　2—焊道下裂纹　3—复层钢板　4—基层钢板　5、6—焊根裂纹

(2) 焊缝金属容易产生结晶裂纹　铁素体系复合钢板焊接容易产生结晶裂纹的原因，与奥氏体系复合钢板焊接产生结晶裂纹的原因相同。

二、常用的不锈复合钢板

常用的不锈复合钢板见表9-7。

表 9-7　常用的不锈复合钢板

复合钢板牌号	R_m /MPa	R_{eL} /MPa	A /mm	τ_b /MPa	总厚度 /mm	宽度 /mm	长度 /mm
Q235 + 12Cr18Ni9Ti	不低于基层钢板的力学性能				6 ~ 30	1400 ~ 1800	4000 ~ 8000
20g + 12Cr18Ni9Ti							
16Mn + 12Cr18Ni9Ti							
20g + 12Cr13	≥410	≥250	≥20	≥150	6 ~ 18	1000	2000 以上
Q235 + 12Cr13	≥370	≥240	≥22				

三、焊接常用不锈复合钢板焊条的选用

不锈复合钢板焊条电弧焊焊条选用的原则，主要根据复合钢板的基层、过渡层和复层的化学成分、力学性能要求、复层表面使用要求等而定。常用不锈复合钢板焊条电弧焊焊条选用见表 9-8。

表 9-8　常用不锈复合钢板焊条电弧焊焊条选用

复合钢板的牌号	基层		过渡层		复层	
Q235 + 12Cr13	J422	E4303	A302	E309-16	A102	E308-16
16Mn + 12Cr13	J502	E5003				
20g + 12Cr13	J422	E4303			A202	E316-16
Q235 + 12Cr18Ni9Ti	J422	E4303			A132	E347-16
16Mn + 12Cr18Ni9Ti	J502	E5003				
15MnV + 12Cr18Ni9Ti	J507	E5015	A307	E309-15	A137	E347-15
12CrMo + 12Cr13	R207	E5515-B1	A302	E309-16	A102	E308-16
16Mn + 06Cr18Ni12Mo2	J502	E5003	A312	E309Mo-16	A212	E316Nb-16

四、不锈复合钢板的焊接工艺要点

为了提高不锈复合钢板焊接接头的耐蚀性和力学性能，在焊接过程中要严格遵守下列焊接工艺要点：

1）不锈复合钢板在组装时应以复层作基准。特别是复合钢板制作筒体时，一定要以复层作基准，组对筒节的纵焊缝和横焊缝，防止因复层错边量过大而影响焊接质量。复合钢板制作的筒体焊缝错边量

允许值见表9-9。

表9-9 复合钢板制作的筒体焊缝错边量允许值

基层钢板厚度/mm	复层钢板厚度/mm	环焊缝错边量/mm	纵焊缝错边量/mm
10~12	2~2.5	≤0.1	≤0.5
15~20	3~3.5	≤0.3	≤1.5

2）复合钢板的焊接顺序：先焊基层钢板焊缝，然后焊过渡层焊缝，最后焊复层钢板焊缝。

3）在组装定位焊时，焊点一定要焊在基层钢板的面上，严格禁止基层和过渡层的填充材料焊在复层钢板面上。同时，焊接过程落在复层钢板面上的金属飞溅物必须清理干净。

4）为减少基层金属对过渡层焊缝的稀释作用，在进行过渡层焊接时，要用短弧、小电流、合理选择焊接材料、快速焊接，尽量减小焊缝熔深。使基层与复层的交界处有一定量的铁素体组织，以利于提高焊接接头的抗裂性。

5）复合钢板对接接头坡口形式如图9-6所示。

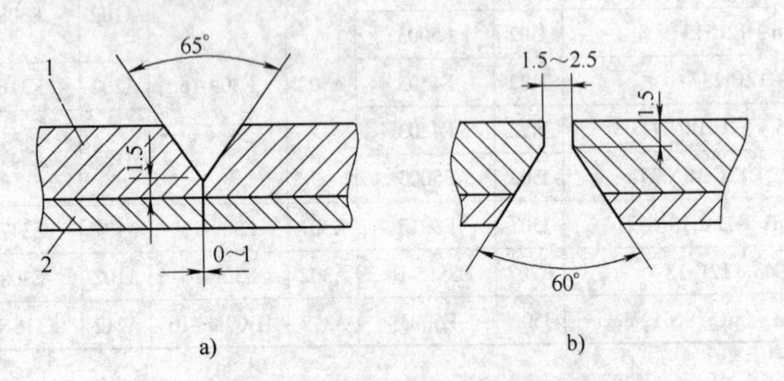

图9-6 厚度小于22mm复合钢板对接接头坡口形式

a）先从基层侧焊 b）先从复层侧焊

1—基层钢板 2—复层钢板

复合钢板厚度小于22mm时，采用对接接头、V形坡口形式。

复合钢板厚度为23~38mm时，采用对接接头、V形坡口、X形坡口形式，如图9-7所示。

复合钢板厚度大于38mm时，采用对接接头、U形坡口形式，如图9-8所示。

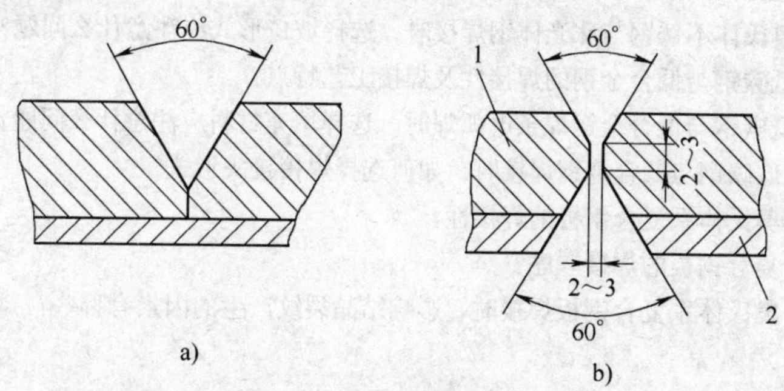

图9-7　厚度23～38mm复合钢板对接接头坡口形式

a）先从基层侧焊　b）先从复层侧焊

1—基层钢板　2—复层钢板

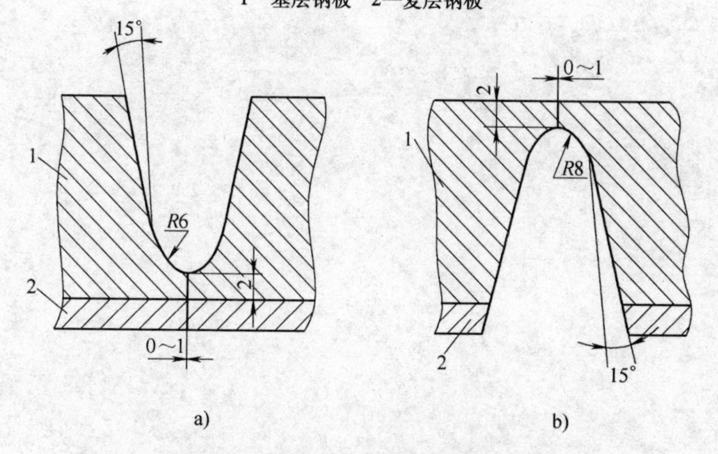

图9-8　厚度大于38mm复合钢板对接接头坡口形式

a）先从基层侧焊　b）先从复层侧焊

1—基层钢板　2—复层钢板

复习思考题

1. 异种金属如何分类？
2. 异种金属焊接的主要困难？
3. 常用的异种金属焊接方法？
4. 异种金属的熔焊特点？

5. 奥氏体不锈钢与珠光体钢的焊接性?
6. 选择奥氏体不锈钢与珠光体钢焊接材料时，应考虑什么问题?
7. 奥氏体不锈钢与珠光体钢焊接时，选择坡口形式应注意什么问题?
8. 低碳钢与低合金钢的焊接性及焊接工艺特点?
9. 低碳钢与低合金钢焊条电弧焊时，选择填充材料应注意什么问题?
10. 低碳钢与低合金钢焊接时，如何选择焊接接头形式?
11. 奥氏体系复合钢板的焊接性?
12. 复合钢板的焊接顺序?
13. 奥氏体系复合钢板焊接时，影响结晶裂纹产生的因素有哪些?

第十章　铸铁的焊接

第一节　概　　述

一、铸铁的分类

铸铁是以铁、碳、硅为主的多元铁合金，其碳的质量分数 $w(C)$ >2.14%，铸铁与钢不同在于：铸铁在结晶的过程中经历共晶转变。按石墨在铸铁内存在的形状分类，铸铁可分为：灰铸铁、白口铸铁、可锻铸铁、球墨铸铁、蠕墨铸铁和耐蚀奥氏体铸铁等。

（1）灰铸铁　灰铸铁中的碳是以片状石墨的形态存在于珠光体或铁素体、或珠光体和铁素体按不同比例混合的基体组织中。灰铸铁的断口呈灰色。由于石墨的力学性能很低，所以，使金属基体承受负荷的有效截面积减小。特别应该提出的是：片状的石墨使应力集中严重，所以，灰铸铁的力学性能不高。普通灰铸铁的金属基体是由珠光体与铁素体按不同比例组成的，当铸铁中的珠光体含量越高时，其抗拉强度越高，硬度也相应有所提高。由于灰铸铁具有塑性好、成本低、铸造性能好、容易切削加工、吸振和耐磨等优点，所以应用最广泛。

（2）白口铸铁　白口铸铁由珠光体、共晶渗碳体和二次渗碳体组成。在白口铸铁中，碳元素除少量的熔入铁素体外，绝大部分以渗碳体（Fe_3C）的形式存在。因断口呈银白色，故称为白口铸铁。白口铸铁不含石墨，其力学性能硬而脆，几乎没有塑性。普通白口铸铁含碳量高、含硅量低。增加含碳量，可提高白口铸铁的硬度，而增加白口铸铁的含硅量，则会降低共晶点含碳量，促进石墨形成。白口铸铁很少用来制造机械零件，主要用作炼钢原料、可锻铸铁的毛坯以及不需要切削加工、但需要硬度高和耐磨性好的零件。如轧辊、犁铧及球磨机的磨球等。

（3）可锻铸铁　可锻铸铁是由白口铸铁经过高温退火处理后，共晶渗碳体分解而形成团絮状石墨，然后通过不同的热处理，使基体组织变为珠光体或铁素体的铸铁。可锻铸铁又分为：以铁素体为基体的黑心可锻铸铁和白心可锻铸铁。由于白心可锻铸铁的组织从里到外都不均匀，力学性能不好，韧性较差，而且热处理温度高，时间长能源消耗量大，所以，我国基本上不生产白心可锻铸铁。可锻铸铁与灰铸铁相比，由于石墨的形态发生了改善，不仅有较高的强度，而且有良好的塑性和韧性。

（4）球墨铸铁　在铸造条件下，铸铁金属基体组织通常是铁素体加珠光体的混合组织。为使铸铁中的石墨球化，需要向高温的铸铁铁液中加入适量的球化剂。经过球化剂球化的铸铁，碳以球状石墨形式存在，称为球墨铸铁。球墨铸铁的正常组织是细小圆整的石墨球加金属基体。

（5）蠕墨铸铁　因为高的含碳量容易促进球状石墨的形成，所以，蠕墨铸铁的含碳量通常比球墨铸铁低。蠕墨铸铁的石墨呈蠕虫状，与片状石墨相比，蠕状石墨短而厚。因此，蠕墨铸铁的力学性能介于相同基体组织的灰铸铁与球墨铸铁之间。

（6）耐蚀奥氏体铸铁　因为含镍 $w(\mathrm{Ni})$ 为 13.5% ~36% 的铸铁是以奥氏体为基体的铸铁，所以称为奥氏体铸铁。这种铸铁不仅有良好的抗蚀性，而且加工性能也好。特别是奥氏体球墨铸铁更具有较高的强度、较好的塑性和韧性，特别是在焊接热影响区不产生白口及马氏体淬火组织。

由于铸铁件在生产中常产生铸造缺欠，又时常出现裂纹等缺欠，因此，在实际生产中铸铁件的焊补应用很多，而焊接应用的很少。

二、铸铁的牌号

1. 灰铸铁

1）灰铸铁牌号：

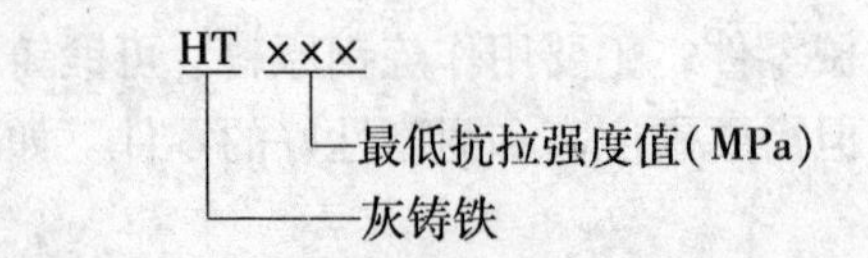

2）灰铸铁牌号举例：

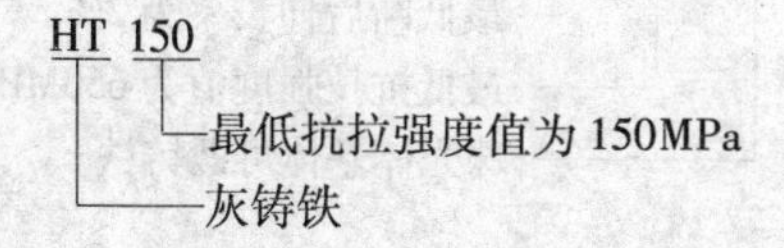

2. 球墨铸铁

1）球墨铸铁牌号：

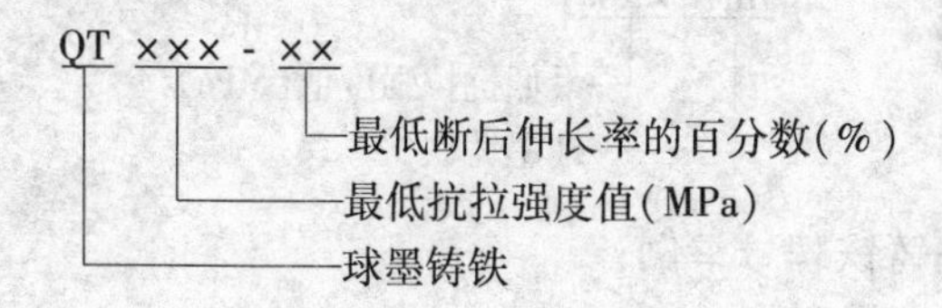

2）球墨铸铁牌号举例：

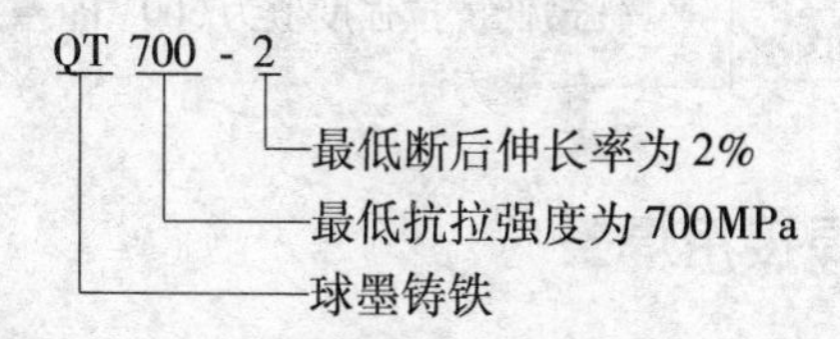

3. 可锻铸铁

1）可锻铸铁牌号：

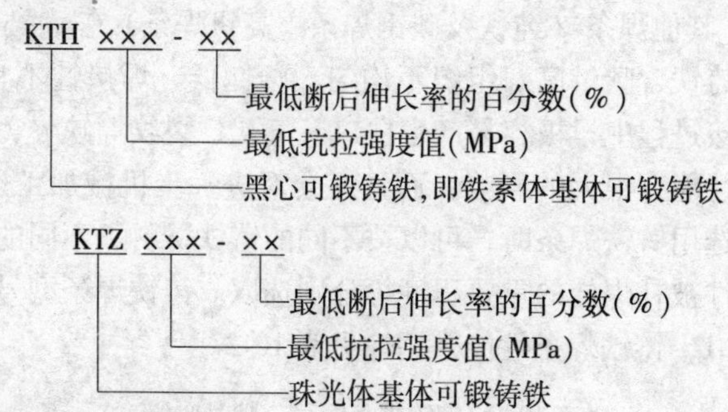

2）可锻铸铁牌号举例：

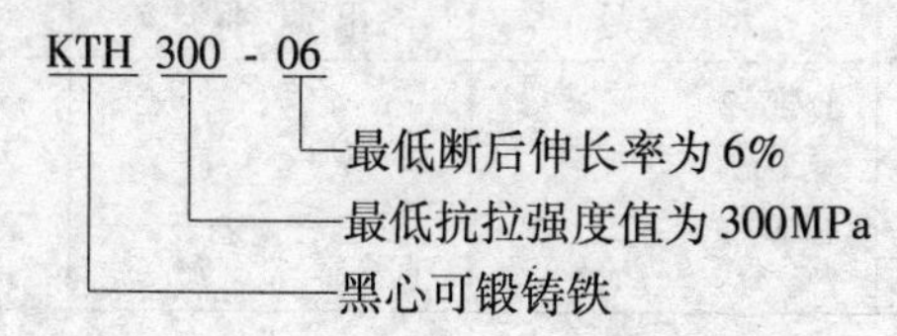

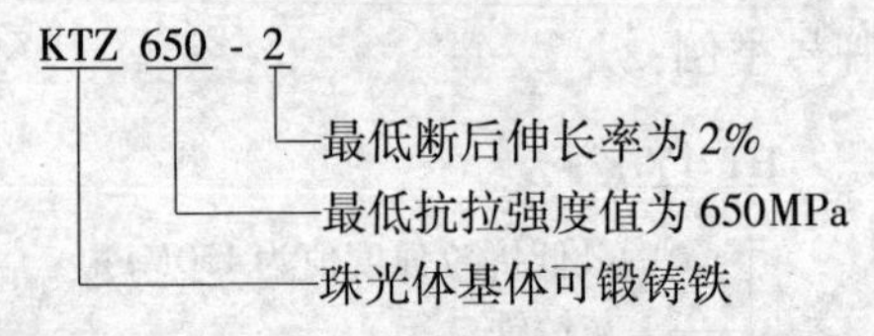

4. 蠕墨铸铁

1）蠕墨铸铁牌号：

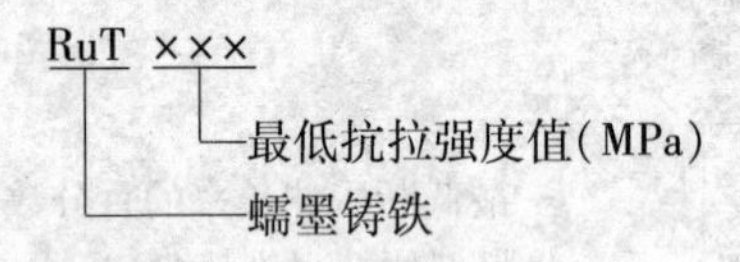

2）蠕墨铸铁牌号举例：

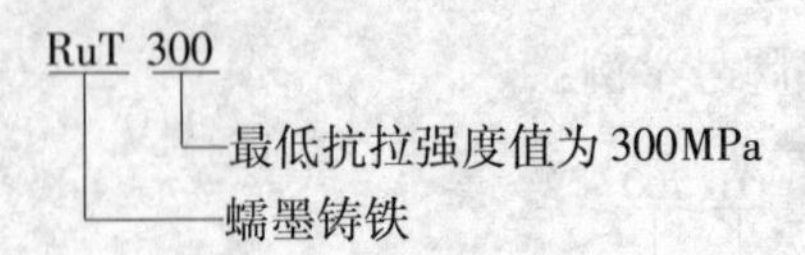

三、铸铁焊接用焊条

铸铁焊条主要有：铁基焊条（灰铸铁焊条、球墨铸铁焊条）、镍基焊条（纯镍铸铁焊条、镍铜铸铁焊条、镍铁铸铁焊条、镍铁铜铸铁焊条）、其他焊条（纯铁及碳钢焊条、高钒焊条）三大类。

因为铸铁含碳量高、组织不均匀、塑性低、焊接性不良，所以，铸铁在焊接过程中，极容易产生白口、气孔、裂纹等缺欠，不仅对铸铁的力学性能有很大的影响，而且还会对进一步机械加工造成困难。为此，在选用铸铁焊条时，可以按不同的铸铁材料、不同的切削加工要求、焊件被补焊处的重要程度等分别选取。铸铁焊条型号、牌号对照见表10-1，铸铁焊条性能及用途见表10-2。

表10-1 铸铁焊条型号、牌号对照

牌号	型号	电源种类	焊缝金属类型
Z100	EZFe-2	交直流	碳钢
Z116	EZV	交直流	高钒钢
Z117	EZV	直流	高钒钢

（续）

牌　号	型　号	电源种类	焊缝金属类型
Z122Fe	EZFe-2	交直流	碳钢
Z208	EZC		铸铁
Z238	EZCQ		球墨铸铁
Z238SnCu	—		
Z248	EZC		铸铁
Z612	—		铜铁混合
Z258	EZCQ	交直流	球墨铸铁
Z268	EZCQ		
Z308	EZNi-1		纯镍
Z408	EZNiFe-1		镍铁合金
Z408A	EZNiFeCu		镍铁铜合金
Z438	EZNiFe-2		镍铁合金
Z508	EZNiCu-1		镍铜合金
Z607	—	直流	铜铁混合

表 10-2　铸铁焊条性能及用途

	铸铁材料分类及焊后要求	焊条型号（牌号）
按铸铁材料类别选用	一般灰铸铁	EZFe（Z100）、EZV（Z116） EZV（Z117）、EZC（Z208） EZNi-1（Z308）、EZNiFe-1（Z408） EZNiCu-1（Z508）、（Z607、Z612）
	高强铸铁，焊后进行锤击	EZV（Z116）、EZV（Z117）、EZNiFe-1（Z408）
	球墨铸铁，焊前要预热 500～700℃，焊后有正火或退火热处理要求	EZCQ（Z238）、（Z238SnCu）
按焊后焊缝切削加工性能要求选用	焊后不能进行切削加工	EZFe（Z100）、（Z607）
	焊前预热，焊后有可能进行切削加工	EZC（Z208）
	焊前预热，焊后经热处理后可以切削加工	EZCQ（Z238）、（Z238SnCu）
	冷焊后可以进行切削加工	EZV（Z116）、EZNi-1（Z308）、EZNiFe-1（Z408）、EZNiCu-1（Z508）、（Z612）

第二节　灰铸铁的焊接

一、灰铸铁的焊接性

1. 焊接接头易出现白口及淬硬组织

以常用的灰铸铁为例，经焊条电弧焊焊后，焊接接头上的组织变化可以分为六个区域，如图 10-1 所示。

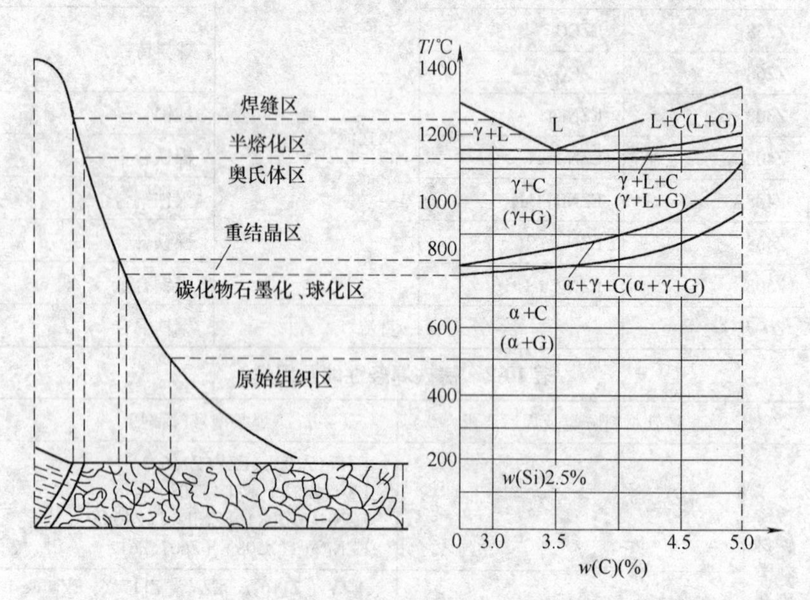

图 10-1　灰铸铁焊接接头的组织变化

（1）焊缝区　当焊缝的化学成分与焊件的化学成分相同时，焊条电弧焊焊缝的冷却速度远远大于铸件在砂型中的冷却速度，焊缝基本上是白口组织；如果增大焊接热输入，焊缝中可出现一定量的灰铸铁，但还不能完全消除白口组织。如果采取以下措施，可避免白口组织。

1）采用石墨化能力很强的焊条进行电弧冷焊，并配合一定的工艺措施。

2）采用铜钢焊条及镍基焊条等，使焊缝金属成为钢或有色金属。

3）焊前预热，焊后缓冷。

（2）半熔化区　此区较窄，处于液相线与固相线之间，其温度范围为1150～1250℃。在焊接操作时，此区处于半熔化状态，即液—固状态。其中一部分铸铁已变为液体，另一部分铸铁通过石墨片中碳的扩散作用，也已变为被碳所饱和的奥氏体。在焊后快速冷却情况下，其液相部分在共晶温度转变为莱氏体（即奥氏体＋渗碳体）。继续快冷时，碳的存在形式由石墨变为化合状态的渗碳体，也就是由灰铸铁变为白口铸铁。冷却速度更快时，可能抑制奥氏体的共析转变而变为马氏体。

（3）奥氏体区　此区位于固相线与共析温度上限之间，加热温度范围为820～1150℃，在此区内铸铁为固态。在焊接过程快速冷却时，得到珠光体＋二次渗碳体＋石墨的组织，这是一种不完全石墨化的组织状态，比半熔化区的组织状态好一些。如果更快速度冷却，也会产生马氏体组织。所以，在铸铁熔焊时，采取适当的工艺措施使该区缓慢冷却，就可使奥氏体直接析出石墨，从而避免二次渗碳体的析出，以防产生淬硬组织。

（4）重结晶区　此区很狭窄，加热温度范围为780～820℃，由于焊接的加热速度很快，铸铁中只有部分组织变为奥氏体，在焊后的冷却过程中，奥氏体转变为珠光体。当冷却速度很快时，也可能出现马氏体组织。

（5）碳化物石墨化区及原始组织区　此区温度低于780℃，熔焊后，该区组织没有明显变化或不变。

2. 白口及淬硬组织的危害

1）容易产生焊接裂纹，白口及淬硬组织硬而脆，极容易产生裂纹。但是，在采用适当的焊接工艺措施后，可以避免半熔化区的白口组织而产生裂纹。

2）灰铸铁焊后难以进行机械加工。

3. 焊接接头容易出现裂纹

（1）冷裂纹　铸铁焊接时，冷裂纹发生在焊缝及热影响区，当焊缝为铸铁型时，容易产生冷裂纹，裂纹产生的温度在400℃以下。这种冷裂纹常发生在较长的铸铁焊缝或较大的铸铁缺欠焊补时，并时常伴有较响的脆断声音。

当焊缝为白口铸铁时，由于它的收缩率约为2.3%，灰铸铁的收缩率为1.26%，所以白口铸铁比灰铸铁更容易出现裂纹。

(2) 热裂纹 铸铁型焊缝对热裂纹不敏感。当采用低碳钢焊条与镍基铸铁焊条冷焊时，焊缝容易出现结晶裂纹。当焊接应力较大时，此种裂纹可发展成剥离性裂纹。

总之，铸铁焊接接头容易产生裂纹的原因主要有：铸铁强度低、塑性极差、焊件受热不均匀、焊接应力大等。

为防止铸铁焊补时产生裂纹，采取的措施主要有：焊件焊前预热，焊后缓冷；采用加热减应区法；调整焊缝化学成分；采用合理的焊补工艺；采用栽螺钉法等。

4. 变质的铸铁件出现不容易熔合的现象

当铸铁件长期在高温下工作时，会因铸铁件的变质而出现高温熔滴与变质铸铁不熔合，甚至在待焊处表面出现“打滚”现象，其主要原因是：

1）长期在高温下工作的铸铁，基体组织发生了改变，由原先的珠光体—铁素体组织转变为铁素体组织，同时，石墨析出量增多并且进一步地集聚长大，由于石墨的熔点比较高并且是非金属，所以，已变质的铸铁件容易出现焊不上的情况。

2）铸铁焊接时，石墨容易集聚长大成长而粗大的石墨片，由于空气从这种石墨片与基体组织的交界面上容易侵入铸件内部，使铸铁金属氧化成熔点较高的铁、锰、硅的氧化物，使得已变质的铸铁件焊接的难度增大。

二、灰铸铁的焊接操作技术

灰铸铁常用的焊接工艺方法主要有电弧热焊、电弧冷焊、气焊三种。

1. 灰铸铁焊条电弧焊冷焊技术

灰铸铁焊条电弧焊冷焊技术是焊前待焊处不进行预热的焊条电弧

焊。通过冷焊操作，使被焊灰铸铁焊缝具有良好的可加工性能、焊缝与母材有较小的硬度差、减少焊接接头产生裂纹的倾向等的技术。灰铸铁冷焊的特点是：高效率、成本低、改善了焊工施焊条件，所以得到了广泛的应用。

灰铸铁焊条电弧冷焊分为两类：灰铸铁同质焊缝焊条电弧冷焊和灰铸铁异质焊缝焊条电弧冷焊。

（1）灰铸铁同质焊缝焊条电弧冷焊 利用铸铁型焊条焊后得到的焊缝，其组织、化学成分、力学性能以及焊缝颜色等都与母材相接近，这种焊缝称为铸铁型焊缝，也称同质焊缝。

1）在焊接同质焊缝时，主要解决两个焊接难点：

①克服焊接接头冷却速度快、容易出现白口组织和焊接裂纹等缺欠。为此，需要确保焊接接头的缓慢冷却速度。

②控制焊缝的化学成分，进一步提高焊缝石墨化元素含量，使焊缝具有较强的石墨化能力，焊后加工性能良好。

2）焊条的选择。同质焊缝补焊用焊条主要有：Z248、Z208 等。

Z248 焊条是强石墨化型药皮的铸铁芯焊条。强石墨化元素通过焊芯和焊条药皮向焊缝过渡。

Z208 焊条是低碳钢芯强石墨化型药皮的铸铁焊条，通过灰铸铁焊后保温缓慢冷却，使焊缝可获得灰铸铁组织。

3）焊接操作

①首先，在铸铁焊件缺欠处裂纹的两端打止裂孔，然后加工出形状合适的坡口，并清除待焊处的油、污、锈、垢。当缺欠小而浅时，要开坡口予以扩大，面积须大于 $8cm^2$，深度要大于 7mm，坡口角度为 20°~30°，需要补焊的缺欠，在经过扩大成为型槽后要圆滑，为了防止铸铁熔池金属液体流散，在坡口周围边缘，围成 6~8mm 高的黄泥条或耐火泥条。

②选择焊接参数，灰铸铁同质焊缝焊条电弧焊冷焊参数见表 10-3。

③用较大的焊接电流、长电弧连续焊接，焊条不做横向摆动。熔池温度过高时，可稍停一下再焊，如果焊件壁厚较薄时，可用小电流焊接。

④为达到焊后熔合区缓慢冷却的目的，待补焊后的焊缝与母材齐平后，应该继续焊接，使余高加大到6～8mm为止。

⑤每焊完一小段后，立即进行焊缝锤击处理，改善焊缝结晶，消除或减小焊缝内应力。

表10-3 灰铸铁同质焊缝焊条电弧焊冷焊参数

焊件厚度/mm	15～25	25～40	>40
焊条直径/mm	5	6	6～8
焊接电流/A	250～300	300～360	300～400

（2）灰铸铁异质焊缝焊条电弧冷焊　用非铸铁型焊接材料补焊铸铁，其焊缝金属与母材金属不同，称为异质焊缝。异质焊缝分为三种，即：钢基、铜基和镍基。

1）钢基焊缝。由于钢基焊条的药皮有高矾铁或强氧化性物质，用钢基焊条焊接的灰铸铁焊缝，可以降低焊缝金属中的碳含量或者消除焊缝中碳的有害作用。但是，仍有一些焊接问题不好解决。如Z100是氧化性药皮铸铁焊条，用该焊条焊接灰铸铁，容易出现热裂纹、冷裂纹以及焊后加工困难等问题。所以该焊条多用于修复在高温下工作的灰铸铁钢锭模出现的缺欠。有时也用于焊后不要求加工、致密性差、受力较低的缺欠部位的补焊。另外如Z116和Z117是低氢型药皮的高矾铸铁焊条，这种焊条最大的特点是：焊缝具有优良的抗冷、热裂纹的性能，单层焊时焊缝强度、塑性比灰铸铁高很多，但是进行大面积补焊时，易在焊缝和母材的交界处出现剥离裂纹。在铸铁缺陷处开深坡口焊补时，由于缺欠的体积大、焊补的层数多、焊后的焊接应力大等因素，容易引起焊缝与母材剥离，所以，常采用栽丝法焊接，主要用于铸铁焊件非加工面的补焊。

2）铜基焊缝。用铜基焊条补焊灰铸铁时，虽然铜的屈服极限较低，但是，补焊后的铜基焊缝，对防止焊缝出现冷裂纹、防止母材与焊缝交界处发生剥离性裂纹等都会起着有利的作用。如Z607焊条的焊芯是紫铜，药皮中含有较多的低碳铁粉，是低氢型焊条。该焊条的优点是：补焊较大的缺欠时，不容易出现母材与焊缝交界处的剥离性裂纹。

3）镍基焊缝。用镍基焊条焊接灰铸铁得到的焊缝称为镍基焊缝，常用的镍基铸铁焊条有：Z308（纯镍焊芯）、Z408（镍铁焊芯）、Z508（镍铜焊芯）三种。镍是较强的石墨化元素，在高温时扩散系数较大，因此，对镍向灰铸铁母材半熔化区扩散、改善加工性能、缩小白口区的宽度等都起着非常有利的作用，多用于加工面的补焊。

灰铸铁异质焊缝焊条电弧冷焊操作应注意的事项：

1）采用短弧、断续施焊。灰铸铁电弧冷焊时，随着焊缝的增长，焊缝的纵向应力加大，使焊缝产生裂纹的倾向增大。为了减小热应力、防止冷裂纹产生，必须降低补焊区的温度，所以应该采用短段焊。具体操作如下：把焊缝分段焊接，每次只焊一小段（10～40mm，薄壁件散热慢，焊缝长度可取10～20mm，厚壁焊件散热快，焊缝长度适宜30～40mm），焊接操作不能连续进行，层间温度控制在50～60℃。

2）采用小电流焊接。灰铸铁焊接时，尽量采用小焊接电流。

①过大的焊接电流会使焊缝熔深加大，母材熔入焊缝内的成分过多，如Fe、Si、S、P、C等含量增多，使焊接接头产生热裂纹的敏感性增大。此外，由于焊缝内含碳量的增高，使焊接接头的淬硬区和淬硬倾向也加大，但是，灰铸铁焊缝的硬度越大，焊缝产生冷裂纹的敏感性也就越大。为此，应减小熔合比，减少铸铁母材的熔化量。

②过大的焊接电流，使焊接热输入加大，母材处于半熔化区温度范围（1150～1250℃）的宽度也加大，在焊条电弧焊的快速冷却下，使冷却速度极快的焊缝半熔化区中的白口增厚，不仅影响机械加工性能，而且还会产生裂纹和焊缝与母材剥离。

③随着焊接电流的加大，焊接热输入也加大，从而导致焊接接头的拉伸应力增高，发生裂纹敏感性也就增大。

④灰铸铁焊接时，与母材接触的第一、二层焊缝宜用小直径焊条。因为随着焊条直径的增大，适合焊接的最小电流也在增加，将会对焊缝产生不利的影响。

⑤为了尽量避免焊补处局部温度过高，焊接应力过大，应该采用断续焊接，必要时可以采取分散、分段焊接。

3）为了减小熔合比，应采用U形坡口。补焊线状裂纹缺欠时，焊前应在裂纹处开70°~80°的U形坡口，在裂纹的两端3~5mm处钻止裂孔，孔径为4~6mm，防止在焊接过程中裂纹向外扩展。

4）采用短弧和较快的焊速焊接。在保证焊缝成形及母材熔合良好的前提下，尽量采用较快的速度焊接。因为随着焊接速度的加快，铸铁母材的熔深、熔宽都在下降，焊接热输入也下降，可以提高焊接接头的性能。但焊接速度过快，将导致焊缝成形不良，与母材熔合不好，反而使焊接接头的性能变坏。

焊接电弧过长时，电弧作用使母材的熔化宽度加宽，也会降低焊缝的力学性能。

5）合理选择灰铸铁焊接操作方向和顺序。为了减小焊接应力，灰铸铁裂纹焊补时，焊补的原则是由刚度大的部位向刚度小的部位焊接。有三种方法可供选择：

其一，从裂纹的一端向另一端依次逆向分段焊接。

其二，从裂纹的中心向裂纹的两端交替逆向分段焊接。

其三，从裂纹的两端交替向裂纹的中心逆向分段焊接。

在灰铸铁机床座的中心部位出现一条裂纹时，由于裂纹的两端刚度大，而裂纹中心部位的刚度相对较小，所以采用第三种焊接方法较好。

6）锤击焊方法可供选择：为了松弛灰铸铁焊缝的焊接应力，使焊缝金属承受塑性变形，防止产生焊接裂纹，每焊完一段焊缝后，立即用圆头的小锤快速锤击焊缝。

7）合理选择焊条。灰铸铁厚大件焊补时，焊接应力很大，焊缝金属发生裂纹以及在焊缝金属与母材交界处产生剥离性裂纹的危险性增大。为了防止裂纹的产生，常选用屈服极限较低的焊接材料，补焊厚度较大的灰铸铁缺欠更为有利，或者采用栽螺钉法防止焊接过程中焊缝与母材剥离。

总之，铸铁冷焊时，为了减小焊接应力，防止裂纹，采取的工艺措施主要有：分散焊，断续焊，选用细焊条，小电流，浅熔深和焊后立即进行锤击焊缝等。为了得到钢焊缝和有色金属焊缝，可以采用：纯镍铸铁焊条、镍铁铸铁焊条、铜镍铸铁焊条、高钒铸铁焊条、普通低碳钢焊条。

2. 灰铸铁焊条电弧焊半热焊技术

（1）半热焊预热温度及应用　焊前将灰铸铁整体或局部预热至400℃左右进行焊条电弧焊补焊，并在焊后采取缓慢冷却的工艺方法称为半热焊。主要用于被补焊处刚性较小、结构比较简单的铸铁焊件。

半热焊的预热温度，可有效防止焊接热影响区马氏体的生成，因此，也可防止该区产生冷裂纹；同时，减少了灰铸铁接头高硬度区的宽度，使焊接接头的加工性能得到改善。

（2）焊接材料　半热焊时，由于预热温度较低，冷却速度较快，为了保证焊缝石墨化的进行，防止产生白口组织，应提高焊缝石墨化元素的含量，以 $w(\mathrm{C})=3.5\%\sim4.5\%$、$w(\mathrm{Si})=3\%\sim3.8\%$ 较合适，焊条型号为EZC。如铸铁芯强石墨化型药皮焊条（Z248）和低碳钢芯强石墨化型药皮焊条（Z208）。

（3）预热　预热温度的选择主要依据铸件的体积、壁厚、缺欠位置、结构复杂程度、焊补处拘束度及预热设备来决定。灰铸铁焊件预热时加热速度应予以控制，使铸铁件的内部和外部温度尽可能的均匀，防止铸铁件在加热的过程中，因为热应力过大而产生裂纹。

（4）焊补操作　根据灰铸铁焊件的壁厚来尽量选择大直径的焊条，焊接电流可根据下列公式选择：

$$I=(40\sim50)d$$

式中　I——焊接电流（A）；

　　d——焊条直径（mm）。

焊接操作时，电弧从缺欠中心引弧，逐渐移向边缘，但电弧在缺欠边缘处停留时间不宜过长，以免母材熔化过多或造成咬边。同时，在保证焊条药皮中石墨能充分熔化的前提下，焊接电弧要适当予以拉长。此外，在焊接过程中，要时刻注意熔渣的多少，随时用焊条将熔渣挑出熔池。补焊缺欠时，缺欠小的可连续焊完；缺欠大的，要逐层堆焊填满，焊接过程中焊件始终保持预热温度，否则应该重新进行预热。

（5）焊后处理　灰铸铁焊后一定要采取保温缓冷的措施，通常用保温材料将其覆盖，对于重要的铸件焊后最好进行消除应力处理，然后随炉冷却。

3. 灰铸铁焊条电弧焊热焊技术

灰铸铁焊条电弧焊热焊技术主要包括焊前准备、焊前预热、补焊工艺及焊后处理等。焊条电弧焊热焊法焊接灰铸铁一般用于焊后需要加工的铸件、要求颜色一致的铸件、结构复杂的铸件、焊补处刚性较大易产生裂纹的铸件等。

（1）焊前准备　首先仔细清除待焊处的油、污、锈、垢，铲除缺欠直至呈现金属光泽，然后根据焊接工艺要求开坡口，坡口的外形要求是上边稍大而底部稍小些，并且在坡口底部圆滑过渡。为了补焊好较大的缺欠或边角处的缺欠，焊前应该用黄泥、耐火泥或型砂等把缺欠周围2~3mm处造型围起来，其高度为6~8mm，保护待焊处的熔化铁水不外溢。使用的黄泥、耐火泥或型砂在焊前应该烘干去水。

（2）焊前预热　灰铸铁热焊焊前将焊件预热至600~700℃，焊件呈暗红色，预热的加热速度应给予控制，使铸铁件的内部与外部温度尽量均匀，减小热应力，防止灰铸铁焊件在加热过程中产生裂纹。对于结构比较复杂的焊接结构，适宜采用整体预热；对于结构简单而刚度较小的焊件，可以采用局部预热。灰铸铁焊件焊前预热温度不得超过共析温度，否则，焊后由于相变，会引起铸铁基体组织以及焊件的力学性能发生变化。焊件的焊前预热，不仅有效地减少了焊接接头的温差，而且，还改变了铸铁常温无塑性的状态，使伸长率达到2%~3%，再配合焊后缓慢冷却，石墨化过程进行的比较充分，焊接接头可以完全防止白口组织及淬硬组织产生，应力状态大为改善。

采用电弧热焊的焊接接头，硬度与母材相近，机械加工性优良，颜色也与母材一致，焊接质量令人非常满意。但是灰铸铁热焊有焊接工序复杂、生产成本高、劳动条件恶劣、生产率低、焊件变形大等不足之处。

（3）补焊工艺　尽量选择较大直径的焊条和大电流焊接，引弧由缺欠中心逐渐移向边缘，较小的缺欠可以一次焊完；较大的缺欠应逐层堆焊直至全部缺欠填满。在焊接球墨铸铁过程中，要始终保持层间温度与预热温度相同。

为使焊条药皮中的石墨充分熔化，焊接电弧要适当拉长，但为防止保护不良及合金元素的烧损，也不要过分拉长。

（4）焊后处理 焊后一定要采取保温缓冷的措施，通常用保温材料将焊缝盖上，对于较重要的焊件，最好进行消除应力处理。即焊后立即将焊件加热至600～650℃，保温一段时间，然后随炉冷却。

第三节 球墨铸铁的焊接

一、球墨铸铁的焊接性

球墨铸铁的焊接性与灰铸铁的焊接性有相同和不同之处。主要表现在：

1）球墨铸铁的白口化倾向及淬硬倾向比灰铸铁大。这是由于有镁、铈、钇等球化剂的存在，大大地增加了球墨铸铁铁液的过冷倾向，提高了对白口化和淬硬倾向的敏感性。所以，在球墨铸铁焊接时，同质焊缝及半熔化区更容易形成白口组织，奥氏体区也更容易出现马氏体组织，所有这些对防止焊缝及熔合区产生裂纹、提高焊接接头的加工质量非常不利。

2）球墨铸铁焊接接头力学性能较高。为了保证球墨铸铁焊件可靠的工作，一般要求焊接接头的力学性能与母材基本匹配。为此，在选择球墨铸铁的焊接方法、焊接材料及编制焊接工艺时，要认真考虑。

3）球墨铸铁的焊接性比灰铸铁要好。由于球墨铸铁中的碳以球状石墨存在，因此球墨铸铁焊缝比灰铸铁焊缝具有较高的强度、塑性和韧性，尤其是以铁素体为基体的球墨铸铁，其承受塑性变形的能力更强。

二、球墨铸铁的焊接操作技术

因为铸铁的球化剂能严重阻挠焊缝石墨化过程，在采用焊条电弧焊时，冷却速度很大，球墨铸铁焊缝白口倾向增大。这样，不仅使机械加工性能变坏，而且在焊接应力的作用下，还容易在焊缝中产生裂纹。因此，球墨铸铁焊接时，要解决好两个问题：

1）确定好预热温度　球墨铸铁焊条电弧焊时，多采用500～700℃高温预热法焊接。

2）选择好球墨铸铁焊条　球墨铸铁焊条电弧焊焊缝有两种：同质焊缝和异质（非球墨铸铁型）焊缝。同质焊缝焊条可分为两类：一类是球墨铸铁芯外涂球化剂药皮，通过焊芯和药皮共同向焊缝过渡钇基重稀土等球化剂使焊缝球化，焊条的牌号为Z258；另一类是低碳钢芯外涂球化剂和石墨化剂，通过药皮使焊缝球化，焊条的牌号为Z238。异质焊缝（非球墨铸铁型）焊条电弧焊用焊条主要有：镍铁焊条（Z408）以及高钒焊条（Z116、Z117）。

（一）同质焊缝焊条电弧冷焊

同质焊缝焊条电弧冷焊的焊接效率比气焊的焊接效率有很大的提高。但是，由于同质球墨铸铁焊缝对冷却速度很敏感，当冷却速度在共晶转变温度区间超过某一定值后，就可能产生莱氏体组织并引发焊接裂纹。因此，同质焊缝焊条电弧焊，对球墨铸铁焊件的板厚及缺欠体积大小都有一个限度要求。

1. 常用的球墨铸铁焊条

（1）Z258焊条　它是铸铁芯石墨化药皮的球墨铸铁焊条，采用钇稀土或镁球化剂，其球化能力较强。

（2）Z238焊条　它是低碳钢芯石墨化药皮焊条，焊后焊缝金属中的石墨以球状析出，焊件经正火处理后可获得200～300HBW；焊件经退火处理后可获得200HBW。由于镁的存在，增加了焊缝的淬火敏感性，所以焊前应将球墨铸铁焊件进行预热500℃，而焊后采取保温缓冷措施时，该焊件的焊补处有可能进行切削加工。

2. 同质焊缝焊接工艺要点：

1）打磨焊件缺欠，小缺欠应扩大至ϕ30～40mm，深为8mm。裂纹处应开坡口，去除待焊处的油、污、锈、垢。

2）对大刚度部位较大缺欠的焊补，应该采用加热减应区工艺措施，焊前将焊件减应区预热至200～400℃，焊后缓慢冷却，防止裂纹。

3）球墨铸铁焊补时，对于中等缺欠，采用连续焊接予以填满。对于较大的缺欠，采取分段焊接填满缺欠，然后再向前焊接，确保焊补区有较大的焊接热输入量。

4）球墨铸铁焊补时，宜采用大电流、连续焊工艺，焊接电流参照 $I=(36\sim60)d$ 选择（d—焊条直径，I—焊接电流）。

5）如果焊补区需要进行焊态加工，焊后应该立即用气体火焰加热焊补区至红热状态，并保持3～5min。

（二）异质焊缝焊条电弧冷焊

为了保证球墨铸铁焊接接头有较好的力学性能，异质焊缝焊条电弧冷焊用焊条有：镍铁焊条（EZNiFe-1）和高钒焊条（EZV）。

（1）镍铁焊条（EZNiFe-1） 球墨铸铁焊接时，由于镍能够提高碳在焊缝金属中的溶解度，使其在焊缝中不能形成渗碳体，而形成奥氏体组织，从而降低焊缝的硬度和脆性。另外，镍虽然是弱石墨化元素，但也能促进石墨的析出，对降低熔合线产生白口组织和裂纹有一定的作用。

（2）高钒焊条（EZV） 钒是强烈铁素体化元素，同时，也是碳化物形成剂。焊后，焊缝金属的塑性、强度和抗裂性较好，硬度也较低。但是，焊接接头的熔合区附近容易出现白口组织，如果焊前进行300～450℃预热，则产生白口的倾向得到很大的缓和。此时若再进行焊后热处理，则焊接接头可加工性明显提高。

用镍铁焊条和高钒焊条在气温较低或焊件待焊处厚度较大的条件下焊接时，应该对焊件进行预热，预热的温度为：100～200℃。焊接过程中，在保证焊缝熔合的前提下，尽量选用小的焊接电流。用这两种焊条焊接的焊缝，力学性能比较高，能够胜任球墨铸铁的焊补。但是，两种焊条有不同的特点，如镍铁焊条焊接的球墨铸铁焊接接头的加工性比高钒焊条好，主要用于加工面上的中、小缺欠的补焊。而高钒焊条则主要用于球墨铸铁焊件非加工面上的缺欠补焊。

第四节 铸铁焊接实例

一、灰铸铁底座裂纹的补焊

灰铸铁在焊条电弧焊过程中，主要的困难是：焊接接头容易出现白口组织及淬硬组织和裂纹。变质铸铁在焊接过程中，容易出现熔化的焊条铁液与变质铸铁不熔合。

1. 焊前准备

（1）焊机　ZX5-400，直流反接，焊条接正极。

（2）焊条　Z117，焊条直径为 ϕ3.2mm。

（3）焊件　如图 10-2 所示。

（4）辅助工具和量具　焊条保温筒、角向磨光机、钢丝刷、敲渣锤、焊缝万能量规、温度笔（650℃ ±10℃）、气割枪两把、氧气减压器两个、乙炔减压器两个、氧气瓶两个、乙炔气瓶两个。

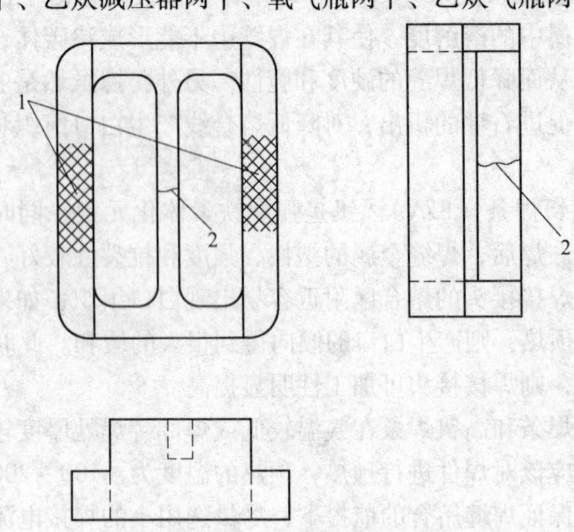

图 10-2　灰铸铁底座

1—加热减应区　2—裂纹

2. 焊件清理

1）将灰铸铁裂纹处两边各 30mm 处氧化皮、污、锈、垢等，用角向磨光机和钢丝刷打磨干净。开坡口，如图 10-2 所示，坡口的形状要便于补焊及减小焊件母材的熔化量。

2）将焊件按图 10-3 固定。

3. 焊接操作

（1）加热减应区　加热前，用温度笔在减应区划一道线，然后，两个人分别用气割枪加热减应区，当减应区变成暗樱红色或温度笔改变了颜色，减应区已经达到650℃，裂纹处间隙变大，加热可以稍停，此时开始焊接。

（2）操作要领

1）采取短段焊缝断续焊，把应补焊的焊缝分成 *A* 面和 *B* 面，每面又分为两小段，不要连续进行焊接，每次只焊一小段，在先焊的焊缝温度降至50～60℃时，再焊下一小段焊缝，先焊 *A* 面的两条焊缝，然后将灰铸铁底座翻转180°，将 *B* 面放置在水平面位置，再按同样的步骤焊接 *B* 面焊缝。这样做的目的是降低补焊区的温度，以减小焊接热应力和防止产生冷裂纹，灰铸铁底座裂纹焊条电弧冷焊焊接顺序如图10-4所示。

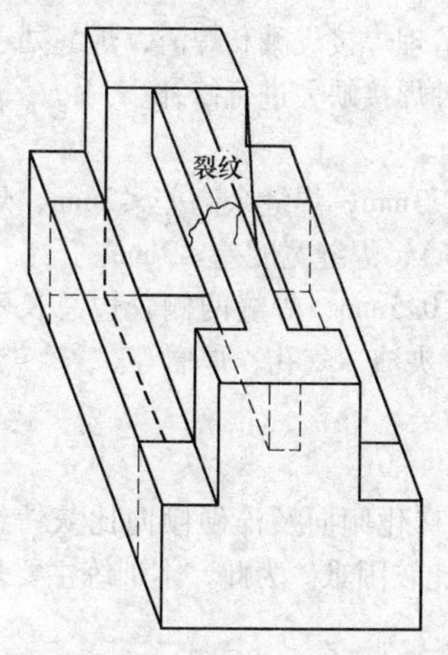

图10-3　灰铸铁底座固定

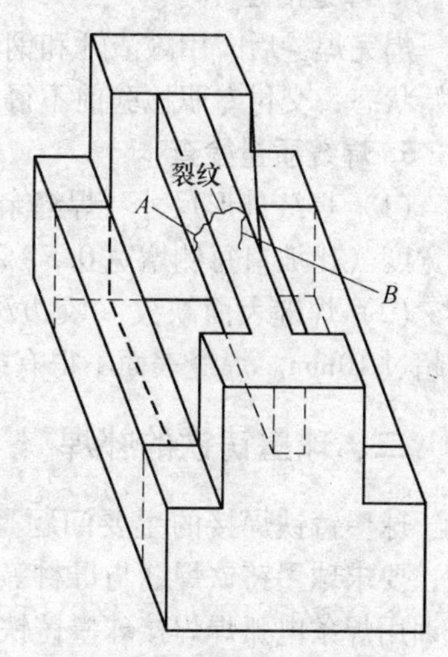

图10-4　灰铸铁底座裂纹焊条电弧冷焊焊接顺序

2）进行线状裂纹缺欠补焊时，焊前必须在裂纹处开70°～80°U形坡口，因为U形坡口比V形坡口的熔合比小。

3）在保证焊缝与母材熔合的前提下，尽量采用小电流焊接。因为过大的焊接电流会增加焊缝的熔深，不仅影响了焊缝的成分，使焊接接头中白口组织增厚，而且还使机械加工性能变坏，灰铸铁底座裂纹焊条电弧冷焊焊接电流选用见表10-4。

表 10-4 灰铸铁底座裂纹焊条电弧冷焊焊接电流选用

焊件厚度/mm	15 ~ 25	25 ~ 40	>40
焊条直径/mm	5	6	8
焊接电流/A	250 ~ 300	300 ~ 360	≥400

4）每焊完一小段后，立即用圆头小锤快速锤击焊缝，使焊缝的内应力得以松弛，避免产生裂纹。

5）灰铸铁焊接时，对于多层焊缝，其焊接顺序是：先焊两边缘焊缝，然后再依次向中间焊接，减小应力。

4. 焊缝清理

焊完焊缝后，用敲渣锤和钢丝刷清理焊接飞溅和焊渣，焊缝处于原始状态，交付专职检验前不得对各种焊接缺欠进行修补。

5. 焊缝质量检查

（1）焊缝外形尺寸　焊缝余高 0 ~ 3mm，焊缝余高差≤2mm，焊缝宽度（比坡口每侧增宽 0.5 ~ 2.5mm），焊缝宽度差≤3mm。

（2）焊缝表面缺欠　咬边深度≤0.5mm，焊缝两侧咬边总长不得超过 10mm。焊缝表面不得有裂纹、夹渣、气孔、焊瘤等。

二、球墨铸铁的补焊

球墨铸铁焊接的主要问题是：白口化倾向及淬硬倾向比灰铸铁大；要求球墨铸铁焊缝与母材等强度比较困难。为此，本训练主要是培训用焊条电弧焊焊接球墨铸铁。

1. 焊前准备

（1）焊机　ZX5-400。

（2）焊条　EZNiFe-1（Z408）焊条，ϕ3.2mm。

（3）焊件　QT600-3 球墨铸铁的气缸体有一处裂纹，缸体壁厚为 20mm。

（4）辅助工具和量具　焊条保温筒、角向磨光机、钢丝刷、敲渣锤、焊缝万能量规、温度笔（650℃ ±10℃）。

2. 焊件清理

1）将球墨铸铁裂纹处两边各 30mm 处氧化皮、污、锈、垢等，用角向磨光机和钢丝刷打磨干净。

2）开U形坡口，坡口的形状要便于补焊及减小焊件母材的熔化量，其坡口尺寸如图10-5所示。

3. 焊接操作

1）在裂纹坡口的两侧进行EZNiFe-1（Z408）焊条堆焊，堆焊时采用跳焊法分散热量，只能在裂纹边缘处堆焊，不能压住裂纹，防止因堆焊层过薄而被拉裂。焊后立即进行锤击焊缝。

2）在已堆焊的裂纹两边的焊缝上，将裂纹封口，其焊接顺序如图10-6所示。每段焊缝的长度为10mm左右，焊后立即进行焊缝锤击。

3）焊接参数为：焊条直径ϕ4mm，焊接电流为130～150A。

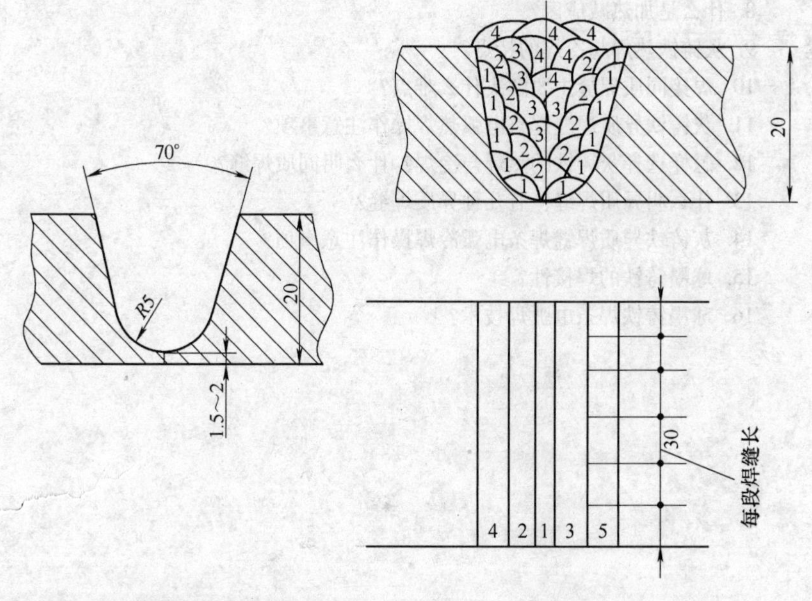

图10-5　球墨铸铁U形坡口尺寸

图10-6　球墨铸铁补焊顺序

4. 焊缝清理

用角向磨光机将焊缝表面打磨，使堆焊焊缝表面与焊件表面齐平。

5. 焊缝质量检查

焊缝表面缺欠　咬边深度≤0. 5mm，焊缝两侧咬边总长不得超过10mm。焊缝表面不得有裂纹、夹渣、气孔、焊瘤等。

复习思考题

1. 铸铁分为几类?
2. 铸铁牌号的表示方法?
3. 铸铁焊条有几种类别?
4. 铸铁焊条牌号、型号的表示方法?
5. 灰铸铁的焊接性?
6. 灰铸铁有几种焊接方法?
7. 变质铸铁件不容易熔合的原因?
8. 什么是加热减应区?
9. 灰铸铁热焊与冷焊的特点?
10. 焊接同质焊缝主要解决什么难点?
11. 灰铸铁异质焊缝焊条电弧热焊操作注意事项?
12. 怎样选择灰铸铁的热焊与冷焊? 什么叫同质焊缝?
13. 什么叫异质焊缝? 有几种异质焊缝?
14. 灰铸铁异质焊缝焊条电弧冷焊操作注意事项?
15. 球墨铸铁的焊接性?
16. 球墨铸铁焊条电弧焊技术?

第十一章 堆 焊

第一节 概 述

一、堆焊的应用

所谓堆焊，就是采用焊接工艺方法，将具有一定性能的材料堆敷在焊件表面的一种工艺过程。其目的不是用于焊件之间的连接，而是用于以下两个目的：

1）在零件表面进行堆焊，为了获得耐磨、耐热、耐腐蚀、耐冲击等特殊性能的熔敷金属层，极大地提高零件的使用寿命。

2）在修复旧零件的工作中，如轧辊、轴类和轴孔等，为了恢复和增加零件的尺寸，修复旧件的成本比较低，仅相当于购买新件成本的30%左右。

堆焊工艺可以显著地延长焊件的使用寿命、缩短生产周期、降低生产成本、节省制造和维修费用。此外，堆焊工艺还能更合理的利用材料，以获得优异的综合性能，对改进产品的设计也有重大的意义。因此，堆焊工艺被广泛地应用在各行各业的制造和维修工作中。

二、堆焊的要求

堆焊本身的冶金过程、传热过程等基本规律，与一般的焊接过程没有区别，但是，各种零件堆焊的目的，主要是为了发挥堆焊表面合金的特殊性能，所以对堆焊要求如下：

1. 尽量降低稀释率

采用堆焊工艺的母材基本上是低碳钢或低合金钢，而在堆焊层内却含有较多的合金元素，这些合金元素使堆焊层具有特殊的性能。所以，为了保持堆焊层的特殊性能，必须减少母材向焊缝的熔入量，即降低稀释率。

稀释率是表示在堆焊焊缝金属中，含有母材金属的百分率。如稀释率为20%，则表示在堆焊金属中，含有母材金属20%，含有堆焊合金80%。

2. 堆焊层合金成分是决定维修质量的主要因素

堆焊层的合金成分，决定着堆焊层的特殊性能。所以，堆焊前，必须根据零件的具体情况，合理地制定堆焊层的合金成分，使堆焊零件的堆焊层达到使用要求。

3. 提高堆焊生产率

在生产实践中，用于堆焊的零件很多，堆焊金属的量很大，所以尽量采用自动化程度高的自动焊，来提高堆焊生产率，保证堆焊质量。

4. 堆焊层金属与母材金属有相近的物理性能

由于堆焊层金属与母材金属成分相差很大，所以，在堆焊接头处会产生过大的热应力和组织应力。因此，在焊后的热处理过程中和使用过程中，堆焊接头会产生裂纹或剥离。为了避免堆焊缺欠的产生，在选择堆焊材料时，要考虑堆焊金属和母材金属有相近的相变温度和相近的线胀系数。

5. 堆焊层成形均匀平整

堆焊层成形均匀平整，表面平滑，可在很大程度上减少堆焊层的加工量，甚至在焊后不再做表面机械加工，提高了堆焊工艺的经济性。

三、堆焊金属的基本类型

堆焊金属主要有：铁基堆焊金属、镍基合金堆焊金属、钴基合金堆焊金属、铜基合金堆焊金属和碳化物堆焊合金等五种。

1. 铁基堆焊金属

按照金相组织的不同，铁基堆焊金属主要有以下四大类：

（1）珠光体钢堆焊金属　这类钢的$w(C)$小于0.25%，其他合金元素含量也较少，含合金元素总量在5%以下，以Mn、Cr、Mo、Si元素为主要合金元素，在焊后自然空冷时，得到的金相组织是珠光体，如果合金元素偏高或冷却速度较大时，能产生部分马氏体组织，这时硬度增大。这类合金的焊接性好、硬度值较低（<38HRC）、抗冲击能力强，主要用于机械零件的修复，使之恢复原来的尺寸。

（2）奥氏体钢堆焊金属 这类堆焊金属主要包括奥氏体锰钢和铬锰奥氏体钢。

1）奥氏体锰钢。奥氏体锰钢简称高锰钢，成分为 $w(C)$ 1% ~ 1.4%，$w(Mn)$ 10% ~14%，所有的产品几乎都以铸件的形式应用。为了改善焊接性，使高锰钢堆焊金属与同成分的母材具有相同的特性，在堆焊金属中，常增加少量的Cr、Ni、Mo等元素。同时，用于堆焊的奥氏体锰钢，要求在其冶炼过程中，严格限制硫和磷的含量。

奥氏体锰钢堆焊金属具有良好的冲击韧度和加工硬化特点，但是容易产生热裂纹，常用来修复严重冲击载荷下的金属磨损和磨料磨损的零件，如铁道道岔、矿山装料车等。

2）铬锰奥氏体钢。铬锰奥氏体钢堆焊金属，又可以分成低铬和高铬两类。低铬类铬锰奥氏体钢 $w(Cr)$ 不超过4%，$w(Mn)$ 12% ~15%，此外还含有少量的Ni和Mo元素。高铬类铬锰奥氏体钢 $w(Cr)$ 12% ~17%，$w(Mn)$ 约15%。铬锰奥氏体钢堆焊金属的特点与奥氏体锰钢堆焊金属相似，但是其焊接性更为优良。

铬锰奥氏体钢堆焊金属，主要用来修复受到严重冲击的金属间磨损的锰钢和碳钢零件。

奥氏体锰钢堆焊金属，焊接性优良，具有较高的韧性和在冲击磨料磨损的条件下，产生表面冷变形硬化的特性。堆焊层的硬度为200~250HBW，堆焊层对低应力下磨料磨损效果较差，如在砂性的土壤中进行挖掘，堆焊金属将很快被磨损。但是，堆焊金属在重度冲击下，其堆焊金属层在承受变形和加工硬化后，硬度可达到450~550HBW，可延长使用寿命。

（3）马氏体钢堆焊金属 马氏体钢堆焊金属，根据含碳量和合金元素的含量以及性能、用途的不同可分为：普通马氏体钢、高速钢及工具钢、高铬马氏体钢三大类。普通马氏体钢，根据含碳量的不同又可分为：低碳马氏体堆焊金属、中碳马氏体堆焊金属和高碳马氏体堆焊金属三种。

1）普通马氏体钢堆焊金属

①低碳马氏体堆焊金属。低碳马氏体堆焊金属 $w(C)$ 小于0.3%，硬度为25～50HRC，堆焊金属的显微组织为低碳马氏体。低碳马氏体堆焊金属堆焊前一般不用预热，硬度适中，有一定的耐磨性，抗裂性好，能够用碳化钨刀具进行加工，但是，硬度高的也只能进行磨削加工。低碳马氏体堆焊金属的延性好、线变形小、能够承受中度冲击，开裂和变形倾向较小。

②中碳马氏体堆焊金属。中碳马氏体堆焊金属 $w(C)$ 为0.30%～0.60%，其硬度为38～55HRC，堆焊金属的显微组织为片状马氏体，同时也含有少量的低碳马氏体、珠光体和残留奥氏体。堆焊前一般应预热至250～350℃，堆焊金属具有较好的耐磨性和中等的抗冲击能力，堆焊层开裂倾向比低碳马氏体堆焊层大。

③高碳马氏体堆焊金属。高碳马氏体堆焊金属 $w(C)$ 一般为0.60%～1.0%，也有的高达1.5%。堆焊金属硬度高达60HRC。堆焊金属的显微组织为片状马氏体和残留奥氏体，含碳量和含铬量都较高时，由于残留奥氏体数量的增加，使韧性得以增加。但焊接过程容易产生裂纹，所以在焊前应该进行预热，预热温度为350～400℃，高碳马氏体堆焊金属多数是在焊态下使用，如果需要在焊后进行机械加工，则应该在加工前先行退火处理，使硬度降至25～30HRC，机械加工后，再将其进行淬火处理，把硬度提高到50～60HRC。高碳马氏体堆焊金属具有较好的抗磨料磨损性能，但耐冲击能力较差。

2）高速钢及工具钢堆焊金属

①高速钢及工具钢堆焊金属都属于马氏体钢类型，合金系统中的W、Mo元素含量较高，因而具有较高的热硬性。所以其焊接性、硬度等方面都很相似。

高速钢的合金元素含量很高，如常用的高速钢为W18Cr4V。有的合金元素含量很低，如在高速钢中加入少量的钴，可以进一步提高热硬性，并能显著地提高强度和冲击韧度。

②工具钢根据用途的不同，又可分为热工具钢和冷工具钢。

热工具钢堆焊金属含碳量比高速钢堆焊金属低些。为了抵抗锻造加工或轧制加工过程冲击载荷，热工具钢堆焊金属，除具有较高的高温硬度外，还应具有较高的强度和冲击韧度。此外，在冷、热交变的工作环境中，为抵抗产生表面龟裂，还应具有较高的抗冷热疲劳性。根据生产需要，有时热工具钢堆焊金属还应具有高的高温抗氧化性和耐磨性。使用最多的是热作模具钢堆焊材料和热轧辊钢堆焊材料。

3）高铬马氏体钢堆焊金属。高铬马氏体钢堆焊金属 w(Cr)一般大于12%，w(C)为0.1%～2%，属于半马氏体或马氏体高铬不锈钢。当含碳量较低、含铬量较高并含钼、钛等铁素体化元素时，高铬钢堆焊金属组织是马氏体和铁素体组织，硬度为40～50HRC。高铬马氏体钢堆焊金属抗热性好、热强度高、抗蚀性能也较好，主要应用于中温(300～600℃)的耐金属间磨损堆焊。有一定的抗冲击能力，既能在连铸机导辊、拉矫辊上进行堆焊，又能在耐气蚀的零件堆焊中，得到广泛的应用。

(4) 合金铸铁堆焊金属　合金铸铁堆焊金属的 w(C)>2%，为了进一步提高铸铁堆焊金属的耐磨性，通常加入一种或几种合金元素：Cr、Ni、W、Mo、V、Ti、Nb、B 等，从而获得了优良的抗磨料磨损性能的合金铸铁堆焊层。调节合金元素的种类和含量，既能控制堆焊金属的基体组织，又能控制碳化物、硼化物等抗磨硬质相的种类和数量，以适应不同工作条件下零件的不同要求。合金铸铁堆焊金属依不同的成分和堆焊层的金相组织，可分为：马氏体合金铸铁、奥氏体合金铸铁和高铬合金铸铁三大类。

1）马氏体合金铸铁堆焊金属。马氏体合金铸铁堆焊金属以 C-Cr-Mo、C-Cr-W、C-Cr-Ni 和 C-W 为主要合金系统。w(C)一般控制在2%～5%，w(Cr)多在10%以下，常加入的合金元素还有 Nb、B 等，其合金总量通常<25%。该类合金铸铁堆焊金属具有很高的抗磨料磨损性能，耐热、耐蚀和抗氧化性能也很好。

2）奥氏体合金铸铁堆焊金属。奥氏体合金铸铁堆焊金属奥氏体比较稳定，不能通过热处理来强化。含碳量较高，性能较脆，因焊缝的收缩或在交变的工作温度环境中容易因为热应力而开裂，加入 Mn、Ni 等合金元素即可降低开裂倾向。该类合金堆焊层具有很高的耐低应力磨料磨损的能力，抗氧化性好，能经受中度冲击，可进行磨削加工。

3）高铬合金铸铁堆焊金属。高铬合金铸铁是合金铸铁堆焊金属中应用最广泛、效果最好的。合金中 w(C) 为 1.5% ~6.0%，w(Cr) 为 15% ~35%。为进一步提高耐磨性、耐热性、耐蚀性和抗氧化性，需要适当加入 W、Mo、Ni、Si、B 等合金元素。高铬合金铸铁组织中含有大量极硬的针状碳化物 Cr_7C_3，它们分布在基体中，大大地提高了堆焊层的耐低应力磨料磨损的能力。为此，耐高应力磨料磨损应该选用多元合金强化型元素。高铬合金铸铁堆焊金属的裂纹倾向较大，往往难以避免。所以，焊前要进行预热，预热温度为 400 ~500℃，焊后要缓慢冷却。

2. 镍基合金堆焊金属

镍与镍基合金堆焊金属中，有一类是含碳量较低的，w(C) ≤ 0.15%，具有优良的抗裂性、耐热、耐腐蚀性的纯镍、镍铜（蒙乃尔）和镍基合金；另一类是应用较多的耐热、耐蚀且耐磨的镍铬硼硅和镍铬钼钨合金。

镍铬硼硅系列合金，w(C) <1%。根据 w(Cr) 在 0% ~18% 的变化，w(B) 在 1% ~4.5% 之间变化，该系列合金熔点较低(1040℃)，其润湿性与流动性较好。主要用于粉末等离子堆焊和氧-乙炔火焰喷熔，堆焊金属组织是奥氏体 + 硼化物 + 碳化物。具有好的耐热、耐蚀和耐高温(最高可达 950℃)抗氧化性能，有优良的耐低应力磨料磨损的性能和耐金属间磨损性能，但是，耐高应力磨料磨损性和耐冲击性都不好。

镍铬钼钨合金，硬度低，其堆焊金属能用碳化钨刀具进行加工，机械加工性能好，主要用于抗腐蚀；同时，它的强度高、耐冲击、韧性好，也可用作高温耐磨堆焊材料。如果增加含碳量，并且适当地加入钴元素，能进一步提高硬度和高温磨损性能。镍铬钼钨合金堆焊金属的组织是：奥氏体 + 金属间化合物。

3. 钴基合金堆焊金属

钴基合金堆焊金属又称为司太立合金(Co-Cr-W)，主要是指钴铬钨堆焊合金。该类堆焊合金化学成分一般为：w(Co) 30% ~70%，w(Cr) 25% ~33%，w(W) 3% ~21%，w(C) 0.7% ~3.3%。其中钴的作用是使合金具有很高的抗蚀性，并能获得良好韧性的固溶体基体；在钴基合金堆焊金属中，铬的作用主要是使合金具有较高的抗氧化性；钨的作用主要是增加合金的高温（540～650℃）蠕变强度；碳的作用主要是在于与铬、钨形成高硬度的碳化物，使合金具有很好的耐磨性，并随着含碳量的增加，其强度和耐磨性将提高，合金的整体硬度值通常随着含碳量的增加而增加。当合金的含碳量低时，堆焊层的组织是：奥氏体＋共晶组织；当合金的含碳量高时，合金为过共晶组织。

在各种堆焊合金中，钴基合金堆焊金属的综合性能最好，有很高的热硬性、抗冲击、抗腐蚀、抗氧化、抗热疲劳和耐金属-金属间磨损等优良性能。含碳、钨较低的钴基合金堆焊金属，主要应用于受冲击、腐蚀、高温、磨料磨损零件上的堆焊，如高温高压阀门、热剪切刀刃、热锻模等。含碳、钨较高的钴基合金堆焊金属，主要应用于受冲击较小、受强烈的磨料磨损、受腐蚀零件的堆焊，如锅炉的旋转叶片、螺旋送料机、燃气轮机叶片等。

这类合金在焊接过程中，容易形成冷裂纹或结晶裂纹，所以，堆焊前应进行焊前预热，预热温度为（200～500℃），含碳量较高的钴基合金堆焊金属，需要选用较高的预热温度。采用等离子弧堆焊工艺时，待堆焊的零件焊前可不用进行预热。

4. 铜基合金堆焊金属

铜基合金堆焊金属有良好的耐蚀性和低的摩擦系数，适用于堆焊轴承等金属-金属间摩擦磨损的零件和耐蚀零件，可以在铁基材料上堆焊，制成双金属件，也可以用来修补磨损的零件。但是，铜基合金堆焊金属的耐硫化物腐蚀差、不适宜在磨料磨损和温度超过200℃的条件下工作，铜基合金堆焊金属硬度低，同时，不容易施焊。堆焊用的铜基合金主要有：青铜、纯铜、黄铜和白铜四大类。其中应用较多的是铝青铜、锡青铜。

铜基合金堆焊时，一般不要求预热，但是，当堆焊件厚度较大，焊缝熔合不良时，可以对待焊处进行预热200℃左右。

铝青铜堆焊金属的强度较高，耐金属-金属间摩擦磨损性能良好，常用于堆焊轴承、齿轮、蜗轮以及耐海水、耐弱酸、耐弱碱腐蚀的零件，堆焊时，在铝青铜中加入一些铁元素，可以细化晶粒、提高强度和阻止再结晶。

硅青铜堆焊金属的力学性能较好，耐蚀性能很好、冲击韧度也较高，但是，减磨性不好。适用于化工机械、管道等内衬的堆焊。

锡青铜堆焊金属有一定的强度，塑性好，减磨性优良，能承受较大的冲击载荷。常用于堆焊轴承、轴瓦、涡轮、低压阀门及船用螺旋浆等。

黄铜堆焊金属抗冲击性低、耐蚀性差些，常用于堆焊低压阀门等零件。

5. 碳化钨堆焊合金

碳化钨堆焊合金，实质上是由基体材料和嵌在其中的碳化钨颗粒组成的。堆焊用的碳化钨分为两类：

一类是铸造碳化钨，w(C)为3.7%～4.0%，w(W)为95%～96%，是$WC\text{-}W_2C$的混合物。这类合金的耐磨性好、硬度高，但脆性大，容易在工作过程中出现从堆焊层中碎裂并脱落。如果在合金成分中加入w(Co)为5%～15%时，可提高其韧性，降低熔点。为防止铸造碳化物的脱落，提高耐磨性，也可以加入30CrMnSi等耐磨钢类的材料。

另一类是烧结碳化钨，烧结碳化钨硬质合金大多数用钴为粘接金属，随着钴含量的增加，硬质合金的硬度下降，韧性提高。此外，碳化钨晶粒越细其耐磨性就越高。除了W以外，还有一些元素，如Ti、Mo、Ta、V和Cr等的碳化物，在很多耐磨堆焊的应用中也很有用，也可以获得满意的堆焊效果。

四、堆焊的特点

1)零件表面的堆焊合金内，一般都有很多的合金元素，而母材本身基本上采用低碳钢或低合金钢，所以，堆焊金属与母材金属之间的相变温度和膨胀系数就有了差异，在堆焊过程中，如果不采取有效措施，焊接应力可导致堆焊层的裂纹和脱落。

2)在堆焊层内含有较多的合金元素使堆焊层具有特殊的性能。所以，为了保持堆焊层的特殊性能，必须减少母材向焊缝的熔入量，即降低稀释率。

3）焊缝组织中，存在一定量的碳化物，在堆焊后的冷却过程中，会出现裂纹缺欠，所以在焊前和焊后，应采取必要的工艺措施预防缺欠的产生。

4）堆焊可以使零件表面获得特殊性能的熔敷金属，从而减少制造材料的消耗，降低零件的制造成本，延长零件的使用期限，提高机械的使用寿命。

第二节　堆 焊 焊 条

一、堆焊焊条的型号、牌号对照

堆焊焊条药皮类型主要有钛钙型、低氢型和石墨型三种，为了使堆焊金属有良好的抗裂性，大多数堆焊焊条采用低氢型药皮。堆焊焊条合金元素的加入方式有如下几种：合金元素低的堆焊焊条，采用从药皮中加入；合金元素高的堆焊焊条，多采用合金钢焊芯加入为主，药皮加入为辅；碳化钨焊条的合金元素加入方式是，把碳化钨细粉加到药皮中或把稍粗的碳化钨颗粒装到合金铁皮管中。常用的堆焊焊条型号、牌号特点和用途见表11-1。

表11-1　常用的堆焊焊条型号、牌号特点和用途

焊条型号	药皮类型	焊条牌号	焊接电源	主要特点和用途
EDPMn2-03	钛钙型	D102	交直流	常温低硬度堆焊、修复低、中碳及低合金钢耐磨件，如车轴、齿轮等
EDPMn2-16	低氢钾型	D106		
EDPMn2-15	低氢钠型	D107	直流	
EDPCrMo-A1-03	钛钙型	D112	交直流	
EDPMn3-16	低氢钾型	D126		常温中硬度堆焊、修复低、中碳及低合金钢磨损件，如车轴、行走主动轮等
EDPMn3-15	低氢钠型	D127	直流	
EDPCrMo-A2-03	钛钙型	D132	交直流	常温中硬度堆焊，特别适应矿山机械磨损件
EDPMn4-16	低氢钾型	D146		
—		D156		常温中硬度堆焊，用于轧钢机零件堆焊

（续）

焊条型号	药皮类型	焊条牌号	焊接电源	主要特点和用途
EDPMn6-15	低氢钠型	D167	直流	常温高硬度堆焊
EDPCrMo-A3-03	钛钙型	D172	交直流	
EDPCrMo-A3-15	低氢钠型	D177SL	直流	电站锅炉渗铝钢零件的堆焊
EDPCrMnSi-15		D207		常温高硬度堆焊，如推土机刀片等
EDPCrMo-A4-03	钛钙型	D212	交直流	常温高硬度堆焊，堆焊矿山机械如挖斗等
EDPCrMo-A4-15	低氢钠型	D217	直流	堆焊高强度耐磨零件，如轧辊堆焊
EDPCrMoV-A2-15		D227		用于承受一定冲击载荷的耐磨件堆焊
EDPCrMoV-A3-15		D237		堆焊受泥沙磨损和气蚀破坏的水利机械等
EDMn-A-16	低氢钾型	D256	交直流	堆焊各种破碎机、高锰钢轨等受冲击而易磨损的零件
EDMn-B-16		D266		
EDCrMn-B-16		D276		堆焊水轮机受气蚀破坏的部件，也可以用于要求耐磨及韧性高的高锰钢焊件的堆焊
EDCrMn-B-15	低氢钠型	D277	直流	
EDD-D-15		D307		用于高速钢刀具的堆焊
EDRCrMoWV-A3-15		D317		用于冷冲模及一般刀具的堆焊
EDRCrMoWV-A1-03	钛钙型	D322	交直流	
EDRCrMoWV-A1-15	低氢钠型	D327	直流	
EDRCrMoWV-A2-15		D327A		堆焊各种冲模和切削刀具
EDRCrMnMo-15	低氢钠型	D397	直流	堆焊热锻模
EDD-B-15		D407		堆焊各种冲压模具
EDCr-A1-03	钛钙型	D502	交直流	堆焊450℃以下工作的中温高压阀门
EDCr-A1-15	低氢钠型	D507	直流	

（续）

焊条型号	药皮类型	焊条牌号	焊接电源	主要特点和用途
EDCr-A2-15	低氢钠型	D507Mo	直流	堆焊510℃以下工作的中温高压阀门
EDCr-A1-15	低氢钠型	D507MoNb	直流	堆焊450℃以下工作的中低压阀门
EDCr-B-03	钛钙型	D512	交直流	堆焊450℃以下过热蒸汽阀件、搅拌机桨等
EDCr-B-15	低氢钠型	D517	直流	堆焊450℃以下过热蒸汽阀件、搅拌机桨等
EDCrMn-A-16	低氢钾型	D516F D516M	交直流	堆焊450℃以下工作的高、中压阀门
EDCrNi-A-15	低氢钠型	D547	直流	堆焊570℃以下工作的高压阀门
EDCrNi-B-15	低氢钠型	D547M	直流	堆焊600℃以下工作的高压阀门
EDCrNi-C-15	低氢钠型	D557	直流	堆焊600℃以下工作的高压阀门
EDCrMn-D-15	低氢钠型	D567	直流	堆焊350℃以下工作的中温中压球墨铸铁阀门
EDZ-A1-08	石墨型	D608	交直流	堆焊承受砂粒磨损及轻微冲击的零件
EDZCr-C-15	低氢钠型	D667	直流	堆焊耐强烈磨损、耐气蚀的零件，如裂化泵轴套
EDZ-B1-08	石墨型	D678	交直流	堆焊受磨料磨损的矿山机械零件
EDZ-D-15	低氢钠型	D687	直流	堆焊耐强烈磨损的零件，如牙轮、钻头、小轴等
EDZ-B2-08	石墨型	D698	交直流	堆焊矿山机械和泥浆泵零件
EDW-A-15	低氢钠型	D707	直流	堆焊耐岩石强烈磨损的零件，如挖泥机叶片等
EDCoCr-A-03	钛钙型	D802	交直流	堆焊650℃以下工作的高压阀门及热剪切机刀刃
EDCoCr-B-03	钛钙型	D812	交直流	堆焊650℃以下工作的高压阀门及热剪切机刀刃

（续）

焊条型号	药皮类型	焊条牌号	焊接电源	主要特点和用途
EDCoCr-C-03	钛钙型	D822	交直流	堆焊牙轮、钻头、轴承、粉碎机刃口等磨损件
EDCoCr-D-03	钛钙型	D842	交直流	堆焊高温工作的热锻模及阀门
EDZTV-15	低氢钠型	D007	直流	用于灰铸铁、球墨铸铁、合金铸铁的堆焊及补焊
—	低氢钠型	D017	直流	用于铸铁、合金铸铁切边模刃口的堆焊
—	低氢钾型	D036	交直流	用于制造和修复冲模，在碳素钢的基体上堆焊刃口

二、堆焊焊条的选择

金属的磨损类型主要有五种类型：磨料磨损、冲击磨损、粘着磨损、高温磨损和腐蚀磨损，正确选用堆焊金属材料，是堆焊工艺过程的重要环节。主要考虑以下方面：

1. 满足堆焊零件的使用要求

零件的使用条件往往很复杂，如零件的磨损、腐蚀、冲击和高温下的损坏，并不是一个因素在起作用，对零件进行失效分析，来确定零件的磨损类型和主要影响因素，抓住主要矛盾进行解决。各类堆焊金属的主要性能见表11-2，根据零件的使用条件选择堆焊金属的一般规律见表11-3，堆焊合金材料性能比较见表11-4。

表11-2 各类堆焊金属的主要性能

堆焊金属		硬度 HRC	主要特征	耐磨料磨损	耐金属间磨损	耐高温磨损	耐冲击性	耐气蚀性	耐腐蚀性	耐热性
奥氏体钢	13% Mn 系	200～500	韧性很好，加工硬化性大	良	差	差	优	中	差	差
	16% Mo-16% Cr 系	200～400	高温硬度大，韧性好	中	良	中	良	良	良	良
	高铬镍系	250～350	600～650℃下的硬度高，抗蚀性好	差	良	良	优	良	良	良

（续）

堆焊金属		硬度 HRC	主要特征	耐磨料磨损	耐金属间磨损	耐高温磨损	耐冲击性	耐气蚀性	耐腐蚀性	耐热性
马氏体钢	低合金系	40~60	硬度高，耐磨性好，使用范围广泛	良	良	中	中	—	差	中
	13% Cr 系	40~50	耐磨、耐蚀性好，适用于中温以下工作	中	良	良	良	良	良	良
高铬铸铁合金		50~66	耐磨料磨损性优良，耐蚀、耐热性良好	优	中	优	差	差	良	良
碳化钨合金		>50	抗磨料磨损性极好	优	差	差	差	差	差	差
钴基合金		35~58	高温硬度高，耐磨、耐热性良好	良	良	优	中	优	优	优

表 11-3 根据零件的使用条件选择堆焊金属的一般规律

工作条件	堆焊用合金
高温下金属间磨损	亚共晶、含金属间化合物钴基合金
高应力金属间磨损	亚共晶钴基合金、含金属间化合物钴基合金
低应力金属间磨损	堆焊用低合金钢
低应力磨料磨损、冲击浸蚀、磨料浸蚀	高合金铸铁
低应力严重磨料磨损、切割刃	碳化物
金属间磨损+腐蚀或氧化	大多数钴基合金或镍基合金
严重冲击	高合金锰钢
严重冲击+腐蚀+氧化	亚共晶钴基合金
气蚀浸蚀	钴基合金
凿削式磨料磨损	奥氏体锰钢
热稳定性，高温蠕变强度（540℃）	钴基合金、碳化物型镍基合金

表 11-4 堆焊合金材料性能比较

		材料	性能
耐磨料磨损性能增加↑	韧性增加↓	碳化钨	耐磨料磨损性能最好,受磨面变粗糙
		高铬合金铸铁	耐低应力磨料磨损性能好,抗氧化
		马氏体合金铸铁	耐磨料磨损性很好,抗压强度高
		钴基合金	抗氧化、耐热、耐腐蚀和抗蠕变
		镍基合金	耐腐蚀,也能抗氧化和抗蠕变
		马氏体钢	兼有良好的耐磨料磨损和抗冲击性能,抗压强度好
		珠光体钢	价廉,耐磨料磨损和抗冲击性能较好
		奥氏体钢	可以加工硬化
		不锈钢	耐腐蚀
		高锰钢	韧性最好,耐凿削式磨料磨损性较好,抗冲击下金属-金属间磨损性好

2. 堆焊金属的选择应该经济合理

选择堆焊金属材料在满足堆焊零件使用要求的同时，要综合比较其经济性。选择既能满足堆焊金属的使用要求，又能在价位上比较经济。如铁基合金一般在价位上比较低，不仅种类较多，而且在性能上变化大，能满足很多的堆焊金属焊接。所以，在选择堆焊材料时，应该首先考虑应用铁基材料。钴基合金价格较高，在使用条件允许的情况下，尽量选用镍基或铁基材料代替。此外，堆焊材料还与它的形状有关，粉末状和管状的堆焊材料比丝状、带状的要便宜；能用粉末状和管状的堆焊材料，尽量不用丝状、带状的堆焊材料。但是，价格便宜的堆焊材料也有不足之处：如在同样的使用环境中，用贵的堆焊材料堆焊的零件，比价格低的材料堆焊零件使用的时间要长，所以，选用哪种堆焊材料焊接，需进行综合考虑。

3. 考虑堆焊金属的焊接性

在满足堆焊零件的使用要求和堆焊金属的价格比较合理的前提下，尽量选择焊接性好、堆焊工艺比较简单的堆焊材料。

综上所述，堆焊合金材料的选择正确与否，不仅关系到堆焊的质量，而且还对成本核算有很大的影响。所以，堆焊前，应该选好堆焊合金材料，通常按以下几个步骤进行：

1）将堆焊零件的工作状况、技术要求进行分析，确定对堆焊合金的技术要求及可能损坏的类型。

2）初选几种堆焊材料。

3）对初选的几种堆焊材料进行具体分析（对热应力、裂纹的敏感性），并对其编制堆焊焊接工艺指导书。

4）选择有经验的焊工，在堆焊工艺的指导下，进行现场堆焊试验。

5）根据现场堆焊试验，综合考虑该材料的焊接性、堆焊金属的使用寿命和生产成本等，最后，确定正式的堆焊合金。

6）选择堆焊焊接方法，编制正式的堆焊工艺规程。

第三节 焊条电弧焊堆焊

堆焊方法的种类很多，几乎所有的焊接方法都能进行堆焊。常用的堆焊方法有：氧-乙炔火焰堆焊、焊条电弧堆焊、埋弧堆焊、钨极氩弧堆焊、熔化极气体保护电弧堆焊、等离子弧堆焊、电渣堆焊等。

一、焊条电弧焊堆焊的特点

1）设备简单、价格便宜、通用性强，适合现场操作。

2）焊接过程可见度好，工艺灵活，焊接性好，特别适合外形不规则、可焊到性差的部位堆焊。

3）堆焊温度高、热量集中、生产效率高。

4）堆焊熔深大、稀释率高、堆焊层硬度和耐磨性下降。通常要堆焊1~2层，但是，多层堆焊容易导致堆焊层开裂。

二、焊条电弧焊堆焊的工艺要点

焊条电弧焊堆焊所需要的电源极性，是由焊条的药皮类型决定的，常用堆焊焊条需要的电源极性及烘干温度见表11-5。

为了防止堆焊层和热影响区产生裂纹，减小焊件的变形，需要对焊件进行焊前预热和焊后热缓冷。但是，堆焊材料的预热温度与堆焊材料的碳当量是有关系的，堆焊材料碳当量与预热温度的关系见表11-6。堆焊采用后倾焊，这样有利于避免气孔和不熔合缺陷。堆焊后的缓冷，可以在热处理炉中进行，也可以在石棉灰坑中进行，或者适时地利用补充加热使其缓慢冷却。

表 11-5 常用堆焊焊条需要的电源极性及烘干温度

<table>
<tr><th>焊条药皮类型</th><th>电 源 极 性</th><th>焊条烘干温度/℃</th></tr>
<tr><td>钛钙型、钛铁矿型、低氢型</td><td>最好采用直流反接</td><td rowspan="4">酸性焊条:150 烘干 0.5～1.0h
碱性焊条:250～350 烘干 1～2h</td></tr>
<tr><td>低氢型</td><td>直流反接</td></tr>
<tr><td>石墨型</td><td>以直流正接为宜</td></tr>
<tr><td>钛钙型、钛铁矿型、石墨型</td><td>也可以采用交流</td></tr>
</table>

表 11-6 堆焊材料碳当量与预热温度的关系

碳当量(%)	0.4	0.5	0.6	0.7	0.8
预热温度/℃	100	150	200	250	300

堆焊材料的碳当量由计算公式计算得出，低、中、高碳钢及低合金钢的碳当量计算公式如下：

$$Ceq = w(C) + \frac{1}{6}w(Mn) + \frac{1}{24}w(Si) + \frac{1}{5}w(Cr) + \frac{1}{4}w(Mo) + \frac{1}{15}w(Ni)$$

三、焊条电弧焊堆焊的应用范围

焊条电弧焊堆焊主要用于小批量的堆焊生产和修复有磨损的零件。

第四节 堆焊的安全防护

一、堆焊的安全特点

堆焊是利用焊接工艺方法，将具有一定性能的材料堆敷在焊件表面上的一种工艺过程，其目的不是为了连接焊件，而是在焊件的表面上获得耐磨、耐热、耐腐蚀等性能的熔敷金属层。堆焊的安全特点因堆焊方法不同而有所不同，在堆焊中容易出现的事故主要有：

1. 火灾事故

氧-乙炔火焰堆焊时，易燃气体是乙炔（C_2H_2），助燃气体是氧气（O_2），操作不当，容易产生火灾事故。用电能进行堆焊时，因电源短路也能引起火灾事故。

2. 爆炸事故

氧-乙炔火焰堆焊时，乙炔与空气混合的爆炸极限为2.2%～81%，乙炔与氧气混合的爆炸极限为2.8%～93%；乙炔的自燃点低（335℃），受热容易自燃；乙炔的点火能量小，为0.019mJ，即将熄灭的烟头也能点燃乙炔。乙炔受热（温度超过500℃），受压（压力超过0.147MPa）时容易发生分解爆炸。

3. 中毒事故

在焊条电弧焊堆焊、埋弧堆焊、钨极氩弧堆焊、熔化极气体保护电弧堆焊、等离子弧堆焊、电渣堆焊等堆焊时，会产生有毒气体，长时间在通风不畅的环境中焊接，容易发生中毒事故。

4. 弧光辐射

在焊条电弧焊堆焊、钨极氩弧堆焊、熔化极气体保护电弧堆焊、等离子弧堆焊等堆焊时有弧光辐射发生，包括红外线、紫外线和可见光，它们是由于物体的加热而产生的，属于热线谱。

红外线对人体的危害，主要是引起组织的热作用，长期接触可能使眼睛造成红外线白内障，视力减退，严重时可导致失明。

紫外线对人体的危害，主要是对眼睛和皮肤的伤害，长期接触可能产生皮炎和电光性眼炎职业病。

可见光对人体的危害，焊接电弧的可见光，比肉眼正常能承受的光强大到一万倍，被照的眼睛疼痛，看不清东西，通常叫“晃眼”，短时间失去劳动能力。

5. 触电事故

焊条电弧焊堆焊、埋弧堆焊、钨极氩弧堆焊、熔化极气体保护电弧堆焊、等离子弧堆焊、电渣堆焊等都涉及用电，操作不当时会造成触电事故的发生。

6. 烫伤事故

氧-乙炔火焰堆焊、焊条电弧焊堆焊、埋弧堆焊、钨极氩弧堆焊、熔化极气体保护电弧堆焊、等离子弧堆焊、电渣堆焊等都是熔化焊，高温的焊药渣、焊接飞溅等容易造成操作者和辅助人员发生烫伤事故。

7. 噪声

等离子弧堆焊时，其噪声能量在2000~8000Hz范围内，对操作者的听觉系统和神经系统非常有害。

8. 粉尘与烟气

粉末等离子弧堆焊时，焊接参数选择不当，金属粉末的散失量就会增大，如果防护不到位，长时间从事该工作，将会引起焊工呼吸器官的病变。氧-乙炔火焰堆焊、焊条电弧焊堆焊、埋弧堆焊、钨极氩弧堆焊。熔化极气体保护电弧堆焊。等离子弧堆焊及电渣堆焊等堆焊时，产生大量的烟气，也会引起焊工呼吸器官的病变。

二、堆焊的安全防护要求

堆焊过程的物理本质、冶金过程和热过程与所采用的各个焊接工艺方法基本相似，而安全防护，也与各自的焊接方法相同。所以，在堆焊操作过程中，应该严格遵守该焊接方法所要求的安全操作规程。

复习思考题

1. 什么是堆焊?
2. 对堆焊有什么要求?
3. 堆焊金属有哪几种类型?
4. 铁基堆焊金属有哪几类?
5. 合金铸铁堆焊金属按堆焊层的金相组织可分为哪几类?
6. 镍基合金堆焊金属有哪几类?
7. 钴基合金堆焊金属的堆焊特点?
8. 堆焊用的碳化钨分为哪几类?
9. 堆焊的特点有哪些?
10. 堆焊用的焊条主要有哪几种药皮类型?

11. 金属磨损类型主要有哪几种类型？
12. 选择堆焊焊条主要考虑什么？
13. 选择堆焊材料的步骤？
14. 常用的堆焊方法有哪几种？
15. 焊条电弧堆焊的工艺要点？
16. 堆焊过程中容易出现的事故主要有哪些？

第十二章　铜及铜合金的焊接

第一节　概　　述

一、铜及铜合金的分类

铜具有面心立方结构，铜的体积质量为0.89×10^4kg/m^3，约是铝的3倍。热导率、电导率略低于银，约是铝的1.5倍。常温下铜的热导率比铁大8倍，在1000℃铜的热导率比铁大11倍。铜的线胀系数比铁大15%，而收缩率比铁大1倍以上。铜在常温下不易氧化，而当温度超过300℃时，氧化能力增长很快，当温度接近熔点时，氧化能力最强。铜具有非常好的压力加工成形性能。

常用的铜及铜合金有四种：纯铜、黄铜、青铜、白铜。

1. 纯铜

w（Cu）不低于99.5%的工业纯铜，表面呈紫红色，又可称为紫铜或红铜。纯铜有极好的电导性、热导性，有良好的常温和低温塑性，以及对大气、海水和某些化学药品有耐蚀性。纯铜具有很好的加工硬化性能，经冷加工变形的纯铜，其强度可以提高近一倍而塑性则降低好几倍，而且经过550～600℃退火后，加工硬化的纯铜还可以恢复其塑性。

2. 黄铜

黄铜是由铜（Cu）和锌（Zn）组成的二元合金，因表面呈淡黄色而得名。黄铜的强度、硬度和耐蚀能力比纯铜高很多，并且有一定的塑性，能够进行冷、热加工。所以，在工业中得到广泛的应用。

3. 青铜

青铜是除铜-锌（Cu-Zn）、铜-镍（Cu-Ni）合金以外的所有铜基合金的统称，如硅青铜、铝青铜、锡青铜和铍青铜等。在青铜中所加入的合金元素量，大多控制在α铜的溶解度范围内，在加热、冷却过程中没有同素异形转变。青铜虽然有一定的塑性，但其强度却比纯铜和大部分黄铜高很多。除铍青铜外，其他青铜的热导性比纯铜和黄铜低几倍至几十倍，而且结晶区较窄。

4. 白铜

白铜（Cu-Ni）是铜和镍的合金，由于镍的加入而使铜的颜色由紫色逐渐变白而得名。白铜不仅有综合的力学性能，而且，由于热导性接近钢的热导性，焊前可以不进行预热也能焊接。白铜对磷、硫等杂质很敏感，在焊接过程中容易形成热裂纹，所以，焊接过程要严格控制这些杂质的含量。

二、铜及铜合金牌号

1. 纯铜牌号

工业纯铜共分为四个组别：纯铜、无氧铜、磷脱氧铜、银铜，编号方法是以“T”为首，后面的数字表示级别。工业纯铜的化学成分及力学性能见表12-1。

表12-1　工业纯铜的化学成分及力学性能

分类	代号	牌号	主要化学成分(质量分数,%)			杂质总和(质量分数,%)
			Cu + Ag	P	Ag	
纯铜	T10900	T1	99.95	0.001	—	≤0.05
	T11050	T2	99.90	—	—	≤0.1
	T11090	T3	99.70	—	—	≤0.3
无氧铜	T10130	TU0	99.97	0.002	—	≤0.03
	T10150	TU1	99.97	0.002	—	≤0.03
	T10180	TU2	99.95	0.002	—	≤0.05
	C10200	TU3	99.95	—	—	≤0.05
磷脱氧铜	C12000	TP1	99.90	0.004~0.012		≤0.1
	C12200	TP2	99.9	0.015~0.040		≤0.15
	T12210	TP3	99.9	0.01~0.025		≤0.15
	T12400	TP4	99.90	0.040~0.065		≤0.1
银铜	T11200	TAg0.1-0.01	99.99	0.004~0.012	0.08~0.12	≤0.1

（续）

牌号	状态	拉伸试验			硬度试验		
		厚度/mm	抗拉强度 R_m/(N/mm²)	断后伸长率 $A_{11.3}$(%)	厚度/mm	维氏硬度 HV	洛氏硬度 HRB
T2、T3 TP1、TP2 TU1、TU2	R	4~14	≥195	≥30			—
	M	0.3~10	≥205	≥30	≥0.3	≤70	
	Y_1		215~275	≥25		60~90	
	Y_2		245~345	≥8		80~110	
	Y		295~380	—		90~120	
	T		≥350	—		≥110	

2. 黄铜代号

常用的黄铜主要分为：加工黄铜和铸造黄铜，其中加工黄铜又分为：普通黄铜、镍黄铜、锡黄铜、铅黄铜、锰黄铜、铝黄铜、铁黄铜、硅黄铜、加砷黄铜等。铸造黄铜主要有硅黄铜、锰黄铜、铅黄铜等。黄铜以字母“H”为首编号，字母后的数字为Cu的平均含量（如H62是指Cu的质量分数为62%的黄铜），Zn为余量。特殊用途的黄铜，在“H”的后面还标出所加元素的化学符号，然后再注明Cu及所加元素的平均含量，余量为Zn（如HFe59-1-1表示Cu的质量分数为59%，Fe的质量分数为1%，Mn的质量分数为1%，Zn为余量的黄铜）。常用黄铜的化学成分及力学性能见表12-2。

表12-2 常用黄铜化学成分及力学性能

分类	代号	牌号	化学成分(质量分数,%)				
			Cu	Fe	Pb	Zn	杂质总和
普通黄铜	C21000	H95	94~96	0.05	0.05	余量	0.3
	C22000	H90	89~91	0.05	0.05	余量	0.3
	C23000	H85	84~86	0.05	0.05	余量	0.3
	C24000	H80	78.5~81.5	0.05	0.05	余量	0.3
	C26100	H70	68.5~71.5	0.10	0.03	余量	0.3
	C26300	H68	67~70	0.10	0.03	余量	0.3

（续）

分类	代号	牌号	化学成分（质量分数,%）				
			Cu	Fe	Pb	Zn	杂质总和
普通黄铜	C26800	H66	64~68	0.05	0.09	余量	0.45
	C27000	H65	63~68	0.07	0.09	余量	0.45
	T27300	H63	62~65	0.15	0.08	余量	0.5
	T27600	H62	60.5~63.5	0.15	0.08	余量	0.5
	T28200	H59	57~60	0.3	0.05	余量	1.0

牌号	状态	拉伸试验			硬度试验		
		厚度/mm	抗拉强度 R_m/(N/mm²)	断后伸长率 $A_{11.3}$(%)	厚度/mm	维氏硬度 HV	洛氏硬度 HRB
H96	M	0.3~10	≥215	≥30	—	—	—
	Y		≥320	≥3			
H90	M		≥245	≥35	—	—	—
	Y_2		330~440	≥5			
	Y		≥390	≥3			
H85	M		≥260	≥35	≥0.3	≤85	—
	Y_2		305~380	≥15		80~115	
	Y		≥350	≥3		≥105	
H80	M		≥265	≥50	—	—	—
	Y		≥390	≥3			
H70、h68	R	4~14	≥290	≥40	—	—	—
H70 H68 H65	M	0.3~10	≥290	≥40	≥0.3	≤90	—
	Y_1		325~410	≥35		85~115	
	Y_2		355~440	≥25		100~130	
	Y		410~540	≥10		120~160	
	T		520~620	≥3		150~190	
	TY		≥570	—		≥180	

（续）

牌号	状态	拉伸试验			硬度试验		
		厚度/mm	抗拉强度 R_m/(N/mm^2)	断后伸长率 $A_{11.3}$(%)	厚度/mm	维氏硬度 HV	洛氏硬度 HRB
H63 H62	R	4～14	≥290	≥30	—	—	—
	M	0.3～10	≥290	≥35	≥0.3	≤95	
	Y_2		350～470	≥20		90～130	
	Y		410～630	≥10		125～165	
	T		≥585	≥2.5		≥155	
H59	R	4～14	≥290	≥25	—	—	—
	M	0.3～10	≥290	≥10	≥0.3	—	
	Y		≥410	≥5		≥130	

3. 青铜代号

常用的青铜主要分为加工青铜和铸造青铜。加工青铜又分为锡青铜、铝青铜、铍青铜、硅青铜、锰青铜、锆青铜、铬青铜等。青铜的编号以字母“Q”字为首，其后标有主要合金元素的化学符号，最后标出所加元素的平均含量，余量为Cu。如QSn10是Sn质量分数为10%的锡青铜：QSn10-2是Sn质量分数为10%，Zn的质量分数为2%的锡青铜，常用的加工青铜化学成分及力学性能见表12-3。

表12-3 常用加工青铜化学成分及力学性能

分类	代号	牌号	化学成分(质量分数,%)						
			Cu	Sn	P	Fe	Pb	Zn	杂质总和
锡青铜	T50110	QSn0.4	余量	0.15～0.55	0.001	—	—	—	0.1
	T50120	QSn0.6	余量	0.04～0.8	0.01	0.02	—	—	0.1
	T50130	QSn0.9	余量	0.85～1.05	0.03	0.05	—	—	0.1
	T50700	QSn1.8	余量	1.5～2.0	0.30	0.10	0.05	—	0.95
	T50800	QSn4-3	余量	3.5～4.5	0.03	0.05	0.05	2.7～3.3	0.2
	T51530	QSn7-0.2	余量	6.0～8.0	0.10～0.25	0.05	0.02	0.3	0.45

（续）

牌号	状态	拉伸试验			硬度试验		
		厚度/mm	抗拉强度 R_m/(N/mm²)	断后伸长率 $A_{11.3}$(%)	厚度/mm	维氏硬度 HV	洛氏硬度 HRB
QSn4-3	M	0.2～12	≥290	≥40	—	—	—
	Y		540～690	≥3			
	T		≥635	≥2			
QSn7-0.3	M		≥295	≥40	—	—	—
	Y_2		540～690	≥8			
	T		≥665	≥2			

4. 白铜代号

常用的白铜主要分为普通白铜、锌白铜和铝白铜等。白铜的编号以字母“B”为首，其后的数字为平均含Ni量，而Cu为余量。如B19表示Ni的质量分数为19%的普通白铜。如果白铜中还含有其他元素，则在字母“B”的后面标出所加元素的化学符号，然后再依次注明Ni及所加元素的平均含量，如BZn15-20表示含Ni质量分数为15%，Zn的质量分数为20%的锌白铜，其化学成分及力学性能见表12-4。

表12-4　常用白铜化学成分及力学性能

分类	代号	牌号	化学成分(质量分数,%)												
			Cu	Ni＋Co	Fe	Mn	Pb	P	S	C	Mg	Si	Zn	Sn	杂质总和
普通白铜	T70110	B0.6	余量	0.57～0.63	0.005	—	0.005	0.002	0.05	0.002	—	0.002	—	—	0.1
	T70380	B5	余量	4.4～5.0	0.20	—	0.01	0.01	0.01	0.03	—	—	—	—	0.5
	T71050	B19	余量	18.0～20.0	0.5	0.05	0.005	0.01	0.01	0.05	0.05	0.15	0.3	—	1.8

（续）

分类	代号	牌号	化学成分（质量分数，%）												
			Cu	Ni + Co	Fe	Mn	Pb	P	S	C	Mg	Si	Zn	Sn	杂质总和
普通白铜	T71100	B23	余量	22.0 ~ 24.0	0.10	0.13	0.05	—	—	—	—	0.20	0.20	—	1.0
普通白铜	T71200	B25	余量	24.0 ~ 26.0	0.5	0.05	0.005	0.01	0.01	0.05	0.05	0.3	0.3	0.03	1.8
普通白铜	T71400	B30	余量	29.0 ~ 33.0	0.9	1.2	0.05	0.05	0.01	0.05	—	—	—	—	2.3

牌号	状态	拉伸试验			硬度试验		
		厚度 /mm	抗拉强度 R_m/（N/mm^2）	断后伸长率 $A_{11.3}$（%）	厚度 /mm	维氏硬度 HV	洛氏硬度 HRB
B5	R	7 ~ 14	≥215	≥20	—	—	—
B5	M	0.5 ~ 10	≥215	≥30	—	—	—
B5	Y	0.5 ~ 10	≥370	≥10	—	—	—
B19	R	7 ~ 14	≥295	≥20	—	—	—
B19	M_2	0.5 ~ 10	≥295	≥25	—	—	—
B19	Y	0.5 ~ 10	≥390	≥3	—	—	—

三、焊前清理

焊前应仔细去除焊丝表面和焊件坡口两侧各 20 ~ 30mm 内的油、污、锈、垢及氧化膜等，清理方法有两种：机械清理法和化学清理法。

1）机械清理法。用风动、电动钢丝轮、钢丝刷或砂布等打磨焊丝和焊件表面，使其呈现铜的金属光泽。

2）化学清理法。化学清理有两种方法：

①用四氯化碳或丙酮等溶剂擦拭焊丝和焊件表面。

②将焊丝、焊件置于含 10%（质量分数）氢氧化钠的水溶液中除油，溶液的温度为 30～40℃→用清水冲洗干净→置于含 35%～40%（质量分数）硝酸或含 10%～15%（质量分数）硫酸水溶液中浸蚀 2～3min→清水洗刷干净→烘干。

四、接头形式和选择

由于铜及铜合金具有热导率高，液态流动性好的特性，所以焊接接头形式的设计和选择比钢材焊接有些特殊要求：

铜及铜合金的焊接接头形式以对接接头、端接接头为好，这两种接头相对热源对称，接头两侧具备相同的传热条件，可以获得均匀的焊缝成形。尽量不采用搭接接头、丁字接头、内角接接头形式。因为，在焊接过程中，热源散热不均匀，使焊接质量有所降低。铜及铜合金熔焊接头形式如图 12-1 所示。

五、焊接位置的选择

因为液态铜及铜合金的流动性好，焊接时尽量选用平焊位置施焊，不要选用立焊、仰焊及对接横焊位置施焊。用钨极氩弧焊或熔化极气体保护焊焊接时，可在全位置上焊接铝青铜、硅青铜和铜镍合金等。为了能较好地控制熔化金属流动，保证焊缝成形和焊接质量，焊接时，可采用小直径电极、小直径焊丝和小焊接电流，用较低的焊接热输入焊接。

六、焊接衬垫的选择

焊接熔池中的铜及铜合金熔液流动性很好，为了防止铜液从坡口背面流失，保证单面焊双面成形，在接头的根部需要采用衬垫，衬垫的形式有可拆衬垫和永久衬垫两种。

可拆衬垫在焊接过程中，不与焊缝粘在一起，也不会因为与焊接熔池中的铜液发生反应并污染焊缝而降低焊缝质量。常用的衬垫

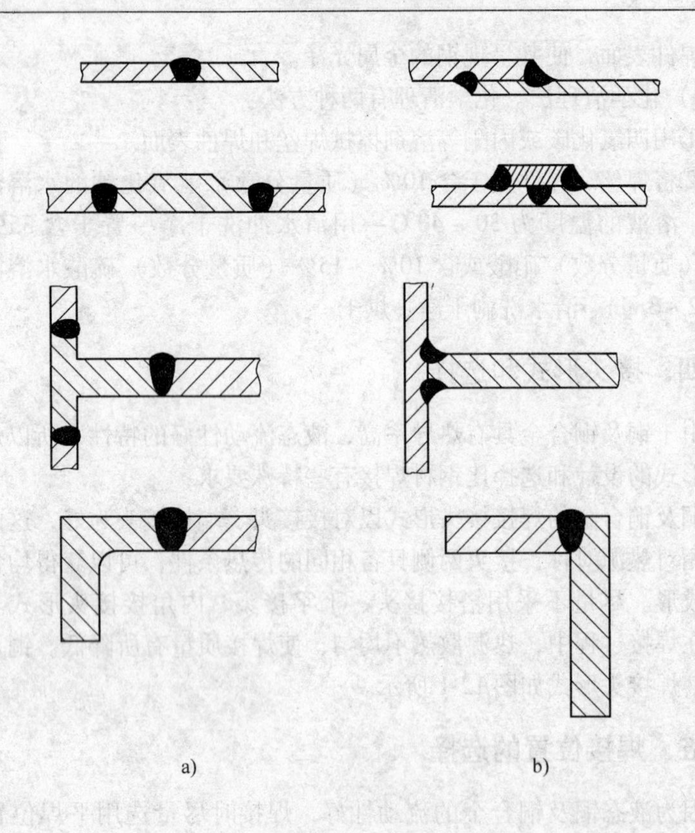

图 12-1　铜及铜合金熔焊接头形式

a）合理的　b）不合理的

有：

1）不锈钢衬垫，不易生锈，衬垫的熔点高，焊接过程不容易熔化。

2）纯铜衬垫，能承受一定的压力，受热变形后也容易校正再用。不足之处是散热快，成本高，如果操作不当，衬垫可能与焊件焊在一起。

3）石棉垫，优点是散热慢，不会与焊缝焊在一起，缺点是石棉容易吸潮，焊缝容易产生气孔，所以，焊前石棉垫必须进行烘干。

4）碳精垫或石墨垫，优点是熔点极高，不足之处是性质脆，容易发生断裂，焊接过程中，由于碳的燃烧而生成一氧化碳有毒气体，既对焊缝不利，也不利于焊工身体健康。

5）粘接软垫，使用简便，成本低，只要求被焊接的铜及铜合金焊件待焊处表面用钢丝刷打磨，去掉表面的油、污、锈、垢即可进行粘接。粘接时，用手的力量即可将软垫压紧贴牢，不需要任何夹紧装置，焊接过程中，软垫可以随着焊件受热变形，从而保证软垫与焊件紧密贴紧，保证了焊缝成形的稳定。粘接软垫主要有两种：陶质粘接软垫和玻璃纤维软垫。

七、焊前预热

由于铜及铜合金的热导性很强，为保证焊接质量，焊前需要进行预热，预热温度的高低，视焊件的具体形状、尺寸的大小、焊接方法和所用的焊接参数而定。

纯铜的预热温度一般为300～700℃。

黄铜的热导性比纯铜差，但是为了抑制锌的蒸发，也必须预热至200～400℃之间。

硅青铜的热导性较低，在300～400℃又有热脆性，所以，硅青铜的预热温度和层间温度不应超过200℃。

磷青铜的流动性差，其预热温度应不低于250℃。

铝青铜的热导率高，焊前的预热温度应在600～650℃之间。

白铜的热导率与钢相近，预热的目的是为了减少焊接应力、防止热裂纹，预热温度应偏低些。总之，合理的预热温度，并在焊接过程中始终保持这个温度不变，是保证铜及铜合金焊接质量的关键措施之一。

焊件预热的热源有：气体火焰、电弧、红外线加热器或加热炉等。铜及铜合金焊件在预热时，在高温停留时间不要过长，以防止焊件在高温下表面过度氧化和晶粒严重长大。为了防止预热热量的散失，预热时，铜及铜合金焊件应采取隔热措施。在焊接过程中，如果焊件的温度低于预热温度，就很难保证焊接质量，所以，焊件必须重新预热，但是，同一焊件的重复预热次数不应超过3～4次，否则，可能在焊缝熔合区和焊缝中出现裂纹以及非常显著地降低焊接接头的力学性能。

八、焊后处理

铜及铜合金焊后，为了减小焊接应力，改善焊接接头的性能，可以对焊接接头进行热态和冷态的锤击，锤击的效果如下：

纯铜焊缝锤击后，强度由205MPa提高至240MPa，而塑性则有所下降，冷弯角由180°降至150°。

磷青铜焊后进行热态锤击时，可以对细化晶粒有明显的效果。

对有热脆性的铜合金多层焊时，可以采取每层焊后都进行锤击，以减小焊接热应力，防止出现焊接裂纹。

对要求较高的铜合金焊接接头，在焊后采用高温热处理，清除焊接应力和改善焊后接头韧性。如锡青铜焊后加热至500℃，然后快速冷却，可以获得最大的韧性。

铝的质量分数占7%的铝青铜厚板焊接，焊后要经过600℃退火处理，并且用风冷消除焊接内应力。

第二节　铜及铜合金焊接用焊条

一、铜及铜合金焊条的选用

铜及铜合金的焊接性各不相同，相对而言，黄铜的焊接性最差，紫铜及锡青铜其次，铝青铜较好。在选择铜及铜合金焊条时，主要是根据被焊接的铜及铜合金系列来选择相应的焊条。铜及铜合金焊条的主要用途与工艺特点见表12-5。

二、铜及铜合金焊条新旧型号对照

铜及铜合金焊条新旧型号对照见表12-6。

表 12-5　铜及铜合金焊条的主要用途与工艺特点

牌号	型号	主要化学成分（质量分数,%）								主要用途及工艺特点
		Cu	Si	Mn	P	Pb	Al	Fe	其他	
T107	ECu	>95	≤0.5	≤3.0	≤0.3	≤0.02	—	—	≤0.5	用于焊接导电铜排、铜制热交换器、船舶用海水导管、海水腐蚀环境中工作的碳钢表面堆焊等。不适宜焊接电解铜及含氧铜。焊前焊件预热温度为：400～500℃
T207	ECuSi-B	>92	2.5～4.0	≤3.0	≤0.3	≤0.02	—	—	≤0.5	用于焊接纯铜、硅青铜、黄铜以及化工机械管道等内衬的堆焊。焊接硅青铜或在碳钢表面堆焊时不必预热，焊接黄铜时预热300℃，焊接纯铜预热450℃
T227	ECuSn-B	余量	—	—	≤0.3	≤0.02	—	—	≤0.5	用于焊接纯铜、磷青铜、黄铜等同种或异种金属，也用于铸铁的补焊及堆焊 广泛用于磷青铜轴衬、船舶推进器叶片焊接。焊前预热温度：磷青铜150～250℃，碳钢200℃
T237	ECuAl-C	余量	≤1.0	≤2.0	—	≤0.02	6.5～10	≤1.5	≤1.0	用于铝青铜及其他铜合金的焊接，也可以用于铜合金与钢的焊接及铸铁的补焊。如海水散热器、阀门焊接、水泵、气缸等堆焊、船舶螺旋桨补焊等。铝青铜与碳钢的堆焊，薄件不预热，厚件预热200℃
T307	ECuNi-B	余量	≤0.5	≤2.5	≤0.02	—	—	≤2.5	Ti≤0.5	用于白铜的焊接

表 12-6 铜及铜合金焊条新旧型号对照

GB 3670—1983	GB/T 3670—1995	AWS A5.6—1984	JIS Z3231—1989	药皮类型	焊接电源	熔敷金属力学性能	
						R_m/MPa≥	A(%)≥
TCu	ECu	ECu	DCu	低氢型	直流正接	170	20
—	ECuSi-A	—	DCuSiA			—	—
TCuSi	ECuSi-B	ECuSi	DCuSiB			270	20
TCuSnA	ECuSn-A	ECuSn-A	DCuSnA			—	—
TCuSnB	ECuSn-B	ECuSn-C	DCuSnB			270	12
—	ECuAl-A2	ECuAl-A2	—			—	—
—	ECuAl-B	ECuAl-B	—			—	—
TCuAl	ECuAl-C	—	DCuAl			390	15
—	ECuNi-A	—	DCuNi-1			—	—
—	ECuNi-B	ECuNi	DCuNi-3			350	20
—	ECuAlNi	ECuNiAl	DCuAlNi			—	—
TCuMnAl	ECuMnAlNi	ECuMnNiAl	—			—	—

第三节　铜及铜合金的焊接工艺及操作技术

一、铜及铜合金的焊接性

铜及铜合金的焊接性较差，很难获得优质的焊接接头。主要困难有：

1. 填充金属与焊件母材不容易熔合，易产生未焊透和未熔合缺欠

铜及铜合金热导性强，其热导系数比碳钢大 7～11 倍，焊接时有大量的热量被传导损失，由于焊件母材获得焊接热输入的不足，填充金属和焊件母材之间，难于很好地熔合，所以，容易出现未焊透和未熔合缺欠。另外，铜容易被氧化，焊接过程如果保护不好，铜的氧化物覆盖在熔池表面，会阻碍填充金属与母材熔液的熔合。因此，铜及铜合金焊接时，必须采用大功率、能量集中的强热源焊接，焊件厚度大于4mm时，还要采取预热措施，母材厚度越大，焊接时散热越严重，焊缝也越难达到熔化温度。另外，铜在熔化时，表面张力比铁小1/3，铜液比铁熔液大1～1.5倍，因此，表面成形较差，为此，铜及铜合金焊接时，背面必须加垫板等成形装置，确保焊缝背面的成形。

2. 焊接接头的热裂倾向大

铜及铜合金焊接时，铜的线胀系数和收缩率比较大，约比铁大1倍以上，焊接时的大功率热源，会使焊接热影响区加宽，如果焊件的刚度不大，又无防变形的措施，必然会产生较大的焊接变形；如果焊件的刚度很大，由于焊件变形受阻，必然会产生较大的焊接应力，增大了焊接接头的热裂倾向。

另外，铜及铜合金焊接时，铜能和焊缝熔池中的杂质分别生成熔点为270℃的（Cu + Bi），熔点为326℃的（Cu + Pb），熔点为1064℃的（Cu_2O + Cu），熔点为1067℃的（Cu + Cu_2S）等多种低熔点共晶。这些低熔点共晶在结晶过程中，都分布在枝晶间或晶界处，造成铜及铜合金焊接接头具有明显的热裂倾向，在焊接应力的作用下形成热裂纹。

3. 气孔

铜及铜合金熔化焊时，生成气孔的倾向比低碳钢严重得多。气孔主要由氢气和水蒸气所引起，此外，熔池中的氧化铜（Cu_2O），在焊缝熔池凝固时因不溶于铜而析出，与氢（H_2）或一氧化碳（CO）反应生成水蒸气和二氧化碳（CO_2），在熔池凝固前来不及析出时，也会形成气孔。

$$Cu_2O + H_2 \rightarrow 2Cu + H_2O\uparrow$$

$$Cu_2O + CO \rightarrow 2Cu + CO_2\uparrow$$

所生成的气孔分布在焊缝的各个部分。

4. 焊接接头的性能发生变化

铜和铜合金焊接时，由于焊缝晶粒受热严重长大、合金元素的蒸发和氧化、焊接过程的杂质及合金元素的渗入等，使焊接接头的性能发生了很大的变化。主要有：

（1）电导性下降　纯铜焊后，由于焊缝受杂质的污染、合金元素的渗入、焊缝不致密等因素的影响，其电导性能低于基本金属，杂质和合金元素越多，电导性就越差。

（2）力学性能下降　由于焊缝与热影响区的晶粒长大，各种脆性的易熔共晶在晶界上出现，使焊接接头的力学性能有所下降，尤其是塑性和韧性降低的更为显著。

（3）耐蚀性下降　由于焊接过程合金元素的蒸发和氧化、焊接接头存在的各种焊接缺欠、晶界上存在的脆性共晶体等，都会不同程度地降低焊接接头的耐蚀性。

5. 焊接过程金属元素蒸发有害人体健康

铜及铜合金焊接时，有些低熔点合金元素被蒸发，焊接空间常有Zn、Mn、Cu等的蒸气或氧化物颗粒存在，其中有些是对人体的健康有害的，所以在焊接过程中，必须加强通风等安全防护措施。

二、纯铜焊条电弧焊

1）焊接坡口。纯铜焊条电弧焊对接接头坡口尺寸见表12-7。

表12-7　纯铜焊条电弧焊对接接头坡口尺寸

母材厚度/mm	坡口尺寸/mm
2～4	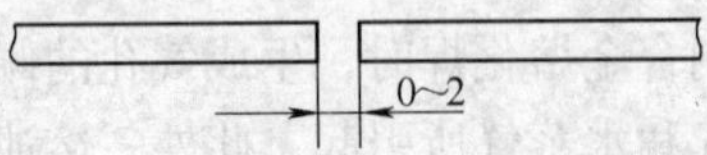 0～2
5～10	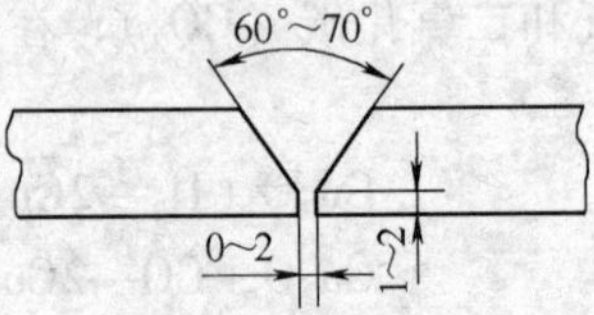 60°～70°；0～2；1～2
10～20	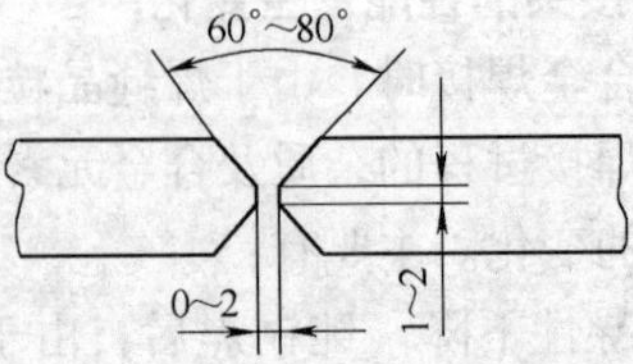 60°～80°；0～2；1～2

2）焊前预热。板厚大于3mm的焊件，焊前必须预热，预热温度为400～600℃，随着焊件的厚度和外形尺寸的增大，预热温度也应该做相应的提高。

3）焊条。选用碱性低氢型焊条，直流反接，即焊条接正极。

4）焊接电流。由于纯铜焊前进行预热，所以，焊接电流可以适当减小，纯铜焊条电弧焊焊接参数见表12-8。

表12-8　纯铜焊条电弧焊焊接参数

板厚/mm	坡口形式	焊条直径/mm	焊接电流/A		焊条牌号
			预热	不预热	
2	I形坡口	3.2	—	100～150	T107（ECu）
3		3.2～4	100～160	160～210	
4		4	140～180	200～260	T227（ECuSn-B）
5	V形坡口	4～5	180～240	—	
6			200～280	—	T237（ECuAl-C）
8		5～6	200～280	—	
10			200～290	—	
22	X形坡口	5～6	240～290	—	

5）焊接操作。焊接过程应采用短弧焊，焊条不做横向摆动，可以做直线往复运条，为了提高焊接质量，减小焊缝重复受热而降低力学性能，4mm以下的铜板最好采用单层焊；厚度4mm以上的铜板，应该开坡口并采用多层焊，并且每焊完一层都要彻底清除焊渣。长焊缝应该采用逐步退焊法焊接，而且焊接速度要尽可能地快，更换焊条的动作要迅速。焊条熄弧时，将电弧逐步引向焊缝熄弧点的旁侧，保护熔池不被空气氧化，使焊缝缓慢冷却，防止裂纹产生。焊后用平头锤敲击焊缝，消除焊接应力和改善焊缝质量。

6）焊接过程应在空气流通的地方进行，或者采用人工通风等方法排除有害气体和烟尘，保护焊工身体健康。

7）虽然焊条电弧焊有优点，但是，用焊条电弧焊焊接的纯铜焊缝中，含氧、氢量较高，不但容易出现气孔，而且焊后接头强度较低，电导率、热导率严重下降。所以，重要纯铜结构的焊接，一般不推荐焊条电弧焊。

三、黄铜焊条电弧焊

（1）焊前预热　黄铜焊前一般不预热，但是，当焊件厚度超过14mm，为了改善焊缝成形，可将焊件预热到150～400℃之间。

（2）焊条选择　黄铜焊条电弧焊用的焊条有两种：一种为黄铜芯的黄铜焊条，另一种为青铜芯的黄铜焊条。这两种焊条都能满足焊缝力学性能要求，只是黄铜芯的焊条焊接工艺性较差，焊接过程中大量的锌被蒸发并出现严重的焊接飞溅。由于锌的蒸发，使焊接接头的力学性能有所下降，耐蚀性也受到影响，目前，焊条电弧焊过程中解决锌的大量蒸发还是技术难题。通常，黄铜焊接时，多采用青铜芯的焊条，如ECuSn-B（T227）、ECuAl-C（T237），对于补焊要求不高的黄铜焊件，也可采用纯铜芯焊条ECu（T107），在补焊过程烟雾可减少。

（3）电源极性　采用直流正接，焊件接正极。

（4）焊接操作　焊接时焊条只做直线移动，不做横向和前后摆动，宜采用短弧焊接，焊接速度要高，一般不低于200mm/min。黄铜焊条电弧焊电流的选择见表12-9。

表12-9　黄铜焊条电弧焊电流的选择

焊条直径/mm	3.2	4.0	5.0
焊接电流/A	85～135	115～165	155～205

由于黄铜的金属溶液流动性大，为避免铜液流失，焊缝熔池应处于水平位置，熔池的最大倾斜度不超过15°。

多层焊时，层与层之间的氧化皮及夹渣焊前必须清理干净，然后再焊下一道/层焊缝，否则，容易造成焊缝夹渣。

为了提高黄铜焊件在海水、氨气中的耐蚀性、消除焊接残余应力，黄铜焊件焊后必须进行退火处理。

黄铜芯的焊条在焊接过程中，产生浓重的烟雾，影响焊工的视力和健康，妨碍焊工操作，所以，在黄铜件的焊接过程中要加强通风。

四、锡青铜焊条电弧焊

（1）焊前预热　焊件焊接部位刚性不大时，可以不进行预热，刚性较大时，为改善锡青铜液体金属的流动性，需要进行焊前预热，但预热温度和层间温度不应超过200℃，以避免产生裂纹。

（2）焊条选择　选用焊条 ECuSn-B（T227）。

（3）电源极性　直流电源反接，焊条接正极。

（4）焊接操作　锡青铜焊接主要用于青铜铸件缺欠和损坏机件的补焊。焊前对坡口处必须仔细清除油、污、锈、垢。对于穿透性缺欠和焊件边缘处的缺欠以及焊件厚度不足10mm时，焊前应在焊件的背面加装垫板或成形挡板，防止锡青铜溶液流失。焊接坡口角度为90°~110°，为防止产生气孔可以选择较大的焊接电流。锡青铜焊条电弧焊参数见表12-10。焊接操作时，焊条做直线运条，不做横向摆动，以窄焊道施焊。

表12-10　锡青铜焊条电弧焊参数

焊条直径/mm	焊接电流/A
3.2	90~130
4	110~160
5~6	160~220
7~8	220~280

（5）焊后处理　焊后加热至480℃，然后快速冷却。

五、铝青铜焊条电弧焊

铝青铜焊接的主要困难是在焊接过程中铝的氧化，铝与氧形成 Al_2O_3 覆在熔滴表面上，将阻碍母材与熔滴金属的熔合，同时，在熔池表面也形成了 Al_2O_3 薄膜，阻碍了热源对熔池的加热，不仅使焊缝熔池变黏，而且还使焊缝容易产生气孔和夹渣，使焊缝成形变差。

（1）坡口选择　焊件厚度小于5mm开I形坡口，焊件厚度等于或大于6mm应开70°~90°的V形坡口。

（2）焊前预热　铝青铜热导率高，厚度小于10mm的焊件焊前可不预热，对于厚度大于12mm的焊件，焊前应预热至200～500℃。

（3）焊条选择　选用ECuAl-C（T237）。

（4）电源极性　选用焊机ZX5-400，直流反接，焊条接正极。

（5）焊接操作　焊前用较高的预热温度，小电流、快速短弧焊，焊条不做横向摆动等。焊接时还要注意保持焊缝层间温度：通常，含铝质量分数为10%的铝青铜，其预热和层间温度<150℃，焊后在空气中冷却；含铝质量分数为10%～13%的铝青铜（含铁），要求预热和层间温度为260℃，焊后快冷；含铝质量分数>13%的铝青铜（含铁），要求预热和层间温度>620℃，焊后用吹风快冷。多层焊时，必须彻底清除层间焊缝表面药皮余渣，防止层间夹渣。补焊铝青铜铸件时，焊后应采取缓冷措施和热态锤击法等，消除焊接应力。铝青铜焊条电弧焊参数见表12-11。

表12-11　铝青铜焊条电弧焊参数

板厚/mm	焊条直径/mm	焊接电流/A
2	3.2	80～120
3	3.2或4	120～200
4	3.2或4	160～240
5	5.0	260～320
6	5.0或6.0	300～360
8	5.0或7.0	320～400
10	6.0或7.0	340～420

（6）焊后处理　铝青铜中含铝质量分数<7%时，焊件预热温度小于200℃，焊后不进行热处理；当含铝的质量分数>7%时，焊件预热温度为620℃，焊后进行620℃退火处理，消除焊接应力。

六、硅青铜焊条电弧焊

硅青铜与其他铜合金相比，具有较低的热导性，焊前可以不预热，液态金属的流动性较好，硅（Si）还具有良好的脱氧作用，是白铜以外最容易焊接的铜合金。焊接坡口与钢相同，厚度<4mm，用I

形坡口对接；厚度>4mm的焊件开V形坡口或双V形60°坡口。因为硅青铜在815～955℃温度区间具有热脆性，所以，在这个温度区间内，受到过大的应力就有可能产生裂纹，焊接层间温度不要超过100℃。

（1）焊条选择　选择ECuSi-B（T207）或ECuAl-C（T237）焊条。

（2）电源极性　选用ZX5—400焊机，直流反接，焊条接正极。

（3）焊接操作　焊前不预热，如结构复杂、板件待焊处较厚时，焊接过程始终要保持小尺寸熔池，层间温度不应超过200℃。多层焊时，要注意清除焊缝渣壳和焊道表面的氧化膜。硅青铜焊条电弧焊参数见表12-12。

表12-12　硅青铜焊条电弧焊参数

板厚/mm	坡口形式	焊条直径/mm	焊接电流/A
3	I	3.2	80～100
4	I	3.2	90～110

练习　黄铜板对接焊条电弧焊：

（1）材料　H62，焊件尺寸为14mm×300mm×150mm（厚×长×宽）。

（2）坡口　V形坡口，坡口角度不应小于60°。坡口角度与焊缝层数如图12-2所示。

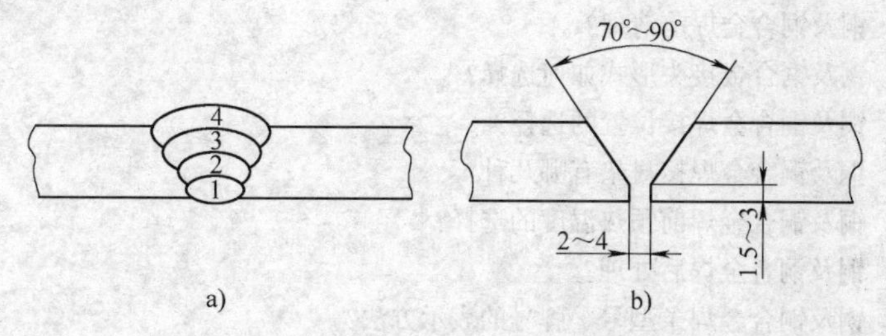

图12-2　坡口角度与焊缝层数

a）焊缝层数　b）坡口角度

（3）焊条　ECuSn-B（青铜芯焊条），直径为3.2mm。

（4）焊机　ZX5—400焊机，直流反接，焊条接正极。

（5）焊前预热　为了抑制锌在焊接过程中蒸发，焊前预热220℃。

（6）焊接参数　H62板对接焊条电弧焊参数见表12-13。

表12-13　H62板对接焊条电弧焊参数

焊接层次	焊接电流/A	焊接速度/(m/min)
1层(打底层)	90~130	0.2~0.3m/min
2~3层(填充层)	95~140	
4层(盖面层)	85~125	

（7）焊接操作　焊前应仔细清理待焊处的油、污、锈、垢。打底层焊接时，采用短弧焊接，焊条不做横向摆动，电弧沿焊缝做直线移动，小电流、高速焊，尽量使焊缝薄而窄。填充层焊接时，焊条可稍微做横向摆动，但是，摆动的范围不应超过焊条直径的两倍。盖面层的焊接，焊接电弧以直线移动为主，每道焊缝要与前一道焊缝搭接1/3。由于黄铜液体流动性很大，所以黄铜板在焊接过程中应放在水平位置。有倾角也不要大于15°。黄铜焊接时，会产生浓重的烟雾，注意加强通风，排除烟尘及有害气体。

复习思考题

1. 铜及铜合金的分类？
2. 铜及铜合金的特性？
3. 铜及铜合金焊前清理？
4. 铜及铜合金接头形式如何选择？
5. 铜及铜合金焊接位置的选择？
6. 铜及铜合金焊接衬垫有哪几种？
7. 铜及铜合金焊前预热温度的选择？
8. 铜及铜合金焊后处理？
9. 铜及铜合金焊条型号、牌号的表示方法？
10. 铜及铜合金的焊接性？
11. 黄铜的焊条电弧焊？
12. 锡青铜的焊条电弧焊？
13. 铝青铜的焊条电弧焊？

第十三章　铝及铝合金的焊接

第一节　概　　述

一、铝及铝合金的分类

铝及铝合金的分类见图13-1。

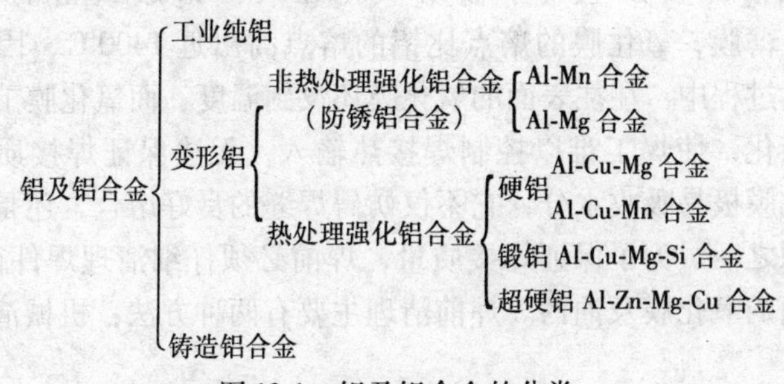

图13-1　铝及铝合金的分类

二、铝及铝合金的特性

铝（Al）的密度为2.7g/cm^3，比铜轻2/3，铝为银白色的轻金属，熔点为658℃，电导率仅次于金、银、铜而位居第四位。纯铝具有面心立方点阵结构，没有同素异构转变，塑性好，无低温脆性转变，但强度低。铝及铝合金的热导率比钢大，焊接时，热输入容易向母材迅速流失，所以，熔焊时需要采用高度集中的热源。

铝及铝合金的线胀系数较大，约为钢的2倍，凝固时的体积收缩率达6.5%左右，因此，焊件不仅热裂倾向大而且容易产生焊接变形。铝和氧的亲和力大，在空气中极易氧化，生成高密度（3.85g/cm^3）的氧化膜（Al_2O_3），熔点高达2050℃，该氧化膜在焊接过程中，阻碍熔化金属的良好结合，容易造成夹渣、气孔、未熔合、未焊透等缺欠。铝及铝合金对光、热的反射能力较强，熔化前无色泽变化，因此，焊工很难控制加热温度。

三、铝及铝合金的牌号

部分铝及铝合金牌号和化学成分见表13-1。部分铸铝合金牌号及化学成分见表13-2。部分铝及铝合金板材力学性能见表13-3。部分铸铝合金的力学性能见表13-4。

四、铝及铝合金的焊前准备及焊后清理

1. 焊前准备

铝及铝合金在空气中极易氧化在表面形成致密的氧化铝（Al_2O_3）薄膜，氧化膜的熔点比铝的熔点高出近1400℃，因而，在焊接加热过程中，往往表面的氧化膜还没到温度，而氧化膜下面的纯铝却已熔化，使焊工难以控制焊接热输入，无法保证焊接质量。另外，氧化膜极易吸收水分，它不仅妨碍焊缝的良好熔合，还是形成气孔的根源之一。为了保证焊接质量，焊前必须仔细清理焊件待焊处、焊丝表面的氧化膜及油污。焊前清理主要有两种方法：机械清理和化学清理。

（1）机械清理　清理前先用有机溶剂（汽油或丙酮）擦拭待焊处表面，紧随其后用细铜丝刷或不锈钢丝刷（金属丝直径 $<$ 0.15mm)、各种刮刀将待焊处的表面刷净（刮净），要刷（刮）到使其呈现露出金属光泽。由于铝及铝合金表面硬度较软，所以，清理焊件表面时，不允许用各种砂纸、砂布或砂轮进行打磨，以免在打磨时脱落的砂粒被压入铝及铝合金表面，影响焊接质量。

机械清理时，不仅清理焊件表面，还要认真清理坡口钝边和接口面，否则，在焊接过程中容易产生气孔、夹渣等焊接缺欠。

机械清理方法主要适用：去除铝及铝合金表面的氧化膜、各种锈蚀在铝及铝合金表面的污染，以及在轧制生产过程中产生的氧化皮等。常用于大尺寸的焊件表面、焊接生产周期较长、多层焊接以及经过化学清理后又被污染的焊件清理。

表 13-1 部分铝及铝合金牌号和化学成分

类别	牌号		化学成分(质量分数,%)														备注
	旧标准	新标准	Cu	Mg	Mn	Fe	Si	Zn	Ni	Cr	Ti	Be	Al	Fe + Si	其他杂质		
															单个	合计	
工业纯铝	L1	1070A	0.03	0.03	0.03	0.25	0.20	0.07	—	—	0.03	—	≥99.70	0.26	0.03	—	焊接性良好
	L2	1060	0.05	0.03	0.03	0.35	0.25	0.05			0.03		≥99.60	0.36			
	L3	1050A	0.05	0.05	0.05	0.40	0.25	0.07			0.05		≥99.50	0.45			
	L4	1035	0.10	0.05	0.05	0.60	0.35	0.10			0.03		≥99.30	0.60			
防锈铝合金	LF2	5A02	0.10	2.0 ~ 2.8	0.15 ~ 0.4	0.40	0.40	—	—	—	0.15	—	余量	0.60	0.05	0.15	除 LF21 外,焊接性都较好
	LF3	5A03		3.2 ~ 3.8	0.3 ~ 0.6	0.50	0.50	0.20			0.15			—		0.10	
	LF5	5A05		4.8 ~ 5.5	0.3 ~ 0.6	0.50	0.50	0.20			—						
	LF6	5A06		5.8 ~ 6.8	0.5 ~ 0.8	0.40	0.40	0.20			0.02 ~ 0.10	0.0001 ~ 0.005					
	LF10	5B05	0.20	4.7 ~ 5.7	0.2 ~ 0.6	0.40	0.40	—			0.15	—		0.60			

（续）

类别	牌号		化学成分（质量分数，%）												其他杂质		备注
	旧标准	新标准	Cu	Mg	Mn	Fe	Si	Zn	Ni	Cr	Ti	Be	Al	Fe + Si	单个	合计	
防锈铝合金	LF21	3A21	0.20	0.05	1.0 ~ 1.6	0.70	0.60		—	—	0.15	—	余量	—	0.05		除 LF21 外，焊接性都较好
硬铝合金	LY1	2A01	2.2 ~ 3.0	0.2 ~ 0.5	0.2	0.50	0.50	0.10	—	—	0.15	—	余量	—			—
	LY16	2A16	6.0 ~ 7.0	0.05	0.4 ~ 0.8	0.3	0.3		—	—	0.1 ~ 0.2	Zr/0.20	余量	—			
锻铝合金	LD2	6A02	0.2 ~ 0.6	0.45 ~ 0.9	0.15 ~ 0.35	0.50	0.5 ~ 1.2	0.20	—	—	0.15	—	余量	—		0.10	—
	LD10	2A14	3.9 ~ 4.8	0.4 ~ 0.8	0.4 ~ 1.0	0.7	0.6 ~ 1.2	0.30	0.10	—	0.15	—	余量	—	0.05		
超硬铝合金	LC3	7A03	1.8 ~ 2.4	1.2 ~ 1.6	0.10	0.20	0.20	6.0 ~ 6.7	—	0.05	0.02 ~ 0.08	—	余量	—			—
	LC9	7A09	1.2 ~ 2.0	2.0 ~ 3.0	0.15	0.50	0.50	5.1 ~ 6.1	—	1.6 ~ 0.30	0.10	—	余量	—			
特殊铝合金	LT1	4A01	0.2	—	—	0.6	4.5 ~ 6.0	0.10Zn + Sn	—	—	0.15	—	余量	—		0.15	—

表 13-2　部分铸铝合金牌号及化学成分

序号	合金牌号	合金代号	主要元素(质量分数,%)							
			Si	Mg	Mn	Ti	Cu	Zn	其他	Al
1	ZAlSi7Mg	ZL101	6.5~7.5	0.25~0.45	—	—	—	—	—	余量
2	ZAlSi7MgA	ZL101A				0.08~0.20				
3	ZAlSi12	ZL102	10~13	—		—				
4	ZAlSi9Mg	ZL104	8.0~10.5	0.17~0.35	0.2~0.5					
5	ZAlSi5Cu1Mg	ZL105	4.5~5.5	0.4~0.6	—		1.0~1.5			
6	ZAlSi5Cu1MgA	ZL105A		0.4~0.55						
7	ZAlSi8Cu1Mg	ZL106	7.5~8.5	0.3~0.5	0.3~0.5	0.1~0.25				
8	ZAlSi7Cu4	ZL107	6.5~7.5	—	—	—	3.5~4.5			
9	ZAlSi12Cu2Mg1	ZL108	11~13	0.4~1.0	0.3~0.9		1.0~2.0			
10	ZAlSi12Cu1Mg1Ni1	ZL109		0.8~1.3	—		0.5~1.5		Ni：0.8~1.5	
11	ZAlSi9Cu2Mg	ZL111	8~10	0.40~0.60	0.1~0.35	0.1~0.35	1.3~1.8		—	
12	ZAlSi7Mg1A	ZL114A	6.5~7.5	0.45~0.60	—	0.1~0.20	—		Be：0.04~0.07	
13	ZAlSi5Zn1Mg	ZL115	4.8~6.2	0.4~0.65		—		1.2~1.8	Sb：0.1~0.25	
14	ZAlSi8MgBe	ZL116	6.5~8.5	0.35~0.55		0.1~0.30		—	Be：0.15~0.40	
15	ZAlCu5Mn	ZL201	—	—	0.6~1.0	0.15~0.35	4.5~5.3		—	
16	ZAlCu5MnA	ZL201A					4.8~5.3			
17	ZAlCu4	ZL203			—	—	4.0~5.0			
18	ZAlCu5MnCdA	ZL204A			0.6~0.9	0.15~0.35	4.6~5.3			
19	ZAlMg10	ZL301		9.5~11	—	—	—			
20	ZAlMg5Si1	ZL303	0.8~1.3	4.5~5.5	0.1~0.4					
21	ZAlMg8Zn1	ZL305	—	7.5~9.0	—	0.1~0.20		1.0~1.5	Be：0.03~0.1	
22	ZAlZn11Si7	ZL401	6~8	0.1~0.3		—		9.0~13	—	

表 13-3 部分铝及铝合金板材力学性能（退火状态）

	高纯铝	工业纯铝		5A02(LF2)	5A05(LF5)	3A21(LF21)	2A11(LY11)	2A12(LF12)	7A04(LC4)	6A02(LD2)
		1035(L4)	8A06(L6)							
R_m/MPa	45	80	90	190	260	130	210	180	260	180
A(%)	49	12	30	23	22	23	18	18	13	30
硬度 HBW	17	32	25	45	65	30	45	42	—	30

表 13-4 部分铸铝合金的力学性能

代号	铸造方法	材料状态	力学性能(不低于)		
			抗拉强度 R_m/MPa	伸长率 A(%)	硬度 HBW
ZL101	砂型、金属型铸造	退火状态	135	2	45
ZL104	金属型铸造	人工时效	195	1.5	65
ZL105	砂型、金属型铸造	人工时效	155	0.5	65
ZL201	砂型铸造	淬火	295	8	70
ZL203	金属型铸造	淬火	195	6	60
ZL303	砂型、金属型铸造		147	1	55

（2）化学清洗　用化学清洗的方法不仅可以去除氧化膜，还可以起到去除油污的作用。清洗过程用酸和碱等溶液清洗焊件，效率高，而且清洗质量稳定，常适用于被清洗的焊件尺寸不大、成批量生产的焊件。

用碱溶液或酸溶液进行清洗时，溶液的质量分数及清洗时间，是随着溶液的温度高低而不同的。如果溶液的温度高，则可以降低溶液的质量分数或缩短清洗时间，清洗后的铝及铝合金表面是无光泽的银白色。常用的铝及铝合金表面焊前化学清洗方法见表 13-5。

2. 焊接垫板

铝及铝合金在高温时强度很低，容易在焊接过程中焊缝下塌，为了既保证焊缝焊透，又不至于发生焊缝下塌缺欠，所以，常在焊接过程中，在焊缝的背面用垫板来托住熔化、软化的铝及铝合金焊件，垫板的材料有不锈钢、石墨和碳钢等，为了使焊缝背面成形良好，可以在垫板的表面开一个弧形圆槽，确保焊缝背面的成形。熟练的专门焊接铝及铝合金焊工，焊接时也可以不加背面的垫板。

表 13-5　常用的铝及铝合金表面焊前化学清洗方法

被清洗材料	碱洗			冷水冲洗时间/min	中和清洗			冷水冲洗时间/min	烘干温度/℃
	NaOH 溶液 $w(NaOH)$ (%)	温度/℃	时间/min		HNO_3 溶液 $w(HNO_3)$ (%)	温度/℃	时间/min		
纯铝	6~10	40~50	10~20	2	30	室温	2~3	2	风干或 100~150
铝合金	6~10	50~60	5~7	2	30	室温	2~3	2	风干或 100~150

3. 焊前预热

铝及铝合金的热导率比较大，焊接热输入要损失一部分，在厚度超过 5mm 以上焊件焊接时，为了确保焊接接头达到所需要的温度，保证焊接质量，在焊接以前，应该对待焊处进行预热。预热温度为 100~300℃，预热的方法有氧-乙炔火焰、电炉或喷灯等。

由于铝及铝合金在高温时不变颜色，无法判定焊件上达到的预热温度值，所以，推荐以下鉴别温度的方法：

（1）用 TEMPILSTIK 温度测试蜡笔　该系列的蜡笔共有 87 个温度级别，由 40℃开始，在 400℃以下，每增加 5℃为一个级别，在 400℃以上时，每增加 10℃或 25℃为一个级别。焊前用该蜡笔在预热处画一直线，当预热的温度达到所选定的温度时，该颜色的蜡笔会改变颜色，此时，可以停止预热。

（2）用氧-乙炔火焰的强碳化焰喷焊件的待焊处　预热前先用强碳化火焰，喷到铝及铝合金表面待焊处，使焊件的表面成灰黑色，然后，将火焰调成中性火焰，在焊件的表面来回反复地进行加热，当预热的焊件表面碳黑被烧掉时，即表明该焊件已达到预热温度，此时可以停止预热。

4. 焊后清理

焊后的铝及铝合金焊接接头及其附近区域，会残存焊接熔剂和焊渣，在空气中水分的作用下，会加快腐蚀铝及铝合金表面的氧化膜，从而使铝及铝合金焊缝受到腐蚀性破坏。因此，焊后应该立即清除焊件上的熔剂和焊渣。常用的铝及铝合金焊后清理方法见表13-6。

表13-6 常用的铝及铝合金焊后清理方法

清洗方案	清洗内容及工艺过程
1. 一般结构	在60～80℃热水中→用硬笔毛刷将焊缝正面背面仔细刷洗，直至焊接熔剂和焊渣全部清洗掉
2. 重要焊接结构	在60～80℃热水中刷洗→硝酸（体积分数，50%）、重铬酸（体积分数，2%）的混合液→清洗2min→热水冲洗→干燥

第二节 铝及铝合金焊条电弧焊

一、铝及铝合金焊接的特点

由于铝及铝合金的化学性质非常活泼，表面极易形成难熔性质的氧化膜（如Al_2O_3的熔点约为2050℃，MgO的熔点约为2500℃），以及铝及铝合金的热导性很强，焊接热输入容易迅速向母材流失，因此容易造成铝及铝合金产生未熔合缺欠。铝及铝合金在焊接生产中的主要问题有以下几个：

1. 铝的比热和热导率比钢大

铝的比热和热导率比钢大，焊接过程的热输入因向母材迅速传导而流失，因此，用熔化焊方法焊接时，需要采用高度集中的热源，为了获得高质量的焊接接头，有时需要采用预热的工艺措施才能实现熔焊过程；用电阻焊方法焊接时，需要采用特大功率的电源焊接。

2. 线胀系数较大

铝及铝合金的线胀系数较大，约为钢的2倍，凝固时体积收缩率达6.5%左右，因此，焊件容易产生焊接变形。

3. 铝和氧的亲和力大

铝和氧的亲和力大，极易氧化。铝及铝合金在焊接过程中，在焊件表面氧化生成高密度（3.85g/cm^3）的氧化膜（Al_2O_3），它的熔点高，该氧化膜在焊接过程中，阻碍熔化金属的良好结合，容易造成夹渣。

4. 容易产生气孔

铝及铝合金在焊接过程中最容易产生的缺欠是氢气孔，这是由于在焊接电弧弧柱的空间中，总是存在一定数量的水分，尤其是在潮湿的季节或湿度大的地区焊接时，由弧柱气氛中的水分分解而来的氢，溶入过热的熔池金属中，在低温凝固时，氢的溶解度会发生很大的变化，急剧下降，如在焊缝熔池凝固前不能析出，留在焊缝中就形成氢气孔。

其次，焊丝和焊件氧化膜中所吸附的水分，也是产生气孔的重要原因。Al-Mg 合金的氧化膜不致密、吸水性很强。所以，Al-Mg 合金要比氧化膜致密的纯铝具有更大的气孔倾向。

5. 铝及铝合金熔化时无色泽变化

铝及铝合金在焊接过程中由固态变为液态时，没有明显的颜色变化，因此，焊工很难控制加热温度，同时，由于铝及铝合金在高温时强度很低（铝在 370℃时强度仅为 10MPa），容易使焊缝熔池塌陷或熔池金属下漏，所以，焊接时焊缝背面要加垫板。

6. 焊接热裂纹

铝及铝合金焊接过程中，在焊缝金属和近缝区内出现的热裂纹，主要是金属凝固裂纹和液化裂纹。这种易熔共晶体的存在，是铝及铝合金焊缝产生凝固裂纹的重要原因。铝及铝合金的线胀系数是钢的 2 倍，在拘束条件下焊接时，所产生的较大焊接应力，也是铝及铝合金具有较大裂纹倾向的原因之一。

7. 焊接接头的等强性

能时效强化的铝合金，除了 Al-Zn-Mg 合金外，无论是在退火状态下，还是在时效状态下焊接，焊后如不经热处理，其焊接强度均低于母材。

非时效强化的铝合金，如 Al-Mg 合金，在退火状态下焊接时，焊接接头同母材是等强的：在冷作硬化状态下焊接时，焊接接头强度低于母材。

铝及铝合金焊接时的不等强的表现，说明焊接接头发生了某种程度的软化或存在某一性能上的薄弱环节，这种接头性能上的薄弱环节，可以存在于焊缝、熔合区或热影响区中的任何一个区域内。

焊缝区由于是铸造组织，与母材的强度差别可能不大，但是，焊缝的塑性一般不如母材。同时，焊接热输入越大，焊缝性能下降的趋势也越大。

熔合区非时效强化的铝合金，熔合区的主要问题是因晶粒粗化而降低了塑性；时效强化的铝合金焊接时，不仅晶粒粗化，而且可能因晶界液化而产生裂纹。所以，焊缝熔合区的主要问题是塑性发生恶化。

热影响区，非时效强化的铝合金和能时效强化的铝合金焊后的表现，主要是焊缝金属软化。

8. 焊接接头的耐蚀性

铝及铝合金焊后，焊接接头的耐蚀性一般都低于母材。影响耐蚀性的主要原因有：

1）由于组织的不均匀性，使焊接接头各部位的电极电位产生不均匀性。因此，焊前焊后的热处理情况就会对接头的耐蚀性发生影响。

2）杂质较多、晶粒粗大以及脆性相的析出等都会使耐蚀性明显下降。所以焊缝金属的纯度和致密性是影响接头耐蚀性的原因之一。

3）焊接应力的大小也是影响耐蚀性的原因之一。

二、铝及铝合金焊条的选用

由于铝及铝合金焊条电弧焊时，容易出现氧化、气孔、元素烧损以及裂纹等焊接缺欠，所以，铝及铝合金焊条在焊接过程中应用较少，常用于纯铝、铝锰、铸铝、铝镁合金焊接结构的焊接修补工艺。铝及铝合金焊条的选用见表13-7。

三、铝及铝合金的焊接要点

根据铝及铝合金的焊接特点，应用较多的焊接方法主要有氧-乙炔气焊、焊条电弧焊、氩弧焊、电阻点焊、电阻缝焊等。

（1）焊条电弧焊工艺要点　铝及铝合金焊条电弧焊实际应用不大，只是在厚板焊接或厚度较大的铝铸件的补焊才使用。因为，铝焊条的药皮极易吸潮，不便保管，所以，限制了焊条电弧焊工艺在铝及铝合金焊接上的应用。厚度较大的焊件，焊前要进行预热，预热温度为100～300℃，焊接时，采用短弧进行焊接，焊条与焊件垂直并且做直线往复运条。

表13-7 铝及铝合金焊条的选用

<table>
<tr><th>牌号</th><th>新型号</th><th>旧型号</th><th>药皮类型</th><th>电源种类</th><th>抗拉强度/MPa</th><th>主要用途</th></tr>
<tr><td>L109</td><td>E1100</td><td>TAl</td><td rowspan="3">盐基型</td><td rowspan="3">直流</td><td>≥80</td><td>焊接纯铝制品</td></tr>
<tr><td>L209</td><td>E4043</td><td>TAlSi</td><td rowspan="2">≥95</td><td>焊接铝板、铝硅铸件，一般的铝合金、锻铝、硬铝的焊接，不宜焊接铝镁合金</td></tr>
<tr><td>L309</td><td>E3003</td><td>TAlMn</td><td>用于铝锰合金、纯铝及其他铝合金</td></tr>
</table>

（2）焊接参数 铝及铝合金焊条电弧焊焊接参数见表13-8。

表13-8 铝及铝合金焊条电弧焊焊接参数

<table>
<tr><th>板厚/mm</th><th>焊条直径/mm</th><th>焊接电流/A</th><th>电弧电压/V</th><th>电源极性</th></tr>
<tr><td><3</td><td>3.2</td><td>80～110</td><td>20～25</td><td rowspan="3">直流反接</td></tr>
<tr><td>3～5</td><td>4.0</td><td>110～150</td><td rowspan="2">22～27</td></tr>
<tr><td>5～8</td><td>5.0</td><td>150～180</td></tr>
</table>

复习思考题

1. 铝及铝合金的分类有哪些？
2. 铝及铝合金牌号有哪些？
3. 铝及铝合金的焊接特点有哪些？
4. 铝及铝合金焊前准备和焊后清理？
5. 铝及铝合金焊条有哪些？
6. 铝及铝合金常用哪些焊接方法？

第十四章　焊接应力与变形

第一节　概　　述

一、焊接应力与变形的概念

焊接过程结束，焊件冷却后残留在焊件中的内应力叫焊接应力，也叫焊接残余应力。焊接过程中，焊件产生了不同程度的变形，焊接过程结束，焊件冷却后残留在焊件上的变形叫焊接变形，也叫焊接残余变形。在焊接生产中，焊接应力与焊接变形的产生是不可避免的。焊接残余应力往往是造成裂纹的直接原因，同时降低了结构的承载能力和使用寿命。焊接残余变形造成了焊件尺寸、形状的变化，这给正常的焊接生产带来一定的困难。因此在焊接生产中如何控制焊接残余应力和焊接残余变形是非常重要的任务。

二、焊接应力与变形产生的原因

物体在某些外界条件（如应力、温度等）的影响下，其形状和尺寸可能发生变化，下面以一根金属杆为例说明，如图 14-1 所示，一根金属杆在室温下长度为 L_0，当温度升高后，如果不受到阻碍，其长度会增长，增长量 ΔL_T 就是自由变形，如图 14-1a 所示。当金属杆在温度升高的过程中受到阻碍，使它不能自由地

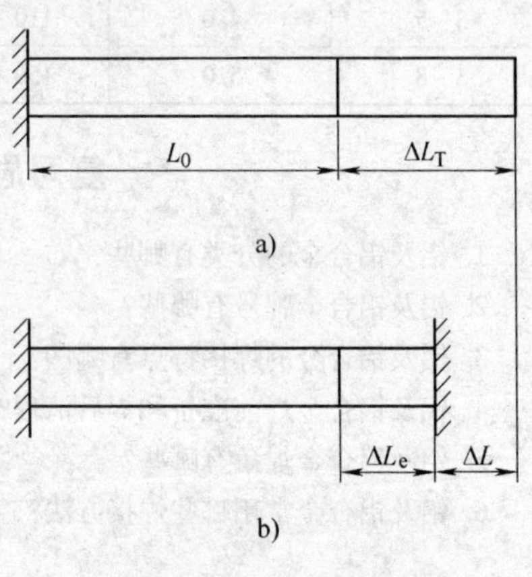

图 14-1　金属杆件的变形
a）自由变形量　b）可见变形量

变形，只能够部分地表现出来，如图 14-1b 所示，ΔL_e 叫外观变形，而未能够表现出来的变形 ΔL 叫内部变形，它的数值是自由变形和外观变形之差，用下面的公式来表示：

$$\Delta L = \Delta L_T - \Delta L_e$$

而内部变形率（ε）用下面的公式来表示：

$$\varepsilon = \frac{\Delta L}{L}$$

应力与应变之间的关系可以从材料试验的应力——应变图中得知。以低碳钢为例，如图 14-2 所示，当应力低于屈服强度时，应力与应变是直线关系，产生弹性变形，如图 14-2 中 OS 线，可以用胡克定律来表示：

$$\sigma = E\varepsilon$$

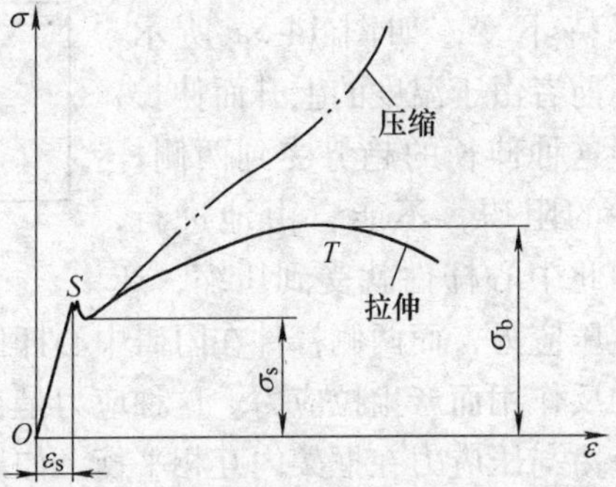

当应力大于屈服强度时，就会产生塑性变形，如图 14-2 中的 ST 线。

图 14-2　低碳钢的应力——应变图

当材料的温度升高时，其强度会降低，以低碳钢为例，如图 14-3 所示，当温度达到 300℃以上时，其强度会迅速降低，当温度达到 600℃左右时，屈服强度接近于零。

焊接是一种局部不均匀加热的工艺过程，加热温度高，加热和冷却速度快。焊接时，在焊接区附近产生不均匀的温度场，如图 14-4 所示，低碳钢熔池的平均温度达到 1700℃以上，熔池周围温度迅速递减。工件局部因为温度升高而膨胀，同时局部材料的强度降低，由于受到接头周围金属的限制

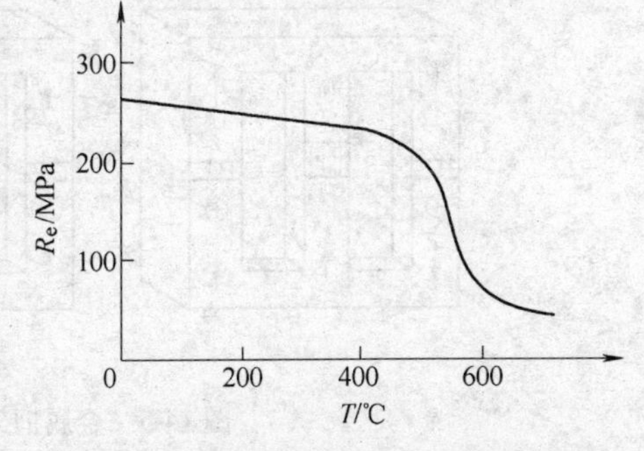

图 14-3　低碳钢屈服强度与温度的关系

而不能自由膨胀，当压应力大于材料的屈服强度时，产生压缩塑性变形。当焊缝冷却后收缩，由于受到接头周围金属的限制而不能自由收缩而受到拉伸，产生拉应力，即焊接残余应力。总之，焊接时的局部不均匀加热与冷却是产生焊接应力和焊接变形的主要原因。下面以金属框架为例说明，图 14-5 是一个金属框架，如果只对中间的杆件焊接，而两侧的杆件温度保持不变，如图 14-5a 所示，则前者由于温度的上升而伸长，但这种伸长的趋势受到两侧杆件的阻碍，不能自由地进行，因此中心杆件就受到压缩，产生压应力，而两侧杆件在阻碍中心杆件膨胀伸长的同时受到中心杆件的反作用而产生拉应力。这种应力是在没有外力的作用下产生的，拉应力与压应力在框架内互相平衡。如果中心杆件的压应力达到材料的屈服强度，杆件就会在产生压缩塑性变形。当中心杆件的温度恢复到原始状态后，如果任其自由收缩，那么中心杆件就会比原来短。这个差值就是中心杆件的压缩变形收缩量。而实际上框架两侧杆件阻碍着中心杆件的自由收缩，使它受到拉应力，两侧杆件本身由于受到中心杆件的反作用而产生压应力，如图 14-5b 所示。这样，就在框架中形成了一个新的应力体系，即残余应力。

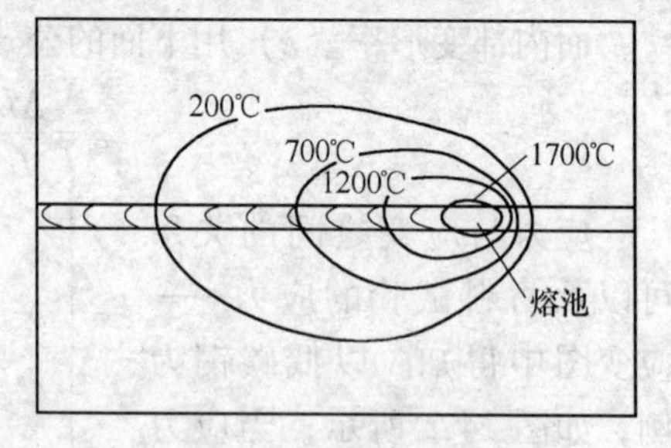

图 14-4 焊件上的温度分布

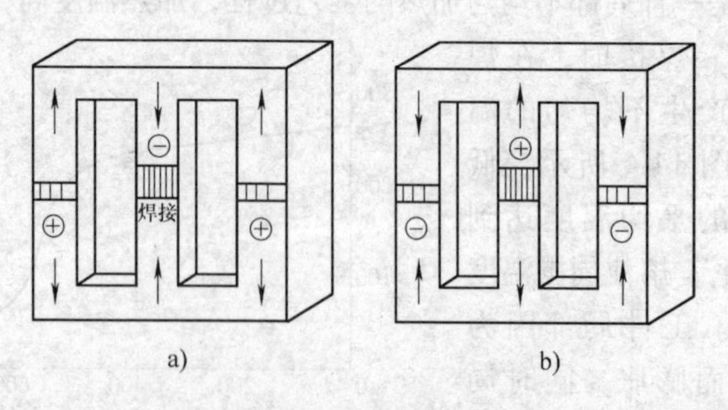

图 14-5 金属框架
a）焊接时框架中应力 b）冷却后框架中应力

第二节　焊接残余应力

一、焊接残余应力的种类

1. 焊接残余应力按照产生的原因分类

按照焊接残余应力产生的原因可分为温度应力、组织应力、拘束应力和氢致应力。

（1）温度应力　温度应力又称为热应力，它是指由于金属受热不均匀，各处变形不一致且互相约束而产生的应力。焊接过程中温度应力是不断变化的，峰值一般都达到屈服强度，因此产生塑性变形，焊接结束冷却后产生残余应力保存下来。

（2）组织应力　焊接过程中，引起局部金属组织发生转变，随着金属组织的转变，其体积发生变化，而局部体积的变化受到周围金属的约束，同时，由于焊接是不均匀加热与冷却，组织的转变也是不均匀的，结果就是产生应力，称为组织应力。

（3）拘束应力　焊接结构往往是在拘束条件下焊接的，造成拘束状态的因素有结构的刚度、自重、焊缝的位置以及夹持夹具的松紧程度等。这种在拘束条件下焊接，由于受到外界或自身刚性的限制，不能自由变形产生的应力称为拘束应力。

（4）氢致应力　焊接过程中，焊缝局部产生显微缺欠，如气孔、夹渣等，扩散氢向显微缺欠处聚集，局部氢的压力增大，产生氢致应力。氢致应力是导致焊接冷裂纹的重要因素之一。

2. 按照焊接残余应力在结构中的作用方向分类

按照焊接残余应力在结构中的作用方向可分为单项应力、双项应力和体积应力。

（1）单项应力　焊接应力在焊件中只沿一个方向发生，如薄板焊接和圆棒对接时，焊件中的应力是单方向的，也称为单向应力，如图 14-6 所示。

（2）双项应力　焊接应力存在于焊件中的一个平面的不同方向上，如薄板十字对接焊缝焊接和较厚板对接时，焊件中的应力存在于

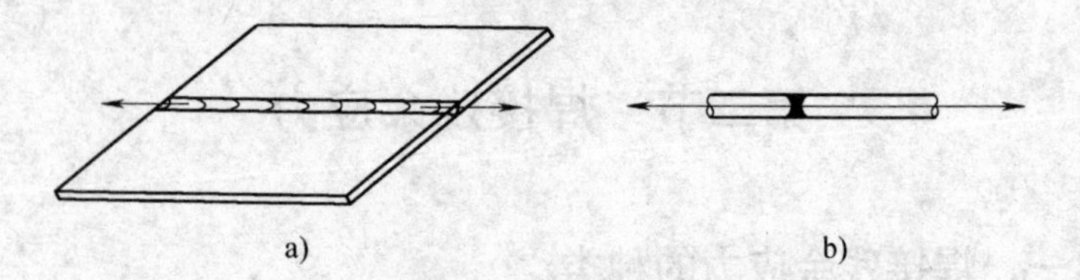

图 14-6　焊接线应力

a）薄板对接　b）圆棒对接

一个平面上，也称为平面应力，如图 14-7 所示。

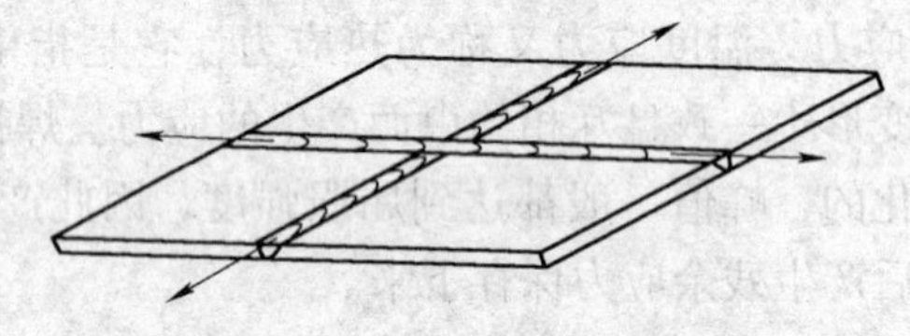

图 14-7　焊接平面应力

（3）体积应力　焊接应力在焊件中沿空间的三个方向上发生，如厚板对接焊缝和结构件三个方向上焊缝的交叉处都存在体积应力。体积应力也称为三向应力，如图 14-8 所示。

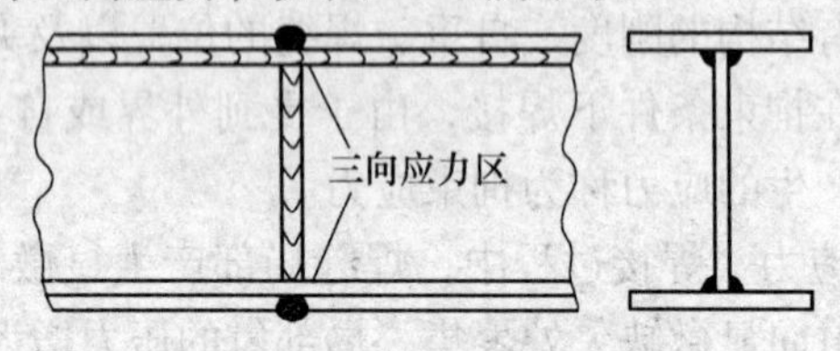

图 14-8　焊接体积应力

二、控制焊接残余应力的工艺措施

控制焊接残余应力应该从设计和工艺两个方面来考虑，设计方面在保证构件有足够强度的前提下，尽量减少焊缝的数量和尺寸，选择合理的接头形式，将焊缝布置在构件最大应力区之外。在工艺上，主要从以下几点控制焊接残余应力：

1. 选择合理的组焊顺序

施焊时，要考虑焊缝尽可能自由地收缩，以减小结构的拘束度，从而降低焊接残余应力，多种焊缝焊接时，应先焊收缩量大的焊缝；长焊缝宜从中间向两头施焊，避免从两头向中间施焊。图 14-9 是盖板对接的工形梁，因为盖板对接焊缝的横向收缩量大，必须先焊，然后再焊接工形梁主角焊缝。如果反之，先焊工形梁主角焊缝，后焊盖板对接焊缝，则盖板对接焊缝的横向收缩不自由，很容易产生裂纹。大型贮罐容器的罐底是由若干块钢板对接而成，如图 14-10 所示，焊接时，焊缝从中间向四周进行，并先焊钢板的对接接长焊缝，然后再焊接通长接宽焊缝，这样能使焊缝最大限度地收缩，减小焊接残余应力。

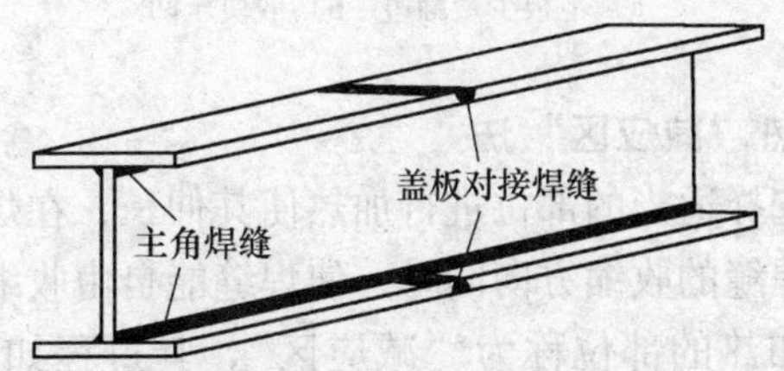

图 14-9　工形梁盖板对接焊缝和主角焊缝的焊接顺序

2. 选择合理的焊接参数

对于需要严格控制焊接残余应力的构件，焊接时尽可能地选用较小的焊接电流和较快的焊接速度，减小焊接热输入来减少焊件的受热范围。对于多道施焊焊缝，采用小规范多层多道施焊，并控制道间温度，也有利于减小焊接残余应力。

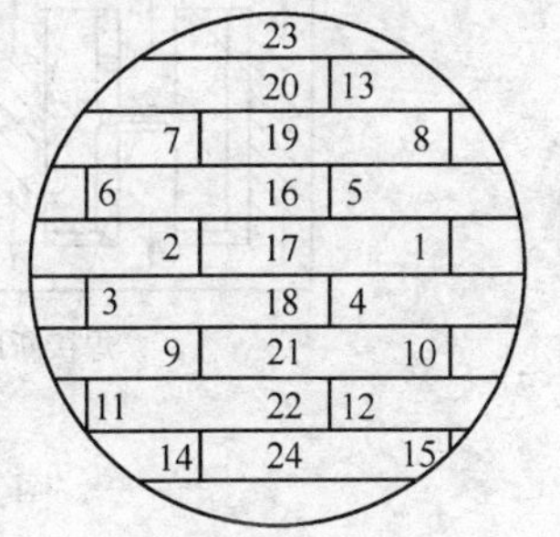

图 14-10　贮罐底板的焊接顺序

3. 采用反变形法

反变形法就是通过预先留出焊缝能够自由收缩的余量，使焊缝能够在一定程度上收缩，从而降低焊接残余应力。例如，将容器或其他壳体上原有的孔、洞封闭焊起来，由于周围板的拘束度较大，在拘束应力和焊接残余应力的共同作用下很可能导致裂纹的产生，这时可采用图 14-11 的反变形措施，可以有效地控制焊接残余应力。

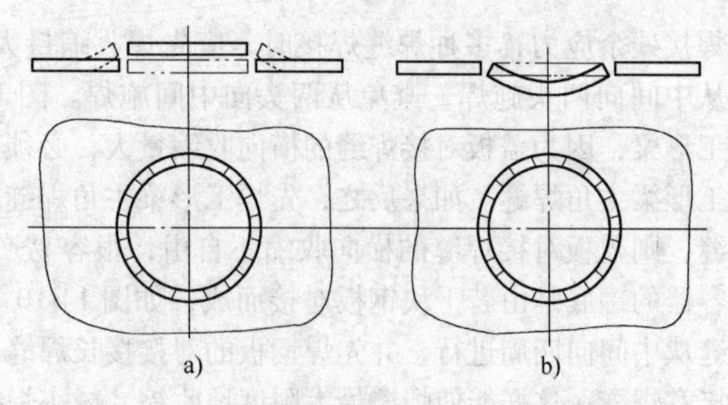

图 14-11 孔洞封闭反变形焊接减小焊接残余应力

a）平板少量翻边 b）嵌块压凹

4. 采用加热“减应区”法

焊接前，选择适当的部位进行加热使其伸长，在焊后冷却时，加热区的收缩与焊缝的收缩方向同时，使焊缝能自由收缩，从而降低内应力。这个被加热的部位称为“减应区”，其过程如图 14-12 所示。利用这个原理，可以焊接一些刚性较大的焊缝，获得降低内应力的效果，如图 14-13 所示为轮辐和轮缘断口的焊接。

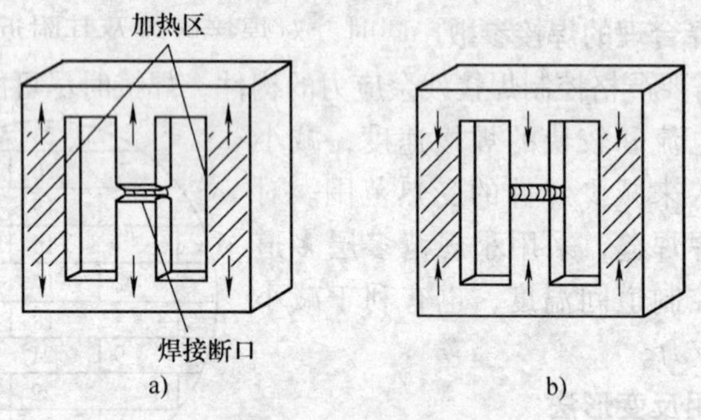

图 14-12 框架断口焊接

a）焊接时 b）冷却时

5. 采用锤击方法

每焊完一道焊缝，在焊缝冷却的同时锤击焊缝，使焊缝得到一定的延伸，可以减小焊接残余应力。锤击用的手锤重量一般为 0.5kg 左右，锤的尖端带有 R5mm 左右的圆角，锤击时焊缝的温度应在 300℃

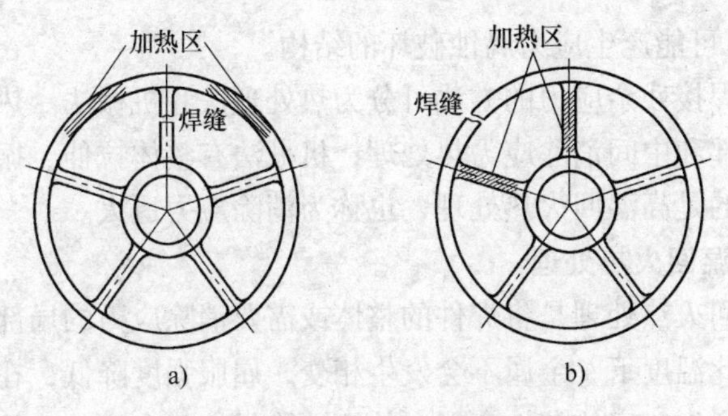

图 14-13　断口焊接

a）轮辐的断口焊接　b）轮缘的断口焊接

以上或 100 ~ 150℃的范围内，应避开 200 ~ 300℃蓝脆温度区。多层焊中，除了第一层和最后一层外，每层都要锤击，第一层不锤击的原因是防止引起根部裂纹，最后一层焊缝一般也不进行锤击。锤击时应保持均匀、适度，避免锤击过分产生裂纹。

6. 减少氢的措施及消氢处理

为了减小氢致应力集中，尽量选择低氢型碱性焊接材料，焊接材料应严格按要求烘干后使用，同时，对焊接区域及其附近采取预热、打磨等措施，去除水分、油、铁锈等焊接有害物。有的结构件还要求焊后对接头采取消氢处理，即焊后将接头加热到 300 ~ 350℃，保温 2h，有利于扩散氢的逸出。

三、消除焊接残余应力的方法

由于焊接应力的影响只有在一定的条件下才表现出来，如低温、疲劳载荷、存在焊接缺陷、保证尺寸精度等。事实证明，许多结构未进行消除焊接残余应力处理，也能安全运行。焊接结构是否要消除焊接残余应力，要根据结构的用途、所用材料的性能等方面综合考虑。对于下列情况之一者应考虑消除焊接残余应力处理：

1）要求承受低温或动载有发生脆断危险的结构。

2）板厚超过一定限度（如《压力容器安全监察规程》对锅炉及压力容器就有专门的规定）。

3）要求精密机械加工的结构。

4）有可能产生应力腐蚀破坏的结构。

消除焊接残余应力的方法可分为热处理法和机械法。热处理法有整体、局部和中间消除应力热处理；机械法有整体拉伸、振动等。目前最常用的是高温回火热处理，也称为消除应力退火。

1. 高温回火热处理

高温回火热处理是将焊件的整体或需要消除应力的局部加热到一定温度，此温度下，金属不会发生相变，屈服强度降低，在残余应力的作用下产生一定的塑性变形，从而消除焊接残余应力，然后再缓慢冷却下来。常用钢材的消除应力热处理温度及保温时间见表 14-1。Q345B 钢消除应力高温回火热处理曲线如图 14-14 所示。整体高温回火热处理是将焊件在热处理炉中整体加热到一定温度，保温一定时间，并随炉冷却，采用这种方法可将焊件 80% ~90% 的残余应力消除掉。在整体消除应力热处理时，要注意均匀加热和冷却，以免升温和降温过快引起更严重的应力，升温和降温速度一般不超过 150℃/h，另外保温时间应足够，以达到完全消除焊接残余应力的目的。

表 14-1　常用钢材的消除应力热处理温度及保温时间

钢种举例	消除应力热处理温度/℃	根据板厚 δ(mm) 推荐的最小保温时间(h)		
		δ≤50	50<δ≤125	δ>125
Q235,20,12Mn 16Mn,15MnV,15MnVN,09Mn2V	≥550	δ/25,但不少于1/4	(150+δ)/100	(150+δ)/100
14MnMoV,15MnMoV,18MnMoNb,20MnMoNb,20MnMo,12CrMo,15CrMo	≥600	δ/25,但不少于1/4	(150+δ)/100	(150+δ)/100
12Cr1MoV,12Cr2Mo, 12Cr2Mo1,12Cr3MoVSiTiB	≥670	δ/25,但不少于1/4	δ/25,但不少于1/4	(375+δ)/100

对于某些焊接构件不允许或不能进行整体消除应力热处理，可以对其进行局部消除焊接残余应力热处理，来降低焊接构件焊接残余应力的峰值，使应力的分布趋于平缓，起到部分消除应力的作用。局部

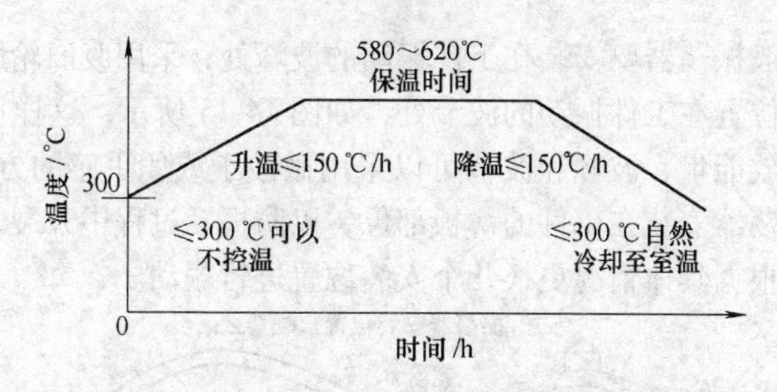

图 14-14　Q345B 钢消除应力高温回火热处理曲线

消除焊接残余应力热处理时，应将加热区域用保温材料包裹严实，降低冷却速度；热处理的加热宽度为焊缝每侧不小于板厚的两倍。局部消除焊接残余应力热处理的加热方式有感应加热和远红外加热等方法。感应加热就是采用工频或中频感应加热。因加热效率低，较难控温等缺点，目前很少采用。中频感应加热时，电流趋肤效应强，会导致加热件内外温差大，因此用于厚板加热时应注意。目前，最常用的是远红外加热方式，可以采用计算机控制，控温效果好，加热器可做成履带、绳状等形状和各种尺寸，是一种理想的加热方式。

2. 整体拉伸消除焊接残余应力

焊后对接头进行整体拉伸，使接头受压应力处产生一定的塑性变形，与压缩残余变形相互抵消，使得压缩残余变形减小，残余应力也得以减小。但整体拉伸幅度应严格控制。整体拉伸消除焊接残余应力方法对一些锅炉及压力容器特别有意义，因为锅炉及压力容器在焊后要进行水压试验，水压试验的压力一般均大于其工作压力，所以在进行水压试验的同时也对构件进行了一次拉伸消除焊接残余应力。

3. 机械振动消除焊接残余应力

机械振动消除焊接残余应力就是通过在焊件上安装有偏心轮和变速马达组成的振荡器带动焊件振动，使焊接残余应力释放，从而降低焊接残余应力或使应力重新分布。机械振动消除焊接残余应力所采用的设备简单、节能、时间短、费用低，目前在焊件、铸件、锻件中，为了提高工件的尺寸稳定性较多采用，有些单位对叉车焊接门架、U形肋板等工件进行机械振动，消除残余应力达到20%～60%。机械振动消除焊接残余应力时，振荡器的安装位置及工件的支撑位置十分关键，一般振荡器要安装在工件振动的波峰处，采用废旧轮胎等支撑物，支撑位置在工件振动的波节处，如图 14-15 所示，这样可以最大程度地释放能量，波峰和波节可以采用撒沙子或凭手感的方法确定。不要将振荡器安装在工件的薄板部位，以防振动过程中开裂，大型构件一般要根据具体情况更换几个安装位置进行振动。

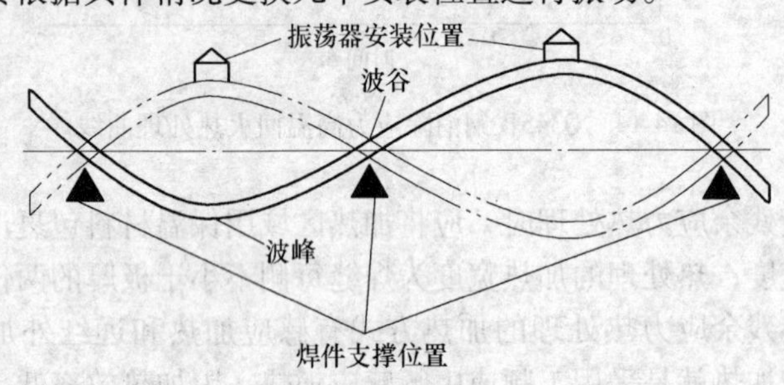

图 14-15 振荡器的安装和工件支撑位置

第三节 焊接残余变形

一、焊接残余变形的种类

焊接残余变形可分为纵向和横向收缩变形、角变形、弯曲变形、扭曲变形和波浪变形等。

1. 纵向和横向收缩变形

焊件在焊后沿焊缝长度方向上的收缩称为纵向收缩变形，如图 14-16 中的 ΔL。焊缝的纵向收缩变形随焊缝长度、焊缝熔敷金属截面积的增加而增加。焊件在焊后沿焊缝宽度方向上的收缩称为横向收缩变形，如图 14-16 中的 ΔB。焊缝的横向收缩变形随焊接热输入、焊缝厚度的增加而增加。对同样厚度的工件，采用多层多道焊时产生的纵向和横向收缩变形比单层单道焊接小。

焊缝的纵向收缩量一般随焊缝长度的增加而增加，焊件材料的线胀系数越大，焊接后焊缝的纵向收缩量越大，如不锈钢和铝的线胀系数大，其焊后收缩量就比碳钢大。另外，在多层焊时，第一层引起的收缩量最大，第二层的收缩量约是第一层收缩量的 20%，第三层的

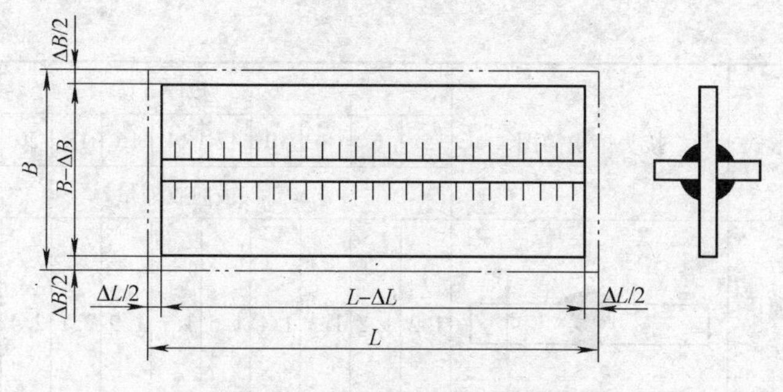

图 14-16　纵向和横向收缩变形

收缩量约是第一层收缩量的 5% ~10%，以后几层更小。表 14-2 给出了中等厚度低碳钢钢板对接焊缝和角焊缝纵向收缩近似值，以供参考。

表 14-2　中等厚度低碳钢钢板对接焊缝和角焊缝纵向收缩近似值

接头形式	纵向收缩量/(mm/m)
对接焊缝	0.15 ~0.3
角焊缝	0.2 ~0.4

注：表中的数值是在钢板宽度大约为 15 倍板厚的焊缝区域的纵向收缩量。

焊缝的横向收缩量一般随焊缝厚度和焊脚尺寸的增加而增加；对同样厚度的钢板，当坡口角度越大，横向收缩量越大。表 14-3 给出了低碳钢钢板对接焊缝和角焊缝横向收缩近似值，以供参考。

表 14-3　低碳钢钢板对接焊缝和角焊缝横向收缩近似值

（单位：mm）

序号	接头形式	接头熔敷简图	板厚 δ										
			5	6	8	10	12	14	16	18	20	22	24
			横向收缩量										
1	V 形坡口对接	δ	1.3	1.3	1.4	1.6	1.8	1.9	2.1	2.4	2.6	2.8	3.1

（续）

序号	接头形式	接头熔敷简图	板厚 δ										
			5	6	8	10	12	14	16	18	20	22	24
			横向收缩量										
2	X形坡口对接		1.2	1.2	1.3	1.4	1.6	1.7	1.9	2.1	2.4	2.6	2.8
3	单面坡口十字角接		1.6	1.7	1.8	2.0	2.1	2.3	2.5	2.7	3.0	3.2	3.5
4	单面坡口角接		0.8	0.8	0.8	0.8	0.7	0.7	0.6	0.6	0.6	0.4	0.4
5	无坡口单面角焊缝		0.9	0.9	0.9	0.9	0.9	0.8	0.8	0.7	0.7	0.5	0.4
6	双面断续角焊缝		0.4	0.3	0.3	0.25	0.2	0.2	0.2	0.2	0.2	0.2	0.2

2. 角变形

角变形是焊接时由于焊缝区沿厚度方向产生的横向收缩不均匀引起的弯曲变形，角变形的大小用角度 α 表示，堆焊、不对称坡口焊或焊接顺序不合理往往会造成焊接角变形，如图 14-17 所示。

角变形量的大小与焊接方法、焊接道数及坡口形式等有关，表 14-4 列举了一些对接接头角变形的数值，以供参考。

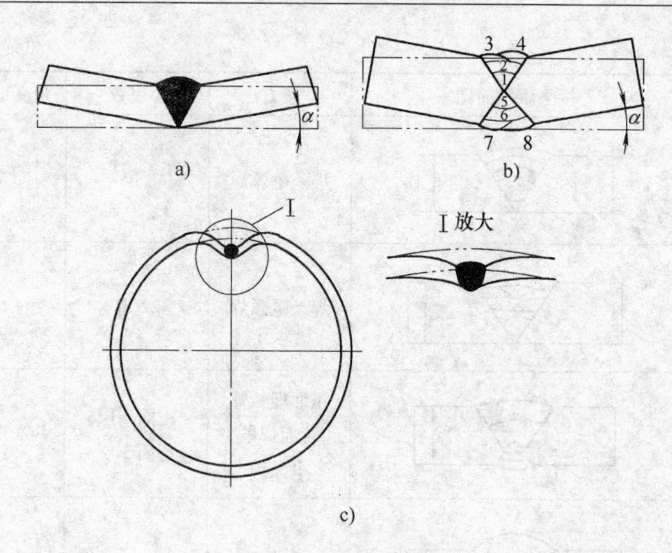

图 14-17　焊接角变形

a）不对称坡口引起的焊接角变形　b）焊接顺序不合理引起的焊接角变形

c）管对接引起的焊接角变形

表 14-4　对接接头角变形数值

序号	接头熔敷简图	焊接方法	焊层数	角变形/(°)
1		焊条电弧焊	2 层	1
2		CO_2 气体保护焊	3 层	1.4
3		CO_2 气体保护焊	5 层	3.5
4		焊条电弧焊	正面 5 层 背面清根后 3 层	0

（续）

序号	接头熔敷简图	焊接方法	焊层数	角变形/(°)
5		焊条电弧焊	8 层	7
6		焊条电弧焊	22 道	13
7		正面埋弧焊 背面焊条电弧焊	正面 2 层 背面 3 层	2
8		埋弧焊 （背面钢衬垫）	2 层	5

3. 弯曲变形

弯曲变形主要是结构上焊缝分布不对称，焊缝收缩引起的变形，弯曲变形的大小用挠度 f 表示，挠度是指焊件的中心轴线偏离原中心轴线的最大距离，图 14-18 所示为焊接 T 形的弯曲变形。

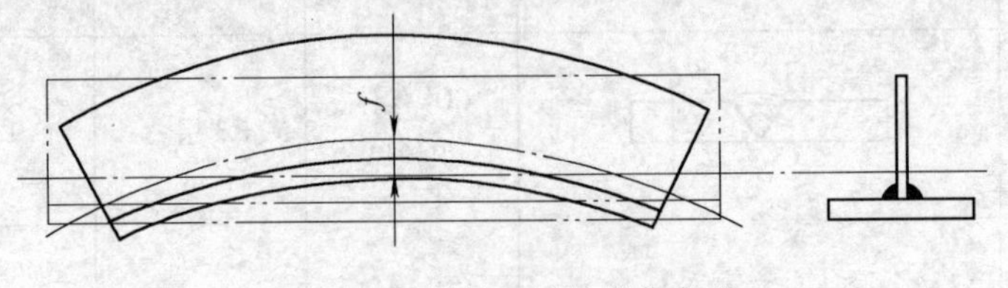

图 14-18　焊接 T 形的弯曲变形

4. 扭曲变形

如果焊件的施焊顺序不合理、组装不良或纵向有错边，焊接时角变形量沿长度方向分布不均匀，焊缝的纵向和横向收缩没有一定规律，引起挠曲变形。图 14-19 所示为焊接 H 形钢的扭曲变形。

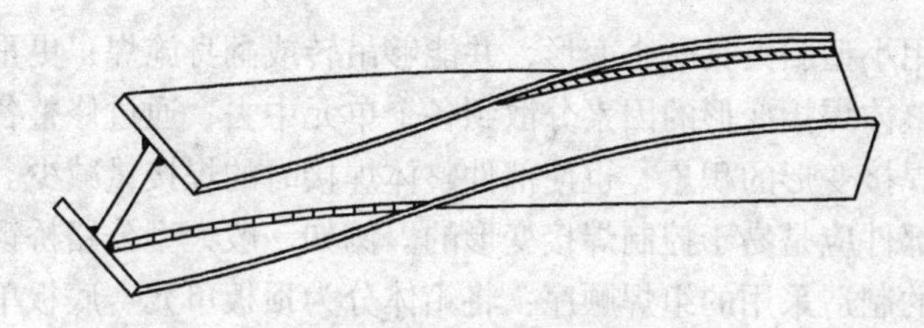

图 14-19　焊接 H 形钢的扭曲变形

5. 波浪变形

由于结构件的刚性较小，在焊缝的纵向和横向收缩共同作用下造成较大的压应力而引起波浪变形。薄板焊接时很容易产生波浪变形；在公路桥钢箱梁或船体板单元一侧焊接纵向加强肋，并且加强肋数量较多、距离较近时也容易产生波浪变形，图 14-20 所示为波浪变形。

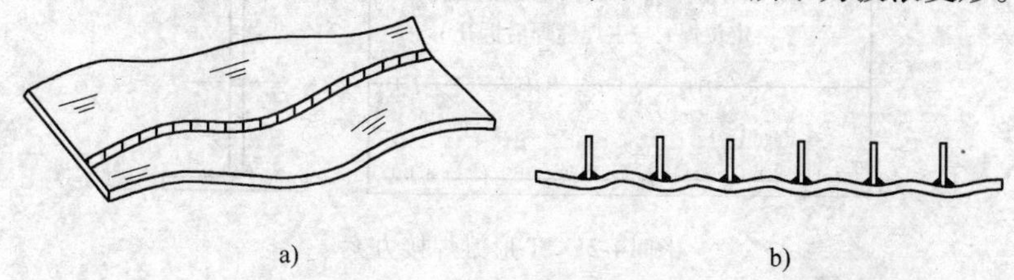

图 14-20　波浪变形

a）薄板对接引起的波浪变形　b）板单元加强肋焊接引起的波浪变形

二、控制焊接残余变形的工艺措施

控制焊接残余变形应该从设计和工艺两个方面来考虑，设计方面在保证构件有足够承载能力的前提下，尽量减少焊缝尺寸和数量，合理安排焊缝的位置，焊缝尽可能对称分布，避免局部焊缝过分集中。在工艺上，主要从以下几点控制焊接残余变形：

1. 选择合理的组装焊接顺序

焊接结构复杂多样，应根据结构件的不同特点选用不同的组装焊接顺序，一般从以下几个方面考虑：

1）大型复杂的焊接结构，在条件允许的情况下，可以把它划分成若干个单元分别焊接，然后将各单元拼装成整体后再进行整体焊接。这种“化整为零”的装配焊接方案的优点是，部件的刚度小，可以利用小型胎夹具减小变形，并能够吊转或翻身施焊；更重要的是把影响整体焊接变形的因素分散到各个单元中去，通过修整各部件变形避免焊接变形的积累，也使部件整体焊接时的焊接量减少。注意所划分的部件应是易于控制焊接变形的。例如一般大型公路桥钢箱梁和船体等的制造采用的组焊顺序：将箱体分为顶板单元、底板单元、腹板单元和隔板单元等，板单元分别焊接制造，最后将各单元拼装焊接整体。

2）对称结构上的对称焊缝，应对称施焊，这样可以使两侧产生的焊接变形相互抵消。也可以在制造过程中对其结构进行调整，如图14-21所示，两个T形拼成一个工形焊接，使焊缝对称布置，焊后再将两个T形解体。

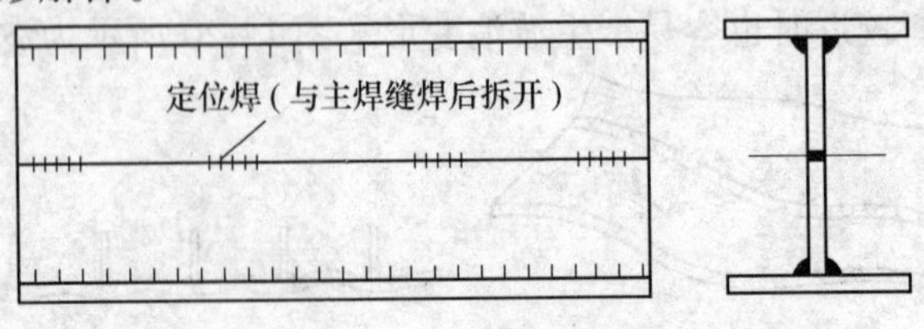

图 14-21　T形梁焊接方案

3）非对称布置的焊缝，如果分布在中性轴两侧，可以采用两侧焊缝交替焊接尽量使两侧焊接变形相互抵消。如果焊缝分布在中性轴的一侧，应首先焊接靠近中性轴的焊缝，然后焊接远离中性轴的焊缝。

2. 采用反变形法

焊前使焊件具有一个与焊后变形方向相反、大小相当的变形，以便恰好抵消焊接后产生的变形，这种方法叫反变形法。这种方法采用的关键在于反变形量大小的设置，反变形量的大小应依据在自由状态下施焊测得的焊接变形，并结合弹性变形量作适当调整。这种方法经常采用，如中厚板开坡口对接焊缝、焊接H形钢翼板反变形、筒体的局部封堵、焊接T形的预制上拱等，如图14-22所示。对于批量焊接生产的部件，可以设计专门的反变形胎具，会节约大量的焊接变形修整工时，提高生产效率，图14-23所示为公路桥板单元加强肋专用焊接反变形翻转胎具。

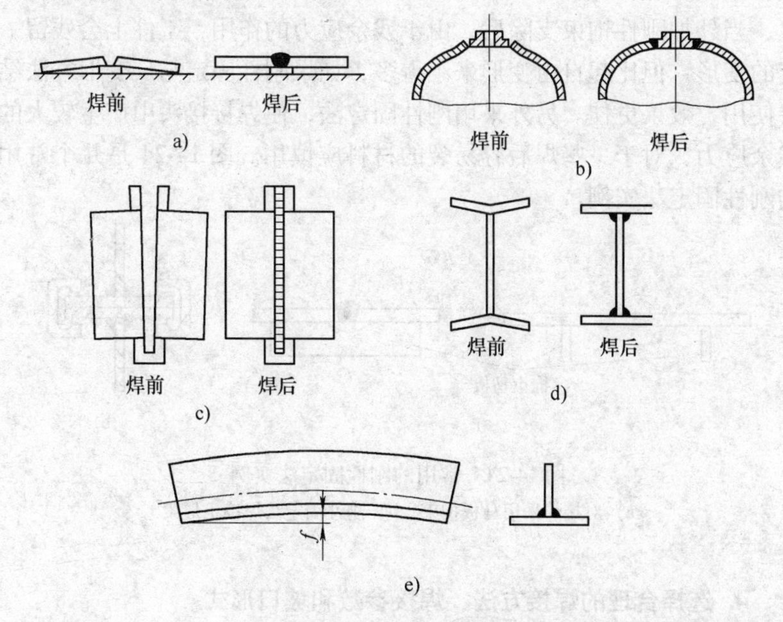

图 14-22　反变形方法应用实例

a）平板对接　b）筒体的局部封堵　c）平板立对接电渣焊　d）焊接工字钢翼板的反变形　e）焊接 T 形梁预制的上拱

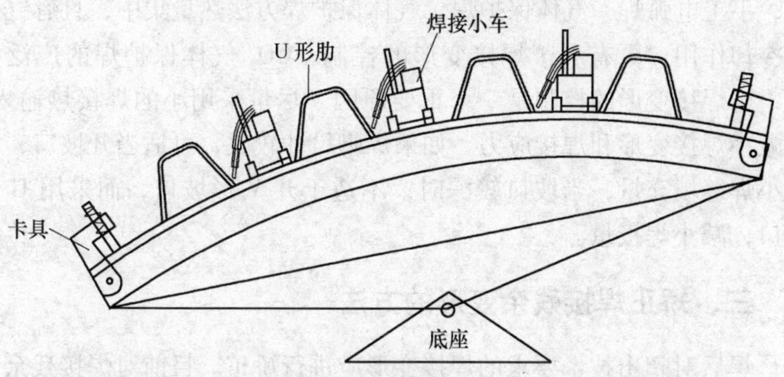

图 14-23　公路桥板单元加强肋专用焊接反变形翻转胎具

3. 采用刚性固定法

焊前对焊件采用外加刚性拘束，使其在不能自由变形的条件下焊接，强制工件在焊接时不能自由变形，这样可减小焊接变形。应该指出，当外加刚性拘束支除后，由于残余应力的作用，工件上会残留一定的变形，但比起自由变形来小得多，如果刚性固定与反变形方法结合使用，效果更佳。另外采用刚性固定法，使焊接接头中产生较大的残余应力，对于一些焊后容易裂的材料应慎用。图 14-24 是几个常用的刚性固定法实例。

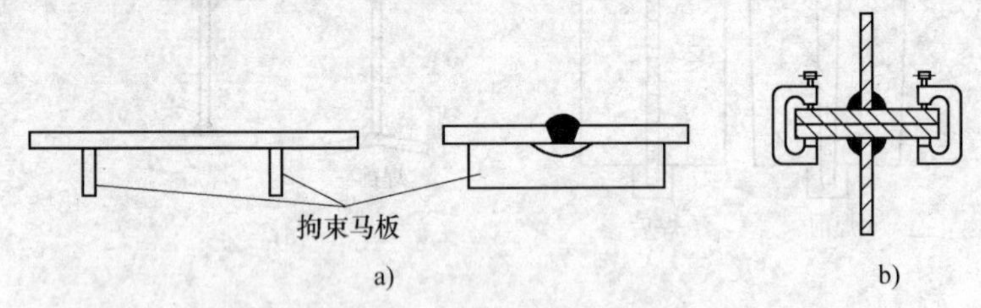

图 14-24 常用的刚性固定法实例

a）对接焊采用马板拘束 b）刚性固定法焊接 T 形梁

4. 选择合理的焊接方法、焊接参数和坡口形式

应尽量采用热量集中、焊接变形小的焊接方法施焊，在几种常用的焊接方法中，焊接变形由大到小的排列顺序为气焊、电渣焊、埋弧焊、手工电弧焊、气体保护焊。气体保护焊方法热量集中，且有气体的冷却作用，更有利于焊接变形的控制，CO_2 气体保护焊的广泛采用，对焊接变形的控制是一个重要原因。尽量采用小的焊接热输入，能减小焊接变形和焊接应力。如果焊脚尺寸较大，可适当开坡口，以减小焊缝填充量，当坡口较深时，不适于开 V 形坡口，而采用 U 形坡口，减小焊接量。

三、矫正焊接残余变形的方法

焊后对超出技术要求的焊接变形应进行矫正。目前对焊接残余变形的矫正方法主要有机械矫正和火焰矫正两种，其实质都是设法造成一个新的变形，以抵消已经发生的焊接残余变形。

1. 机械矫正

机械矫正就是通过施加外力，使焊件产生新的变形，以抵消已经发生的焊接残余变形，低碳钢、不锈钢等塑性好的金属材料的焊接变形可用机械矫正法矫正。机械矫正常用的设备为压力机、千斤顶、撵平机等，图 14-25 所示为几个机械矫正实例。对于焊接工形梁有专用的矫正机，如图 14-26 所示。

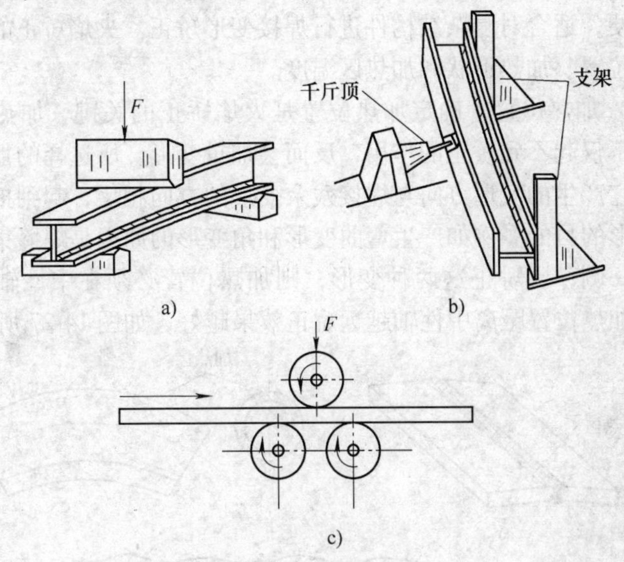

图 14-25　机械矫正实例

a）压力机矫正焊接工字梁的弯曲变形　b）千斤顶矫正焊接工字梁的弯曲变形　c）撵平机矫正焊接钢板的弯曲变形

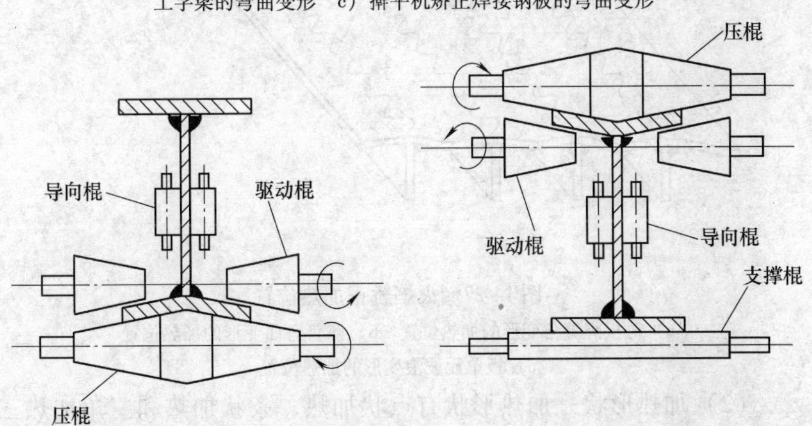

图 14-26　工形梁矫正机示意图

2. 火焰矫正

火焰矫正是用火焰对金属局部加热，使其产生压缩塑性变形，冷却后该区域金属发生收缩，利用此收缩产生的变形来抵消因焊接产生的残余变形。火焰矫正用工具为气焊用焊炬或专用焊枪，机动灵活，操作方便，适合对复杂结构件进行焊接变形矫正。火焰矫正的三要素是加热位置、加热形状和加热区温度。

（1）加热位置　确定加热位置是火焰矫正的关键，加热位置不正确，不仅起不到矫正的作用，反而会加重变形。所选择的加热位置必须使它产生的变形方向与焊接残余变形的方向相反，起到抵消焊接残余变形的目的。例如产生弯曲变形和角变形的原因是焊缝集中在中性轴的一侧，要矫正这两种变形，则加热位置必须在中性轴的另一侧，且加热位置距离中性轴越远矫正效果越好，如图 14-27 所示。

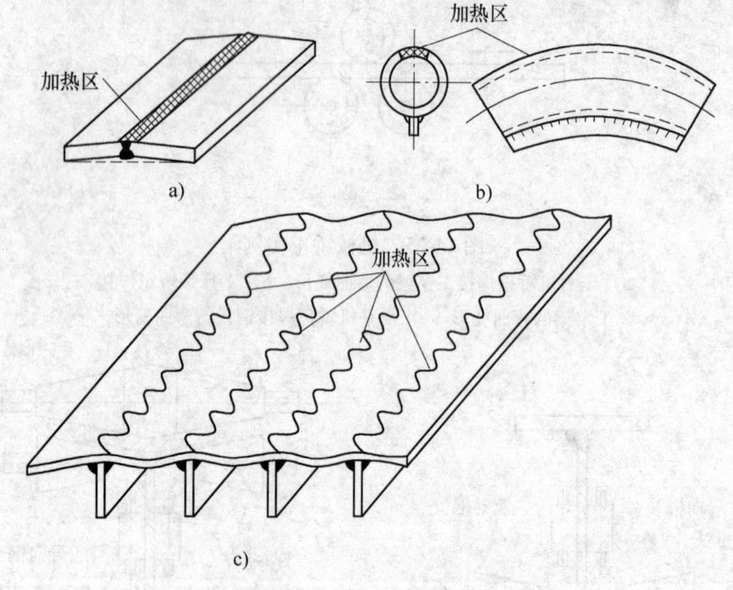

图 14-27　火焰矫正加热位置

a）对接焊缝角变形的加热位置　b）鳍管弯曲变形的加热位置

c）板单元波浪变形的加热位置

（2）加热形状　加热形状有点状加热、条状加热和三角加热三种。

1）点状加热。点状加热适用于薄板波浪变形的矫平，通常采用多点加热，如图 14-28a 所示。加热点梅花形均匀分布。一般加热点直径 d 不小于 15mm，两点间距 a 在 50 ~ 100mm 之间，如图 14-28b 所示。厚板或变形量大时，可以加大加热点直径 d、两点间距 a 取小值。为了提高修整效率，加热后可以对加热区锤击，应垫锤击衬垫。对于淬硬性不强的薄钢板，也可以对加热区采用水冷。

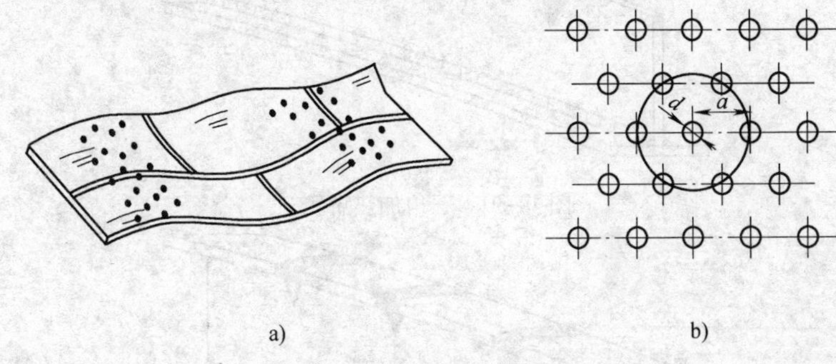

图 14-28　多点梅花加热分布

a）薄板波浪变形的点状加热矫平　b）多点加热的梅花状分布

2）条状加热。条状加热多用于矫正变形量大、刚度大的构件，如图 14-29 所示。加热时，火焰沿直线移动，薄板常为多条加热，而对于厚板，在直线移动的同时增加横向摆动，形成一定宽度的加热带。

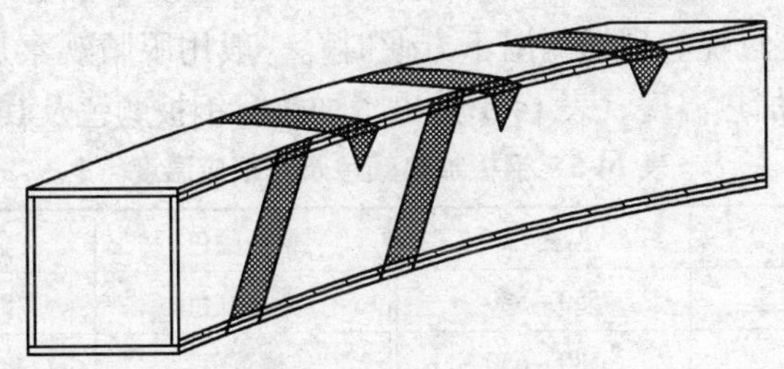

图 14-29　条状加热矫正

3）三角加热。三角加热又称为楔形加热，多用于矫正弯曲变形的构件，如焊接 T 形梁，如图 14-30 所示。加热区呈三角形，底边的横向收缩量大于顶端。在使用过程中，经常将三角加热和条状加热联合使用，如矫正焊接 H 形梁的弯曲变形时，对翼板采用条状加热，对腹板采用三角加热，效果更佳，如图 14-31 所示。

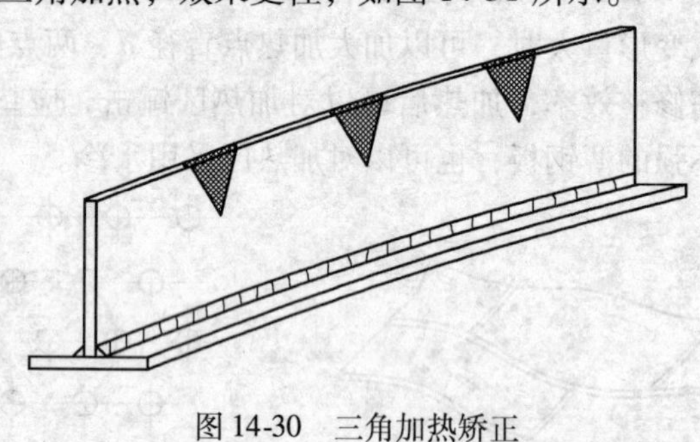

图 14-30 三角加热矫正

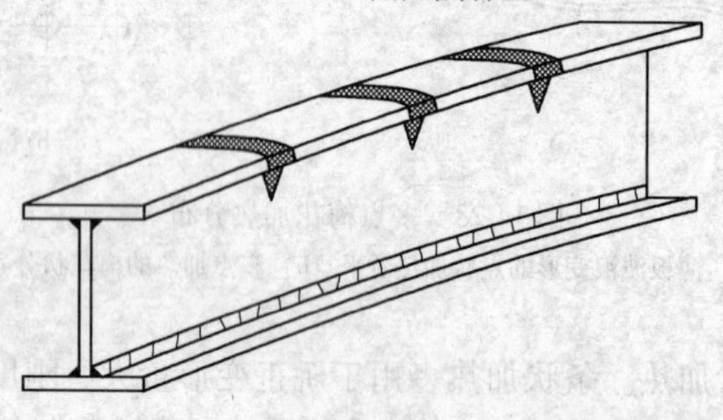

图 14-31 焊接 H 形梁弯曲变形的矫正

（3）加热区温度 火焰矫正时，加热温度一般控制在 600 ~ 800℃，防止过烧。现场测温不方便时，一般用眼睛观察加热部位的颜色来判断加热温度，表 14-5 给出了加热时钢板颜色及其相应温度。

表 14-5 钢板加热颜色及其相应温度

钢板颜色	温度/℃	钢板颜色	温度/℃
深褐红色	550 ~ 580	亮樱红色	830 ~ 960
褐红色	580 ~ 650	橘黄色	960 ~ 1050
暗樱红色	650 ~ 730	暗黄色	1050 ~ 1150
深樱红色	730 ~ 770	亮黄色	1150 ~ 1250
樱红色	770 ~ 800	白黄色	1250 ~ 1300
淡樱红色	800 ~ 830		

复习思考题

1. 焊接应力与变形产生的原因是什么?
2. 焊接残余应力的种类有哪些?
3. 控制焊接残余应力的工艺措施有哪些?
4. 消除焊接残余应力的工艺措施有哪些?
5. 选择合理组焊顺序的原则是什么?
6. 什么叫焊接变形?焊接变形的种类有哪些?
7. 控制焊接变形的工艺措施有哪些?
8. 消除焊接变形的工艺措施有哪些?

第十五章　气　　割

第一节　气割设备及工具

一、气割设备

1. 氧气瓶

氧气瓶是一种贮存和运输氧气用的高压容器。通常将空气中制取的氧气压入氧气瓶内。国内常用氧气瓶的充装压力为15MPa，容积为40L。在15MPa的压力下，可贮存6m^3 氧气。氧气瓶外表面涂成天蓝色，并写有黑色“氧气”字样。国产部分氧气瓶的规格见表15-1。

表15-1　国产部分氧气瓶的规格

瓶体表面漆色	工作压力/MPa	容积/L	瓶体外径/mm	瓶体高度/mm	质量/kg	水压试验压力/MPa	采用瓶阀规格
天蓝	15	30 40 44	219	1150 ±20 1370 ±20 1490 ±20	45 ±2 55 ±2 57 ±2	22.5	QF-2 铜阀

2. 乙炔气瓶

乙炔气瓶是一种贮存和运输乙炔的容器，但它既不同于压缩气瓶，也不同于液化气瓶，其构造如图15-1所示。

乙炔瓶内装有多孔而轻质的固态填料，如活性炭、木屑、浮石及硅藻土等合成物或硅酸钙，由其来吸收液体物质丙酮，而丙酮用来溶解乙炔。常用的溶解乙炔瓶容积为40L，可溶解乙炔净重5~7kg，按6.5kg计算，则乙炔气体积约6m^3。溶解乙炔瓶最高工作压力为1.55MPa。乙炔瓶阀下面的填料中心部分长孔内装有石棉，其作用是帮助乙炔从多孔性填料内的丙酮中分解出来。一般每小时从溶解乙炔瓶中输出的乙炔限用量不超过1kg，输出的压力不超过0.1MPa。

溶解乙炔瓶外表涂成白色，并标有红色的“乙炔”和“不可近火”字样。

溶解乙炔瓶中的乙炔不能用完，气瓶中的剩余压力应符合表15-2的规定。

溶解乙炔瓶内的压力随温度变化，当溶解乙炔瓶充气并静置后，其极限压力值应不大于表15-3的规定。

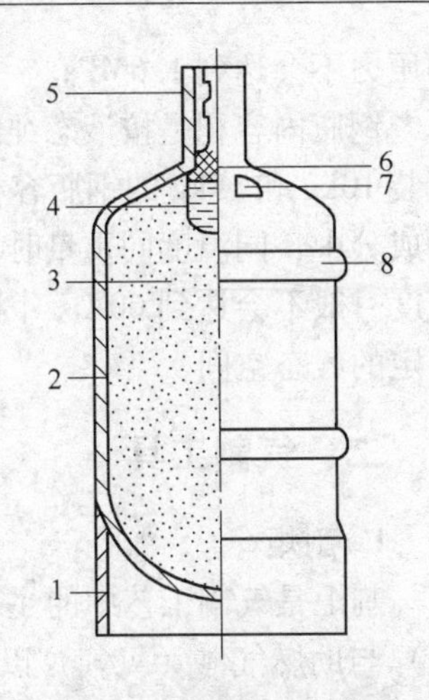

图15-1　乙炔气瓶的构造

1—瓶座　2—瓶壁　3—多孔性填料　4—石棉　5—瓶帽　6—过滤网　7—压力表　8—防振橡胶圈

3. 液化石油气瓶

常用液化石油气钢瓶有YSP-10型能充装10kg和YSP-15型能充装15kg的两种。钢瓶表面涂灰色，并有红色的“液化石油气”字样。

表15-2　溶解乙炔瓶的剩余压力值

环境温度/℃	瓶内压力值/MPa	环境温度/℃	瓶内压力值/MPa
-5~0	≥0.05	15~25	≥0.2
0~15	≥0.1	25~35	≥0.3

表15-3　溶解乙炔瓶内极限压力值与周围介质温度的关系

温度/℃	-10	-5	0	5	10	15	20	25	30	35	40
表压/MPa	0.7	0.8	0.9	1.05	1.2	1.4	1.6	1.8	2.0	2.25	2.5

液化石油气钢瓶是一种液化气瓶。液化石油气是在一定压力下充入钢瓶并贮存于其中的。钢瓶的设计压力为1.6MPa，这是按照液化石油气的主要成分丙烷在48℃时的饱和蒸气压确定的。由于在相同温度下，液化石油气的各种成分中，丙烷的蒸气压最高，而实际使用条件下的环境温度一般不会达到48℃，因此在正常情况下，钢瓶内

的压力不会达到1.6MPa。

钢瓶内容积是按液态纯丙烷60℃时恰好充满整个钢瓶而设计的，瓶装10kg和15kg的钢瓶容积分别为23.5L和35.3L。液化石油气各种成分中，同温度同重量时，丙烷的体积最大，而使用条件下的环境温度一般不会达到60℃，因此只要按规定量充装，钢瓶内总会留有一定的气态空间。

二、气割工具

1. 割炬

割炬是气割工艺中的主要工具。割炬的作用是将可燃气体（乙炔）与助燃气体（氧气）以一定的方式和比例混合，并以一定的速度喷出燃烧，形成具有一定热能和形状的预热火焰，并在预热火焰的中心喷射高压切割氧进行气割。

为了保证气割质量，要求割炬具有保持可燃气体与助燃气体混合比例和良好的调节火焰大小的性能，并能使混合气体喷出速度等于燃烧速度，以便火焰稳定的燃烧。同时要求割炬的重量轻、气密性好、耐腐蚀、耐高温，且使用安全可靠的性能。

割炬按可燃气体和助燃气体不同混合方式，可分为射吸式和等压式两大类。目前国内最常用的割炬为射吸式，国产射吸式割炬的主要技术数据见表15-4。

表15-4 射吸式割炬的主要技术数据

割炬型号	割嘴型号	割嘴孔径/mm	切割厚度范围（低碳钢）/mm	气体压力/MPa		气体消耗量/(m^3/h)	
				氧气	乙炔	氧气	乙炔
G01-30	1	0.7	3.0~10	0.20	0.001~0.1	0.8	0.21
	2	0.9	10~20	0.25		1.4	0.24
	3	1.1	20~30	0.3		2.2	0.31
G01-100	1	1.0	20~40	0.3		2.2~2.7	0.35~0.4
	2	1.3	40~60	0.4		3.5~4.2	0.4~0.5
	3	1.6	60~100	0.5		5.5~7.3	0.5~0.61

（续）

割炬型号	割嘴型号	割嘴孔径/mm	切割厚度范围（低碳钢）/mm	气体压力/MPa		气体消耗量/(m^3/h)	
				氧气	乙炔	氧气	乙炔
G01-300	1	1.8	100～150	0.5	0.001～0.1	9.0～10.8	0.68～0.78
	2	2.2	150～200	0.65		11～14	0.8～1.1
	3	2.6	200～250	0.8		14.5～18	1.15～1.2
	4	3.0	250～300	1.0		19～26	1.25～1.6

注：1. 气体消耗量为参考数据。

2. 割炬型号含义：G—割炬；0—手工；1—射吸式；30、100、300—能切割低碳钢最大厚度。

射吸式割炬上的氧气调节阀和乙炔调节阀都是按顺时针方向旋转关闭，而逆时针方向旋转打开的调节阀，旋转时可使阀针作前后位移，来控制氧气与乙炔的流量，以便控制焊接火焰的大小。

射吸式割炬的工作原理：射吸式割炬是在射吸式焊炬基础上，增加了切割氧的气路、切割氧调节阀及割嘴构成的。气割时，先打开氧气调节阀4，氧气即从喷嘴口快速射出，并在喷嘴6外围造成负压（吸力）；再打开乙炔调节阀3，乙炔气即聚集在喷嘴的外围。由于氧射流负压的作用，聚集在喷嘴外围的乙炔气很快被氧气吸出，并按一定的比例与氧气混合，经过射吸管7、混合气管8从割嘴10喷出。点火后，经调节形成稳定的环形预热火焰，对割件进行预热。待割件预热到燃点时，开启高压氧气阀，此时高速氧气流将切口处的金属氧化并吹除，随着割炬的移动即在割件上形成切口。射吸式割炬的构造原理如图15-2所示。

2. 减压器

减压器的作用是把贮存在瓶内的高压气体降为工作需要的低压气体，并保持输出气体的压力和流量稳定，以便使用。

减压器按工作气体分有氧气用、乙炔气用和液化石油气用等；按使用情况和输送能力不同可分为集中式和岗位式两类；按构造和作用分有杠杆式和弹簧式；弹簧式减压器又分为正作用式和反作用式两

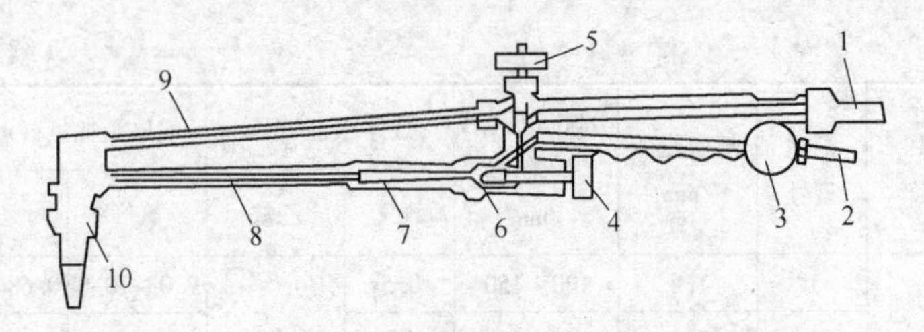

图 15-2 射吸式割炬的构造原理

1—氧气进口 2—乙炔进口 3—乙炔调节阀 4—氧气调节阀 5—高压氧气阀 6—喷嘴 7—射吸管 8—混合气管 9—高压氧气管 10—割嘴

类；按减压次数又分为单级式和双级式两类。

目前国产的减压器主要是单级反作用式和双级混合式（第一级为正作用式，第二极为反作用式）两类。常用减压器的主要技术数据，见表 15-5。

表 15-5 常用减压器的主要技术数据

型号	QD-1	QD-2A	QD-50	QD-20	QW5-25/0.6
名称	单级氧气减压器	单级氧气减压器	双级氧气减压器	单级乙炔减压器	单级丙烷减压器
进气最高压力/MPa	15	15	15	1.6	2.5
工作压力调节范围/MPa	0.1～2.5	0.1～1	0.5～2.5	0.01～0.15	0.01～0.06
公称流量/(L/min)	1333	667	3667	150	100
出气口孔径/mm	6	5	9	4	5
安全阀泄气压力/MPa	2.9～3.9	1.15～1.6		0.18～0.24	0.07～0.12
进口连接螺纹	G5/8	G5/8	G1	夹环连接	G5/8 左

（1）QD-1 型氧气减压器简介　QD-1 型减压器是单级反作用式减压器，主要用于高压氧气瓶减压和稳定输送氧气。减压器的外壳涂成天蓝色，这种减压器目前使用很多。其主要技术数据见表 15-5。

QD-1 型减压器的构造如图 15-3 所示。主要由调压螺钉、活门顶杆、减压活门、进气口、高压表、副弹簧、高压气室、低压表、出气口、低压气室、弹簧薄膜和调压弹簧组成。其中高压氧气表的规格是 0～25MPa，低压氧气表的规格是 0～4MPa。

QD-1 型减压器的工作原理如图 15-3 所示。减压器在非工作状态时，调压螺钉 1 向外旋出，此时调压弹簧 12 处于松弛状态。当氧气瓶阀开启时，高压氧气通过进气口 4 流入高压气室 7，由于减压活门 3 被副弹簧 6 压紧在活门座上，所以高压气体不能流入低压气室 10 的内部。

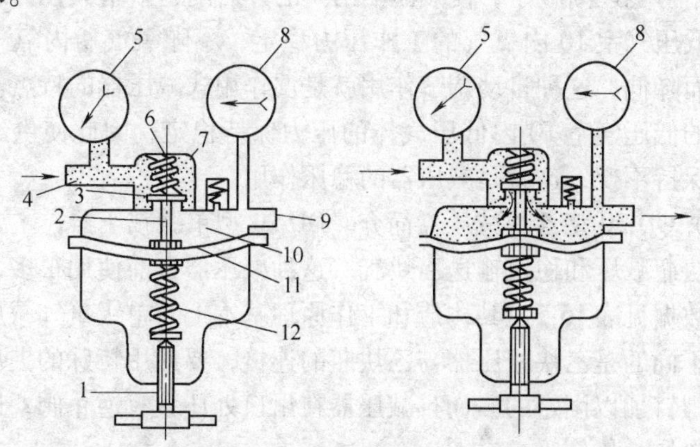

图 15-3　QD-1 型减压器工作原理

1—调压螺钉　2—活门顶杆　3—减压活门　4—进气口　5—高压表　6—副弹簧　7—高压气室　8—低压表　9—出气口　10—低压气室　11—弹簧薄膜　12—调压弹簧

当使用减压器时，顺时针方向旋入调压螺钉 1，调压弹簧 12 即受压缩产生向上的压力，并通过弹簧薄膜装置 11，由活门顶杆 2 传递到减压活门 3 上，克服副弹簧 6 的压力后，将减压活门 3 顶开，此时高压氧就从减压活门 3 间隙中流入低压气室 10 内。高压气体从高压气室流入低压气室时，由于体积的膨胀而使压力降低，而后低压氧由出气口 9 输入到焊炬或割炬，这就是减压器的减压作用。

气体流入低压气室 10 后，对弹簧薄膜 11 产生压力，这个力通过活门顶杆 2 传递到减压活门 3 上，力的方向是向下的。因此在减压器正常工作时，如果低压气室的气体输出量降低，即低压气室内低压气体的压力增高。此时传递到减压活门 3 上向下的力增加，这样使减压活门 3 的开启度逐渐减少。当低压气体的压力增高到一定数值时，减压活门就会完全关闭。相反，当低压气室 10 的气体输出量增大时，即低压气室 10 内低压气体的压力逐渐降低时，减压活门 3 的开启度逐渐增大，使气体从高压气室 7 加速流入低压气室 10，这样低压气室 10 的压力就又逐渐恢复正常。

当氧气瓶中氧气压力下降时，在高压气室中，促使减压活门 3 关闭的作用力也逐渐减小，使减压活门 3 的开启度逐渐增大，其结果仍保证了低压气室 10 内氧气的工作压力稳定，不随氧气瓶内氧气的压力下降而降低，这种自动调节作用就是反作用式减压器的特点。由于减压器的低压气室 10 内低压气体的压力保持稳定，因此使供给的工作压力保持不变，这就是减压器的稳压作用。

（2）QD-20 型乙炔减压器简介　QD-20 型单级减压器，主要用于高压乙炔瓶减压和稳定输送乙炔气。这种减压器目前使用很多，其主要技术数据见表 15-5。其构造和工作原理基本上与单级氧气减压器相似。所不同的是乙炔减压器与乙炔瓶的连接，要使用特殊的夹环，并借紧固螺钉加以固定的。而且减压器在出口处还装有逆止阀，以防止回火时燃烧火焰倒吸。

乙炔减压器的本体上装有 0～2.5MPa 的高压乙炔表和 0～0.25MPa 的低压乙炔表。乙炔减压器的外壳是涂成白色的，在减压器的压力表上有指示该压力表最大许可工作压力的红线，以便使用时严格控制。

（3）QW5-25/0.6 型单级丙烷减压器简介　QW5-25/0.6 型单级杠杆式减压器，主要用于液化石油气（丙烷）瓶的减压和稳定输送液化石油气，液化石油气减压器外壳涂成灰色，其结构如图 15-4 所示。

当较高压力的气体进入高压气室后，经过喷嘴 4 顶开阀垫 3，进入低压气室。此时，高压气体由于克服喷嘴 4 的阻力和气体膨胀，而使其压力降低。当低压室内的气体达到一定压力时，橡胶隔膜 2 向上鼓起，并通过纵阀杆 8 使阀垫 3 关闭喷嘴 4。当低压气室的气体输出时，低压气室的气体压力降低，则阀垫 3 抬起，高压气体继续通过喷嘴 4 输入低压气室。如此循环，保证稳定、均匀地供给一定压力的气体。

不同气体用减压器，虽结构、原理和使用方法基本相同，为避免

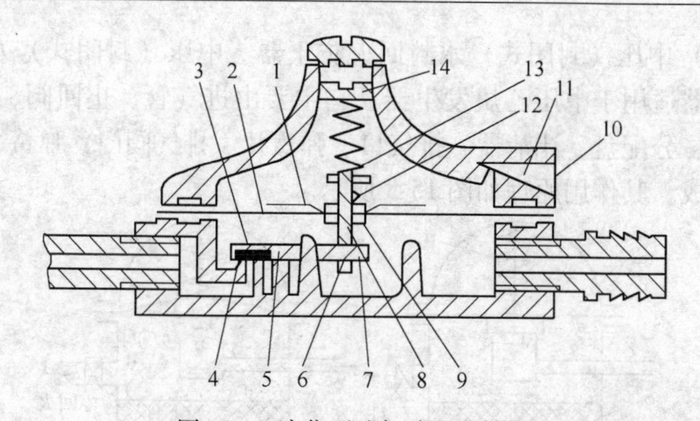

图 15-4　液化石油气减压器结构

1—压隔膜金属片　2—橡胶隔膜　3—阀垫　4—喷嘴　5—支柱轴　6—滚柱　7—横阀杆　8—纵阀杆　9—安全阀座　10—网　11—安全孔　12—安全阀弹簧　13—调压弹簧　14—调整帽

混用造成事故，所以其尺寸、形状、材料、装卡方法和外观涂色等均不同。

3. 回火防止器

回火是在气焊和气割工艺中，燃烧的火焰进入喷嘴内逆向燃烧的现象。这种现象有两种情况：一种是火焰向喷嘴孔逆行，并瞬时自行熄灭，同时伴有爆鸣声，称之为逆火；另一种是火焰向喷嘴孔逆行，并继续向混合室和气体管路燃烧，称之为回烧。而回烧可能引起烧毁焊炬、管路，也可能引起可燃气体源的爆炸。

发生回火的根本原因是：混合气体燃烧的速度大于混合气体从焊炬或割炬的喷嘴孔内喷出的速度。那么造成混合气体喷出速度减小的原因有：焊嘴或割嘴被熔化金属堵塞，致使火焰喷射不正常；焊炬或割炬过热，混合气体受热膨胀、压力增高，使混合气体的流动阻力增大；乙炔气压力过低或皮管阻塞；焊炬或割炬失修，阀门不严密，造成氧气倒流至乙炔管道。

回火防止器按乙炔压力不同可分为低压式和中压式两种；按作用原理可分为水封式和干式两种；按装置的部位不同可分为集中式和岗位式两种。下面简要介绍中压（封闭式）水封回火防止器和中压防爆膜干式回火防止器。

(1) 中压（封闭式）水封回火防止器　中压（封闭式）水封回火防止器适用于中压乙炔发生器，它主要由进气管、止回阀、筒体、水位阀、分配盘、滤清器、排气口、弹簧片、排气阀门、弹簧、出口阀等组成。其作用原理如图 15-5 所示。

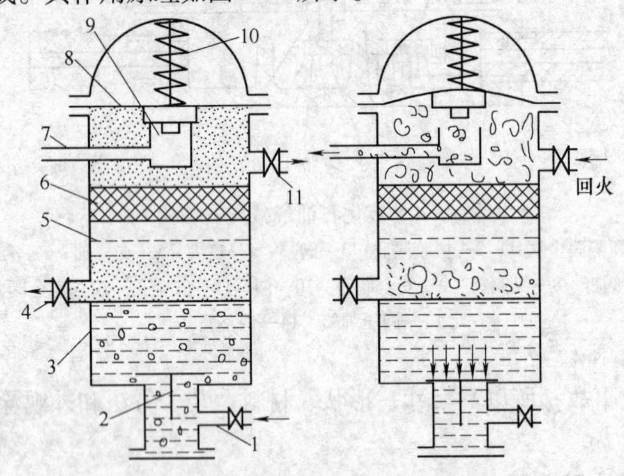

图 15-5　中压水封式回火防止器

1—进气管　2—止回阀　3—筒体　4—水位阀　5—分配盘　6—滤清器　7—排气口　8—弹簧片　9—排气阀门　10—弹簧　11—出口阀

正常工作时，乙炔气由进气管 1 流入回火防止器，靠乙炔压力推开止回阀门 2，乙炔气通过水封和滤清器 6，然后从排气口 7 导致乙炔橡胶管进入焊炬（或割炬）。

当发生回火时，倒流的火焰使回火防止器内压力骤然增高，一方面压迫水面，通过水层使止回阀 2 瞬时关闭，进气管暂停供气。与此同时，燃烧气体将弹簧片 8 顶起，使排气阀门 9 与弹簧片 8 离开，燃烧气体经排气阀门 9 从排气口 7 排出，阻止了燃烧气体回流。水封回火防止器应垂直安放，每天检查，更换清水，确保水位准确。冬季使用时应加入少量食盐防冻，若发现水冻结，只许用热水解冻，严禁用明火加温解冻。

(2) 中压防爆膜干式回火防止器　中压防爆膜干式回火防止器正常工作时，乙炔经进气管 2 顶开逆止阀 4 进入腔体，由出气管 1 输出。回火时，倒流的燃烧气体从出气管1进入爆炸室，使压力增高，防爆膜8破裂，燃烧气体散入大气。同时，逆止阀4关闭，暂时停止供气，起到防止回火的作用。由于逆止阀4的关闭是暂时的，当爆炸室泄压后，逆止阀被顶开，乙炔又继续供给，因此，必须关闭乙炔总阀，更换被冲破的防爆膜后才能工作。中压防爆膜干式回火防止器的结构原理如图15-6所示。

4. 压力表

压力表是用来测量和表示氧气瓶、乙炔气瓶内部压力的装置。操作人员可通过观察压力表的指示数，掌握氧气瓶、乙炔气瓶内部压力变化情况，以便操作人员采取相应措施，防止发生事故。为了使压力表准确、灵活、可靠，工作中要保持洁净，连通管要定时吹洗。压力表要定期校验。禁止使用已经损坏的仪表。

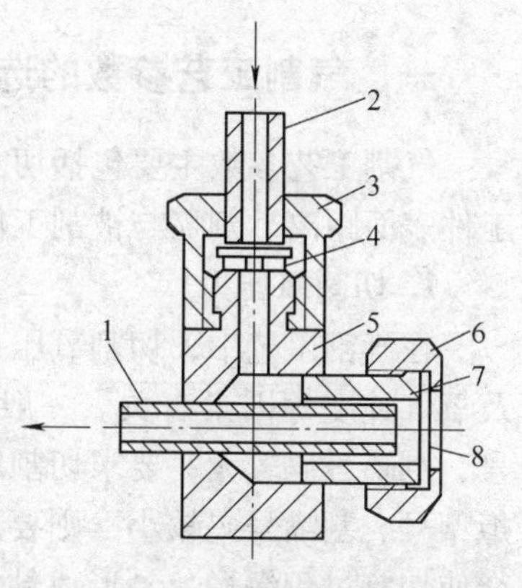

图15-6　中压防爆膜干式回火防止器的结构原理

1—出气管　2—进气管　3—盖
4—逆止阀　5—阀体　6—膜盖
7—膜座　8—防爆膜

5. 橡胶软管

气焊、气割用的橡胶软管，必须是按照GB/T 2550—2007《气体焊接设备焊接、切割和类似作业用橡胶软管》标准生产的质量合格的产品。

目前，国产的橡胶软管是用优质橡胶夹着麻织物或棉织纤维制成的。根据输送的气体不同，氧气橡胶软管的工作压力为1.5MPa，试验压力为3.0MPa；乙炔橡胶软管的工作压力为0.5MPa。通常氧气橡胶软管的内径为8mm，乙炔橡胶软管的内径为10mm。根据标准规定，氧气橡胶软管为黑色，乙炔橡胶软管为红色。

橡胶软管的使用长度不小于5m，一般为15m。若操作地点离气源较远时，可根据实际情况，将橡胶软管用气管接头连接起来使用，但必须用卡子或细铁丝扎牢。新的橡胶软管首次使用时，应用压缩空气把皮管内壁的滑石粉吹干净，以防焊炬或割炬的各通道被堵塞。

使用橡胶软管时，应注意不得使其沾染油脂，以免加速老化；并要防止机械损伤和外界挤压伤；操作中要注意防止烫伤。已经严重老化的橡胶软管应停止使用，及时更换新橡胶软管。乙炔橡胶软管和氧气橡胶软管禁止互相更换或混用。

第二节 气割的基本操作技术

一、气割工艺参数的选择

气割工艺参数主要包括切割氧压力、预热火焰能率、割嘴与被割工件表面距离、割嘴与被割工件表面倾斜角和切割速度等。

1. 切割氧压力

在气割工艺中，切割氧压力与工件厚度、割炬型号、割嘴号码以及氧气纯度等因素有关。一般情况下，工件越厚，所选择的割炬型号、割嘴号码较大，要求切割氧压力越大；工件较薄时，所选择的割炬型号、割嘴号码较小，则要求切割氧压力较低。切割氧压力过低，会使切割过程缓慢，易形成粘渣，甚至不能将工件的厚度全部割穿。切割氧压力过大，不仅造成氧气浪费，而且使切口表面粗糙，切口加大，气割速度反而减慢。切割氧压力与割件厚度、割炬型号、割嘴号码的关系见表15-4。

2. 预热火焰能率

预热火焰的作用是提供足够的热量把被割工件加热到燃点，并始终保持在氧气中燃烧的温度。气割时氧的纯度不应低于98.5%。

预热火焰能率与工件厚度有关。工件越厚，火焰能率应越大。所以，火焰能率主要是由割炬型号和割嘴号码决定的，割炬型号和割嘴号码越大，火焰能率也越大。但预热火焰能率过大，会使切口上边缘熔化，切割面变粗糙，切口下缘挂渣等。预热火焰能率过小时，割件得不到足够的热量，使切割速度减慢，甚至使切割过程中断而必须重新预热起割。

预热火焰应采用中性焰，碳化焰因有游离状态的碳，会使割口边缘增碳，故不能使用。

3. 割嘴与被割工件表面距离

割嘴与被割工件表面距离应根据割件的厚度而定，一般是使火焰焰芯至割件表面 3 ~ 5mm。如果距离过小，火焰焰芯触及割件表面，不但会引起切口上缘熔化和切口渗碳的可能，而且喷溅的熔渣会堵塞割嘴。如果距离过大，会使预热时间加长。

4. 割嘴与被割工件表面倾斜角

气割时，割嘴向切割方向倾斜，火焰指向已割金属叫割嘴前倾。割嘴与被割工件表面倾斜角直接影响气割速度和后拖量。当割嘴沿气割方向向后倾斜一定角度时，能减少后拖量，从而提高了切割速度。进行直线切割时，应充分利用这一特点来提高生产率。

割嘴倾斜角的大小，主要根据工件厚度而定。切割 30mm 以下厚度钢板时，割嘴可后倾 20° ~ 30°。切割大于 30mm 厚钢板时，开始气割时应将割嘴向前倾斜 5° ~ 10°；待全部厚度割透后再将割嘴垂直于工件；当快割完时，割嘴应逐渐向后倾斜 5° ~ 10°。割嘴的倾斜角与割件厚度的关系，如图 15-7 所示。

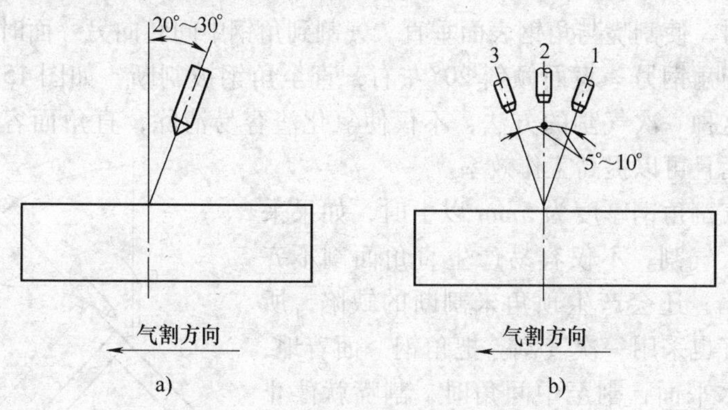

图 15-7　割嘴与被割工件表面倾斜角

a）厚度 30mm 以下时　b）厚度大于 30mm 时

5. 切割速度

切割速度与工件厚度和使用的割嘴形状有关。工件越厚，切割速度越慢；反之工件越薄，气割速度应越快。合适的切割速度是火焰和熔渣以接近于垂直的方向喷向工件的底面，这样的切口质量好。切割速度太慢会使切口边缘熔化，切割速度过快则会产生很大的后拖量或割不穿现象。所谓后拖量，就是在切割过程中，切割面上的切割氧流轨迹的始点与终点在水平方向上的距离，氧-乙炔切割的后拖量如图 15-8 所示。

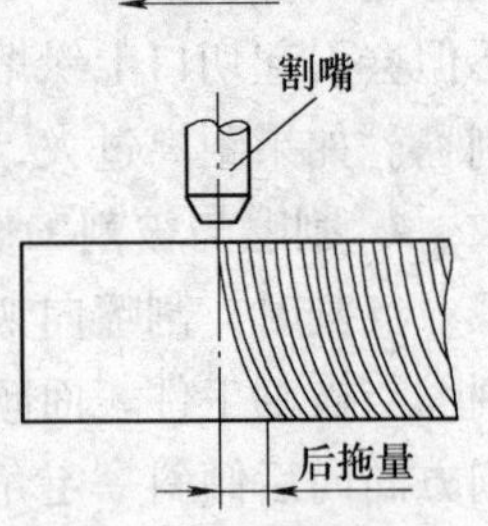

图 15-8 氧-乙炔切割的后拖量

由于各种原因，后拖量现象是不可避免的，这种现象在切割厚板时更为明显。因此，要求采用的切割速度，尽量使切口产生的后拖量比较小为原则，以保证气割质量和降低气体消耗量。

二、常用型材气割基本操作技术

1. 角钢的气割

气割角钢厚度为 5mm 以下时，一方面容易使切口过热，氧化渣和熔化金属粘在切口下口，很难清理，另一方面直角面常常割不齐。为了防止上述缺欠，采用一次气割完成。将角钢两边着地放置，先割一面时，使割嘴与角钢表面垂直。气割到角钢中间转向另一面时，使割嘴与角钢另一表面倾斜 20°左右，直至角钢被割断，如图 15-9 所示。这种一次气割的方法，不仅使氧化渣容易清除，直角面容易割齐，而且可以提高工作效率。

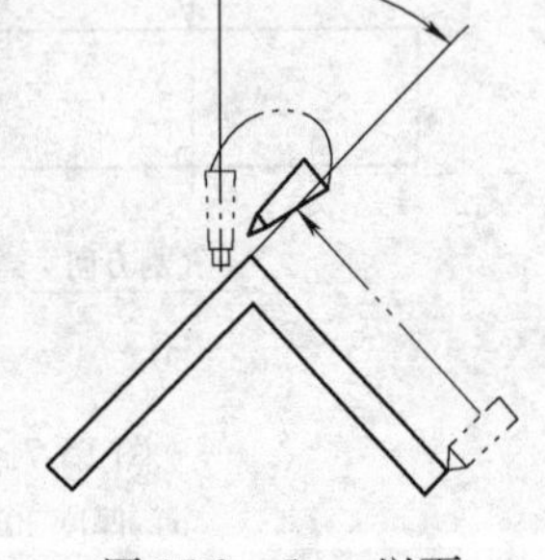

图 15-9 5mm 以下角钢气割方法

气割角钢厚度为 5mm 以上时，如果采用两次气割，不仅容易产生直角面割不齐的缺陷，还会产生顶角未割断的缺陷，所以最好也采用一次气割。把角钢一面着地，先割水平面，割至中间角时，割嘴就停止移动，割嘴由垂直转为水平再往上移动，直至把垂直面割断，如图 15-10 所示。

2. 槽钢的气割

气割 10#以下的槽钢时，常常是槽钢断面割不整齐。所以把开口朝地放置，用一次气割完成。先割垂直面时，割嘴可和垂直面成 90°，当要割至垂直面和水平面的顶角时，割嘴就慢慢转为和水平面成 45°左右，然后再气割，当将要割至水平面和另一垂直面的顶角时，割嘴慢慢转为与另一垂直面成20°左右，直至槽钢被割断，如图15-11所示。

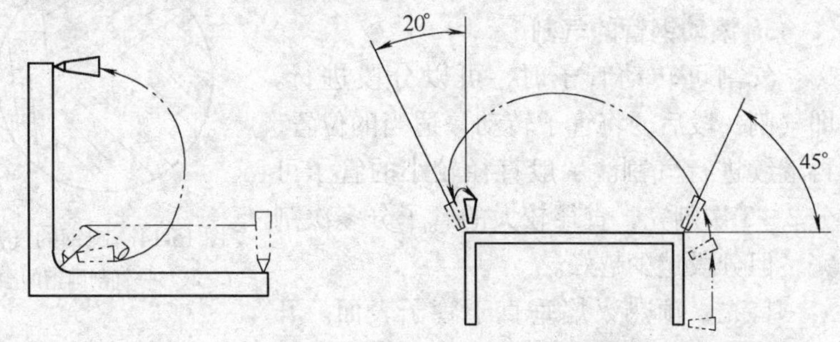

图15-10　5mm以上角钢气割方法　　图15-11　10#以下槽钢的气割

气割10#以上的槽钢时，把槽钢开口朝上放置，一次气割完成。起割时，割嘴和先割的垂直面成45°左右，割至水平面时，割嘴慢慢转为垂直，然后再气割，同时割嘴慢慢转为往后倾斜30°左右，割至另一垂直面时，割嘴转为水平方向再往上移动，直至另一垂直面割断，如图15-12所示。

3. 工字钢的气割方法

气割工字钢时，一般都采用三次气割完成。先割两个垂直面，后割水平面。但三次气割断面不容易割齐，这就要求焊工在气割时力求割嘴垂直，如图15-13所示。

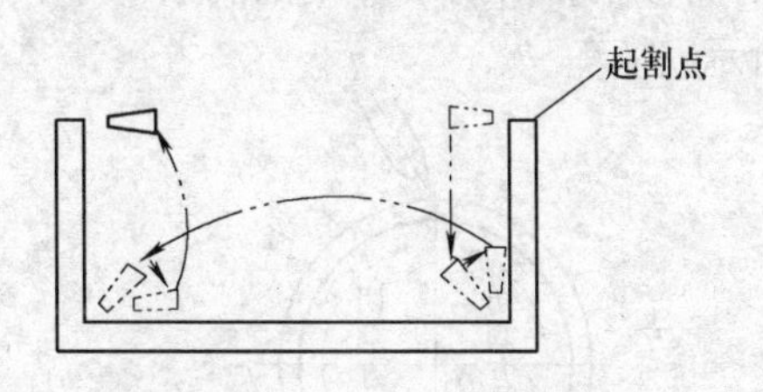

图15-12　10#以上槽钢的气割

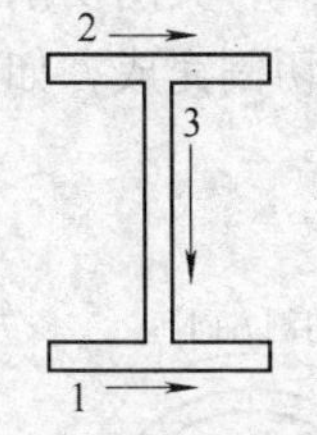

图15-13　工字钢的气割

1、2、3—气割工字钢的顺序

4. 圆钢的气割

气割圆钢时，要从侧面开始预热。预热火焰应垂直于圆钢表面。开始气割时，在慢慢打开高压氧调节阀的同时，将割嘴慢慢转为与地面相垂直的方向。这时加大气割氧气流，使圆钢割透，每个割口最好一次割完。如果圆钢直径较大，一次割不透，可以采用分瓣气割，见图 15-14 所示。

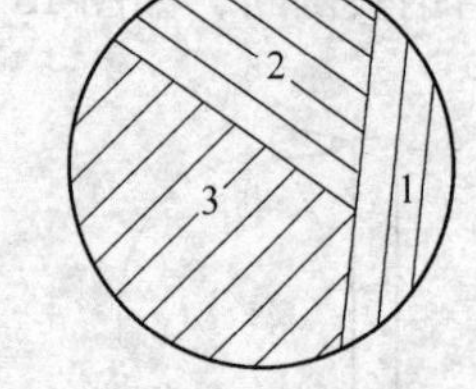

图 15-14　圆钢的气割

1、2、3—气割圆钢的顺序

5. 滚动钢管的气割

气割可转动管子时，可以分段进行。即气割一段后，将管子转动一适当的位置，再继续进行气割。一般直径较小的管子可分 2 ~ 3 次割完，直径较大的管子分多次割完，但分段越少越好。

首先，预热火焰垂直于管子表面。开始气割时，在慢慢打开高压氧调节阀的同时，将割嘴慢慢转为与起割点的切线成 70° ~ 80° 角，在气割每一段切口时，割嘴随切口向前移动而不断改变位置，以保证割嘴倾斜角度基本不变，直至气割完成，如图 15-15 所示。

6. 水平固定管的气割

气割水平固定管时，从管子的底部开始，由下向上分两部分进行气割（即从时钟的 6 点位置到 12 点位置）。与滚动钢管的气割一样，预热火焰垂直于管子表面。开始气割时，在慢慢打开高压氧调节阀的同时，将割嘴慢慢转为与起割点的切线成 70° ~ 80° 角，割嘴随切口向前移动而不断改变位置，以保证割嘴倾斜角度基本不变，直至割到水平位置后，关闭切割氧，再将割嘴移至管子的下部气割剩余一半，直至全部切割完成，如图 15-16 所示。

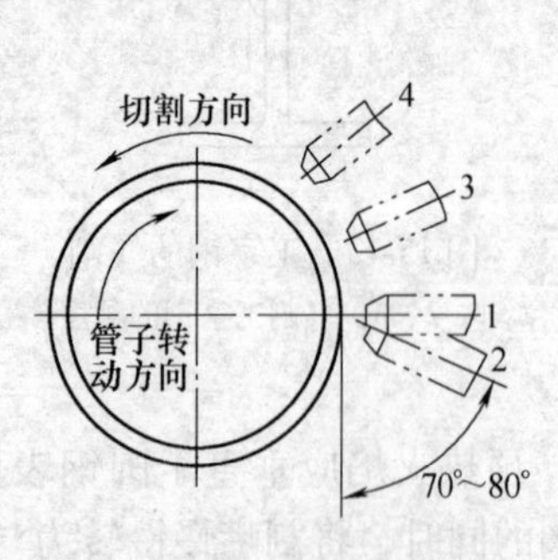

图 15-15　滚动钢管的气割

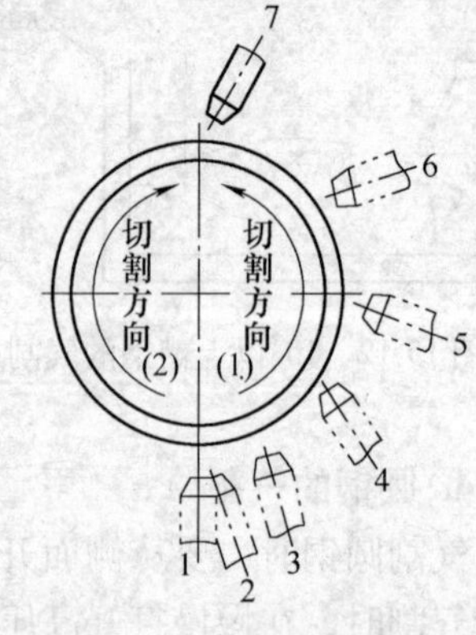

图 15-16　水平固定管的气割

复习思考题

1. 乙炔气瓶的构造？
2. 中压防爆膜式回火防止器的结构？
3. 典型零件的气割方法？

第十六章　碳弧气刨

第一节　碳弧气刨的原理及应用

一、碳弧气刨的基本原理

碳弧气刨是利用碳棒与金属工件之间产生的电弧高温，将金属工件局部熔化，并利用压缩空气流将熔化金属吹掉，而在工件上加工出刨槽的一种工艺方法，如图16-1所示。

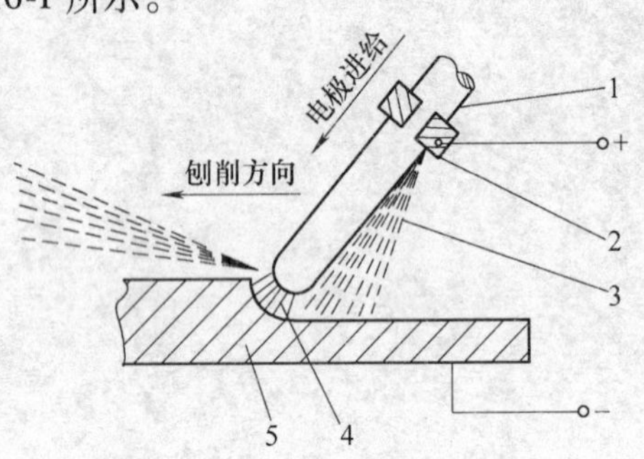

图16-1　碳弧气刨原理示意图
1—碳棒　2—碳弧气刨钳　3—压缩空气
4—电弧　5—工件

二、碳弧气刨的特点

1）手工碳弧气刨与风铲或角向磨光机相比较，它不需要较大的操作空间，所以对受限制的位置或可达性差、空间较小的部位，其灵活性很大，可进行全位置操作。

2）当进行清除焊缝或铸件的缺陷操作时，在一层一层地刨除焊缝或铸件的缺陷过程中，操作者在电弧光下可以清楚地观察到缺陷的形状和深度，直至缺陷被彻底地清除。这样就提高了焊工返修的合格率。这是碳弧气刨独到的长处，是使用风铲或角向磨光机时无法做到的。

3）手工碳弧气刨与风铲或角向磨光机相比较，碳弧气刨噪声小、效率高、劳动强度低及使用的设备简单。

4）能够切割用氧-乙炔火焰难于切割的金属材料。氧-乙炔火焰切割金属有一定的条件，不是任何金属都能利用氧-乙炔火焰切割的。而采用碳弧气刨进行切割时，就不受限制了。在电弧的高温作用下，各种金属及其氧化物都能熔化。用碳弧气刨进行切割时，只影响到切割的速度和表面的质量，而不会影响切割过程的正常进行。

5）碳弧气刨的缺点是：碳弧气刨有较大烟雾、较多粉尘污染及较强弧光辐射；并且需要功率较大的直流电源，费用较高；对操作技术要求较高。

三、碳弧气刨的应用范围

由于碳弧气刨具有许多优点，因而在机械、化工、造船、金属结构和压力容器制造等行业得到了广泛的应用。具体应用在以下几个方面：

1）主要用于低碳钢、低合金钢和不锈钢材料双面焊接时，清除焊根。

2）对于重要的金属结构件、常压容器和压力容器，存在不允许的超标准焊缝缺欠时，可用碳弧气刨工艺清除焊缝中的缺陷后进行返修。

3）手工碳弧气刨常用来为小件、单件或不规则的焊缝加工坡口，特别是加工U形坡口时，更加显示出该工艺的优点。

4）清除铸件的飞边、毛刺、浇口、冒口和铸件的表面缺陷。

5）切割高合金钢、铜、铝及其合金等。

第二节　碳弧气刨的设备、工具和材料

一、碳弧气刨的设备

碳弧气刨设备主要包括电源和压缩空气源。

1. 碳弧气刨电源

碳弧气刨一般采用直流电源，对电源特性的要求与焊条电弧焊同样要求具有陡降外特性和较好动特性的直流弧焊电源。由于碳弧气刨时一般选用的电流较大，且碳棒不熔化，负载持续率较大，所以应选

用比焊接时较大功率的电源。例如，当用 ϕ8mm 的碳棒时，碳弧气刨电流为400A 时，应选取额定电流为500A 的直流弧焊电源。当选用硅整流焊机做碳弧气刨电源时，应特别注意不能过载，以保证设备的安全运行。

2. 压缩空气源

碳弧气刨所用的压缩空气源。一般有两种。在有压缩空气站的工厂里，是通过空气管路系统引出分支管路，供给需要压缩空气源的工作岗位，然后连接到碳弧气刨钳的手把上的，如图 16-2a 所示。在没有压缩空气站的工厂里，由空压机供给压缩空气。一般选用压力为 0.8MPa 的小型空气压缩机即可满足使用要求，如图 16-2b 所示。

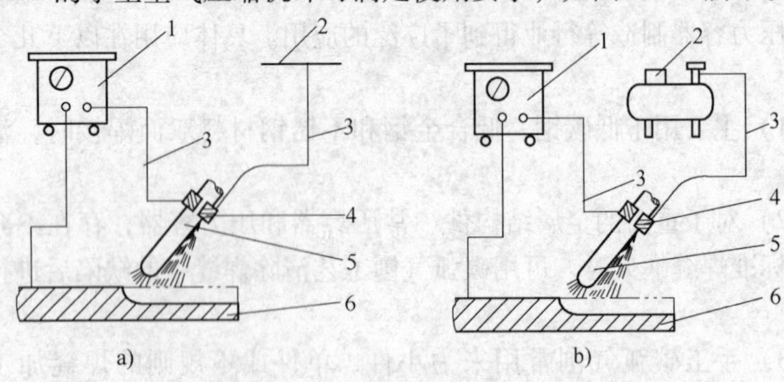

图 16-2　碳弧气刨设备示意图

a) 1—焊机　2—空气管路　3—电缆气管　4—碳弧气刨钳　5—碳棒　6—工件
b) 1—焊机　2—空压机　3—电缆气管　4—碳弧气刨钳　5—碳棒　6—工件

二、碳弧气刨的工具

1. 对碳弧气刨钳的要求

碳弧气刨钳是碳弧气刨工艺中最重要的工具。它的作用是夹持碳棒，传导电流，输送压缩空气，吹除熔化金属。为了保证碳弧气刨工艺的质量，碳弧气刨钳必须符合下述三项基本要求。

1）碳棒夹持牢固，更换碳棒方便。牢固地夹持碳棒是最基本的要求。但是在工作时，碳棒的伸出长度需要经常调整，而且要经常更换碳棒，所以又要求更换碳棒方便。如果更换不方便，就会增加辅助工作时间，影响生产率。

2）导电性良好，输送压缩空气准确有力。碳弧气刨钳要同时完成把电流送到碳棒端部和把压缩空气准确地吹到熔化金属这两个功能。在碳弧气刨操作中，电流比较大，连续工作时间长，如果导电不良，碳弧气刨钳就会发热而不能持久工作。如果送风无力或者不准确，熔化金属和氧化物就不能顺利地完全吹掉。

3）结构紧凑，操作方便。碳弧气刨钳比电焊钳复杂，因此它的结构要十分紧凑，操作轻巧，平稳，这样才能得到光滑的刨槽。

2. 碳弧气刨钳

传统的碳弧气刨钳有侧面送风式和圆周送风式两种类型。它们各自的优点和缺点如下：

侧面送风气刨钳的优点：结构简单，压缩空气紧贴碳棒喷射，碳棒长度调节方便。缺点：只能向左或向右单一方向进行气刨。

圆周送风气刨钳的优点：喷嘴外部与工件绝缘，压缩空气由碳棒四周喷出，碳棒冷却均匀，适合在各个方向操作。缺点：结构复杂，紧固碳棒的螺钉易与工件发生短路。

现在新型侧面送风碳弧气刨钳已经面市，它具有结构简单，操作方便，更换碳棒容易。其最大的优点是夹持碳棒的钳口可以在180°范围变化，操作者可根据工作的空间位置和习惯转换角度。新型碳弧气刨钳示意图如图16-3所示。

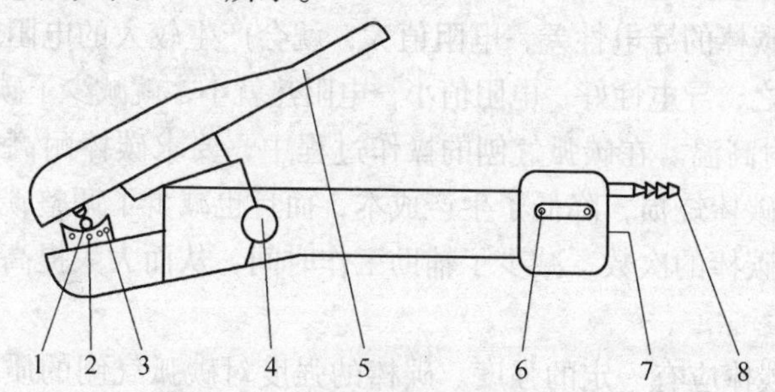

图16-3　新型碳弧气刨钳示意图

1—碳棒　2—风孔　3—角度可调钳口（导电嘴）　4—空气开关
5—卡紧手柄　6—电缆紧固螺钉　7—电缆接口　8—压缩空气接头

3. 电风合一软管

碳弧气刨钳体都需要连续电源导线和压缩空气软管。为了防止电源导线发热，便于操作，可以采用电风合一的软管。这样压缩空气可以冷却导线，不但解决了导线在大电流时发热问题，同时也使碳弧气刨钳结构简化。新式的电风合一软管如图16-4所示。

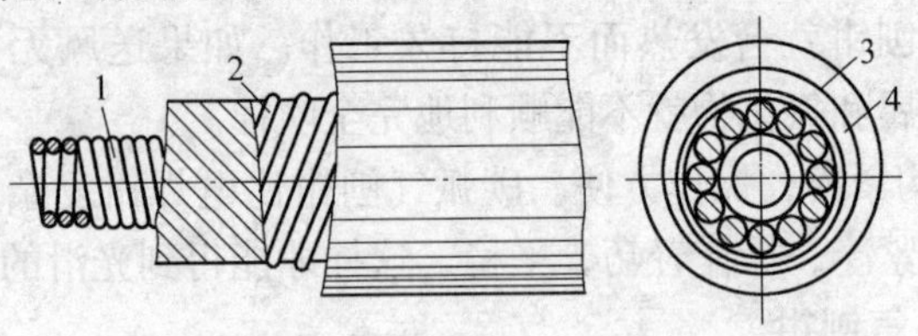

图16-4 电风合一软管

1—弹簧管 2—外附加钢丝 3—夹线胶管 4—多股导线

三、碳弧气刨的材料

碳棒在碳弧气刨操作中是主要的消耗材料，它具有传导电流和引燃电弧的作用。常用的是镀铜实芯碳棒，镀铜的目的是为了更好地传导电流。外形有圆碳棒和扁碳棒两种，圆碳棒主要用于焊缝背面清焊根或焊缝返修时清除缺陷；扁碳棒刨槽较宽，可以用于开坡口，或切割铸铁、合金钢和有色金属。

对碳棒的要求：

1）导电性良好。在碳弧气刨的操作过程中，全部电流都通过碳棒。如果碳棒的导电性差，电阻值大，就会产生较大的电阻热而烧损碳棒；反之，导电性好，电阻值小，电阻热就小，就减少了碳棒烧损。

2）耐高温。在碳弧气刨的操作过程中，要求碳棒耐高温。这不仅减少了碳棒烧损，降低了生产成本，而且也减少了调整碳棒伸出长度和更换碳棒的次数，减少了辅助工作时间，从而大大提高了生产效率。

3）碳棒应有一定的强度。碳棒的强度对碳弧气刨的质量有较大影响。如果碳棒强度低，在操作时容易折断，成块的碳棒材料落到刨槽中，造成夹碳缺陷。如果碳棒强度高，不容易折断，一方面可以减少碳棒损耗，另一方面减少了刨槽的缺陷。

碳弧气刨用碳棒的型号和规格见表16-1。碳棒的额定工作电流值见表16-2。

表 16-1 碳弧气刨用碳棒的型号和规格

型号	截面形状	规格尺寸/mm		
		直径	截面	长度
B504 ~ B516	圆形	4 ~ 16	—	305 355
BL508 ~ BL525	圆形	8 ~ 25	—	355、430、510
B5412 ~ B5620	矩形	—	4×12 5×10	305
			5×12 5×15	
			5×18 5×20	355
			5×25 6×20	

表 16-2 碳棒的额定工作电流值

圆形碳棒规格/mm	4	5	6	7	8	9	10	11	12	13	14	16	19	25
额定电流值/A	180	225	325	350	400	500	600	700	850	900	1000	1100	1400	1800
矩形碳棒规格/mm	4×12	5×10	5×12	5×15	5×18	5×20	5×25	—	6×20	—	—	—	—	—
额定电流值/A	200	250	300	350	400	450	500	—	600	—	—	—	—	—

第三节 碳弧气刨工艺

一、碳弧气刨的工艺参数

碳弧气刨工艺参数包括：电源极性、碳棒直径与电流、碳棒直径与板厚、碳棒伸出长度、碳棒倾角、压缩空气压力、电弧长度、刨削速度等。

1. 电源极性

低碳钢、低合金钢和不锈钢进行碳弧气刨时，采用直流反接。即工件接负极，碳弧气刨钳接正极，如图 16-5 所示。用这种连接方式进行碳弧气刨时，电弧稳定，刨削速度均匀，电弧发出连续的“刷刷”声，刨槽两侧宽窄一致，刨槽表面光滑明亮。如果极性接错了，则电弧发生抖动，刨槽两侧呈现出与电弧抖动声相对应的圆弧状。如果发生此种现象，将极性倒过来即可。

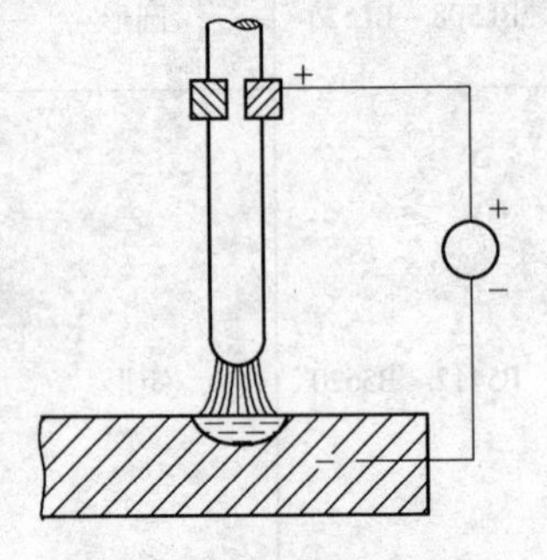

图 16-5 电源极性示意图

2. 碳棒直径与电流

一般碳弧气刨电流与碳棒直径成正比关系，可参照表 16-2 选取电流，或按下面经验公式选择电流。

$$I=(35\sim50)d$$

式中 I——电流（A）；

d——碳棒直径（mm）。

电流在碳弧气刨操作中是一个很重要的工艺参数，对刨槽的尺寸影响很大。如果电流较小，则电弧不稳，并且容易产生夹碳现象；但电流过大时，刨槽宽度增大，刨槽深度也加深，碳棒烧损较快甚至熔化，造成刨槽严重渗碳。只有电流选择适当时，才能获得表面光滑、尺寸合格的刨槽。一般地，为了提高刨削速度，可选择经验公式的上限作为刨削电流。

注意在清除焊缝缺陷时，如果电流较大，刨削速度和刨槽深度都增大，不利于发现焊缝缺陷，所以在返修焊缝缺陷时，刨削电流应选取小一些。

3. 碳棒直径与板厚

碳棒直径的选择是根据被刨削的钢板厚度决定的。钢板越厚，散热就越快。为了提高刨削速度，使被刨削金属熔化快，就要加大刨削电流，所以也要选择直径较大的碳棒。碳棒直径与板厚的关系可参阅

表 16-3。

表 16-3 碳棒直径与板厚的关系

钢板厚度/mm	碳棒直径/mm	钢板厚度/mm	碳棒直径/mm
3		8~12	6~7
4~6	4	>10	7~10
6~8	5~6	>15	10

碳棒直径的选择与刨槽宽度也有关系，碳棒直径越大，则刨槽越宽。一般碳棒直径应比所要求的刨槽宽度小 2~4mm 为佳。

4. 碳棒伸出长度

碳棒从导电嘴到碳棒端点的长度为伸出长度，如图 16-6 所示。手工碳弧气刨时，伸出长度过大，导电嘴离电弧就远，造成压缩空气吹到熔化金属处的风力不足，不能将熔化金属顺利吹掉，而且碳棒也容易烧损。但是伸出长度过小，操作者要频繁地调整伸出长度，降低了刨削效率。一般外伸长度为 80~100mm 为宜。

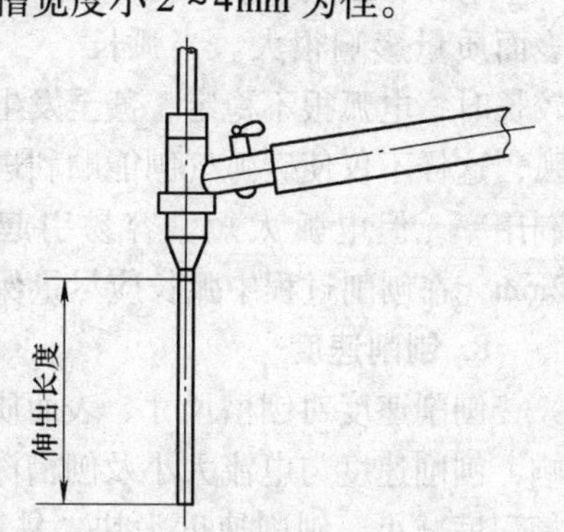

图 16-6 碳棒伸出长度示意图

需要指出，在手工碳弧气刨时，碳棒伸出长度是不断变化的，当伸出长度减少至 30~40mm 时，应将伸出长度重新调整至 80~100mm 为宜。

5. 碳棒倾角

碳棒与工件沿碳弧气刨方向的夹角叫碳棒倾角。倾角大小，主要会影响到刨槽深度和刨削速度。倾角增大，则刨削深度增加，刨削速度减小；倾角减小，则刨削深度减小，刨削速度增大。一般手工碳弧气刨采用倾角 25°~45°为宜。碳棒倾角如图 16-7 所示。

6. 压缩空气压力

压缩空气的主要作用是吹走被熔化金属。压力大小会直接影响到刨削速度和刨槽表面质量。压力高，可提高刨削速度和刨槽表面的光滑程度；压力低，则造成刨槽表面粘渣。

一般要求压缩空气的压力为0.4～0.6MPa。压缩空气所含水分和油分对刨槽质量是有影响的，如果压缩空气中的水分和油分太多，可通过在压缩空气的管路上加油水分离装置予以清除。

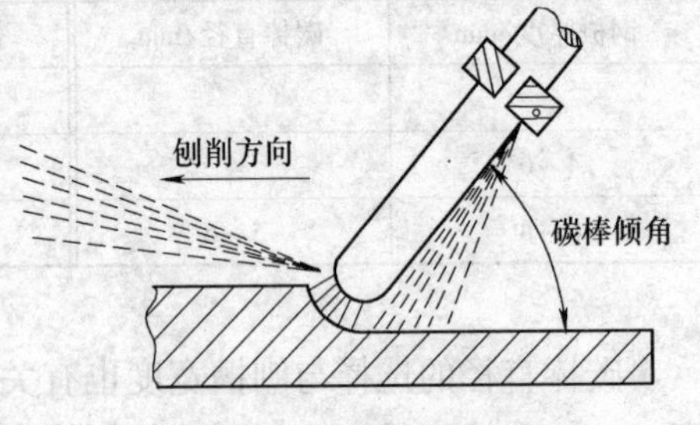

图16-7　碳棒倾角

7. 电弧长度

电弧长度对碳弧气刨的表面质量影响很大。当弧长较长时，电弧很不稳定，甚至发生熄弧。因此，操作时要尽量采用短弧，这样不仅使碳弧气刨能顺利进行，而且可以提高生产率和电极的利用率，但电弧太短，容易引起“夹碳”缺陷。一般弧长约1～2mm，在刨削过程中弧长应尽量保持不变，以保证刨槽尺寸均匀。

8. 刨削速度

刨削速度对刨槽尺寸、表面质量和刨削过程的稳定性有一定的影响，刨削速度与电流大小及刨槽深度是相匹配的。刨削速度增加，刨槽深度减小。刨削速度太快，易造成碳棒与金属工件短路，电弧熄灭，形成刨槽夹碳缺陷。一般刨削速度为0.5～1.2m/min较合适。

二、碳弧气刨的操作

1. 基本操作

（1）刨削前准备工作　首先要检查电源导线的连接是否牢固，绝缘体是否良好。检查压缩空气管道的连接是否良好，对漏气处进行修理。根据被刨削的金属材料正确选择电源极性。根据金属材料厚度，正确选择碳棒直径，进而选择刨削电流。将碳棒伸出长度调整至80～100mm后，即可开始碳弧气刨操作。

（2）引弧　引燃电弧前，应先打开碳弧气刨钳体上的压缩空气开关，以免在引弧时产生夹碳。手工碳弧气刨起弧时，倾角要小，逐渐将倾角增大到所需的角度，在刨削过程中，弧长、刨削速度和碳棒倾角三者之间必须适当配合。配合恰当时，电弧稳定，刨槽表面光滑，如配合不当，则电弧不稳，刨槽表面可能出现夹渣和粘渣缺陷。

（3）刨削　如果要求的刨槽较浅，可一次完成刨削；若要求的刨槽较深或要求焊缝背面铲焊根，则往往要刨削2~3次，才能达到刨槽的形状、尺寸和表面粗糙度的要求。

目前广泛应用的是手工碳弧气刨。为了减轻劳动强度，提高刨削的速度和精度，可采用自动碳弧气刨；为了减少碳弧气刨的粉尘污染，也可采用水碳弧气刨。

2. 刨坡口

刨坡口是碳弧气刨的用途之一。首先要根据板厚选择U形槽的宽度，然后确定碳棒的直径和刨削电流。注意碳棒中心线应与坡口的中心线重合，如果这两条中心线不重合，刨削的坡口形状不对称。

3. 清除焊根

在焊件需要双面焊接时，为了保证焊缝质量，通常在正面焊接完成后，将正面焊缝的根部清除干净，再进行反面焊接。清除焊根是碳弧气刨工艺的主要用途之一。

焊工应根据不同的材料、不同的板厚，选择合适的工艺参数。需要注意的是，一般环焊缝应先焊内环缝，这样就避免用碳弧气刨进行内环缝清除焊根。在进行外环缝清除焊根时，总是要使熔化金属向下吹。

对较厚板进行清除焊根时，需要多次刨削才能达到要求。

4. 刨削焊缝缺陷

重要的金属结构件、常压容器和压力容器焊接中，由于原材料、工艺或操作者技术水平等原因，在焊缝中不可避免地存在着各种各样不符合技术标准的缺陷。这些超标准的缺陷，破坏了焊缝的连续性，降低了焊接接头的力学性能，引起金属结构的应力集中，缩短了金属结构的使用寿命，极易造成结构脆断，严重影响着国家财产和人民生命的安全。

对于这些超标准的焊缝缺陷，必须彻底清除后，按返修工艺进行焊补。虽然清除焊缝缺陷的方法很多，但由于碳弧气刨具有许多优点，所以在清除焊缝缺陷的操作中得到了广泛的应用。

焊缝经X射线、γ射线或超声波检测发现超标准缺陷后，焊工应当根据底片上缺陷的黑白程度，准确地判断缺陷在焊缝中的位置和深浅程度。当然，准确地判断缺陷的深浅程度是很难的，这需要焊工在工作中，根据不同的板厚、不同的缺陷、不同的黑白度，进行长期的、反复的经验摸索才能达到准确。

需要注意，在清除焊缝缺陷时，使用的刨削电流要适当小一些。在刨削过程中，当看到缺陷露出来时，应当比较浅的再刨削一次，直到缺陷全部刨掉为止。

三、碳弧气刨的常见缺陷

1. 夹碳

由于操作技术不熟练、刨削速度过快或碳棒送进速度过快，造成短路熄弧，碳棒粘在未熔化的金属上，易产生夹碳缺陷。夹碳缺陷处形成一层含碳量高达6.7%的硬脆的碳化铁。此处难以引弧，必须将其清除以后，才能继续刨削。若夹碳残存在坡口中，则在焊接时容易产生气孔和裂纹。

2. 粘渣

碳弧气刨吹出的氧化物叫渣。它实质上是一层很薄的氧化铁和碳化铁，容易粘贴在刨槽的两侧，而造成粘渣。粘渣主要是由压缩空气压力低造成的。

焊接前要用钢丝刷或角向磨光机将渣清除干净。有时粘渣极薄，很难用肉眼辨认清楚。但是，当焊接电弧遇到粘渣时，熔池发生沸腾现象，严重时造成气孔。

3. 铜斑

采用表面镀铜的碳棒进行碳弧气刨时，因镀铜质量不好，剥落的铜皮熔敷在刨槽表面可形成铜斑，或导电嘴与工件瞬间短路后，由于铜制的导电嘴熔化，而在刨槽表面形成铜斑。焊前要用钢丝刷或角向磨光机将铜斑清除干净，避免造成焊缝的局部渗铜。

4. 刨槽尺寸和形状不规则

当手工碳弧气刨的规范选择合适时，刨槽尺寸和形状主要取决于操作技术，刨槽形状不规则的原因可能是：

1）刨削速度和碳棒送进速度不匀、不稳，以致刨槽宽窄不一致，深浅不均匀。

2）碳棒在刨削方向上与工件成一定倾角，而在其两侧未与工件表面垂直，以致刨槽两侧不对称。

3）背面清除焊根时，刨削方向没对正电弧前方的装配间隙，故产生刨偏。

第四节　常用材料的碳弧气刨

一、低碳钢的碳弧气刨

碳弧气刨工艺通常用于低碳钢的坡口加工，清除焊根，刨削焊缝缺陷。一般刨槽表面会产生不大于1mm的硬化层，这是由于刨槽表面的高温金属被压缩空气急冷造成的。它基本上不影响焊接接头的力学性能。这是因为在施焊前，已经用角向磨光机或钢丝刷对刨槽表面进行了清理，在随后的焊接过程中将硬化层熔化了。所以用碳弧气刨对低碳钢进行刨削后，并不影响其焊接性能。

二、低合金结构钢的碳弧气刨

低合金结构钢中含有少量的合金元素（总量的质量分数<5%），一般按屈服强度进行分级的，常用低合金结构钢的屈服强度在300～600MPa范围内。低合金结构钢的碳当量与钢材强度有关，碳当量低的，强度也低，焊接性较好，其碳弧气刨性能良好。如屈服强度在300～400MPa的钢种，焊接性良好，它的碳弧气刨性能也好。在工厂常用的低合金结构钢中，16MnR和15MnV钢，碳弧气刨性能良好，可采用与低碳钢碳弧气刨一样的工艺进行。

碳当量较大的钢，因其淬硬倾向大，焊接时要采取一些特殊的工艺措施，这些钢种在碳弧气刨时也要采取一些特殊工艺措施。如屈服强度在450～600MPa的钢种，且厚度较大或结构刚性较大的焊件，在进行碳弧气刨时，就要对工件进行预热，预热的温度应等于或稍高于焊接时的预热温度。

三、不锈钢的碳弧气刨

目前，对不锈钢也广泛使用碳弧气刨进行清除焊根或刨削焊缝缺陷。但是，要注意不锈钢碳弧气刨时的特殊性。先在介质接触面的一侧进行根部焊接，以便在非介质接触面的一侧清除焊根，并避免了碳弧气刨的飞溅物对介质接触面的损伤。尽量采用不对称的 X 形坡口，而介质接触面一侧的坡口较大，以使碳弧气刨槽远离介质接触面。与介质面接触的表面最后施焊，以保证焊缝的抗腐蚀性能，如图 16-8 所示。

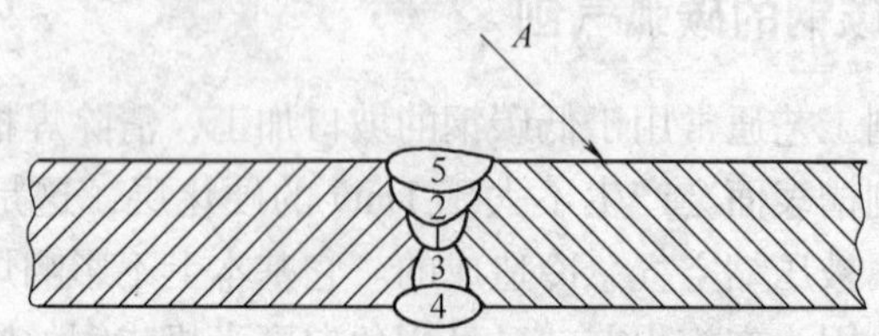

图 16-8　用碳弧气刨清根时不锈钢的焊接顺序

A—介质接触面　1 ~ 5—各层焊缝焊接顺序

为了防止碳弧气刨对不锈钢抗晶间腐蚀性能的影响，将不锈钢的刨槽表面用角向磨光机清理干净后再进行焊接是有利的。

对于接触强腐蚀介质的超低碳不锈钢，不允许使用碳弧气刨铲焊根，而应采用角向磨光机磨削。

第五节　碳弧气刨的危害与安全

一、碳弧气刨的危害

碳弧气刨的危害有电弧辐射、烟尘、有毒气体、金属飞溅和噪声等。

1）碳弧气刨工艺使用的电流比焊接电流大得多，弧光强烈，电弧辐射伤害更大些。由于使用的电流大，电焊机容易过载和发热，并加剧自身振动，因此，容易对焊接设备造成损害。

2）碳弧气刨时放出大量的有毒气体和烟尘，在容器内操作时，有毒气体和烟尘不易排出，对人体健康有损害。

3）碳弧气刨时，大量的高温液态金属和氧化物被压缩空气流吹出，容易引起火灾及烫伤。

4）碳弧气刨发出尖锐刺耳的噪声，危害人体健康。

二、碳弧气刨的安全操作技术

1）操作者应按作业特点和要求穿戴好个人防护用品。

2）检查焊机接地是否良好，连接部位的绝缘是否良好；由于碳弧气刨时使用的电流较大，应注意防止焊机的过载和过分使用而发热，压缩空气管路接头是否牢固。

3）对被刨削的工件进行安全性确认，封闭的管道、容器等禁止刨削；对不明物应事先检查、确认无危险后再进行操作，并要认真检查作业现场，10m 范围内严禁存放易燃、易爆物品，严防火灾。

4）作业时气流方向不能对人。露天作业时应顺风向操作，雨雪天气禁止操作，以防触电。

5）碳弧气刨时产生较大的烟尘，工作地点要加强通风；在容器内操作时，必须采取通风排烟除尘措施，并有专人监护才能进行操作，防止中毒或窒息。

6）工作完成后，要切断电源，关闭空压机或空气管道开关，清理好工作场地，确认无火种后，方可离开现场。

7）其他安全措施与一般焊条电弧焊相同。

复习思考题

1. 碳弧气刨的基本原理是什么？
2. 碳弧气刨工艺的主要设备、工具有哪些？
3. 碳弧气刨的特点是什么？
4. 碳弧气刨的应用范围有几方面？
5. 碳弧气刨的主要工艺参数有哪些？
6. 低合金结构钢碳弧气刨时应注意什么？
7. 不锈钢碳弧气刨时应注意什么？
8. 碳弧气刨工艺的危害是什么？
9. 碳弧气刨工艺的安全防护有哪些？

第十七章　熔焊焊缝外观检查及返修

第一节　熔焊焊缝外观检查

一、熔焊焊缝外观缺欠

焊接接头中存在的不符合设计图样和技术标准要求的缺欠称为焊接缺欠。在焊接结构生产中，受各种因素的影响，不可避免地会产生焊接缺欠，它的存在影响到产品质量和结构的安全使用。为了满足产品的使用要求，通过检验将各种缺欠检查出来，按照有关标准进行评定，以决定对各种缺欠的处理。基于焊接缺欠在焊接接头中的位置，可以分为外观缺欠和内部缺欠。外观缺欠即焊缝缺欠位于焊缝的外表面，它包括焊缝形状和尺寸不符合技术标准要求、咬边、弧坑、烧穿、焊瘤、根部收缩、表面气孔、未焊透、表面裂纹等；内部缺欠即焊缝缺欠位于焊缝的内部，它包括夹渣、气孔、未焊透、未熔合和裂纹等。进行焊缝外观缺欠检查之前，要将焊缝表面焊渣清理干净。下面我们主要讨论熔焊焊缝的外观缺欠。

1. 外观缺欠种类

焊缝外观缺欠种类包括：焊缝形状和尺寸不符合技术标准要求、咬边、弧坑、烧穿、焊瘤、根部收缩、表面气孔、未焊透、表面裂纹等。

2. 外观缺欠检查方法

（1）检验依据　在焊接结构生产中，必须按图样、按工艺规程、按相关标准和订货合同等文件进行检验和验收。

1）焊接结构图样是焊接结构生产中使用的最基本的技术文件，焊接结构的制造应按图样的规定进行。图样规定了产品使用原材料材质、焊缝位置、焊接坡口形式、加工后必须达到的形状和尺寸及焊缝的检验要求等。

2）焊接结构工艺文件包括工艺规程、检验规程等。这些文件具体规定了产品的制造方法、检验方法和检验程序，是现场检验人员进行工作的主要依据。

3）焊接结构相关技术标准包括国家标准、行业标准、企业标准和技术法规，其中规定了焊接结构的质量要求和质量评定方法。

4）订货合同：用户在合同中明确提出的对焊接质量要求，可作为图样和技术文件的补充规定。

（2）焊接结构检验内容

1）焊前检验。焊前检验目的：以预防为主，达到消除或减小焊接缺欠产生的可能性。

焊前检验内容：

①金属原材料检验包括：检查金属原材料的合格证、标记、表面质量及尺寸。

②焊接材料的检验包括：检查焊接材料的选用及审批手续；代用的焊接材料及审批手续；焊接材料及代用的焊接材料合格证书；焊接材料及代用的焊接材料质量复检；焊接材料的型号及颜色标记；焊接材料的烘干处理。

③工件的生产准备检查包括坡口角度、钝边的加工质量。

④工件装配检验包括零、部件装配，定位焊质量。

⑤工件试板检验包括试板材料的钢号、试板的加工、试板的尺寸。

⑥焊接预热检验包括选用预热方式、预热温度及温度的检测。

⑦焊工资格检查包括焊工资格证件有效期、焊工资格证件考试合格的项目。

⑧焊接环境检查包括施焊当天的天气情况，露天施焊时，要有防护措施；雨、雪天气应停止焊接；检查相对湿度、最低气温等。

2）焊接过程中的检验。焊接过程中的检验目的：为了防止和及时发现焊接缺欠，进行焊接缺欠修复，保证工件在制造过程中的质量。

焊接过程中的主要检验内容：

①检查焊接参数是否与工艺规程的规定相符合。

②检查焊接材料领用单与实际使用焊接材料是否相符合；检查焊接材料外观特征、颜色、牌号和尺寸。

③检查现场施焊部位的施焊方向和顺序是否与工艺规程规定相一致。

④检查焊接试板施焊位置，是否按正式工件的焊接工艺施焊。并按工艺文件所要求的内容进行检验。

⑤检查工件表面温度变化情况，随时验证预热温度是否符合要求。

⑥检查焊道表面质量，对发现的焊缝缺欠进行及时修复。

⑦检查层间温度，为了防止多道焊或多层焊时焊缝金属组织过热，要及时检查层间温度。

⑧检查焊后热处理，焊后要及时进行消除应力热处理。检查焊后热处理的方法、工艺参数是否与工艺规程相同。

⑨检查焊接设备的运转情况；同时要检查焊接设备电流表和电压表的指示值是否与焊接工艺规程相符合，发现问题及时处理。

3）焊后质量检验。焊后检验目的：焊接结构全部制造完成后，通过对成品检查，鉴定产品焊接质量是否符合图样、工艺技术文件和相关技术标准的要求。

焊后对焊缝外观检验主要内容：按照相关的技术标准检验焊缝形状和尺寸是否符合要求、是否存在咬边、弧坑、烧穿、焊瘤、根部收缩、表面气孔、未焊透、表面裂纹等外观缺欠。对不符合标准的缺欠应按程序进行返修处理。

(3) 外观缺欠检查方法　外观缺欠检查一般是用肉眼或用低倍放大镜。在检验焊缝外观形状和尺寸时，经常使用焊缝检验尺检验焊缝宽度、余高、余高差、工件装配错边、焊前坡口尺寸、坡口间隙、焊脚尺寸以及焊后变形等。常用的焊缝检验尺如图 17-1 所示。

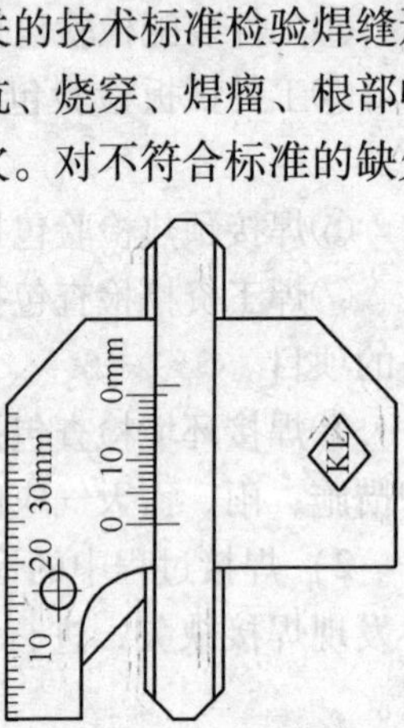

图 17-1　焊缝检验尺

二、熔焊焊缝外观缺欠的产生原因及防止

现将常见的几种熔焊焊缝外观缺欠产生的原因和防止方法介绍如下：

（1）焊缝形状缺欠　焊缝形状缺欠是指焊缝外表面粗糙，焊缝高低差较大、宽窄差较大；焊缝与母材不是圆滑过渡。焊缝形状缺欠容易造成工件应力集中，对承受动载荷的焊接结构，削弱了焊接接头的承载能力，影响焊缝表面的美观。

焊缝形状缺欠产生的原因：焊工操作不当或焊接位置有障碍物，影响焊工操作；焊缝的返修部位因去除缺欠，局部加宽了坡口，使补焊宽度与原焊缝明显不一致。

焊缝形状缺欠防止方法：提高焊工操作技术水平；严格执行焊接工艺规程。

（2）焊缝的尺寸缺欠　焊缝的几何尺寸不符合施工图样或相关技术标准规定。如果焊缝尺寸小，工件截面积减小，削弱了某些承受动载荷结构的疲劳强度；如果焊缝尺寸大，增加了焊接结构的应力和变形，浪费了焊接材料和焊接工作时间，很不经济。

尺寸缺欠产生的原因：焊工在施焊前，没有详细阅读施工图样或有关标准规定，不清楚对焊缝尺寸要求；焊条电弧焊运条横向摆动不均匀或焊接速度不均匀；焊接参数选择不合适。

焊缝尺寸缺欠防止方法：提高焊工素质和操作技术水平；严格按照图样施工。

（3）咬边　咬边是指沿焊趾的母材部位产生的沟槽或凹陷，如图17-2所示。在咬边处造成应力集中，同时减小了母材金属的工作截面。

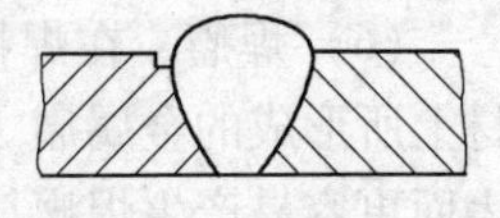

图17-2　咬边

咬边产生的原因：焊接参数选择不合适，电流过大，焊条角度不正确；焊工操作时，电弧过长，电弧在焊缝边缘停留时间短，熔化金属不能及时填补熔化金属缺口而造成咬边；焊接位置选择不佳，由于液态金属的重力作用和表面张力作用，在立焊及仰焊位置容易发生咬边；焊条摆动不正确导致角焊缝上部边缘产生

咬边；使用直流电源进行焊接时，由于工件接线回路的位置选择不当产生磁偏吹，使焊接电弧偏离焊道而产生咬边。

焊缝咬边缺欠防止方法：严格执行焊接工艺规程；提高焊工操作技术水平；选择合适的焊接位置施焊；选择正确的工件接线回路位置施焊。

（4）弧坑　弧坑是焊条电弧焊时，由于收弧不当，在焊道末端形成的低于母材的低洼部分，如图 17-3 所示。弧坑减少了焊缝的有效工作截面，在弧坑处熔化金属填充不足，熔池进行的冶金反应不充分，容易产生偏析和杂质聚积。因此，在弧坑处往往伴有气孔、夹渣、裂纹等焊接缺欠。

弧坑产生的原因：焊条在收弧处停留时间短、提前熄弧；由于电弧吹力而引起的凹坑没有得到足够的熔化金属填充而形成弧坑。

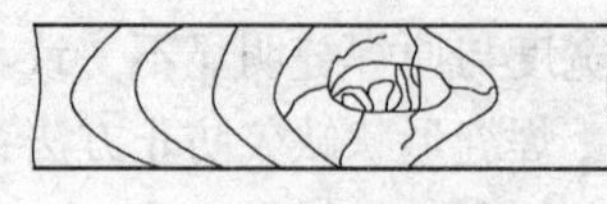

图 17-3　弧坑

弧坑缺欠防止方法：提高焊工操作技术水平；用正确的工艺方法填满弧坑。

（5）烧穿　在焊接过程中，由于焊接参数选择不当，操作技术不佳，或者工件装配间隙过大等原因，熔化金属自坡口背面流出，形成穿孔的缺欠称为烧穿。烧穿影响焊缝表面质量，焊缝金属组织物易过烧。

烧穿产生的原因：焊接电流过大；工件对接间隙太大；焊接速度过慢；电弧在焊缝处停留时间太长。烧穿容易发生在打底焊道、薄板对接焊缝或管子对接焊缝中。

焊缝烧穿缺欠防止方法：合理选择焊接参数；严格执行工艺规程；提高焊工操作技术水平。

（6）焊瘤　在焊接过程中，熔化金属流淌到焊缝以外未熔化母材上所形成的金属瘤。焊瘤存在于焊缝表面，特别是立焊时，焊缝的表面更容易产生焊瘤。它的下面往往伴随着未熔合、未焊透等缺欠；由于焊缝的几何形状突然发生变化，造成应力集中；管子内部焊瘤将减小管路介质的流通截面。

焊瘤产生的原因：焊接参数选择不当，焊接电流太大，焊接电压太大；钝边过小，间隙过大；焊接操作时，焊条摆动角度不对，焊工操作技术水平低。

焊瘤缺欠防止方法：合理选择焊接参数：严格执行装配工艺规程：提高焊工操作技术水平。

（7）根部收缩　根部收缩即指根部焊缝金属低于背面母材金属的表面，如图17-4所示。根部收缩减小了焊缝工作截面，还易引起腐蚀。

根部收缩产生的原因：焊工操作不熟练；焊接参数选择不当。

根部收缩缺欠防止方法：合理选择焊接参数；严格执行装配工艺规程，提高焊工操作技术水平。

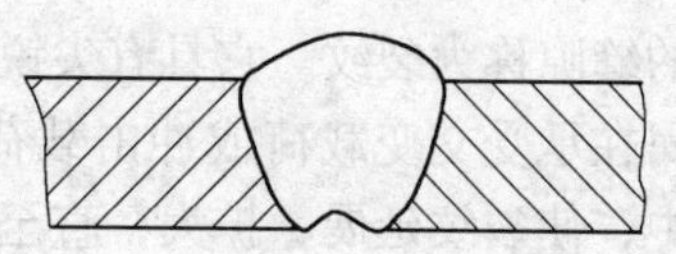

图17-4　根部收缩

（8）气孔　气孔是在焊接过程中，溶入熔池金属中的气体在熔敷金属冷却以前未能来得及逸出，而在焊缝金属中（内部或表面）所形成的孔穴。焊缝内部存在的近似于球形或筒形的孔穴称为内部气孔。焊缝表面存在的近似于球形或筒形的开口孔穴称为表面气孔。气孔减少了焊缝的工作截面，穿透性气孔或气孔与其他缺欠的叠加造成贯穿性缺欠，破坏焊缝的致密性，连续气孔则是导致结构破坏的原因之一。

气孔产生的原因：施焊前，坡口两侧有油污、铁锈等杂质存在；焊条或焊剂受潮，施焊前未烘干焊条或焊剂；焊条芯生锈，保护气体介质不纯等。在焊接电弧高温作用下，分解出大量的气体，溶入焊接熔池形成气孔。电弧长度过长，使部分空气深入焊接熔池形成气孔。

焊缝气孔缺欠防止方法：焊前仔细清理焊缝坡口两侧20mm范围内的油污、铁锈等杂质；正确烘干焊条或焊剂（一般地，碱性焊条烘干温度为350～450°C保温2h；酸性焊条烘干温度为150～250°C保温1～2h）；正确选择焊接参数；提高焊工操作技术水平。

（9）未焊透　在熔焊时，接头根部未完全熔透的现象，如图17-5所示。未焊透减小了焊缝的有效工作截面；在根部尖角处产生应力集中，容易引起裂纹，导致结构破坏。

未焊透产生的原因：坡口角度小，工件装配间隙小，钝边太大；

焊接电流小，焊接速度太快，母材金属未充分熔化；焊条偏离焊道中心或焊条角度不正确。

未焊透缺欠防止方法：严格工件装配工艺规程；合理选择焊接参数；提高焊工操作技术水平。

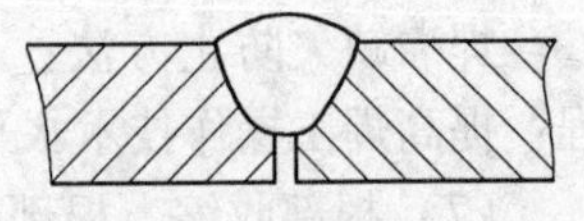

图 17-5　未焊透

(10) 裂纹　在焊接应力及其他致脆因素共同作用下，金属材料原子间结合遭到破坏，形成新界面而产生的缝隙称为裂纹。它具有尖锐的缺口和长宽比非常大的特征。焊缝金属在承受交变载荷或冲击载荷时，裂纹端部尖锐形状易产生应力集中，使裂纹延展、扩大，直至焊接结构发生破坏；焊缝金属承受拉伸载荷时，裂纹缺欠会大大降低焊缝金属的承载能力。

一般常见的焊接裂纹有热裂纹、冷裂纹等。

热裂纹产生的原因：低熔点化合物不均匀地分布在焊缝中心和最后凝固部位，形成液态薄膜。在结晶快要结束时，凝固金属和液态金属共存，由于液态金属量很小，形成的液态薄膜在拉应力作用下，使薄膜破坏形成裂纹；熔合线附近热影响区的低熔点硫化物熔化后形成液态薄膜，在焊接拉应力作用下形成微裂纹。

热裂纹的防止方法：严格控制母材及焊接材料中有害杂质的含量；在焊接材料中加入细化晶粒元素，改善焊缝凝固结晶组织；采用低氢型焊条，适当改进焊缝形状系数，严格执行焊接工艺规程。

冷裂纹产生的原因：焊缝金属在高温时溶解较多氢，低温时溶解氢量少，残存在固态金属中形成氢分子，形成很大的内压力；焊接接头内存在较大的内应力；被焊工件的淬透性较大，则在冷却过程中，形成了淬硬组织。

冷裂纹的防止方法：改进焊接结构设计，改善焊缝的拘束条件；严格控制氢来源，选用低氢型焊接材料，严格清理焊缝坡口两侧 20 ~30mm 范围内的铁锈、油污等杂质，施焊前将焊条或焊剂按要求烘干；合理选用预热、层间保温、后热或缓冷措施；合理选择焊接参数，加速焊缝金属中的氢气逸出；合理安排焊接顺序，减少焊接应力。

(11) 错边　错边属于形状缺欠，由于对接的两个焊件没有对正而使板或管的中心线存在平行偏差所形成的缺欠。错边严重的焊件，在进行力的传递过程中，由于附加应力和力矩的作用而促使焊缝发生破坏。

错边的防止方法：板与板或管与管进行对接时，板或管的中心线要对正。

第二节　熔焊焊缝外观缺陷返修

一、焊缝外观质量要求

在焊接结构中，焊缝外观质量不仅影响着产品的美观漂亮，而且也影响着产品的使用安全。不同的焊接结构，根据其不同的使用要求，对焊缝的外观质量有不同的要求。下面介绍钢制压力容器焊缝表面形状尺寸和外观要求。

1）对接接头焊缝的余高 e_1、e_2 按表 17-1 和图 17-6 的规定。

表 17-1　焊缝余高　（单位：mm）

标准抗拉强度下限值 R_m >540MPa 的钢材以及 Cr-Mo 低合金钢材				其他钢材			
单面坡口		双面坡口		单面坡口		双面坡口	
e_1	e_2	e_1	e_2	e_1	e_2	e_1	e_2
(0～10)% δ_s 且≤3	≤1.5	(0～10)% δ_1 且≤3	(0～10)% δ_2 且≤3	(0～15)% δ_s 且≤4	≤1.5	(0～15)% δ_1 且≤4	(0～15)% δ_2 且≤4

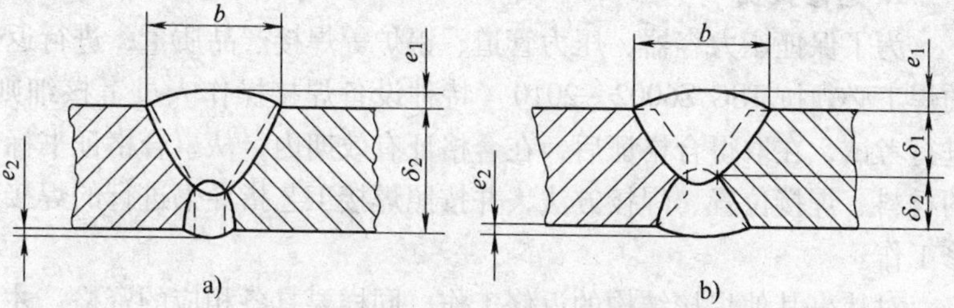

图 17-6　焊缝余高和宽度示意图

a）单面坡口　b）双面坡口

2）对接接头焊缝宽度 b 在现行标准中虽没有明确规定，但是从焊缝外形美观方面看，应与其板厚相适应，不能太宽或太窄，且整条焊缝宽度要均匀，同一台容器的同类焊缝的宽度要基本一样。

3）C、D 类接头角焊缝的焊脚应符合设计图样要求。在图样无规定时，与工件中较薄母材的厚度一致。补强圈的焊脚，当补强圈的厚度不小于 8mm 时，其焊脚等于补强圈厚度的 70%，且不小于 8mm。

4）焊缝表面不得有裂纹、气孔、弧坑、未填满和肉眼可见的夹渣等缺陷，焊缝上的焊渣和两侧的飞溅物必须清除干净。

5）焊缝与母材应圆滑过渡。

6）对焊缝咬边要求如下：

①下列容器焊缝表面不得有咬边：标准抗拉强度下限值 R_m 大于 540MPa 的钢材及 Cr-Mo 低合金钢材制造的压力容器；奥氏体不锈钢、钛材和镍材制造的压力容器；低温压力容器；球形压力容器；焊接接头系数 ϕ 取 1.0 的压力容器。

②除 1）款以外的其他压力容器，焊缝表面的咬边深度不得大于 0.5mm，咬边连续长度不得大于 100mm，焊缝两侧咬边的总长不得超过该条焊缝长度的 10%。重要的焊接结构咬边是不允许存在的。

其他类型的焊接结构对焊缝表面形状尺寸和外观要求请参考相关标准。

二、返修前的准备

1. 返修人员

为了保证压力容器、压力管道、锅炉等焊接产品质量，进行返修的焊工必须按 TSG Z6002—2010《特种设备焊接操作人员考核细则》进行考试，在取得合格证后，在合格证有效期内，从事合格证书标注的材料、焊接位置、焊接方法，并按照焊接工艺指导书进行的焊接返修工作。

对从事其他焊接结构的返修工作，同样要具备相应的资格，才能在有效期内从事合格证书标注的材料、焊接位置、焊接方法等，并按照焊接工艺指导书进行的焊接返修工作。

2. 制定返修工艺

对于压力容器、压力管道、锅炉等焊接结构，经无损检测不合格的焊缝或经压力试验有泄漏的焊缝，应进行返修补焊。对需要返修的焊缝缺陷，应经焊接技术人员和原施焊焊工共同分析产生缺陷的原因，提出相应的改进措施，编制焊缝返修工艺，提出更合理的焊接参数，经焊接责任师批准后实施。

对于其他的焊接结构，应按相关标准制定返修工艺。

三、返修操作技术要求

1）返修前，应将焊接缺陷采用碳弧气刨或角向磨光机全部清除干净，两端打磨至圆滑过渡。焊接坡口的尺寸应有利于操作，一般坡口的宽度为8mm或为缺陷深度的1.5倍，二者取大值，坡口的长度不小于50mm。相邻两处返修的距离小于50mm时，则开一个坡口进行返修。

2）坡口表面及两侧20mm范围内应将水、铁锈、油污等其他有害杂质清除干净。

3）奥氏体高合金钢坡口两侧应刷防溅剂，防止飞溅物粘在母材上。

4）焊条、焊剂按规定烘干，保温；焊丝需除油、铁锈；保护气体应干燥。

5）根据母材的化学成分、焊接性能、母材厚度、焊接接头拘束度、焊接方法和焊接环境等综合因素确定预热与否及预热温度。采用局部预热时，应防止局部应力过大，预热范围为焊缝两侧各不小于工件厚度的3倍，且不小于100mm。

6）焊接设备应处于良好状态，仪表指示准确。

7）严格按制定的焊接返修工艺操作。

8）返修后，应按原图样规定的检测方法，检查返修处焊缝，质量应达到相应无损检测的要求。

9）焊缝同一部位返修次数不宜超过两次。

10）如需预热，预热温度应较原焊缝适当提高。要求热处理的工件，应在热处理前返修；如在热处理后返修补焊时，必须重作热处理。

复习思考题

1. 外观缺陷的种类有哪几种?
2. 外观检查的方法有哪几种?
3. 焊前检验的目的是什么?
4. 焊后检验的内容是什么?
5. 返修操作技术的要求是什么?

第十八章　焊接安全生产

第一节　焊接操作个人防护

焊工在现场施焊，为了安全，必须按国家规定，穿戴好防护用品。焊工的防护用品较多，主要有防护面罩、头盔、防护眼镜、防噪声耳塞、安全帽、工作服、耳罩、手套、绝缘鞋、防尘口罩、安全带、防毒面具及披肩等。

一、焊接防护面罩及头盔

焊接面罩是一种用来防止焊接飞溅、弧光及其他辐射对焊工面部及颈部损伤的一种遮盖工具，最常用的面罩有手持式面罩和头盔式面罩两种，而头盔式面罩又分为普通头盔式面罩、封闭隔离式送风焊工头盔式面罩及输气式防护焊工头盔式面罩三种。

普通头盔式面罩戴在焊工头上，面罩主体可以上下翻动，便于焊工双手操作，适合各种焊接方法操作时防护用，特别适用于高空作业，焊工一手握住固定物保持身体稳定，另一只手握焊钳焊接。

封闭隔离式送风焊工头盔式面罩，主要应用在高温、弧光强、发尘量高的焊接与切割作业。如 CO_2 气体保护焊、氩弧焊、空气碳弧气刨、等离子切割及仰焊等，该头盔使焊工在焊接过程中呼吸畅通，既防尘又防毒。不足之处是价位较高，设备较复杂（有送风系统），焊工行动受送风管长度限制。

手持电焊面罩如图 18-1 所示，普通头盔式面罩如图 18-2 所示，封闭隔离式送风焊工头盔面罩如图 18-3 所示，输气式防护焊工头盔式面罩如图 18-4 所示。

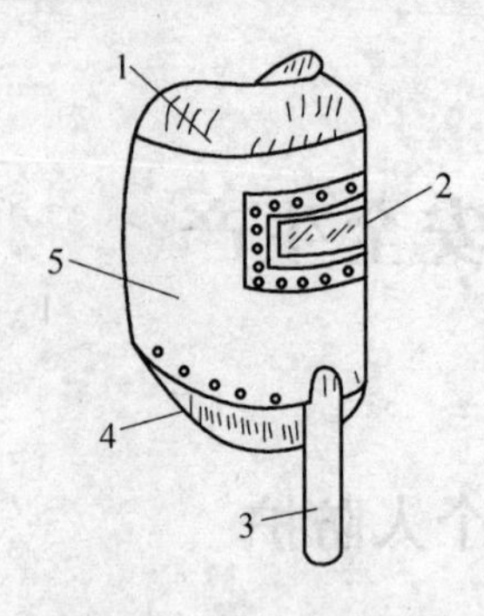

图 18-1　手持电焊面罩

1—上弯面　2—观察窗　3—手柄

4—下弯面　5—面罩主体

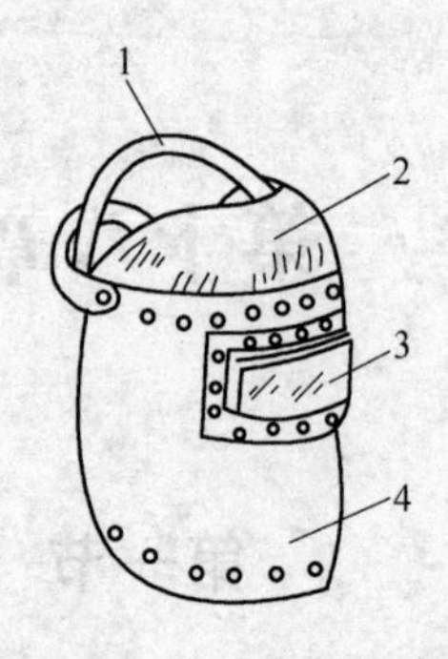

图 18-2　普通头盔式面罩

1—头箍　2—上弯面　3—观察窗

4—面罩主体

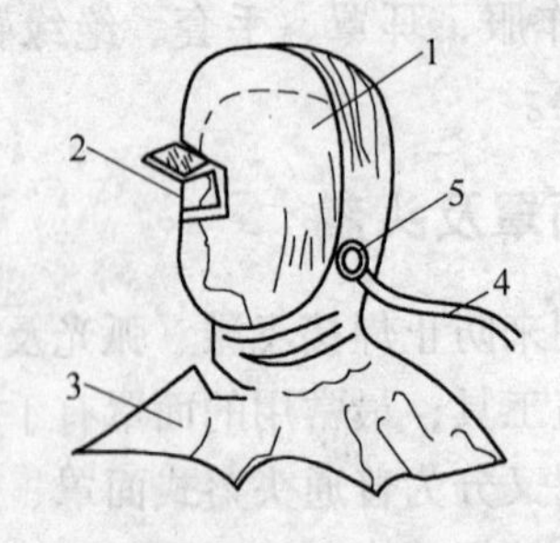

图 18-3　封闭隔离式送风焊工头盔面罩

1—面盾　2—观察窗　3—披肩　4—送风管　5—呼吸阀

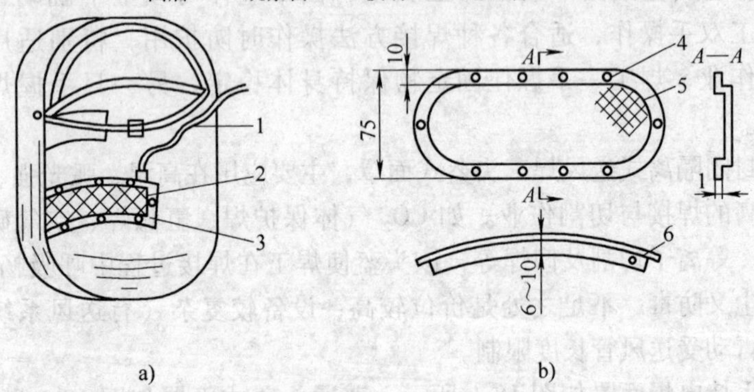

图 18-4　输气式防护焊工头盔式面罩

a）简易输气式防护头盔结构示意图　b）送风带构造示意图

1—送风管　2—小孔　3—送风孔　4—固定孔　5—送风管插入孔　6—风带

二、防护眼镜

焊工用防护眼镜，包括滤光玻璃（黑色玻璃）和防护白玻璃两层，除满足滤光要求外，还应满足镜框受热镜片不脱落，接触面部防护镜不能有锐角，接触皮肤部分不能用有毒物质制作。

焊工在电焊操作中，选择滤光片的遮光编号以可见光透过率的大小决定，可见光透过率越大，编号越小，玻璃颜色越浅，焊工比较喜欢用黄绿色或蓝绿色滤光片。焊接滤光片分为吸收式、吸收-反射式及电光式三种。

焊工在选择滤光片时，主要依据焊接电流的大小、焊接方法、照明强弱及焊工本人视力好坏来选择滤光片的遮光号。选择小号的滤光片，焊接过程会看得比较清楚，但紫外线、红外线防护不好，会伤害焊工眼睛。如果选择大号的滤光片，对紫外线与红外线防护的较好，滤光片玻璃颜色较深，不容易看清楚熔池中的渣和铁液及母材熔化情况，这样，不由自主地使焊工面部与焊接熔池的距离缩短，从而使焊工吸入较多的烟尘与有毒气体，而眼睛也会因过度集中精神看熔池而视神经容易疲劳，长久下去会造成视力下降。正确选择护目镜遮光号见表 18-1。

表 18-1 正确选择护目镜遮光号

焊接方法	焊条尺寸/mm	焊接电流/A	最低遮光号	推荐遮光号①
焊条电弧焊	<2.5	<60	7	—
	2.5~4	60~160	8	10
	4~6.4	160~250	10	12
	>6.4	250~550	11	14
气体保护焊及药芯焊丝电弧焊	—	<60	7	—
		60~160	10	11
		160~250	10	12
		250~500	10	14
钨极惰性气体保护焊	—	<50	8	10
		50~100	8	12
		150~800	10	14

（续）

焊接方法	板厚/mm	最低遮光号	推荐遮光号[①]
气焊	<3	—	4 或 5
	3 ~ 13		5 或 6
	>13		6 或 8
气割	<25	—	3 或 4
	25 ~ 150		4 或 5
	>150		5 或 6

① 根据经验，开始使用太暗的镜片难以看清焊接区，因而建议使用可以看清熔池的较适宜的镜片，但遮光号不要低于下限值。

三、防噪声保护用品

防噪声个人防护用品主要有耳塞、耳罩及防噪声棉等。最常用的是耳塞、耳罩，最简单的是在耳内塞棉花。

（1）耳罩　耳罩对高频噪声有良好的隔离作用，平均可以隔离噪声值为 15 ~ 30dB。它是一种以椭圆形或腰圆形罩壳，把耳朵全部罩起来的护耳器。

（2）耳塞　耳塞是插入外耳道最简便的护耳器，它有大、中、小三种规格供人们选用。耳塞的平均隔噪声值为 15 ~ 25dB，它的优点是防声作用大，体积小，携带方便，价格也便宜。

佩戴耳塞时，推入外耳道时用力适中，不要塞得太深，以感觉适度为止。

四、安全帽

在高层交叉作业（或立体上下垂直作业）现场，为了预防高空和外界飞来物的危害，焊工应佩戴安全帽。

安全帽必须有符合国家安全标准的出厂合格证，每次使用前都要仔细检查各部分是否完好，是否有裂纹，调整好帽箍的松紧程度，调整好帽衬与帽顶内的垂直距离保护至 20 ~ 50mm 之间。

五、工作服

焊工用的工作服，主要起到隔热、反射和吸收等屏蔽作用，使焊工身体免受焊接热辐射和飞溅物的伤害。

焊工常用白帆布制作的工作服，在焊接过程中，具有隔热、反射、耐磨和透气性好等优点。在进行全位置焊接和切割时，特别是仰焊或切割时，为了防止焊接飞溅或熔渣等溅到面部或额部造成灼伤，焊工应使用石棉物制作的披肩帽、长套轴、围裙和鞋盖等防护用品进行防护。

焊接过程中，为了防止高温飞溅物烫伤焊工，工作服上衣不应该系在裤子里面；工作服穿好后，要系好袖口和衣领上的衣扣，工作服上衣不要有口袋，以免高温飞溅物掉进口袋中引发燃烧；工作服上衣要做大，衣长要过腰部，不应有破损孔洞、不允许沾有油脂、不允许潮湿，工作服重量应较轻。焊工用工作服如图 18-5 所示。

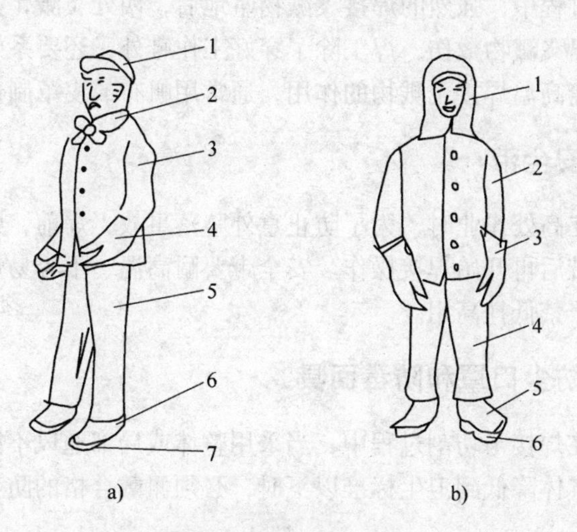

图 18-5　焊工用工作服

a）平焊位

1—工作帽　2—毛巾　3—上衣　4—手套　5—裤子　6—鞋盖　7—绝缘鞋

b）立体交叉作业

1—披肩帽　2—上衣　3—手套　4—裤子　5—鞋盖　6—绝缘鞋

六、手套

焊接和切割过程中，焊工必须戴防护手套，手套要求耐磨、耐辐射热、不容易燃烧和绝缘性良好。最好采用牛（猪）绒面革制作手套。

七、工作鞋

焊接过程中，焊工必须穿绝缘工作鞋。工作鞋应该是耐热、不容易燃烧、耐磨、防滑的高腰绝缘鞋。焊工的工作鞋使用前，需经耐电压试验5000V合格，在有积水的地面上焊接时，焊工的工作鞋必须是经耐电压试验6000V合格的防水橡胶鞋。工作鞋是粘胶底或橡胶底的，鞋底不得有鞋钉。

八、鞋盖

焊接过程中，强烈的焊接飞溅物坠地后，四处飞溅，为了保护好脚不被高温飞溅物烫伤，焊工除了穿好工作鞋外，还要系好鞋盖，鞋盖只起隔离高温焊接飞溅物的作用，通常用帆布或皮革制作。

九、安全带

焊工在高处作业时，为了防止意外坠落事故，焊前，必须在现场系好安全带后再开始焊接操作。安全带要耐高温、不容易燃烧、要高挂低用，严禁低挂高用。

十、防尘口罩和防毒面具

焊工在焊接与切割过程中，当采用整体或局部通风不能使烟尘浓度或有毒气体降低到卫生标准以下时，必须佩戴合格的防尘口罩或防毒面具。

防尘口罩有隔离式防尘口罩和过滤式防尘口罩两大类。每类又分为自吸式和送风式两种。

隔离式防尘口罩，将人的呼吸道与作业环境相隔离，通过导管或压缩空气将干净的空气送到焊工的口和鼻孔处供呼吸。

过滤式防尘口罩，通过过滤介质，将粉尘过滤干净，使焊工呼吸到干净的空气。

防毒面具，通常可以采用送风焊工头盔来代替，焊接作业中，焊工采用软管式呼吸器或过滤式防毒面具即可。

第二节　焊接安全操作

一、焊接操作安全用电

1. 电焊机安全要求

1）电焊机必须符合现行有关焊机标准规定的安全要求。

2）电焊机的工作环境应与焊机技术说明书上的规定相符。如工作环境的温度过高或过低、湿度过大、气压过低以及在腐蚀性或爆炸性等特殊环境中作业，应使用适合特殊环境条件性能的电焊机，或采取防护措施。

3）防止电焊机受到碰撞或剧烈振动（特别是整流式电焊机），严禁电焊机带电移动；室外使用的电焊机必须有防雨、雪的防护措施，如图 18-6 所示。

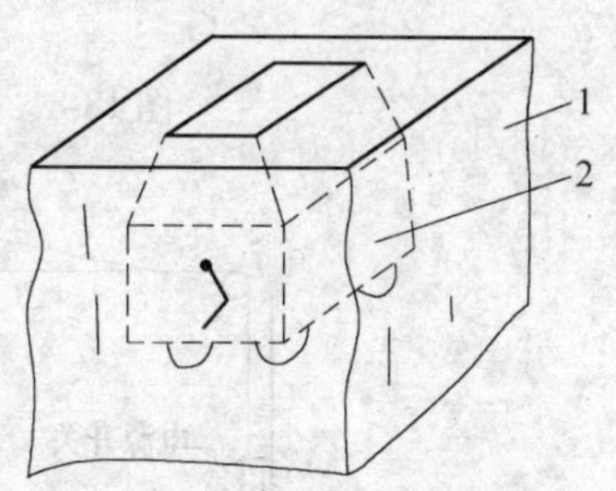

图 18-6　室外使用的电焊机防雨、雪的措施
1—防雨、雪塑料或防雨、雪布
2—电焊机

4）电焊机必须有独立的专用电源开关。其容量应符合要求，当电焊机超负荷时，应能自动切断电源，禁止多台电焊机共享一个电源开关，如图 18-7 所示。

5）电焊机电源开关应装在电焊机附近人手便于操作的地方，周围留有安全通道，如图 18-8 所示。

6）采用启动器启动的电焊机，必须先合上电源开关，然后再启动电焊机。

7）电焊机的一次电源线，长度一般不宜超过 2～3m，当有临时任务需要较长的电源线时，应沿墙或设立柱用瓷瓶隔离布设，其高度必须距地面2.5m以上，不允许将一次电源线拖在地面上，如图18-9所示。

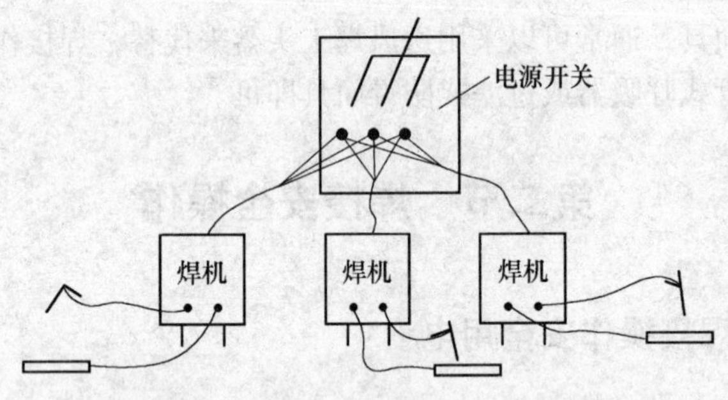

图18-7 禁止多台电焊机共享一个电源开关

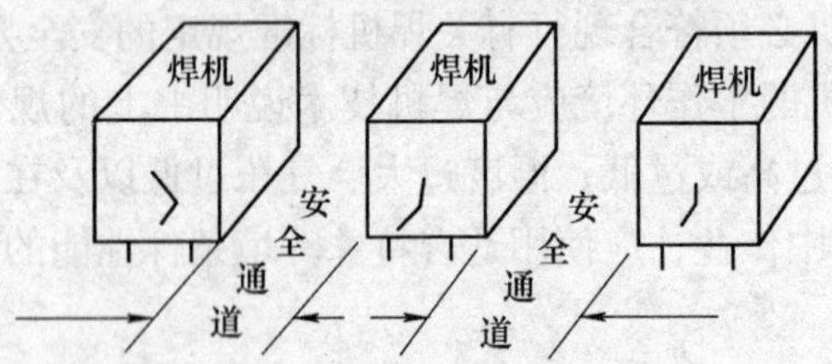

图18-8 电焊机周围安全通道

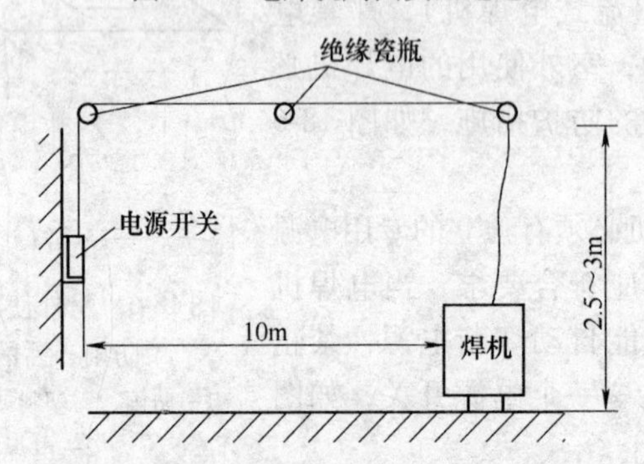

图18-9 电焊机一次电源线大于2～3m的布设

8）电焊机外露的带电部分应设有完好的防护（隔离）装置。其裸露的接线柱必须设有防护罩，如图18-10所示。

9）禁止连接建筑物的金属构架和设备等作为焊接电源回路。

10）电焊机使用不允许超负荷运行，电焊机运行时的温升，不

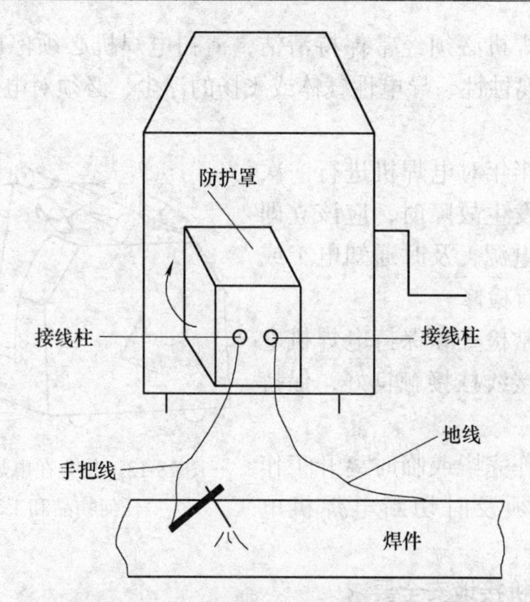

图 18-10　电焊机裸露的接线柱必须设有防护罩

应超过电焊机标准规定的温升限值。

11）电焊机应平稳放在通风良好、干燥的地方，不准靠近高热及易燃易爆危险的环境，如图 18-11 所示。

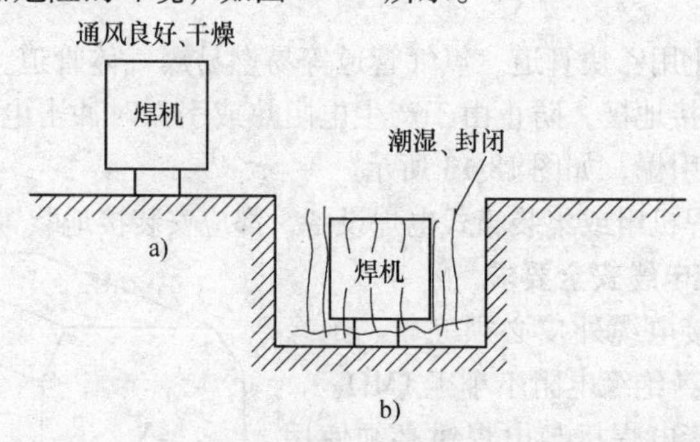

图 18-11　电焊机应平稳放在通风良好、干燥的地方
a）正确　b）不正确

12）禁止在电焊机上放任何物品和工具，启动电焊机前，焊钳和焊件不能短路，如图 18-12 所示。

13）电焊机必须经常保持清洁，清扫电焊机必须停电进行，焊接现场如有腐蚀性、导电性气体或飞扬的浮尘，必须对电焊机进行隔离防护。

14）每半年对电焊机进行一次维修保养，发生故障时，应该立即切断电焊机电源，及时通知电工或专业人员进行检修。

15）经常检查和保持电焊机电缆与电焊机接线柱接触良好，保持螺母紧固。

16）工作完毕或临时离开工作场地时，必须及时切断电焊机电源。

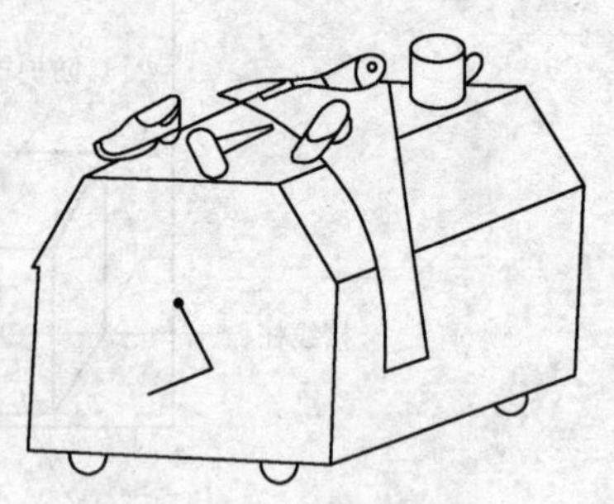

图 18-12　禁止在电焊机上放任何物品和工具

2. 电焊机接地安全要求

1）各种电焊机、电阻焊机等设备或外壳、电气控制箱、焊机组等，都应按现行（SDJ）《电力设备接地设计技术规程》的要求接地，防止触电事故发生。

2）电焊机接地装置必须经常保持接触良好，定期检测接地系统的电气性能。

3）禁止用乙炔管道、氧气管道等易燃易爆气体管道，作为接地装置的自然接地极，防止由于产生电阻热或引弧时冲击电流的作用，产生火花而引爆，如图 18-13 所示。

4）电焊机组或集装箱式电焊设备，都应安装接地装置。

3. 焊接电缆安全要求

1）焊接电缆外皮必须完整、绝缘良好、柔软，绝缘电阻不小于 1MΩ。

2）连接电焊机与电焊钳必须使用柔软的电缆线，长度一般不超过 20m。

3）电焊机的电缆线必须使用整根导线，中间不应有连接接头，当工作需要接长导线时，应使用接头连接器牢固

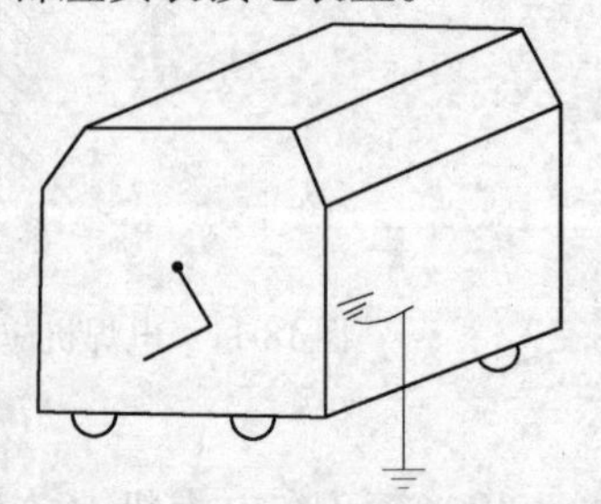

图 18-13　电焊机接地装置

连接，并保持绝缘良好，如图 18-14 所示。

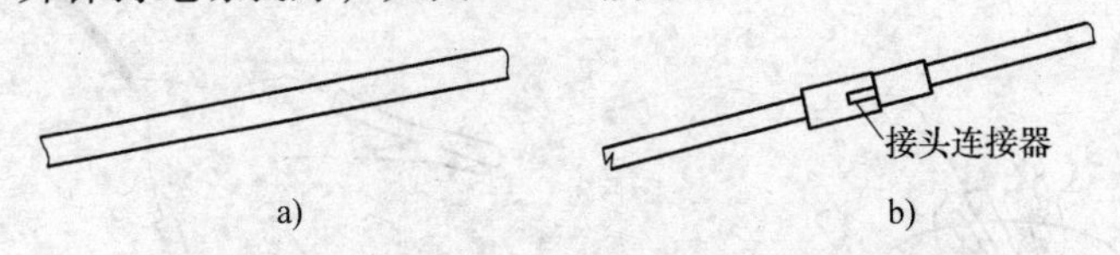

图 18-14　电焊机的电缆线必须使用整根导线

a）整根电缆线　b）有接头连接器的电缆线

4）焊接电缆线要横过马路时，必须采取保护套等保护措施，严禁搭在气瓶、乙炔发生器或其他易燃易爆物品的容器或材料上，如图 18-15 所示。

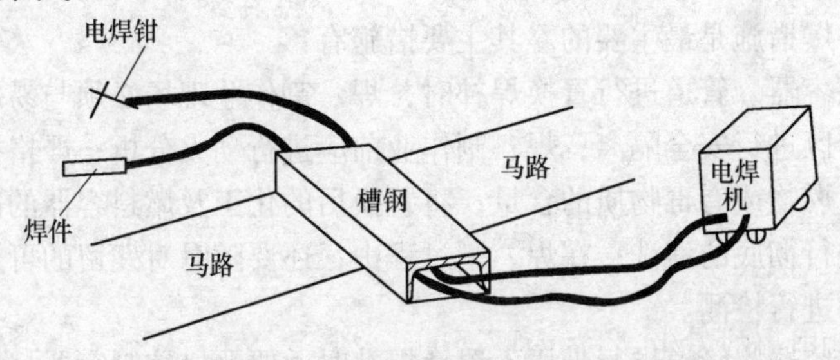

图 18-15　焊接电缆线要横过马路的保护措施

5）禁止利用厂房的金属结构、轨道、管道、暖气设施或其他金属物体搭接起来作电焊导线的电缆。

6）禁止焊接电缆与油、脂等易燃易爆物品接触。

4. 电焊钳安全要求

1）电焊钳必须有良好的绝缘性与隔热能力，手柄要有良好的绝缘层。

2）电焊钳应保证操作灵便、重量不超过 600g。

3）禁止将过热的电焊钳浸在水中冷却后使用，如图 18-16 所示。

二、特殊环境中焊接与切割作业安全技术

1. 火、爆、毒、窒、烫环境下焊接与切割作业安全技术

1）防火、防爆。在特殊环境中进行焊接与切割作业，采取防

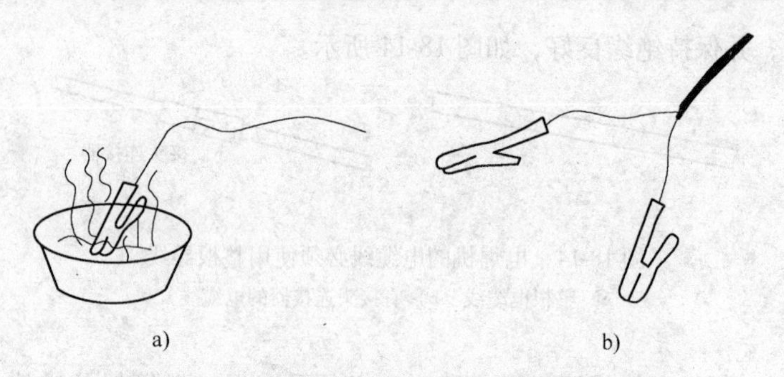

图 18-16 禁止将过热的电焊钳浸在水中冷却后使用
a）不正确 b）正确（手把线同时连两个电焊钳换着使用）

火、防爆措施是最主要的。其主要措施有：

在容器、管道进行置换焊补时，焊、割作业现场必须与易燃、易爆生产区进行安全隔离；焊、割作业前应进行动火分析；严格控制容器内可燃物或有毒物质的含量；将置换后的化工及燃料容器的内、外表面进行彻底的清洗；在焊、割过程中，还要随时对残留的可燃气体或毒物进行检测。

在容器、管道进行带压不置换焊补时，要严格控制容器、管道内的含氧量（1%以下）。焊补过程中，保持容器、管道内有一定的正压，正压过大，会从裂纹处猛烈向外喷火，使焊工无法进行焊补甚至出现裂纹处熔化；正压过小，会使介质流速小于燃烧速度而产生回火，引起容器、管道爆炸，严格控制作业点周围可燃气体的含量。

2）防毒、防窒息。动火系统要与引起中毒、窒息的生产系统完全隔绝，切断毒物与毒气的来源；分析动火系统内的有毒气体含量和氧含量，确认没有毒物、毒气和窒息性气体后，经过采取安全措施，确定安全监护人，并经过有关单位批准后，方可从事焊接与切割动火。

3）防灼烫。焊工在焊、割作业中，首先要注意防止高温的化工物料，从高处散落或向四周飞溅烫伤作业人员；其次要防止焊、割作业过程中的高温熔渣和飞溅物烫伤作业人员；最后一点，严禁用手触摸刚进行完的、高温的焊、割处，以免烫伤。此外，还要注意防止强酸或强碱的灼伤。

2. 恶劣气候条件下的焊接与切割作业安全技术

一般不允许在大雨或雷电的状态下进行焊接与切割作业，防止造成触电或雷击事故。

在雨水多的季节，为了防止触电事故，要从物体的不安全状态、人的不安全行为方面采取各项安全措施来控制触电事故的发生。

在焊接或切割作业时，遇6级以上（含6级）大风应该停止作业；在大雾或暴雪的情况下，由于能见度比较低，作业周围环境情况不明，容易发生与物体碰撞、起重伤害、交通事故等，所以，在大雾或暴雪的条件下，停止焊接与切割作业。

在强腐蚀和恶臭的环境中进行焊接与切割作业时，必须在作业前，将腐蚀性物料或污染源彻底清除干净，否则将引起焊工头晕、恶心或身体受到腐蚀性伤害。同时，在作业过程中，还要在现场采取通风措施。

在昏暗的环境下或夜间进行焊接与切割作业时，必须有照明设备，确保作业人员安全行走和作业安全。

在紧急抢险的工作中，为了消除更大的危害，必须立即进行焊、割作业时，一定要根据当地的天气情况与地形情况，仔细研究确保安全操作的若干问题，经主管领导批准后，并采取相应的安全防护措施才可施工，以确保焊工操作的安全。

3. 受空间场所限制的焊接与切割作业安全技术

受空间场所限制的作业环境，通常是指半封闭的容器、半封闭的设备或隐蔽工程等，施工时进出不方便、作业空间较小、危险性较大的场所。

（1）防止缺氧窒息　因为作业空间比较狭小，焊工在里面操作，容易造成缺氧窒息，所以要采取有效措施：

1）认真分析作业环境中的含氧量。进入作业空间前，必须认真分析受限制空间场所内的气体成分和含氧量，确认无危险时，经主管安全单位的批准方可入内。当受限制空间场所内的含氧量少于21%时，要查找原因，采取措施防止含氧量继续下降。当含氧量小于16%时，严禁焊工入内进行焊、割作业。

2）不准进入存放潮湿活性炭的受限空间作业。潮湿活性炭能吸收氧气，会使受限空间的含氧量降低至8%以下，使焊工在作业过程中缺氧甚至窒息，所以，存放潮湿活性炭的受限空间不准进入。

3）佩戴防护面具。在尚未判明存放潮湿活性炭的受限空间中气体成分和含氧量时，紧急事故处理又必须进入现场，这时，需要佩戴防护面具，经有关主管单位的批准，按照安全规程规定，可以进入现场实施紧急救助。

4）用小动物进行试验。在缺乏分析手段时，可以用小动物进行试验（用绳子拴住小动物，送入受限空间），经过数分钟后，观察小动物的状态，以此判明小动物是否窒息或中毒。要注意的是，当小动物无窒息或中毒症状时，也要戴着防护面具进入受限空间进行焊、割作业。

5）严格履行审批手续。进入有特殊危险的受限空间作业，必须严格履行审批手续，在申请表中，要详细列出特殊危险受限空间的危险部位、危险因素、采取的安全措施、发生事故的解救方案、该项目的负责人、危险因素的分析人、施工过程的监护人、审批人等都要签名落实。

（2）预防职业性毒害　在受限空间内作业，可能会产生有毒害或刺激性的蒸气、气体或粉尘，为了免除焊、割人员产生金属热、锰中毒和焊工尘肺等职业病，在受限空间进行焊、割的主要安全措施如下：

1）加强通风、排风。受限空间由于作业面狭小，局部有害或有刺激性的蒸气、气体或粉尘浓度过大，容易对施工人员产生伤害，为此，要加强通风和排风。

2）焊、割人员要按规定穿戴劳动保护用品。进入受限空间进行焊、割作业时，要穿戴完整的劳动保护用品。

3）合理安排工作时间。尽量减少焊工接触有毒、有害气体和物质，如条件允许，可以安排焊工轮流上岗操作，尽量减少焊工接触有毒、有害气体和物质的机会。

（3）预防火灾和爆炸　在受限空间进行焊、割作业时，为防止产生火灾和爆炸事故，在焊、割作业前，应该进行安全操作分析，采取严格审批手续和有效的安全措施。

（4）预防触电　在受限空间进行焊、割作业时，由于焊、割导线较多，操作人员活动的余地较少，容易发生触电事故。

焊工作业时，要穿绝缘鞋、戴绝缘手套；场地照明和手持电动工具要用安全电压；220V 和 380V 的排风机和引风机一律不准进入作业现场。操作现场要配备安全监护人。

4. 高处焊接与切割作业安全技术

焊工在离地面 2m 及 2m 以上的地方进行焊、割作业时，即为高处焊、割作业如图 18-17 所示。

在高处焊、割作业时，由于作业的活动范围比较窄，出现安全事故前兆很难尽早回避，所以，发生安全事故的可能性比较大。高处焊接与切割作业时，容易发生的事故主要有：触电、火灾、高空坠落和物体打击等。

图 18-17　高处焊、割作业

（1）预防高处触电

1）在距离高压线 3m 或距低压线 1.5m 范围内进行焊、割作业时，必须停电作业，当高压线或低压线电源切断后，还要在开关闸上挂“有人作业、严禁合闸”的标示牌，然后再开始焊、割作业。

2）要配备安全监护人，密切注视焊工的安全动态，随时准备拉开电闸。

3）不得将焊钳、电缆线、氧-乙炔胶管搭在焊工的身上带到高处，要用绳索吊运。焊、割作业时，应将电缆线、氧-乙炔胶管在高处固定牢固，严禁将电缆线、氧-乙炔胶管缠绕在焊工的身上或踩在脚下，如图 18-18 所示。

4）在高处焊、割作业时，严禁使用带有高频振荡器的电焊机焊接，以防焊工在高频电的作用下发生麻电后失足坠落。

5）手提灯的电源为 12V。

（2）预防高处坠落

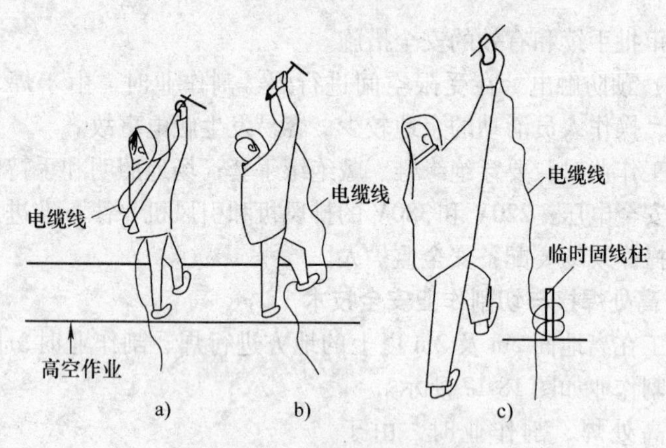

图 18-18　高处焊、割操作

a）不正确　b）不正确　c）正确

1）焊工必须使用符合国家标准要求的安全带、穿胶底防滑鞋。不要使用耐热性能差的尼龙安全带，安全带要高挂低用，切忌低挂高用，如图 18-19 所示。

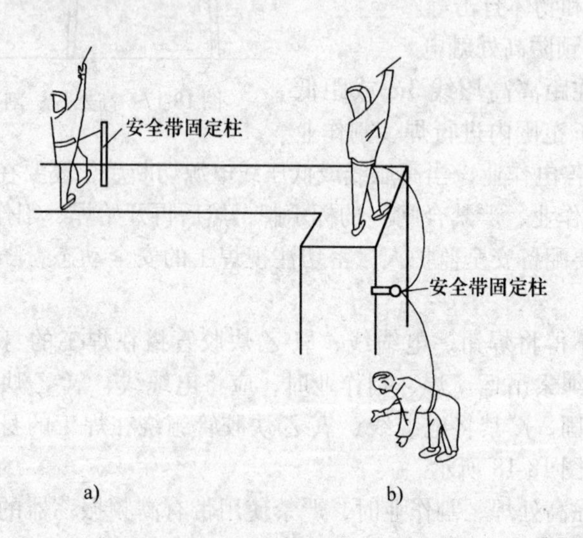

图 18-19　预防高处坠落

a）正确（高挂低用）　b）不正确（低挂高用）

2）登高梯子要符合安全要求，梯子脚要包防滑橡皮。单梯与地面夹角应大于60°，上下端均应放置牢靠；人字梯要有限跨钩，夹角不能大于40°，不得两人同时用一个梯子工作，也不能在人字梯的顶档上工作。

3）防坠落的安全网的架设，应该外高里低，不留缝隙，而且铺设平整。随时清理网上的杂物，安全网应该随作业点的升高而提高，发现安全网破损要及时进行更换。

4）高处焊割的脚手板要结实牢靠，单人行道的宽度不得小于0.6m，双人行道的宽不得小于1.2m，上下的坡度不得大于1∶3，板面要钉有防滑条，脚手架的外部按规定应加装围栏防护。

（3）预防火灾

1）高处焊、割作业坠落点的地面上，至少在10m以内不得存有可燃或易燃、易爆物品并要设有栏杆档隔。

2）高处焊、割作业的现场要设专人观察火情，及时通知有关部门采取措施。

3）高处焊、割作业的现场要配备有效的消防器材。

4）不要随便乱扔刚焊完的焊条头，以免引起火灾。

（4）预防高处坠落物伤人

1）进入高处作业区，必须头戴安全帽。

2）严禁乱扔焊条头，以免高空坠落伤人。

3）焊条及随身携带的工具、小零件，必须装在牢固而无破洞的工具袋内，工作过程及工作结束后，及时清理好工具和作业点上的一切物品，以防高空坠落伤人。

（5）其他注意事项

1）高处焊、割作业的人员，必须经过身体健康检查合格后方可上岗，凡是患有高血压、心脏病、恐高症、精神病和癫痫等病的人员，一律不准从事高处焊、割作业。

2）六级及六级以上的大风或雨天、雪天、大雾天等恶劣天气，禁止从事高处焊、割作业。

3）酒后禁止从事高处焊割作业。

复习思考题

1. 焊工的防护用品有哪些?
2. 电焊机的安全要求?
3. 电焊机接地安全要求有哪些?
4. 焊接电缆的安全要求?
5. 特殊环境中焊接与切割作业安全技术有哪些?

附　录

附录 A　弧焊变压器常见的故障及解决方法

弧焊变压器在焊接领域应用最广泛，但是，由于使用、维护不当，会使焊机出现各种故障，弧焊变压器常见的故障特征、产生原因及解决方法见表 A-1。

表 A-1　弧焊变压器常见的故障及解决方法

故障特征	产生原因	解决方法
变压器外壳带电	1. 电源线漏电并碰在外壳上	1. 消除电源线漏电或解决碰外壳问题
	2. 一次或二次线圈碰外壳	2. 检查线圈的绝缘电阻值，并解决线圈碰外壳现象
	3. 弧焊变压器未接地线或地线接触不良	3. 认真检查地线接地情况并使之接触良好
	4. 焊机电缆线碰焊机外壳	4. 解决焊机电缆线碰外壳情况
变压器过热	1. 变压器线圈短路	1. 检查并消除短路现象
	2. 铁芯螺杆绝缘损坏	2. 恢复铁芯螺杆损坏的绝缘
	3. 变压器过载	3. 减小焊接电流
导线接触处过热	导线电阻过大或连接螺钉太松	认真清理导线接触面并拧紧连接处螺钉，使导线保持良好的接触
焊接电流不稳定	1. 焊接电缆与焊件接触不良	1. 使焊件与焊接电缆接触良好
	2. 动铁芯随变压器的振动而滑动	2. 将动铁芯或调节手柄固定
焊接电流过小	1. 电缆线接头之间或与焊件接触不良	1. 使接头之间，包括与焊件之间的接触良好
	2. 焊接电缆线过长，电阻大	2. 缩短电缆线长度或加大电缆线直径
	3. 焊接电缆线盘成盘形，电感大	3. 将焊接电缆线散开，不形成盘形

（续）

故障特征	产生原因	解决方法
焊接过程中变压器产生强烈的“嗡嗡”声	1. 可动铁芯的制动螺钉或弹簧太松 2. 铁芯活动部分的移动机构损坏 3. 一次、二次线圈短路 4. 部分电抗线圈短路	1. 拧紧制动螺钉，调整弹簧拉力 2. 检查、修理移动机构 3. 排除一次、二次线圈短路 4. 拉紧弹簧并拧紧螺母
电弧不易引燃或经常断弧	1. 电源电压不足 2. 焊接回路中各接头处接触不良 3. 二次侧或电抗部分线圈短路 4. 可动铁芯严重振动	1. 调整电压 2. 检查焊接回路，使接头处接触良好 3. 消除短路 4. 解决可动铁芯在焊接过程中的松动
焊接过程中，变压器输出电流反常	1. 铁芯磁回路中，由于绝缘损坏而产生涡流，使焊接电流变小 2. 电路中起感抗作用的线圈绝缘损坏，使焊接电流过大	检查电路或磁路中的绝缘状况，排除故障

附录 B　弧焊整流器常见的故障及解决方法

弧焊整流器是替代耗电高、噪声大、设备笨重的旋转直流焊机的新型直流弧焊电源，目前广泛应用在焊接生产中，由于存在对网路电压波动较敏感及整流元件易损坏等缺点，容易出现各种故障，常见的弧焊整流器故障特征、产生原因及解决方法见表 B-1。

表 B-1　弧焊整流器常见的故障及解决方法

故障特征	产生原因	解决方法
焊接电流不稳定	1. 风压开关抖动 2. 控制线圈接触不良 3. 主回路交流接触器抖动	1. 消除风压开关抖动 2. 恢复良好的接触 3. 寻找原因，解决抖动现象
焊机壳漏电	1. 电源接线误碰机壳 2. 焊机接地不正确或接触不良 3. 变压器、电抗器、电风扇及控制线路元件等碰外壳	1. 解决电源线与焊机壳体接触 2. 检查地线的接法或清理接触点 3. 逐一检查并解决碰外壳的问题

（续）

故障特征	产 生 原 因	解 决 方 法
弧焊整流器空载电压过低	1. 网路电压过低 2. 磁力起动器接触不良 3. 变压器绕组短路	1. 调整电压 2. 恢复磁力起动器的良好接触状态 3. 消除短路
电风扇电动机不转	1. 电风扇电动机线圈断线 2. 按钮开关的触头接触不良 3. 熔丝熔断	1. 恢复电风扇电动机线圈断线处 2. 恢复按钮开关的功能 3. 更换熔丝
焊接电流调节失灵	1. 焊接电流控制器接触不良 2. 整流器控制回路中元件被击穿 3. 控制线圈匝间短路	1. 恢复接触器功能 2. 更换坏损元件 3. 消除控制线路中的短路，恢复控制线圈的功能
焊接时电弧电压突然降低	1. 整流元件被击穿 2. 控制回路断路 3. 主回路全部或局部发生短路	1. 更换损坏元件 2. 检修控制回路 3. 检修主回路线路
电表无指示	1. 主回路出现故障 2. 饱和电抗器和交流绕组断线 3. 电表或相应的接线短路	1. 消除主回路故障 2. 消除断线故障 3. 检修电表

附录 C　ZX7 系列晶闸管逆变弧焊整流器常见故障及解决方法

逆变电源的出现，是焊接电源发展史上的一场深刻革命，由于它的焊接工艺性能、各项技术指标均优于其他焊条电弧焊电源，所以得到了迅速的发展和应用。然而，由于操作者使用不当或维护不正确，也会出现各种故障。常见的 ZX7 系列晶闸管逆变弧焊整流器故障特征、产生原因及解决方法见表 C-1。

表 C-1 ZX7 系列晶闸管逆变弧焊整流器常见故障及解决方法

故障特征	产生原因	解决方法
开机后指示灯不亮，风机不转	1. 电源缺相 2. 自动空气开关 SI 损坏 3. 指示灯接触不良或损坏	1. 解决电源缺相 2. 更换自动空气开关 SI 3. 清理指示灯接触面或更换指示灯
开机后电源指示灯不亮，电压表指示 70～80V，风机和焊机工作正常	电源指示灯接触不良或损坏	1. 清理指示灯接触面 2. 更换损坏的指示灯
开机后焊机无空载电压输出	1. 电压表损坏 2. 快速晶闸管损坏 3. 控制电路板损坏	1. 更换电压表 2. 更换损坏的晶闸管 3. 更换损坏的控制电路板
开机后焊接电流偏小，电压表指示不在 70～80V 之间	1. 三相电源缺相 2. 换向电容可能有个别的损坏 3. 控制电路板损坏 4. 三相整流桥损坏 5. 焊钳电缆截面太小	1. 恢复缺相电源 2. 更换损坏的换向电容 3. 更换损坏的控制电路板 4. 更换损坏的三相整流桥 5. 更换大截面的电缆线
焊机电源一接通，自动空气开关就立即断电	1. 快速晶闸管有损坏 2. 快速整流管有损坏 3. 控制电路板有损坏 4. 电解电容个别的有损坏 5. 压敏电阻有损坏 6. 过压保护板损坏 7. 三相整流桥有损坏	1. 更换损坏的快速晶闸管 2. 更换损坏的快速整流管 3. 更换损坏的控制电路板 4. 更换损坏的电解电容 5. 更换损坏的压敏电阻 6. 更换损坏的过压保护板 7. 更换损坏的三相整流桥
控制失灵	1. 遥控插头接触不良 2. 遥控电线内部断线或调节电位器损坏 3. 遥控开关没放在遥控位置上	1. 插座进行清洁处理，使接触良好 2. 更换导线或更换电位器 3. 将遥控选择开关置于遥控位置

（续）

故障特征	产生原因	解决方法
焊接过程出现连续断弧现象	1. 输出电流偏小 2. 输出极性接反 3. 焊条牌号选择不对 4. 电抗器有匝间短路或绝缘不良的现象	1. 增大输出电流 2. 改换焊机输出极性 3. 更换焊条 4. 检查、维修电抗器匝间短路或绝缘不良的现象

附录 D　ZX7-400（IGBT 管）逆变焊机常见故障及解决方法（见表 D-1）

表 D-1　ZX7-400（IGBT 管）逆变焊机常见故障及解决方法

故障特征	产生原因	解决方法
焊机通电后，空气开关跳闸	1. 滤波电容器击穿损坏 2. IGBT 模块损坏 3. 冷却风机损坏 4. 一次整流模块损坏	1. 更换损坏的滤波电容器 2. 更换新的 IGBT 模块 3. 修理或更换冷却风机 4. 更换损坏的整流模块
焊机开机后指示灯不亮，风机不转，但是空气开关仍处在向上的位置	1. 三相电路缺相 2. 空气开关损坏	1. 检查电路是否缺相 2. 更换损坏的空气开关
开机后面板上工作指示灯不亮，风机运转正常，电压表有 70～80V 指示	指示灯接触不良或损坏	更换指示灯
焊机开机后，无空载电压（70～80V）的输出	1. 快速晶闸管 VTH_3，VTH_4 损坏 2. 控制电路板 PCB2 损坏	1. 更换快速晶闸管 VTH_3，VTH_4 2. 修理或更换控制电路板 PCB2

（续）

故障特征	产生原因	解决方法
焊接过程中，出现连续断弧现象时，无法用调节焊接电流来解决	电焊机电抗器绝缘不良，匝间有短路	1. 更换新的电抗器 2. 检修电抗器
焊机开机后，焊接电流小，焊接的电压表指示不在(70～80) V之间	1. 焊把电缆截面太小 2. 有可能三相整流桥 QL_1 损坏 3. C_8～C_{11} 换向电容有失效 4. 三相电源中缺相 5. 控制电路板 PCB2 损坏	1. 更换截面大的电缆 2. 更换三相整流桥 QL_1 3. 更换 C_8～C_{11} 换向电容 4. 解决电源缺相 5. 更换控制电路板 PCB2
焊机合闸时，自动开关就立即自动断电	1. 快速晶闸管 VTH_3，VTH_4 损坏 2. 整流二极管 VD_3、VD_4 损坏 3. 压敏电阻 R_1 损坏 4. 电解电容器 C_4～C_7 失效 5. 控制电路板 PCB2 损坏 6. 三相整流桥 QL_1 损坏	1. 更换快速晶闸管 VTH_3、VTH_4 2. 更换整流二级管 VD_3，VD_4 3. 更换压敏电阻 R_1 4. 更换失效电容 C_4～C_7 5. 更换控制电路板 PCB2 6. 更换三相整流桥 QL_1
焊机合闸后，机内有放电声音及焦味，同时无焊接电压输出	1. 机内变压器及主板下方的中频电解电容器 C_{17} 电容虚焊 2. C_{18} 电容器虚焊，造成 C_{18} 电容器外壳损坏漏油	对上述各项进行修理
焊机开机后有焦味，此时焊接电流不稳，无法焊接	PCB1 板电阻过热使电阻烧断	更换烧焦的 PCB1 板和烧断的电阻
焊机指示灯虽亮，但焊机电压异常	1. 由于开机动作过慢，造成开关接触不同步引起 2. 由于电源电压过高或过低以及电源缺相造成的	1. 关机后重新开机 2. 解决好电源电压过高或过低及缺相问题
焊接工作过程中，出现焊机温升异常	1. 温度报警系统出现问题 2. 焊机风机停转，造成焊机过热	1. 检修或更新温度报警系统 2. 及时修理或更换风机

（续）

故障特征	产生原因	解决方法
焊接过程中，焊接电流忽大忽小	1. 焊机工作时间过长 2. 焊机过流报警系统太灵敏 3. IGBT 模块或主变压器损坏	1. 修风机或停止一段时间工作 2. 维修或更换过流报警系统 3. 更换新的 IGBT 模块
焊机电源指示灯亮，但焊机温度异常，冷却风扇不转	冷却风扇坏，引起 IGBT 模块发热	更换损坏风扇
焊机电源指示灯亮，冷却风扇不转，焊机电压异常	焊机供电电源缺相	用万用表测量输入电压，查交流电三相 380V 是否正常
焊机控制板电源指示灯亮，电流出现异常	1. 焊机过流报警环节太灵敏 2. IGBT 管或主变压器已损坏	1. 更换电路板 2. 更换 IGBT 管或主变压器
焊机空载时显示电压为零	1. 电路板上的元件损坏 2. IGBT 管已损坏 3. 电压表引线断开或电压表已坏	1. 检查、更换电路板及元件 2. 更换已坏的 IGBT 管 3. 检查电压表引线是否断开，更换坏的电压表
焊机开机后，电压表上指示空载电压数值较低	1. IGBT 管中有断路的 2. 电压表指针指示有偏差 3. 焊机交流接触器不吸合	1. 查出损坏的模块更换损坏的 IGBT 管 2. 更换电压表 3. 更换交流接触器
焊接电流不稳定使焊缝质量不好	1. 控制面板上“推力电流”“引弧电流”旋钮调节不当 2. 焊机内某个零件接触不良	1. 焊接过程中，把“推力电流”“引弧电流”旋钮调节到最小 2. 打开焊机的机箱，把接触不良的故障点重新连好

参 考 文 献

[1] 刘云龙. 焊工技师手册[M]. 北京：机械工业出版社，1998.

[2] 刘云龙. 袖珍焊工手册[M]. 北京：机械工业出版社，1999.

[3] 全国焊接标准化技术委员会. 焊接与切割卷(上、下)[M]. 北京：中国标准出版社，2001.

[4] 刘云龙. 焊工考试标准化试题及解答[M]. 北京：机械工业出版社，2001.

[5] 刘家发. 焊工手册(手工焊接与切割)[M]. 3版. 北京：机械工业出版社，2002.

[6] 劳动社会保障部中国就业培训指导中心. 焊工[M]. 北京：中国劳动社会保障出版社，2002.

[7] 国家经贸委安全生产局. 金属焊接与切割作业[M]. 北京：气象出版社，2002.

[8] 刘云龙. 焊工(初级)[M]. 北京：机械工业出版社，2005.

[9] 刘云龙. 焊工(中级)[M]. 北京：机械工业出版社，2006.

[10] 刘云龙. 焊工(高级)[M]. 北京：机械工业出版社，2007.

[11] 刘云龙. 焊工(技师、高级技师)[M]. 北京：机械工业出版社，2008.

[12] 刘云龙. 焊工鉴定考核试题库(初级工、中级工适用)[M]. 北京：机械工业出版社，2011.

[13] 刘云龙. 焊工鉴定考核试题库(高级工、技师、高级技师)[M]. 北京：机械工业出版社，2012.